Hans Jürgen Matthies, Karl Theodor Renius

Einführung in die Ölhydraulik

Hans Jürgen Matthies, Karl Theodor Renius

Einführung in die Ölhydraulik

5., bearbeitete Auflage

Mit 290 Abbildungen, 26 Tafeln sowie
110 Kurzaufgaben mit Lösungshinweisen

Bibliografische Information Der Deutschen Bibliothek
Die Deutsche Bibliothek verzeichnet diese Publikation in der Deutschen Nationalbibliografie;
detaillierte bibliografische Daten sind im Internet über <http://dnb.ddb.de> abrufbar.

Prof. Dr.-Ing. Dr.-Ing. E.h. Hans Jürgen Matthies war Direktor des Instituts für Landmaschinen an
der Technischen Universität Braunschweig.

Prof. Dr.-Ing. Dr. h. c. Karl Theodor Renius war Inhaber des Lehrstuhls für Landmaschinen an der
Technischen Universität München.

1. Auflage 1984
2. Auflage 1991
3. Auflage 1995
4. Auflage 2003
5., bearbeitete Auflage Juli 2006

Alle Rechte vorbehalten
© B.G. Teubner Verlag / GWV Fachverlage GmbH, Wiesbaden 2006

Der B.G. Teubner Verlag ist ein Unternehmen von Springer Science+Business Media.
www.teubner.de

Das Werk einschließlich aller seiner Teile ist urheberrechtlich geschützt. Jede Verwertung außerhalb der engen Grenzen des Urheberrechtsgesetzes ist ohne Zustimmung des Verlags unzulässig und strafbar. Das gilt insbesondere für Vervielfältigungen, Übersetzungen, Mikroverfilmungen und die Einspeicherung und Verarbeitung in elektronischen Systemen.

Die Wiedergabe von Gebrauchsnamen, Handelsnamen, Warenbezeichnungen usw. in diesem Werk berechtigt auch ohne besondere Kennzeichnung nicht zu der Annahme, dass solche Namen im Sinne der Waren- und Markenschutz-Gesetzgebung als frei zu betrachten wären und daher von jedermann benutzt werden dürften.

Umschlaggestaltung: Ulrike Weigel, www.CorporateDesignGroup.de
Druck und buchbinderische Verarbeitung: Strauss Offsetdruck, Mörlenbach
Gedruckt auf säurefreiem und chlorfrei gebleichtem Papier.
Printed in Germany

ISBN-10 3-8351-0051-3
ISBN-13 978-3-8351-0051-0

Vorwort

Die Ölhydraulik hat sich zu einer bedeutenden technischen Querschnittsdisziplin entwickelt. Einige mobile Arbeitsmaschinen, wie z. B. Hydraulikbagger, Radlader, Straßenwalzen, Stapler, selbst fahrende landwirtschaftliche Arbeitsmaschinen oder mobile Kommunalmaschinen setzen ihre gesamte Motorleistung hydrostatisch um und betreiben damit sämtliche Maschinenfunktionen. In anderen Fällen arbeiten hydraulische Antriebe und Steuerungen im Verbund mit mechanischen und elektrischen Systemen, wie z. B. bei Straßenfahrzeugen, Baumaschinen, Traktoren, Landmaschinen, Werkzeugmaschinen, Flugzeugen, Sonderfahrzeugen oder bei stationären Anlagen. Die elektronische Steuerung und Regelung der Hydraulik hat diese Anwendungen in letzter Zeit noch sehr aufgewertet.

Die heutige technologische Führungsrolle Deutschlands ist u. a. das Ergebnis von intensiver Forschung und industrieller Entwicklung auf diesem Gebiet. Auch die systematisch aufgebaute Lehre, d. h. die Ausbildung qualifizierter Ingenieure im Bereich der Ölhydraulik, hat ihren Anteil daran. So wurde 1970 vom Erstverfasser dieses Buches an der TU Braunschweig eine Hydraulikvorlesung neu eingerichtet, die auch die Grundlage für die ersten Auflagen des Buches (1984, 1991, 1995) bildete. 1989 hat der Mitverfasser der 4. und 5. Auflage eine Vorlesung über Ölhydraulik an der TU München ins Leben gerufen, aus der wichtige Bausteine in die Aktualisierung des Buches einflossen.

Wie bereits bei der ersten Auflage wurde auch bei der Weiterentwicklung des Buches besonderer Wert auf didaktische Gesichtspunkte gelegt. Trotz wissenschaftlicher Aktualisierung und Vertiefung blieb die Lesbarkeit des Inhalts für Anfänger ein wichtiges Ziel. Alle Buchkapitel wurden in der 4. Auflage grundlegend überarbeitet und mit wesentlich erweiterten Literaturangaben versehen; diese ermöglichen auch ein vertieftes Studium.

Zusätzlich aufgenommen wurden mit der 4. Auflage vor allem die folgenden Neuerungen: Vergleiche Hydraulik/Elektrotechnik – Grundlagen für Bio-Öle – Grundordnung der Kreislaufsysteme (besonders Load-Sensing-Systeme) – aktuelle Kennlinien und Kennfelder – hydraulische Brückenschaltungen – regelungstechnische Grundlagen – neue rotierende Verdrängermaschinen – neuere Geräuschdämpfer – geräuscharme Hydraulikanlagen – neuere hydrostatische Getriebe – Überlagerungslenkung bei Raupenfahrzeugen – Antiblockiersysteme – hydropneumatische Federung – Flugzeughydraulik. Neu hinzu kamen auch 110 Kurzaufgaben und ein Namensverzeichnis zu den Literaturangaben.

Zu den ersten beiden Auflagen des Buches haben die damaligen Mitarbeiter des Erstverfassers, die Herren O. Böinghoff, H. Esders, W. Friedrichsen, H.-H. Harms, D. Hoffmann, M. Kahrs, B. Link und J. Möller beigetragen. Bei der 4. und 5. Auflage unterstützte uns Herr G. Anthuber (TU München), der auch den kompletten Umbruch druckreif produzierte und dem wir für seinen großen Einsatz besonders danken.

Braunschweig und München, im April 2006

H.J. Matthies und K.Th. Renius

Inhalt

1 Einführung

1.1 Begriffe 11
1.2 Aufbau und Funktion ölhydraulischer Antriebe 12
1.3 Technische Eigenschaften ölhydraulischer Antriebe. 15
    1.3.1 Grundlegende Eigenschaften 15
    1.3.2 Systemeigenschaften ölhydraulischer und elektrischer Antriebe. 16
    1.3.3 Physikalische Analogien Ölhydraulik – Elektrik 16
1.4 Historie und wirtschaftliche Entwicklung der Ölhydraulik 17
1.5 Normung in der Ölhydraulik 21
    1.5.1 Normungsziele 21
    1.5.2 Trend zu internationalen Normen 21
    1.5.3 Grafische Symbole für Schaltpläne 22
        Literaturverzeichnis zu Kapitel 1 26

2 Physikalische Grundlagen ölhydraulischer Systeme

2.1 Grundlagen über Druckflüssigkeiten 27
    2.1.1 Aufgaben und Anforderungen 27
    2.1.2 Arten und Stoffdaten 28
    2.1.3 Physikalisches Verhalten 34
        2.1.3.1 Viskositätsverhalten 34
        2.1.3.2 Dichte-Verhalten 38
        2.1.3.3 Temperaturverhalten bei adiabater Druckänderung 39
        2.1.3.4 Luftaufnahmevermögen 40
2.2 Grundlagen aus der Hydrostatik 41
    2.2.1 Hydrostatisches Verhalten von Flüssigkeiten 41
    2.2.2 Energiewandlung mit Kolben und Zylinder. 41
    2.2.3 Energiewandlung mit rotierendem Verdränger 43
2.3 Grundlagen aus der Hydrodynamik 44
    2.3.1 Kontinuitätsgleichung 44
    2.3.2 Bernoulli'sche Bewegungsgleichung 45
    2.3.3 Druckverlust in Rohrleitungen 46
        2.3.3.1 Grundlegende Betrachtungen 46
        2.3.3.2 Laminare Rohrströmung 48
        2.3.3.3 Turbulente Rohrströmung. 51
    2.3.4 Druckverlust in Krümmern und Leitungselementen 53
    2.3.5 Strömungsmechanik hydraulischer Widerstände 55
    2.3.6 Leckölverlust durch Spalte 57
    2.3.7 Kraftwirkung strömender Flüssigkeiten 59
2.4 Tragende Ölfilme 60
    Literaturverzeichnis zu Kapitel 2 64

3 Energiewandler für stetige Bewegung (Hydropumpen und -motoren)

3.1 Axialkolbenmaschinen 67
   3.1.1 Schrägachsenmaschinen 70
   3.1.2 Schrägscheibenmaschinen 73
   3.1.3 Taumelscheibenmaschinen 75
   3.1.4 Berechnung der Axialkolbenmaschinen 75

3.2 Radialkolbenmaschinen 77
   3.2.1 Maschinen mit Außenabstützung 77
   3.2.2 Maschinen mit Innenabstützung 78
   3.2.3 Berechnung von Radialkolbenmaschinen 79

3.3 Zahnrad- und Zahnringmaschinen 79
   3.3.1 Außenzahnradmaschinen 79
   3.3.2 Innenzahnradmaschinen 81
   3.3.3 Zahnringmaschinen 82
   3.3.4 Berechnung von Zahnrad- und Zahnringmaschinen 82

3.4 Flügelzellenmaschinen 83
   3.4.1 Einhubige Maschinen 84
   3.4.2 Mehrhubige Maschinen 84
   3.4.3 Berechnung von Flügelzellenmaschinen 85

3.5 Sperr- und Rollflügelmaschinen 85
   3.5.1 Sperrflügelmaschinen 85
   3.5.2 Rollflügelmaschinen 86
   3.5.3 Berechnung von Sperr- und Rollflügelmaschinen 86

3.6 Schraubenmaschinen 87

3.7 Übersicht zur Auswahl von Verdrängermaschinen 87

3.8 Betriebsverhalten von Verdrängermaschinen 91
   3.8.1 Wirkungsgrade und Kennlinienfelder 91
   3.8.2 Förderstrom- und Druckpulsation 98
   3.8.3 Pulsationsdämpfung 101
   Literaturverzeichnis zu Kapitel 3 104

4 Energiewandler für absätzige Bewegung (Hydrozylinder, Schwenkmotoren)

4.1 Einfachwirkende Zylinder 107
   4.1.1 Plunger- oder Tauchkolbenzylinder 107
   4.1.2 Normaler einfachwirkender Zylinder 107
   4.1.3 Mehrfach- oder Teleskopzylinder 108

4.2 Doppeltwirkende Zylinder 109
   4.2.1 Zylinder mit einseitiger Kolbenstange (Differenzialzylinder) 109
   4.2.2 Zylinder mit zweiseitiger Kolbenstange (Gleichlaufzylinder) 112

4.3 Endlagendämpfung und Einbau von Hydrozylindern 112
   4.3.1 Endlagendämpfung 112
   4.3.2 Einbau von Hydrozylindern 113

4.4 Schwenkmotoren 114
    4.4.1 Schwenkmotoren mit mechanischer Übersetzung 114
    4.4.2 Schwenkmotoren mit direkter Beaufschlagung 115
    Literaturverzeichnis zu Kapitel 4 115

5 Geräte zur Energiesteuerung und -regelung (Ventile)

5.1 Betätigungsmittel für Ventile 117
    5.1.1 Übersicht 117
    5.1.2 Schaltende elektromechanische Wandler 118
    5.1.3 Proportional wirkende elektromechanische Wandler 119
        5.1.3.1 Geschichtliche Entwicklung 119
        5.1.3.2 Torque-Motoren 120
        5.1.3.3 Tauchspulen 121
        5.1.3.4 Proportionalmagnete 122
        5.1.3.5 Piezo-Aktoren 124

5.2 Wegeventile (WV) 125
    5.2.1 Konstruktive Gestaltung des mechanischen Kernbereiches 125
    5.2.2 Nicht drosselnde Wegeventile einschließlich Ansteuerung 130
        5.2.2.1 Direkt betätigte nicht drosselnde Wegeventile 130
        5.2.2.2 Über Vorsteuerventil betätigte nicht drosselnde Wegeventile ... 130
    5.2.3 Drosselnde Wegeventile 132
        5.2.3.1 Mechanisch betätigte drosselnde Wegeventile 132
        5.2.3.2 Elektromechanisch betätigte Proportional-Wegeventile 134
    5.2.4 Betriebsverhalten von Wegeventilen 138
        5.2.4.1 Druckabfall in Wegeventilen 138
        5.2.4.2 Statisches und dynamisches Verhalten
                von proportional wirkenden Wegeventilen 139

5.3 Sperrventile (SPV) 142
    5.3.1 Einfache Rückschlagventile (RÜV) 142
    5.3.2 Entsperrbare Rückschlagventile (RÜV) 143
    5.3.3 Drosselrückschlagventile (DRÜV) 143

5.4 Druckventile (DV) 144
    5.4.1 Druckbegrenzungsventile (DBV) 144
    5.4.2 Druckverhältnisventile (DVV) 146
    5.4.3 Folgeventile (FV) 146
    5.4.4 Druckregel- oder Druckreduzierventile (DRV) 147
    5.4.5 Differenzdruckregelventile (DDRV) 147
    5.4.6 Kombinierte Druckventile 148
    5.4.7 Proportional-Druckventile (PDV) 150
    5.4.8 Betriebsverhalten von Druckventilen 150

5.5 Stromventile (STV) 152
    5.5.1 Drosselventile (DROV) 152
    5.5.2 Stromregelventile (STRV) 153
    5.5.3 Stromteilventile (STTV) 155
    5.5.4 Proportional-Stromventile (PSTV) 155
    5.5.5 Betriebsverhalten von Stromventilen 156

5.6 2-Wege-Einbauventile (2-W-EBV) 159
5.7 Ventilanschlüsse und Verknüpfungsarten 163
   Literaturverzeichnis zu Kapitel 5 167

6 Elemente und Geräte zur Energieübertragung

6.1 Verbindungselemente. 169
   6.1.1 Rohr- und Schlauchleitungen 169
   6.1.2 Rohr- und Schlauchverbindungen 172

6.2 Dichtungen 174
   6.2.1 Statische Dichtungen 175
   6.2.2 Dynamische Dichtungen 175
   6.2.3 Betriebsverhalten von Dichtungen 177

6.3 Ölbehälter 178
   6.3.1 Anforderungen 178
   6.3.2 Offene Ölbehälter 178
   6.3.3 Geschlossene Ölbehälter 179

6.4 Filter 180
   6.4.1 Verschmutzungsbewertung, Filterfeinheit, Anforderungen 180
   6.4.2 Filterelemente 182
   6.4.3 Filteranordnung, Filterbauarten, Betriebsverhalten 183

6.5 Hydrospeicher 185
   6.5.1 Aufgaben und Anforderungen 185
   6.5.2 Speicherbauarten und Faustwerte 186
   6.5.3 Berechnung von Speichern 188
   6.5.4 Sicherheitsbestimmungen 189

6.6 Wärmetauscher 190
   6.6.1 Heizer (Vorwärmer) 190
   6.6.2 Kühler 191

6.7 Schalt- und Messgeräte, Sensoren 192
   Literaturverzeichnis zu Kapitel 6 196

7 Steuerung und Regelung hydrostatischer Antriebe

7.1 Bedeutung, Begriffe, Vorteile 198

7.2 Übertragungsverhalten von Elementen und Systemen 200

7.3 Methoden zur Veränderung des Volumenstroms 201
   7.3.1 Geschaltete parallele Konstantpumpen 201
   7.3.2 Konstantpumpen mit Drosselsteuerungen 201
   7.3.3 Konstantpumpen mit stufenlos verstellbarem Antrieb 203
   7.3.4 Verstellpumpen 203

7.4 Steuerung mit Verstellpumpen 204
   7.4.1 Grundlagen 204
   7.4.2 Steuerungsarten 204

7.5 Regelung mit Verstellpumpen ... 209
   7.5.1 Grundlagen ... 209
   7.5.2 Regelungsarten ... 209
      7.5.2.1 Druckregelungen ... 209
      7.5.2.2 Volumenstromregelungen ... 212
      7.5.2.3 Leistungsregelungen ... 213
      7.5.2.4 Kombinierte Regelungen ... 213
7.6 Steuerung und Regelung mit Verstellmotoren ... 214
   Literaturverzeichnis zu Kapitel 7 ... 216

8 Planung und Betrieb hydraulischer Anlagen

8.1 Grundschaltpläne ... 218
   8.1.1 Elementare Grundfragen der Schaltungstechnik ... 218
   8.1.2 Grundordnung der Kreislaufsysteme ... 222
   8.1.3 Systemvergleich für drei Kreislaufsysteme ... 228
   8.1.4 Weitere Grundschaltpläne ... 229
      8.1.4.1 Grundschaltpläne für einzelne Verbraucher ... 229
      8.1.4.2 Grundschaltpläne für mehrere Verbraucher ... 233

8.2 Planung und Berechnung von Anlagen ... 238
   8.2.1 Konzept- und Entwurfsphase ... 238
   8.2.2 Typische Arbeitsdrücke der Ölhydraulik ... 239
   8.2.3 Funktionsdiagramme und Grobauslegung ... 240

8.3 Wärmetechnische Auslegung ... 243
   8.3.1 Thermodynamische Grundlagen ... 243
   8.3.2 Erwärmungsverlauf ... 245

8.4 Überlegungen zum Bau geräuscharmer Anlagen ... 249
   Literaturverzeichnis zu Kapitel 8 ... 252

9 Anwendungsbeispiele

9.1 Stufenlose hydrostatische Getriebe ... 255
   9.1.1 Direkte stufenlose hydrostatische Getriebe ... 255
   9.1.2 Stufenlose hydrostatische Getriebe mit Leistungsverzweigung ... 260

9.2 Hydrostatische Hilfskraftlenkungen ... 263

9.3 Hydraulik in mobilen Arbeitsmaschinen ... 267

9.4 Hydraulik in Straßenfahrzeugen ... 274

9.5 Hydraulik in großen Flugzeugen ... 276

9.6 Hydraulik in stationären Maschinen ... 278
   Literaturverzeichnis zu Kapitel 9 ... 284

Kurzaufgaben ... 287
Namensliste zu den neun Literaturverzeichnissen ... 292
Sachverzeichnis ... 293

Zusammenstellung der wichtigsten Formelzeichen

Zeichen	Bedeutung	Einheiten
A, A_1, A_2, A_3	Fläche, Kolben-, Kolbenring-, Kolbenstangenfläche	m^2
b	Breite	m
b	Konstante (Viskositäts-Temperatur-Verhalten)	K
C	Wärmespeichervermögen	kJ/K
c	Konstante (VT-Verhalten), Federrate	$K, N/m$
c, c_p	Spezifische Wärmekapazität	$kJ/(kg \cdot K)$
D	Außendurchmesser	m
D	Dämpfung	–
d	Durchmesser, Innendurchmesser	m
e	Exzentrizität	m
F	Kraft	N
f	Frequenz, Pulsationsfrequenz	s^{-1}
g	Erdbeschleunigung	m/s^2
h	Abstand, Spalthöhe, Zahnhöhe usw.	m
I, I_N	Strom, Nennstrom	A
K	Kompressionsmodul	$Pa = N/m^2; bar^*$
k	Konstante (Viskositäts-Temperatur-Verhalten)	$Pa \cdot s = Ns/m^2$
k_s, k_t, k_x	Druckverlust-Faktoren	–
l	Länge, Rohrlänge	m
M	Drehmoment	Nm
m	Masse, Richtungskonstante (Ölviskosität)	$kg, –$
$\dot{m}$	Massenstrom	kg/s
n	Drehzahl	s^{-1}, min^{-1}
n	Polytropenexponent	–
P	Leistung	W, kW
p, p_0	Druck, Atmosphärischer Druck	$Pa = N/m^2; bar^*$
$\bar{p}$	mittlere Flächenpressung	$Pa = N/m^2; bar$
Q	Volumenstrom	m^3/s
R	Lagerradius, Krümmungsradius	m
Re	Reynolds'sche Zahl	–
R_m	Zugfestigkeit, Bruchfestigkeit (Rohre)	N/mm^2
r	Radius	m
S	Wärmeabgabevermögen	kW/K
So	Sommerfeldzahl	–
s	Weg, Steigung, Wanddicke	m
t	Zeit	s
T	absolute Temperatur bzw. Temperaturdifferenz	K
U	Innere Energie	$kW\,s$
V	Volumen, Verdrängungsvolumen	m^3

* $1\ bar = 10^5\ Pa = 10^5\ N/m^2$; Pa: Pascal

Zeichen	Bedeutung	Einheiten
v	Geschwindigkeit, mittlere Geschwindigkeit	m/s
W	Arbeit	kW · s
z	Kolbenzahl	–
α	Wärmeübergangskoeffizient	kW/ (m^2 · K)
α	Bunsen'scher Losungskoeffizient	–
α	Viskositäts-Druckkoeffizient	Pa^{-1}; bar^{-1}
α	Durchflusszahl	–
β	linearer Wärmeausdehnungskoeffizient	K^{-1}
γ	Wärmeausdehnungskoeffizient	K^{-1}
δ	Ungleichförmigkeitsgrad	–
δ	Spalthöhe	m
η	Dynamische Viskosität	$Pa \cdot s = Ns/m^2$
η	Wirkungsgrad	–
ϑ	Temperatur	K, °C
κ	Isentropenexponent	–
κ	Kompressibilität	Pa^{-1}; bar^{-1}
λ	Wärmeleitkoeffizient	kW/(m · K)
λ_R	Rohrwiderstandsbeiwert	–
μ	Reibungszahl	–
ν	kinematische Viskosität	m^2/s
ζ	Widerstandsbeiwert	–
ρ	Dichte	kg/m^3
σ, σ_B	Spannung, Bruchspannung	N/mm^2
τ	Reibungsschubspannung	$N/m^2 = Pa$
τ	Zeitkonstante	s
ψ	Relatives Lagerspiel	–
ω	Winkelgeschwindigkeit, Eigenfrequenz	s^{-1}

Indices

Anl	Anlage	n	normal
1	Antrieb	ND	Niederdruck
2	Abtrieb	P	Pumpe
A	Arbeitsgang, Ausgang	q	quer
Betr	Betrieb	R	Rückhub
D	Drossel	Sa	Schrägachsen-Bauweise
eff	effektiv	Ss	Schrägscheiben-Bauweise
E	Eilgang, Eingang	t	tangential
HD	Hochdruck	th	verlustlos
k	Kolben	Ts	Taumelscheiben-Bauweise
K	Kolben	Umg	Umgebung
Kühl	Kühler	v	Verlust
L	Lecköl, Last	V	Vorhub
MD	Mitteldruck	wä	Wärme

1 Einführung

1.1 Begriffe

Die „Hydraulik" war im ursprünglichen, umfassenden Sinn die Wissenschaft von der Bewegung der strömenden Flüssigkeiten, insbesondere des Wassers, dessen griechischer Name Hydor ist. Da man als Mittel für den Betrieb von hydraulischen Maschinen, wie beispielsweise von hydraulischen Pressen [1.1], seit Beginn des 20. Jahrhunderts nicht mehr Wasser, sondern das gegen Korrosion schützende und gleichzeitig schmierende Mineralöl benutzte, hat sich der Begriff „Ölhydraulik" gebildet. Die Ölhydraulik befasst sich mit der hydrostatischen Energie- und Signalübertragung in Maschinen und Anlagen.

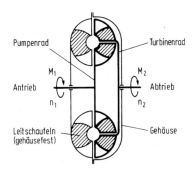

Während beim *hydrodynamischen* Antrieb die von einem Pumpenrad erzeugte Strömungsenergie des Öls auf ein Turbinenrad übertragen wird, **Bild 1.1**, ist der *hydrostatische* Antrieb nach **Bild 1.2** dadurch gekennzeichnet, dass hier eine mechanisch angetriebene Pumpe einen hydrostatischen Ölstrom erzeugt, der in einem Zylinder oder in einem Hydromotor wieder in mechanische Energie umgewandelt wird. Entscheidend ist hier das Prinzip der Verschiebung („Verdrängung") eines Ölvolumens unter relativ hohem Druck. Hydropumpen und -motoren werden daher auch als „Verdrängermaschinen" bezeichnet (Gegensatz: „Strömungsmaschinen").

Bild 1.1: Hydrodynamischer Antrieb, Energieübertragung durch Massenwirkung (Größen siehe 1.2)

Hydrodynamische Antriebe sind vor allem in Form des bekannten Föttinger-Wandlers (Drehzahl- und Dreh-

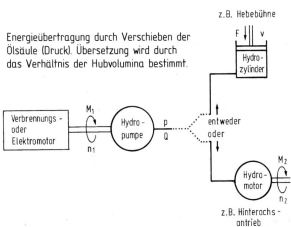

Bild 1.2: Ölhydrostatischer Antrieb, Energieübertragung durch Verdrängungswirkung (Größen siehe 1.2)

momentwandlung, große Stückzahlen für PKW-Getriebe [1.2]) oder in Form der Flüssigkeitskupplung (nur Drehzahlwandlung, mäßige Stückzahlen) unentbehrlich. Beide Antriebsarten werden seit Jahrzehnten nicht zur Ölhydraulik gerechnet, ablesbar z.B. an der Einleitung zu DIN ISO 1219-1 (Stand 1996): „*In fluidtechnischen Anlagen wird Energie durch ein unter Druck stehendes Medium (flüssig oder gasförmig) innerhalb eines Kreislaufes übertragen und gesteuert oder geregelt.*" Dieses Buch schließt gasförmige Übertragungsmedien, d.h. die „Pneumatik" aus.

1.2 Aufbau und Funktion ölhydraulischer Antriebe

Die Bestandteile und das grundsätzliche Zusammenwirken der einzelnen Baugruppen eines hydraulischen Antriebes zeigt **Bild 1.3**. Der hydrostatische Teil besteht danach aus der Hydropumpe als dem Druckölerzeuger und dem Hydrozylinder oder dem Hydromotor als dem Druckölverbraucher. Dazwischen befinden sich die Ölleitungen, die Steuerventile und das sonstige Hydraulikzubehör, wie Filter, Kühler, Speicher und dergleichen. Als Antriebsmaschine wird in der Regel ein Elektro- oder ein Verbrennungsmotor verwendet; er treibt die Pumpe mit dem Drehmoment M_1 und der Drehzahl n_1 an und liefert damit die mechanische Leistung

$$P_{mech} = M_1 \cdot \omega_1 = 2\pi \cdot M_1 \cdot n_1 \tag{1.1}$$

Die Hydropumpe liefert infolge von Verlusten die etwas kleinere hydraulische Leistung

$$P_{hydr.} = p \cdot Q \tag{1.2}$$

mit p als Druckanstieg und Q als Volumenstrom. Häufig ergibt sich p rückwirkend aus der Belastung der Arbeitsmaschine („Lastprozess, Lastdruck"). Der druckbeladene Ölstrom gelangt über Leitungen und Steuerventile in den Hydrozylinder oder in den Hydromotor, wo die hydraulische Leistung wieder in die von der Arbeitsmaschine benötigte mechanische Leistung umgewandelt wird. Letztere wird für den Hydrozylinder aus der Kolbenkraft F und der Kolbengeschwindigkeit v ermittelt:

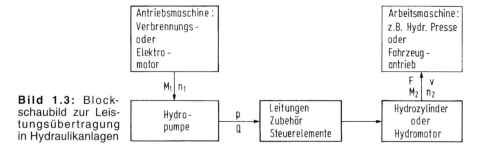

Bild 1.3: Blockschaubild zur Leistungsübertragung in Hydraulikanlagen

1 Einführung

$$P_{mech} = F \cdot v \qquad (1.3)$$

Für den Hydromotor ergibt sich mit dessen Abtriebsdaten die abgegebene Leistung:

$$P_{mech} = 2\pi \cdot M_2 \cdot n_2 \qquad (1.4)$$

Die schematisierte technische Ausführung und die Darstellung des Antriebes mit Hilfe von genormten Symbolen (siehe Kap. 1.5.3) ist für einen Hydrozylinder in **Bild 1.4** wiedergegeben. Verwendet werden hier eine sogenannte Konstantpumpe, d. h. eine Pumpe mit konstantem Verdrängungsvolumen (konstantes Fördervolumen je Pumpenumdrehung, auch „Hubvolumen" genannt) und ein so genannter doppelt wirkender Zylinder. Die Pumpe saugt das Öl aus dem Ölbehälter und liefert den Volumenstrom Q unter dem Druck p an den Zylinder. Die weiteren Aussagen gelten der Einfachheit halber für eine Vernachlässigung von Reibungs- und Leckölverlusten.

a) Ausfahren mit Kraft

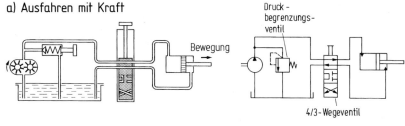

b) Einfahren mit Kraft

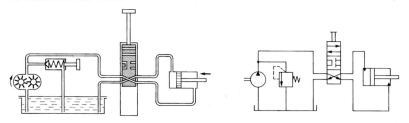

c) Neutralstellung: Zylinder blockiert, Pumpe drucklos

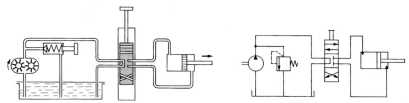

Bild 1.4: Antrieb eines Hydrozylinders

Der Volumenstrom ist proportional der Pumpendrehzahl und bestimmt die Kolbengeschwindigkeit; das Antriebsmoment ist proportional dem Druck, der sich hier entsprechend der Kolbenlast einstellt („Lastdruck").

Da die Pumpe nur einseitig fördert, der Zylinder sich jedoch in beiden Richtungen bewegen soll, ist ein Wegeventil nötig, das den Ölstrom auf die jeweils gewünschte Seite des Kolbens lenkt. Das Wegeventil bestimmt Start, Stop und Bewegungsrichtung, d. h. den gesamten Bewegungsablauf des Kolbens. In der oberen Darstellung in Bild 1.4 ist das Wegeventil auf Kolbenvorlauf geschaltet: Der von der Pumpe kommende Ölstrom strömt in den linken Zylinderteil, so dass sich der Kolben nach rechts bewegt. Dabei ist dafür gesorgt, dass das aus dem rechten Zylinderteil von der Kolbenringfläche verdrängte Ölvolumen durch das Wegeventil in den Ölbehälter zurückfließen kann. Für den Kolbenrücklauf (Bild 1.4, mittig) wird der Ventilschieber nach oben geschaltet, so dass die diagonal liegenden Bohrungen zur Wirkung kommen. In der mittleren Ventilstellung, der so genannten Ruhestellung, sind beide Zuleitungen zum Zylinder abgesperrt, und der Pumpenölstrom kann drucklos kurzgeschlossen in den Behälter zurückfließen (Bild 1.4, unten).

Zur Absicherung einer Hydraulikanlage und ihrer Geräte oder zur Begrenzung des Öldruckes auf einen Maximalwert aus anderen Gründen werden Druckbegrenzungsventile verwendet. Auf die eine Seite des Kolbens eines solchen Ventils wirkt der Pumpenöldruck, auf die andere Seite eine einstellbare Druckfeder. Sobald die aus dem Öldruck sich ergebende Kolbenkraft größer wird als die Federkraft, gibt der Ventilkolben den Durchfluss zum Ölbehälter frei. Das in Bild 1.4 eingezeichnete Druckbegrenzungsventil spricht auch an, sobald der Kolben seine jeweilige Endlage erreicht hat. Der Pumpenölstrom fließt dann über das Druckbegrenzungsventil in den Öltank zurück, die dabei entstehende Wärme wird mit dem Öl abgeführt. Wegen der Vergeudung kostbarer Energie (mit eventueller Überhitzungsgefahr) ist dieser Zustand meist nur kurzfristig vertretbar.

Mit derselben Schaltung kann auch ein Hydromotor betrieben werden. **Bild 1.5** zeigt Schema und Schaltplan für einen so genannten Konstantmotor, d. h. für einen Hydromotor mit konstantem Verdrängungsvolumen (mit konstantem Aufnahmevolumen je

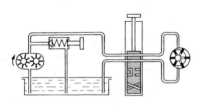
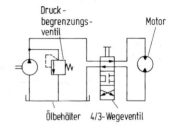

Bild 1.5: Antrieb eines Hydromotors

1 Einführung

Umdrehung, auch „Schluckvolumen" genannt). Der Motor hat zwei Drehrichtungen, die durch Umschalten des Ventils genutzt werden können. Das Druckbegrenzungsventil dient hier zur Drehmomentbegrenzung gegen Überlastung.

1.3 Technische Eigenschaften ölhydraulischer Antriebe

1.3.1 Grundlegende Eigenschaften

Die Ölhydraulik hat dem Maschinenbauingenieur völlig neue Möglichkeiten für die Verwirklichung von Konstruktionsideen in die Hand gegeben. Der als Ersatz für den Seilbagger entwickelte Hydraulikbagger ist ein Beispiel hierfür. Seit Normbauteile (wie z.b. Rohre, Rohrverschraubungen, O-Ringe u.a.) und einbaufertige Komponenten (wie z.b. Pumpen, Motoren, Ventile, Arbeitszylinder, Filter, Speicher u.a.) in großem Umfang und in vielfältigen Ausführungen von Spezialfirmen zur Verfügung stehen, wurde die Ölhydraulik zu einer bedeutsamen Querschnittsdisziplin des Maschinenbaus, der Fahrzeugtechnik und der Luft- und Raumfahrttechnik mit „Systemtechnik"-Charakter: Die Planung, Berechnung, Simulation und Optimierung ganzer Anlagen tritt immer mehr in den Vordergrund. Sie betrifft damit wesentlich mehr Ingenieure als etwa zur Entwicklung der Komponenten notwendig sind. Systematische Vergleiche mit alternativen Konzepten erfordern eine möglichst gute Bilanz der jeweiligen Stärken und Schwächen.

Als *positive Eigenschaften* der hydraulischen Antriebe gelten folgende Merkmale:
1. Einfacher Aufbau mit Hilfe von Normbauteilen und Zulieferkomponenten.
2. Freizügige Anordnung aller Bauteile.
3. Konstruktiv einfache Erzeugung großer Kräfte, hohe Leistungsdichte.
4. Gutes Zeitverhalten (Beschleunigung- oder Verzögerungsvermögen) von Hydromotoren und Arbeitszylindern infolge der großen Stellkräfte /-momente bei vergleichsweise geringen Massenträgheiten.
5. Einfache Wandlung von rotierender in oszillierende Bewegung und umgekehrt.
6. Einfache Bewegungsumkehr.
7. Stufenlose, nahezu formschlüssige Übersetzungsänderung unter Last (besonders vorteilhaft für die Fahrantriebe mobiler Arbeitsmaschinen).
8. Einfacher Überlastungsschutz durch Druckbegrenzungsventile bzw. einfache Überwachung der Belastung durch Manometer oder Drucksensoren.
9. Gute Möglichkeiten zur Automatisierung von Prozessen.

Dem stehen folgende *negative Eigenschaften* gegenüber:
1. Wirkungsgrad geringer als bei mechanischen Antrieben: Zusätzlich zu mechanischer Reibung gibt es Druckverluste durch Flüssigkeitsreibung in Rohren und Elementen und Leckölverluste in den Spalten der Elemente.

2. Gewisser (wenngleich meistens sehr geringer) Schlupf zwischen An- und Abtrieb infolge von Leckölverlusten und Kompression des Öls, wodurch eine exakte Synchronisierung von Bewegungsabläufen erschwert wird.
3. Hoher Herstellungsaufwand infolge der Präzision der Hydraulikelemente.
4. Betriebsverhalten temperaturabhängig infolge der sehr stark schwankenden Ölviskositäten.

1.3.2 Systemeigenschaften ölhydraulischer und elektrischer Antriebe

Die rotatorische elektrische Antriebstechnik hat in jüngerer Zeit an Bedeutung gewonnen, **Tafel 1.1** (angelehnt an [1.3]) – Hauptgründe:

1. Entwicklung sehr effizienter Leistungselektronik für Spannungstransformation, Frequenzumrichtung und Schaltung von Erregerwicklungen.
2. Neue Werkstoffe für Permanentmagneten mit höherer Feldstärke.
3. Leistungsfähige digitale Kontrollsysteme.

Vor allem der zuerst genannte Trend verschärft den Wettbewerb mit der Ölhydraulik, wobei oft auch Kombinationen interessant sind.

So kann es z.B. lohnend sein, eine Verstellpumpe durch eine wesentlich billigere Konstantpumpe zu ersetzen und diese mit einem drehzahlvariablen E-Motor anzutreiben.

Tafel 1.1: Rotatorische hydrostatische oder elektrische Antriebe (5 Punkte „sehr gut", 1 Punkt „schlecht")

Bewertungskriterium	hydrost.	elektr.
Leistungsgewicht	5	2
Preis leistungsbezogen	4	3
Bauraum	5	2
Dynamik	4	3
Anfahren	4	4
Überlastbarkeit	3	4
Wirkungsgrad	4	5
Regelbarkeit	3	4
Leckagen	1	5
Geräuschentwicklung	2	4
Kühlung	4	2
Wartung	3	5

1.3.3 Physikalische Analogien Ölhydraulik – Elektrik

Hydrostatische und elektrische Antriebe sind in ihrer konstruktiven Ausführung sehr unterschiedlich. Bezüglich ihres Systemverhaltens gibt es jedoch einige interessante Analogien [1.4, 1.5], von denen vier wichtige in **Tafel 1.2** angesprochen werden. Ihre Nutzanwendung kann für die Entwicklung hydrostatischer Systeme z.B. folgende Vorteile haben:
1. Hilfen beim Verstehen des Betriebsverhaltens
2. Hilfen beim mathematischen Modellieren

Als Beispiel zu 1. sei das Betriebsverhalten eines Konstantdrucksystems mit Verstellpumpe aufgeführt, das mit demjenigen eines Gleichspannungsnetzes vergleichbar ist.

1 Einführung

Tafel 1.2: Physikalische Analogien zwischen wichtigen Größen elektrischer und hydrostatischer Systeme

	Elektrisch	Hydrostatisch
Strom	Elektr. Strom	Volumenstrom
Spannung	Elektr. Spannung	Hydrost. Druck
Kapazität	$\dfrac{\text{Strom} \times \text{Zeit}}{\text{Spannung}}$	$\dfrac{\text{Volumen}}{\text{Druck}}$
Widerstand	$\dfrac{\text{Spannung}}{\text{Strom}}$	$\dfrac{\text{Druck}}{\text{Volumenstrom}}$

Als einfaches Beispiel zu 2. sei eine Wheatstone'sche Brückenschaltung genannt. Sie dient zur analogen Verstärkung von Signalen mit Hilfe von 4 Widerständen, von denen mindestens einer (oft zwei) verstellt werden. Ihre bekannte elektrische Grundfunktion (z.b. bei der Anwendung von Dehnungsmessstreifen) lässt sich im Prinzip auf hydraulische Widerstände übertragen und ist hier z.b. bei drosselnden Wegeventilen oder Vorsteuerstufen von Proportionalventilen bedeutsam. Die Analogien haben auch für die Modellierung instationärer Vorgänge in hydrostatischen Systemen erhebliche Bedeutung, beispielsweise zur Berücksichtigung der Kompressibilität bei raschen Druckänderungen (kapazitives Verhalten).

1.4 Historie und wirtschaftliche Entwicklung der Ölhydraulik

Wie einführend erwähnt, hatte der Begriff „Hydraulik" ursprünglich eine sehr umfassende Bedeutung. In der 11. Auflage des Brockhaus Conversations-Lexikons heißt es 1866 noch:

„Hydraulik ist ein Theil der angewandten Mathematik und im besondern der Hydromechanik, d. h. der Mechanik flüssiger Körper. Der Name wird in einem weitern und einem engern Sinne gebraucht: im ersteren begreift H. die wissenschaftliche Betrachtung alles dessen, was auf die Bewegung tropfbarer Flüssigkeiten Bezug hat; im letztern beschäftigt sie sich nur mit den praktischen Anwendungen, welche von der Bewegung des Wassers gemacht werden, umfasst also die Wasserbaukunst, ferner die Untersuchung der Quellen, die Wasserhebung, den Bau und die Kenntnis der Wasserräder, Wassersäulenmaschinen u.s.w."

Diese Begriffsbestimmung hat sich bis ins 20. Jahrhundert hinein erhalten. Hundert Jahre später, in der 17. Auflage des Brockhaus-Lexikons wird 1969 unter „Hydraulik" jedoch verzeichnet:

„Die Lehre und technische Anwendung von Strömungen inkompressibler Flüssigkeiten (Rohrhydraulik). Unter Einschränkung des Begriffes werden hydrostatische Antriebe (Druckmittelgetriebe) mit Hydraulik bezeichnet. Sie arbeiten wegen der korrosiven Eigenschaften des Wassers mit Öl als Übertragungsmedium (Ölhydraulik)."
In diesen beiden Beschreibungen spiegelt sich der Wandel wider, der sich in der Bedeutung des Begriffs „Hydraulik" vollzogen hat. Nach einem sehr langen Zeitraum der Wasserhydraulik entwickelte sich die Ölhydraulik darauf aufbauend relativ zügig zu einer bedeutenden neuen Querschnittsdisziplin der Technik.

Über Handhebel betätigte Kolbenpumpen sind schon aus der Zeit vor Christi Geburt bekannt geworden. So berichtet Vitruv [1.6] über Ktesibios, der in der ersten Hälfte des 3. Jh. v. Chr. gelebt und u. a. eine Kolbenpumpe mit zwei Zylindern erfunden hat. In den in einem Wasserbehälter senkrecht nebeneinander stehenden Zylindern arbeiteten zwei mit einem Handhebel gegenläufig bewegte Kolben. Sie saugten das Wasser durch die in ihren Böden befindlichen Einlassventile an, um es über Auslassventile in einen zwischen ihnen montierten Druckbehälter zu fördern.

In den darauf folgenden Jahrhunderten, selbst noch im Mittelalter, war die Druckwasserhydraulik offensichtlich von nur geringer Bedeutung, obwohl die Wasserräder zum Antrieb von Arbeitsmaschinen sich seit dem 8. Jh. in zunehmendem Maße verbreiteten. Erst zu Beginn der Neuzeit, etwa vom 16. Jh. an, werden zahlreiche Bestrebungen sichtbar, Druckwasserpumpen zu entwickeln, speziell um die so genannten „Wasserkünste" zu betreiben. Schon zu dieser Zeit wurden fast alle wichtigen Pumpenbauarten erfunden, die auch heute für die Ölhydraulik von Bedeutung sind. So beschreibt schon Ramelli in einem 1588 erschienenen Buch [1.7] eine sogenannte „Capselkunst", **Bild 1.6**, die nichts anderes darstellt als eine der heute auch in der Ölhydraulik gebräuchlichen Flügelzellenpumpen.

Bild 1.6: Flügelzellenpumpe zur Wasserförderung, 1588 von Ramelli [1.7] beschrieben

Im selben Buch wird auch eine mit mehreren axial bewegten Kolben ausgerüstete Pumpe beschrieben, die als einer der ersten Vorläufer unserer heutigen Axialkolbenpumpen angesehen werden kann, **Bild 1.7**. Über ein Wasserrad 1 und ein Winkelgetriebe 2 werden die Triebwelle 3 und mit ihr die Taumelscheiben 4 und 5 angetrieben. Die zwischen den beiden Taumelscheiben laufenden Rollen 6 sind mit den Kolbenstangen 7 verbunden, so dass die an ihrem unteren Ende befestigten Kolben beim Drehen der Triebwelle 3 in den Zylindern 8, 9, 10 und 11 eine Hubbewegung ausführen. Über Ventile saugen sie Wasser aus dem Behälter 12 an und fördern es über das Druckrohr 13 in den höher gelegenen Behälter 14.

1 Einführung

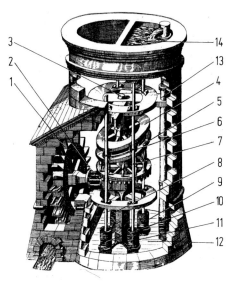

Bild 1.7: Axialkolbenpumpe zur Wasserförderung, 1588 von Ramelli [1.7] beschrieben

Auch die heute zahlenmäßig sehr weit verbreitete Zahnradpumpe ist schon seit Jahrhunderten bekannt. Sie wurde 1597 von Johannes Kepler erfunden, **Bild 1.8**. In seiner um 1604 gemachten Eingabe [1.8] weist er besonders darauf hin, dass diese Pumpe keine Ventile benötigt. Er schreibt:

„Zwo oder mehr Wellen in einem verschlossenen Casten, die da ghüb angehen, und jede sechs mehr oder weniger Holkehlen, sampt sechs runden leisten im umkreiß statt, dass also die Wellen im umbtreiben, mit oder ohne füetterung wasser halten, und eine die andere auslähre. Durch wölliches mittel die Pompen Heb- von Truckwergkh in continuum gebracht werden und nit aussetzen, und kheine Ventilen von nöthen seind."

Später wird die Zahnradpumpe unter dem Namen „Machina Pappenheimiana" in der Ausführung bekannt, wie sie 1724 von Leupold [1.9] im „Theatri Machinarum Hydraulicarum" beschrieben wird. Alle diese Techniken haben aber erst sehr viel später Eingang in den Maschinenbau gefunden. Blaise Pascal hat wesentliche Grundlagen für die weitere Entwicklung der Hydrostatik gelegt. Er war es auch, der als Erster um 1660 das Prinzip der hydraulischen Presse wie folgt beschrieb:

„so man in der Wand eines sonst von allen Seiten geschlossenen, mit Wasser gefüllten Gefäßes zwei Öffnungen anbringt, von denen die eine 100 mal größer ist als die andere, diese Öffnungen mit genau passenden Kolben versieht und den kleinen Kolben durch einen Mann verschieben lässt, so erhält man die Kraft von 100 Männern."

Die erste praktische Ausführung der hydraulischen Presse wurde jedoch erst viel später von Joseph Bramah geschaffen, der im Jahre 1795 ein Patent darauf erhielt.

Bild 1.8: 1597 von Johannes Kepler erfundene Zahnradpumpe (nach einer Skizze von W. Schickard 1617)

Im 19. Jh. folgten rasch aufeinander weitere Anwendungen der Druckwasserhydraulik [1.1], beispielsweise für Schmiedepressen (1861, John Haswell), Materialprüfmaschinen (um 1850, Ludwig Werder), Gesteinsbohrmaschinen (1877, Alfred Brandt), Ankerwinden u. a.. Schließlich wurden auch hydraulisch betriebene Kräne und Aufzüge gebaut.

Die kommerzielle Entwicklung hydrostatischer Maschinen, die mit Öl arbeiteten, begann erst im 20. Jh., und auch hier anfangs nur zögerlich. Als hemmende Faktoren sah der berühmte Hydraulikkonstrukteur Hans Molly (1902-94) in [1.10]: *Mangelhafte kinematische Analyse, fehlende Dimensionierungserfahrung, unausgereifte hydrostatische Entlastungen, Werkstoff- und Fertigungsprobleme.*

1905 präsentierten die Amerikaner Williams und Janney ein mit Taumelscheiben arbeitendes hydrostatisches Getriebe in Axialkolbenbauweise, das mit Drücken bis zu 40 bar arbeitete und erstmals mit Mineralöl als Druckflüssigkeit betrieben wurde [1.11]. Die erste brauchbare Radialkolbenmaschine entwickelte Hele Shaw 1910 [1.12, 1.13]. Hans Thoma (1887–1973), der 1922 schon eine schnelllaufende Radialkolbenmaschine vorgestellt hatte, erhielt 1929 gemeinsam mit Heinrich Kosel das Patent auf die dann rasch bekannt gewordene Axialkolbenmaschine in Schrägachsenbauweise [1.14]. Sie wurde ab 1940 für Drücke bis zu 250 bar in Serie gebaut, mehr als 10 Jahre vor den einfacheren Axialkolbenmaschinen in Schrägscheibenbauweise. Zu H. Thomas Werdegang enthält [1.15] Hinweise.

1925 meldete H.G. Ferguson seine Erfindung einer automatischen Tiefenführung von Anbaupflügen bei Traktoren zum Patent an [1.16]. Von mehreren vorgeschlagenen Alternativen setzte sich die hydraulische Umsetzung klar durch und gehört seit etwa 1960 weltweit zur Standardausrüstung landwirtschaftlicher Traktoren. Die neuere Entwicklung beschreibt Hesse in einer Übersichtsarbeit [1.17]. Die Autoren schätzen, dass (bis 2002) etwa 16 Millionen Systeme auf den Markt gebracht worden sind.

Nach dem Zweiten Weltkrieg setzte dann ganz allgemein eine rasche Entwicklung der Ölhydraulik ein mit schneller Durchdringung des gesamten Maschinenbaus [1.17]. Auf den Gebieten des Werkzeugmaschinenbaus, der Verarbeitungsmaschinen, des Schiffbaus, des Flugzeugbaus, des Kraftfahrzeugbaus, des Landmaschinen- und Traktorenbaus, und nicht zuletzt auf dem Gebiet der Baumaschinen sind die ölhydraulischen Antriebe heute nicht mehr wegzudenken. Der Jahresumsatz der im VDMA vertretenen Hydraulikfirmen (ohne Pneumatik) stieg von 1966 bis 1981, also innerhalb von nur 15 Jahren, von 0,4 auf etwa 2,2 Mrd DM an und betrug 2001 etwa 5,3 Mrd DM [1.18]. Die tatsächlichen Produktionswerte sind noch deutlich höher, weil die Hydraulik-Eigenfertigung von Maschinenbaufirmen nicht erscheint und Lieferungen an die Automobilindustrie nicht enthalten sind. Weltweit sind die USA der größte

1 Einführung

Produzent vor Deutschland und Japan, im Export nimmt jedoch deutsche Ölhydraulik auf dem Weltmarkt seit Jahren den ersten Platz ein (Stand 2001).

Diese bemerkenswerten deutschen Erfolge wurden u.a. 1997 durch zwei herausragende Persönlichkeiten der Branche gewürdigt: durch Wolfgang Backé als Vertreter der Forschung [1.19] und Werner Dieter als Vertreter der Industrie [1.20].

1.5 Normung in der Ölhydraulik

1.5.1 Normungsziele

Typische Inhalte von Normen der Ölhydraulik betreffen (ähnlich wie in anderen Gebieten) Begriffe, Definitionen, Einheiten, Symbole, Anschlussmaße und sonstige Schnittstellen, Stoffwerte, Messverfahren, Berechnungsverfahren, Testverfahren, Methoden zur Erfassung technischer Daten, Einrichtung von Klassen oder Kategorien, Festlegung von Nennwerten, Ergebnisdarstellungen und anderes.

Neben der Industrie sind oft auch der Gesetzgeber bzw. eingeschaltete Prüfämter sowie Kommunalverwaltungen, Versicherungsgesellschaften oder Berufsgenossenschaften an guten Normen interessiert, auf die sie sich beziehen können.

Normen haben in der Ölhydraulik vor allem deswegen eine große Bedeutung, weil die Anlagen aus vielen Einzelkomponenten bestehen, die gewöhnlich auch noch von verschiedenen Herstellern produziert werden. Dieses „Zusammensetzen von Anlagen" aus dem heute weltweiten Komponentenangebot würde ohne Normen nicht gut funktionieren. Die gerade für Deutschland besonders wichtige Globalisierung der Geschäftsbeziehungen in der Ölhydraulik bewirkt, dass nationale Normen eher an Bedeutung verlieren, während internationale Normen stark an Gewicht zunehmen.

1.5.2 Trend zu internationalen Normen

Aus den o.g. Gründen hat es sich in neuerer Zeit bewährt, bei größeren Normungsschritten von DIN auf ISO überzugehen und dann aus der fertigen ISO-Norm eine nationale Norm DIN ISO abzuleiten (siehe z.B. DIN ISO 1219). In der ISO-Hierarchie sind folgende Ebenen von Bedeutung (Stand 2006):
  ISO   International Organization for Standardization
  TC   Technical Committee (federführend für ein Gebiet)
  SC   Sectorial Committee (federführend für ein Teilgebiet)
  WG   Working Group (Expertengremium)
Die Ölhydraulik wird in TC 131 betreut, Öle in TC 28, SC 4 (Stand 2006). Eine internationale Norm entsteht in vielen Schritten. Am Ende der Vorbereitungsphasen entsteht ein „Committee Draft, CD", welcher bereits den technischen Konsens der mitwirkenden Länder und Gremien darstellt. Die folgenden (veröffentlichten) Phasen

sollten dann für praktische Anwendungen möglichst schon berücksichtigt werden (Stand 2006):
ISO/DIS „Draft International Standard", Internationaler Entwurf
ISO/FDIS „Final Draft International Standard", Internationaler Schlussentwurf
ISO „International Standard", Internationale Norm („Weißdruck")
Die Schaffung guter ISO-Normen ist ein schwieriger „globaldemokratischer" Prozess. Ist zu einem Normprojekt Konsens nicht erreichbar bzw. der Inhalt dafür weniger geeignet, aber wichtig, so kann z.b. ein ISO TR („Technical Report") erstellt werden. Auf einigen Gebieten gewinnt derzeit die Einbindung europäischer Normen (EN) als Zwischenebene an Bedeutung – diese Normen heißen dann DIN EN ISO. Europäische Normen werden vom CEN erarbeitet und herausgegeben (Europäisches Komitee für Normung, Brüssel).

Die Normungsarbeit der Ölhydraulik wird durch die Geschäftsstelle des Fachbereiches Fluidtechnik im Normenausschuss Maschinenbau (NAM) betreut, der selbst als Teilbereich des „DIN Deutsches Institut für Normung e.V." arbeitet. Gute Normen bedingen die Mitwirkung möglichst kompetenter Fachleute, die diese Arbeit oft ehrenamtlich zusätzlich zum Tagesgeschäft leisten. Die Ergebnisse sind nicht nur für die Entwicklung der Ölhydraulik innerhalb der Industrienationen wichtig, sondern sie stellen auch einen bedeutenden Beitrag zum Technologietransfer in weniger entwickelte Länder dar. Dieses gilt vor allem für die ISO-Normen, die in englischer Sprache verfasst werden.

Für die Übersetzung von Fachbegriffen in die deutsche oder in die französische Sprache wurde mit ISO 5598 ein Fachwörterbuch geschaffen. Übersichten über alle wichtigen Normen und Normentwürfe der Fluidtechnik erscheinen beispielsweise in [1.21].

1.5.3 Grafische Symbole für Schaltpläne

Ähnlich wie in der Elektrotechnik können auch in der Ölhydraulik Schaltpläne helfen, Strukturen und Arbeitsfunktionen von Anlagen so einfach wie möglich abzubilden. Dadurch werden das Verständnis, die Planung, die Modellierung und die spätere Überwachung erheblich erleichtert.

Nach der ursprünglichen nationalen Norm DIN 24 300 wurde 1978 in Deutschland die aus ISO 1219 abgeleitete nationale Norm DIN ISO 1219 für „Schaltzeichen" gültig [1.22]. Später erweiterte man die Weltnorm ISO 1219 zu mehreren Teilen: 1991 kam ISO 1219-1 für „Graphic Symbols" heraus, daraus leitete sich dann die 1996 veröffentlichte deutsche Norm DIN ISO 1219-1 ab, die nun den Begriff „graphische Symbole" benutzt [1.23]. Bei jedem Schritt gab es leichte Änderungen. Der neueste Stand betont stark die elementaren grafischen Elemente, aus denen man die Symbole

1 Einführung

zusammensetzt. Im Detail wurden vor allem die Druckventile und Arbeitszylinder verändert.

Mit Hilfe der **Tafeln 1.3** bis **1.5** soll ein Überblick gegeben werden, der für das weitere Studium des Buches unerlässlich ist. Grundlage ist die Norm DIN ISO 1219 nach dem Stand von [1.23].

Tafel 1.3: Grafische Symbole für Energiewandler nach DIN ISO 1219

	Hydropumpen und -motoren	
Konstantpumpe	konstantes Verdrängungsvolumen, eine Förderrichtung, Antrieb durch E-Motor	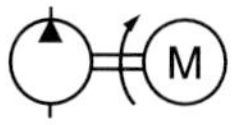
Konstantpumpe	konstantes Verdrängungsvolumen, zwei Förderrichtungen	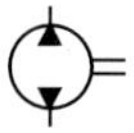
Verstellpumpe	verstellbares Verdrängungsvolumen, zwei Förderrichtungen	
Konstantmotor	konstantes Verdrängungsvolumen, eine Drehrichtung	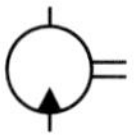
Verstellmotor	verstellbares Verdrängungsvolumen, zwei Drehrichtungen	
Hydrokompaktgetriebe	Verstellpumpe und -motor für zwei Abtriebsdrehrichtungen	
	Hydrozylinder	
Einfach wirkender Zylinder	in einer Richtung wirkend, Rückbewegung durch äußere Kraft	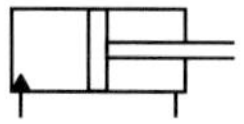
Doppelt wirkender Zylinder	in zwei Richtungen wirkend	
Teleskopzylinder	in einer Richtung wirkend, Rückbewegung durch äußere Kraft	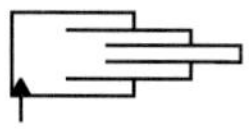

Tafel 1.4: Grafische Symbole für Hydroventile nach DIN ISO 1219

Wegeventile

3/2-Wegeventil	3 Anschlüsse, 2 Schaltstellungen (Anschlüsse in „Ausgangsstellung")	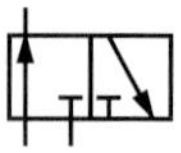
4/3-Wegeventil	Umlaufstellung von P nach T P: Pumpe, T: Ölbehälter (Tank) A, B: Verbraucheranschlüsse	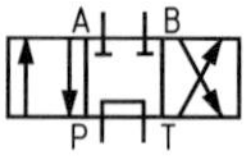
4/3-Wegeventil (Betätigungen)	handbetätigt (Betät.-Element darf auch mittig angesetzt sein)	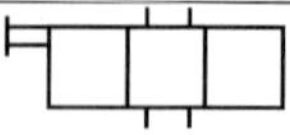
	direkt hydraulisch betätigt	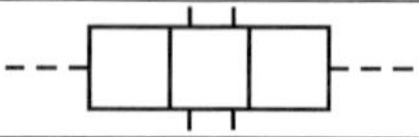
	über Vorsteuerventil indirekt hydraulisch betätigt	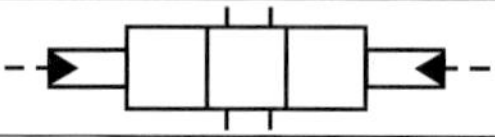
	elektromagnetisch betätigt, Rückstellung durch Federn	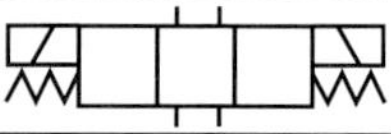
4/3-Wegeventil (Durchfluss)	nicht drosselnd, 2 Endschaltstellungen	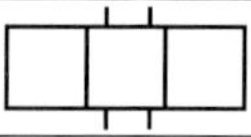
	drosselnd, beliebig viele Zwischen-Schaltstellungen	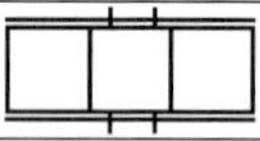

Druckventile

Druckbegrenzungsventil	begrenzt Druck im Zulauf durch Federkraft, öffnet bei Überdruck	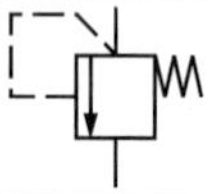
Folgeventil	schaltet Verbraucher zu, sobald gewisser Eingangsdruck erreicht ist, hat dabei geringen Druckverlust	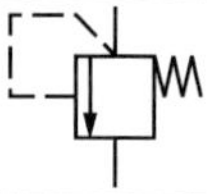
Druckregelventil	hält Druck im Ablauf konstant, schließt, wenn Druck im Ablauf zu groß	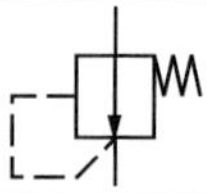
Differenzdruckregelventil	hält Druckdifferenz zwischen Zu- und Ablauf konstant	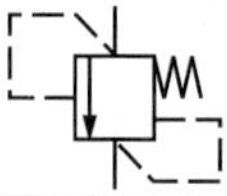
Verhältnisdruckregelventil	hält Druckverhältnis zwischen Zu- und Ablauf konstant	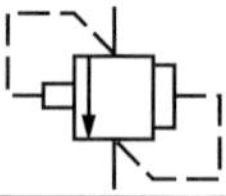

1 Einführung 25

Tafel 1.4: Fortsetzung

Sperrventile, Stromventile

Rückschlagventil	sperrt, wenn Ausgangsdruck größer als Eingangsdruck	
Drosselventil	drosselt den Ölstrom durch Verengen des Durchfluss-Querschnitts	
2-Wege-Stromregelventil	hält Ausgangsstrom durch Regelvorgang konstant, Ölüberschuss muss über DBV in Tank zurück	
3-Wege-Stromregelventil	hält Ausgangsstrom konstant, führt Ölüberschuss z. B. in Tank zurück	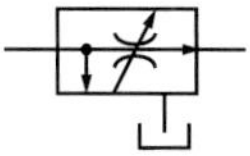
Stromteilventil	teilt Ölstrom in bestimmtem Verhältnis unabhängig vom Druck	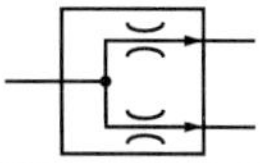

Tafel 1.5: Grafische Symbole für Leitungen und Hydrogeräte nach DIN ISO 1219

Leitungen, Leitungsverbindungen

Arbeitsleitung	Rohrleitung zur Energieübertragung ohne und mit Leitungsverbindung	
Sonstige Leitungen	Steuer-, Abfluss- oder Leckölleitung	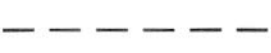
Biegsame Leitung	z. B. Hochdruckschlauch	
Schnellkupplung	links gekuppelt, rechts entkuppelt	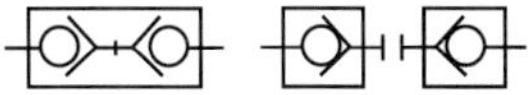

Hydrogeräte

Behälter, belüftet	horiz. Länge beliebig. Leitung bis Boden, wenn Ende in Fluid eintaucht	
Hydrospeicher	Speicherung hydraulischer Energie	
Filter		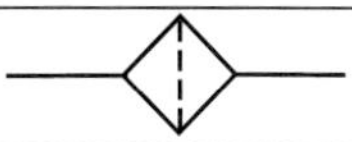
Wärmetauscher	Kühler oder Heizer entsprechend Pfeilrichtung	

Literaturverzeichnis zu Kapitel 1

[1.1]   Weingarten, F.: Entwicklung der hydrostatischen Energieübertragung im 19. und 20. Jahrhundert. O+P 26 (1982) H. 12, S. 873-879.

[1.2]   Förster, H.J.: Automatische Fahrzeuggetriebe. Berlin, Heidelberg: Springer Verlag 1991.

[1.3]   Harms, H.-H.: Elektrische oder hydraulische Antriebe in der Landtechnik. VDI-Berichte 1449, S. 61-63. Düsseldorf: VDI-Verlag 1998.

[1.4]   Schlösser, W.M.J. und W. F. T. C. Olderaan: Eine Analogietheorie der Antriebe mit rotierender Bewegung. Antriebstechnik 2 (1963) H. 1, S. 5-10.

[1.5]   Helduser, S. und R. Schönfeld: Systemdenken in der Technik. O+P 41 (2002) H. 9, S. 51, 52, 54, 56, 57.

[1.6]   Vitruv: Zehn Bücher der Architektur, S. 189-491. Darmstadt: Wiss. Buchgesellschaft 1981.

[1.7]   Ramelli, A.: Le diverse et artificiose machine. Paris: Schatzkammer mechanischer Künste 1588. Deutsche Ausgabe 1620.

[1.8]   Gerlach, W. und M. List: Johannes Kepler, Dokumente zu Lebenszeit und Lebenswerk. München: Ehrenwirth-Verlag 1971.

[1.9]   Leupold, J.: Theatri Machinarum Hydraulicarum. Leipzig: Verlag Chr. Zunkel 1724.

[1.10] Molly, H.: Hydrostatische Fahrzeugantriebe – ihre Schaltung und konstruktive Gestaltung. Teil I und II. ATZ 68 (1966) H. 4, S. 103-110 und H. 10, S. 339-346.

[1.11] -,-: The Williams-Janney variable speed gear. Engineerg. 95 (1913, Bd.1), S. 156, 157, 160.

[1.12] Hele-Shaw, H.S.: Britisches Patent No. 12943, 1910.

[1.13] Joanidi, J.: Hydraulische Kraftübertragung – System Hele-Shaw. Der Motorwagen 17 (1914) H. 10, S. 211-216.

[1.14] Kosel, H. und H. Thoma: Preßölpumpe oder -motor mit rotierender Zylindertrommel und darin wirkenden Kolben. DRP Nr. 485 815 (Anm. 23.03.1924, erteilt 24.10.1929).

[1.15] Schunder, F.: Die Rexroth-Geschichte. Lohr a. Main: Mannesmann Rexroth GmbH 1995.

[1.16] Ferguson, H.G.: Apparatus for Coupling Agricultural Implements to Tractors and Automatically Regulating the Depth of Work. Britisches Patent No. 253 566 (Anm. 12.2.1925, erteilt 14.6.1926).

[1.17] Hesse, H.: Rückblick auf Entwicklungsschwerpunkte der Traktorhydraulik. O+P 43 (1999) H. 10, S. 704-713 (darin 18 weitere Lit.).

[7.18] -,-: Statistiken des „Verband Deutscher Maschinen- und Anlagenbau e.V." (abgekürzt: VDMA), Frankfurt a. M.

[1.19] Backé, W.: 40 Jahre Forschung in der Fluidtechnik (1957-1997). O+P 41 (1997) H. 7, S. 494-501.

[1.20] -,-: Die Hydraulikindustrie in Deutschland 1957-1997: Von bescheidenen Anfängen zum weltweiten Technologieführer. O+P-Gespräch mit W. Dieter. O+P 41 (1997) H. 7, S. 475, 476, 478, 480, 481.

[1.21] -,-: Normen und Norm-Entwürfe für Fluidtechnik. Übersichten in „Konstruktions Jahrbuch O+P". Mainz: Vereinigte Fachverlage. (In 2002 erschien die 27. Auflage).

[1.22] -,-: Fluidtechnische Systeme und Geräte. Schaltzeichen. DIN ISO 1219 (August 1978). Berlin: Beuth Verlag 1978.

[1.23] -,-: Fluidtechnik. Graphische Symbole und Schaltpläne. Teil 1: Graphische Symbole (ISO 1219-1: 1991). DIN ISO 1219-1 (März 1996). Berlin: Beuth Verlag 1996.

2 Physikalische Grundlagen ölhydraulischer Systeme

2.1 Grundlagen über Druckflüssigkeiten

Die Druckflüssigkeiten sind die Energieträger im Hydrauliksystem. Einschlägige DIN-Normen (wie z. B. DIN 51524) benutzen das Wort „Druckflüssigkeiten" als Oberbegriff, unter den sie Hydraulikflüssigkeiten einordnen. Kenntnisse über die Art der Druckflüssigkeiten und über deren Eigenschaften und Betriebsverhalten sind für die Entwicklung und für den Betrieb von Hydraulikanlagen mindestens so bedeutsam wie die Kenntnis der Bauelemente, denn sie beeinflussen nicht nur die Funktion einer Anlage, sondern auch ihr Betriebsverhalten und ihre Lebensdauer in entscheidendem Maße.

2.1.1 Aufgaben und Anforderungen

Aufgaben: Die Hauptaufgaben der Druckflüssigkeit bestehen in der Energie- und Signalübertragung. Typische Nebenaufgaben betreffen Schmierung, Reduzierung von Verschleiß, Korrosionsschutz, Dämpfung, Wärmeabfuhr und Reinigung.

Anforderungen: Die Anforderungen an die Druckflüssigkeit ergeben sich aus vorgenannten Aufgaben. Sie können im Detail von Anlage zu Anlage verschiedenartig sein und sich unter Umständen widersprechen. Eine hohe Viskosität begünstigt z. B. die Schmierung und verringert die Leckverluste – erhöht jedoch gleichzeitig die Strömungsverluste im System. In Anlehnung an Eckhardt [2.1], Praxiserfahrungen und reichhaltige Normen ergeben sich folgende Anforderungen:

1. Günstiges *Viskositäts-Temperatur-Verhalten („V-T-Verhalten")*:
   Es sollte über einen möglichst weiten Temperaturbereich eine möglichst geringe Viskositätsänderung auftreten mit auch ausreichender Fließfähigkeit bei tiefen Temperaturen. Die Viskosität sollte infolge mechanischer Beanspruchung während der Einsatzzeit (vor allem Scherbeanspruchung) möglichst nicht abfallen.
2. Gute *Schmierungs- und Verschleißschutzeigenschaften*:
   Die Druckflüssigkeit muss die Oberflächen der Elemente ausreichend benetzen können, um die Ausbildung tragender hydrodynamischer Schmierfilme zu unterstützen. Bei Mischreibung sollten Reibungszahl und Verschleiß möglichst klein sein – etwa durch die Fähigkeit zur Bildung von „Reaktionsschichten" durch „Anti-Wear" und/oder „Extreme Pressure" Additive.
3. Gute *Korrosionsschutzeigenschaften* und gute *Verträglichkeit* gegenüber Dichtungen, anderen Gummi- und Kunststoffelementen und sonstigen Werkstoffen – insbesondere Buntmetalllegierungen.
4. *Alterungsbeständigkeit* auch unter harten Bedingungen, wie sie beispielsweise bei mobilen Maschinen mit relativ hohen Betriebstemperaturen vorliegen:

Widerstand gegen Säurebildung infolge thermisch bedingter Oxidation und gegen Schlamm- und Harzbildung durch Polymerisation.
5. Günstiges Verhalten gegenüber Luft, d. h. gutes *Luftabscheidevermögen, geringe Neigung zur Schaumbildung*, gutes *Luftlösevermögen*.
6. Ausreichende *Filtrierbarkeit*.
7. Gutes *Wärmeleitvermögen*.
8. *Umweltschonung/Entsorgung:* Praktikable und wirtschaftliche Entsorgung verbrauchter Druckflüssigkeiten. Diese sollten möglichst nicht toxisch sein und sich durch geringe Flüchtigkeit auszeichnen.

Druckfestigkeit ist kein Problem. Mineralöle verändern sich selbst unter extremen Drücken (z. B. 10^4 bar) weder chemisch noch physikalisch.

Aus obigen Anforderungen resultieren Ölspezifikationen, die in Normen festgelegt werden (Kriterien, Zahlenwerte, Toleranzen, Prüfverfahren). Als Einstieg ist DIN 51 524 geeignet.

2.1.2 Arten und Stoffdaten

Arten: Üblich ist der Einsatz folgender Arbeitsflüssigkeiten:

Standard-Druckflüssigkeiten der Hydraulik (siehe auch [2.2, 2.3] und ISO 6743-4)
- *Druckflüssigkeiten auf Mineralölbasis* (DIN 51 524, ISO 6743-4)
- *Schwer entflammbare Druckflüssigkeiten* (Luxemb. Report, CETOP RP 97 H)
- *Biologisch schnell abbaubare Druckflüssigk.* (VDMA 24568, ISO CD 15380)

Weitere auch eingesetzte Flüssigkeiten
- *Motorenöle* (HD-Öle)
- *Getriebeöle*
- *Universalöle* (UTTO, STOU)
- *Getriebeöle für Automatikgetriebe* (ATF-Öle)
- *Sonstige Flüssigkeiten*

Tafel 2.1 vermittelt einen Überblick über die beiden ersten Gruppen.

Druckflüssigkeiten auf Mineralölbasis sind die bei weitem am häufigsten verwendeten Hydraulikmedien. Es sind Öle, die speziell für diese Verwendung gemischt und mit Zusätzen verschiedenartiger Wirkstoffe (Additive) versehen sind [2.2, 2.3]. Die Zusätze sollen bestimmte Eigenschaften verbessern, beispielsweise das Viskositäts-Temperatur-Verhalten, die Verschleißschutz- und Korrosionsschutzeigenschaften oder die Alterungsbeständigkeit (siehe Kap. 2.1.1, Anforderungen).

Schwer entflammbare Druckflüssigkeiten haben eine erheblich höhere Zündtemperatur als Mineralöle; sie finden daher in feuer- und explosionsgefährdeten Anlagen Verwendung, wie z. B. im Bergbau oder in Hüttenwerken [2.4]. Unterschieden wird zwischen wasserhaltigen Druckflüssigkeiten auf Mineralölbasis und wasserfreien Druck-

2 Physikalische Grundlagen ölhydraulischer Systeme

Tafel 2.1: Überblick über Druckflüssigkeiten auf Mineralölbasis und schwer entflammbare Druckflüssigkeiten (angelehnt an Eckhardt [2.1] und einschlägige Normen)

Mineralöle

DIN 51 524	ISO 6743-4	Zusammensetzung	Einsatzbereiche
(H)*	HH	ohne besondere Wirkstoffzusätze (Grundöle)	Anlagen ohne besondere Anforderungen (selten)
HL	HL	mit Wirkstoffen zum Erhöhen des Korrosionsschutzes und der Alterungsbeständigkeit. DIN 51 524, Teil 1	Anlagen mit mäßigen Drücken, jedoch hohen Temperaturen. Gutes Wasserabscheidevermögen
HLP	HM	wie HL, jedoch weitere Zusätze zur Minderung des Fressverschleißes b. Mischreibung. DIN 51 524, Teil 2	Anlagen mit hohen Drücken und Temperaturen. Hochwertiges, sehr verbreitetes Hydrauliköl, insbesondere HLP 46
HVLP	HV	wie HLP, jedoch weitere Zusätze zur Verbesserung des Viskositäts-Temperatur-Verhaltens. DIN 51 524, Teil 3.	Gegenüber HLP erweiterter Temperaturbereich mit tiefen Startwerten infolge flacherer Viskositätskennlinie
HLDP	(–)	wie HLP, jedoch Zusätze zur Lösung von Ablagerungen (detergierend) und begrenzt wassertragend (emulgierend/dispergierend)	Anlagen mit Wasserzutritt zur Ölfüllung (Kondenswasser, Kühlschmierstoffe bei Werkzeugmaschinen, mobile Systeme)

Schwer entflammbare Flüssigkeiten **

ISO 6743 / CETOP Lux. Ber. / VDMA	Zusammensetzung	Einsatzbereiche
HFA	Öl-in-Wasser-Emulsion oder synth. wässrige Lösung mit max. 20% Konzentrat	Bergbau, hydr. Pressen, Temperaturbereich 5 bis 55 °C
HFB	Wasser-in-Öl-Emulsion mit max. 60% Ölanteil	Bergbau, Temperaturbereich 5 bis 60 °C
HFC	wässrige Polymerlösung mit 35–55% Wasser	Bergbau, Gießereien, mäßige Drücke, Umweltschutz, Temperaturbereich -20 bis 60 °C
HFDU	Carbonsäureester (wasserfrei, synthetisch)	Temperaturbereich -35 bis 100 °C, verbreiteter als HFDR
HFDR	Phosphorsäureester (wasserfrei, synthetisch)	Kraftfahrzeuge, Luft- und Raumfahrt, Temp.-ber. -20 bis 150 °C

* Die nationale Normung der Bezeichnung „Hydrauliköl (H)" wurde 1982 ersatzlos gestrichen, entsprechende Öle werden seitdem mit DIN 51 517, Teil 1, abgedeckt
** Normen siehe DIN 51 502 (Bezeichnungen), ISO 6743-0 und -4 sowie CETOP RP 97 H und Luxemburger Bericht/EG (Spezifikationen), DIN 51 345 (Verträglichkeit mit Metallen), DIN 51 346 (Beständigkeit). Richtlinien siehe VDMA 24 317, VDMA 24 568 und 24 569 (Anforderungen, Umstellungen).

flüssigkeiten auf synthetischer Basis. Hohe Wasseranteile (HFA, HFB, HFC) können die Schwerentflammbarkeit wesentlich verbessern. Bei ihrem Einsatz sind die im Vergleich zu Mineralölen teilweise ungünstigeren Eigenschaften zu beachten, bei HFA-Flüssigkeiten z. B. die geringere Schmierfähigkeit bei Mischreibung, das schlechtere Korrosionsverhalten oder die niedrigere Viskosität [2.5 bis 2.7]. Diese Nachteile lassen es meist nicht zu, die in normalen Hydraulikanlagen üblichen Druck- und Temperaturwerte zu erreichen. Nach [2.4] konzentrierten sich die Belastungsgrenzen vorwiegend auf Wälzlager. Daher wird u. a. versucht, die Konstruktion gezielt an Druckflüssigkeiten mit hohen Wasseranteilen anzupassen (z. B. Gleitlager statt Wälzlager) [2.8]. Über diese Mischungen hinaus gibt es auch ernsthafte Versuche, Leitungswasser als Druckflüssigkeit einzusetzen. Über einen entsprechenden Ansatz eines renommierten Herstellers wird in [2.9] berichtet.

Die synthetischen HFD-Flüssigkeiten sind wasserfrei und thermisch hoch belastbar. HFDU-Öle (Turbinen, Flughydraulik) sind rückläufig, während der Marktanteil der HFDR-Öle steigt (gute Schmiereigenschaften, gute biologische Abbaubarkeit, Entflammbarkeit etwa wie HFC).

Biologisch schnell abbaubare Druckflüssigkeiten dienen dem Schutz des Menschen und der Umwelt (Luft, Boden, Wasser, Wasserschutzgebiete) – langfristig auch der Schonung des begrenzten Vorrats an Mineralöl-Rohstoffen. Nach [2.10] gelangt nur etwa die Hälfte des verkauften Hydrauliköls in die Entsorgungswirtschaft und man muss annehmen, dass ein Teil der nicht aufgetauchten Menge die Umwelt belastet.

Im Laufe der Entwicklung vor allem der neunziger Jahre (mit zahlreichen Forschungsprojekten) kristallisierten sich die folgenden drei Flüssigkeitsgruppen als „HE-Fluide" (Hydraulic Ecological Fluids) heraus [2.10]:
- Rapsölbasische Flüssigkeiten (Triglyzeride) HETG
- Polyglykole HEPG
- Synthetische Ester HEES

Ihre Eigenschaften (mit Vor- und Nachteilen) wurden z. B. in [2.11, 2.12] beschrieben, technische Anforderungen z. B. in der VDMA-Richtlinie 24568 niedergelegt. Die Norm ISO 6743-4 definiert in der Ausgabe 1999 noch eine vierte Kategorie HEPR (= synth. Kohlenwasserstoffe).

Ein wichtiges Kriterium für „umweltfreundlich" ist die Zuordnung zu den gesetzlich geregelten Wassergefährdungsklassen. Die Klassen ergeben sich aus toxischen Daten und der biologischen Abbaubarkeit. Bei der Umstellung von Anlagen auf biologisch schnell abbaubare Fluide sind einige Regeln zu beachten, siehe VDMA 24569 (sog. „Umstellungsrichtlinie").

Rapsöl wurde u. a. wegen seiner Eigenschaft als nachwachsender Rohstoff als Druckflüssigkeit erforscht [2.11 bis 2.17], auch angewendet, aber vielfach später durch bio-

2 Physikalische Grundlagen ölhydraulischer Systeme

logisch abbaubare synthetische Esteröle ersetzt. Rapsöl hat hervorragende Eigenschaften bezüglich Schmierung und Korrosionsschutz. Nach [2.12] deckt sich seine Viskositäts-Temperatur-Kennlinie grob betrachtet mit derjenigen des verbreiteten mineralischen Hydrauliköls HLP 46. In weiten Bereichen verläuft sie sogar flacher (ähnlich HVLP 46) – steigt aber leider unterhalb von -5 °C progressiv an, das Tieftemperaturverhalten ist physikalisch unbefriedigend. Kritisch sind auch hohe Temperaturen über 70–80 °C, und zwar vor allem bezüglich oxydativer Stabilität (Einfluss der mehrfach ungesättigten Fettsäuren). Beide Grenzen lassen sich durch Additive verschieben, wobei auch deren biologische Abbaubarkeit zu beachten ist. Ein weiterer Nachteil ist nur sehr schwer in den Griff zu bekommen: die Neigung zur Hydrolyse, d. h. zur Verseifung bei Wasserzutritt. Der Zielkonflikt entsteht dadurch, dass diese Eigenschaft die biologische Abbaubarkeit unterstützt. Daher werden konstruktive Maßnahmen an der Hydraulikanlage empfohlen, um den Wasseranteil auf ca. 100 ppm zu halten. Rapsöl ist mit Mineralölen mischbar (siehe VDMA 24 569).

Polyglykole sind als Druckflüssigkeit HEPG mechanisch und thermisch sehr hoch belastbar mit z. T. sehr niedrigen Reibungszahlen, jedoch aggressiv gegenüber einigen Kunststoffen, wasserlöslich und mit Mineralölen nicht mischbar.

Synthetische Ester HEES neigen auch etwas zur Hydrolyse [2.18], weisen jedoch im Übrigen hervorragende Eigenschaften auf mit Standzeiten, die über denen von Mineralölen liegen können. Diese Flüssigkeiten sind teuer, haben aber den größten Marktanteil. Die Mischbarkeit mit Mineralölen ist gegeben.

Bei allen drei diskutierten biologisch schnell abbaubaren Druckflüssigkeiten wird die Additivierung dadurch erschwert, dass die Zusätze unter Umständen schlecht abbaubar sind. Gewisse Entlastungen verspricht man sich von dem Prinzip, Funktionen des Öls in die Oberfläche von Bauteilen zu verlagern, beispielsweise durch keramische Werkstoffe [2.19] oder andere Beschichtungen [2.20].

Motorenöle werden z. T. trotz ihres hohen Preises als Druckflüssigkeit verwendet, um eine weitere Ölsorte in der Lagerhaltung zu vermeiden (Logistik, Verwechslungsgefahr). Die Viskositäten mineralischer Mehrbereichs-Motorenöle (etwa 15W40) passen für viele Hydraulikanwendungen relativ gut. Motorenöle ertragen hohe Temperaturen – Schwachpunkt ist für Hydrauliksysteme das Wasserabscheidevermögen.

Getriebeöle werden vor allem bei Hydrauliksystemen verwendet, die einen gemeinsamen Ölhaushalt mit Getrieben haben (wie teilweise bei Traktoren oder Baumaschinen). Übliche Mineralöle für Getriebe gehören oft zur SAE-Viskositätsklasse 90 (Kraftfahrzeug-Getriebeöle). In diesen Fällen ist die Viskosität für gängige Hydraulikanlagen eher zu groß. Bei Kompromissen (etwa Getriebeöl SAE 75W oder 80W) muss geprüft werden, ob die Schmierung des Getriebes noch gut genug ist (insbesondere für Zahnflanken und Gleitlager bei hohen Temperaturen).

Universalöle (UTTO: Universal tractor transmission oil; STOU: Super tractor universal oil) werden für die gleichzeitige Anwendung in Motoren, Fahrzeuggetrieben und Fahrzeughydrauliken angeboten. Ihre Viskositäten liegen im Bereich gängiger Motorenöle (ggf. Freigaben beim Maschinenhersteller anfragen).

Sonstige Flüssigkeiten betreffen vor allem spezielle Fluide der Kraftfahrzeugtechnik [2.21], insbesondere auch Bremsflüssigkeit [2.22] sowie der Luftfahrt [2.23].

Stoffdaten für Druckflüssigkeiten. Wichtigste Eigenschaft ist die Viskosität. *Mineralöle* werden daher in genormte Viskositätsklassen (Viscosity Grade: VG) eingeteilt, für die eine Bezugstemperatur von 40 °C gilt. Der Nennwert gibt die kinematische Mittelpunktsviskosität bei 40 °C an, die Toleranz beträgt ± 10%, **Tafel 2.2**. Weitere Daten für die besonders verbreiteten HLP-Öle findet man in DIN 51 524, Teil 2. Unter ihnen hat HLP 46 einen hohen Anteil (Stand 2006).

Für den Betrieb ölhydraulischer Anlagen sind bestimmte Viskositätsgrenzen einzuhalten, die in der Regel vom Hersteller der Anlage bzw. den Komponentenherstellern vorgeschrieben werden.

Tafel 2.2: ISO-Viskositätsklassen für Hydrauliköle nach DIN 51 524 (April 2006)

Viskositätsklasse (DIN 51 519)	Kinematische Viskosität bei 40 °C in mm²/s		Beispiele
	Nennwert	Toleranzbereich	
ISO VG 10	10	9,0 ... 11,0	HLP 10
ISO VG 22	22	19,8 ... 24,2	HLP 22
ISO VG 32	32	28,8 ... 35,2	HLP 32
ISO VG 46	46	41,4 ... 50,6	HLP 46
ISO VG 68	68	61,2 ... 74,8	HLP 68
ISO VG 100	100	90,0 ... 110,0	HLP 100

Es gelten folgende Anhaltswerte:
ν_{max} (Kaltstart): 1000 mm²/s
$\nu_{Betrieb}$ (Dauerbetrieb): 15...30...80 mm²/s
ν_{min} (Kurzzeitbetrieb): 10 mm²/s

Zur besseren Einordnung der schwer entflammbaren Druckflüssigkeiten zeigt **Tafel 2.3** einige Faustwerte wichtiger Stoffdaten (aus verschiedenen Quellen).

Weitere Stoffdaten werden im Zusammenhang mit dem physikalischen Verhalten von Druckflüssigkeiten (Stoffgesetze) im nächsten Kapitel angesprochen. Gute Unterlagen gibt es hierzu auch von den Herstellern von Druckflüssigkeiten (siehe z. B. [2.2] und [2.3]).

2 Physikalische Grundlagen ölhydraulischer Systeme

Tafel 2.3: Faustwerte der wichtigsten Stoffdaten für mineralische und schwer entflammbare Druckflüssigkeiten für Umgebungsdruck (nach verschiedenen Quellen)

Stoffeigenschaften	Formel-zeichen	Einheit	Mineral. Druckfl.	Schwer entflammbare Druckflüssigkeiten			Wasser
				HFA	HFC	HFD	
Kinemat. Viskosität bei 40 °C	ν	mm²/s	10–46–100	1,5–2,0	22–46–68	15–46–100	~1
Dichte bei 15 °C	ρ	g/cm³	0,85–0,91	~0,99	1,04–1,09	1,14–1,45	~1
Wärmeausdehnungskoeffizient	γ	K⁻¹	~7·10⁻⁴	1,8·10⁻⁴	~7·10⁻⁴	~7,4·10⁻⁴	2·10⁻⁴
Kompressibilität	κ	bar⁻¹	~7·10⁻⁵	~4·10⁻⁵	~2,9·10⁻⁵	~3,8·10⁻⁵	~4,5·10⁻⁵
Kompressionsmodul	$K = \kappa^{-1}$	bar	~1,4·10⁴	~2,5·10⁴	~3,5·10⁴	~2,6·10⁴	2,2·10⁴
Bunsen-Lösungskoeffizient	α	–	0,08–0,09	0,02	0,01–0,02	0,01–0,02	0,02
Spezifische Wärmekapazität	c	kJ/(kg·K)	1,8–2,2	~4,2	3,1–3,3	1,3–1,5	4,183
Wärmeleitkoeffizient b. 20 °C	λ	W/(m·K)	0,12–0,14	0,60	0,3–0,4	0,11–0,13	0,598
Flammpunkt	t_{Flamm}	°C	220 (VG46)	–	–	240–300	–
Zündtemperatur	$t_{Zünd}$	°C	310–360	(keine)	(keine)	~500	–
Max. Betriebstemperatur	t_{max}	°C	90–110	55	60	90–150	50

2.1.3 Physikalisches Verhalten

2.1.3.1 Viskositätsverhalten

Begriff der Viskosität. Die Viskosität oder Zähigkeit der Druckflüssigkeit ist meistens der bedeutendste Betriebsparameter ölhydraulischer Komponenten und Anlagen. Die Viskosität gibt Auskunft über die innere Reibung der Druckflüssigkeit und ist daher für fast alle Strömungsvorgänge von Bedeutung – insbesondere für die Druckverluste durchströmter Rohrleitungen und Kanäle und für die Leckölverluste an Spalten. Darüber hinaus beeinflusst sie die Fähigkeit, Maschinenelemente durch hydrodynamisch erzeugte Tragfelder zu trennen, beispielsweise Wellen in Gleitlagern oder Kolben in Zylindern. Die Viskosität wird am besten durch zwei parallel gegeneinander bewegte Platten veranschaulicht, zwischen denen sich das Fluid befindet, **Bild 2.1**. Bleibt die untere Platte in Ruhe und wird die obere Platte mit der Geschwindigkeit $v_{x\text{Platte}}$ nach rechts bewegt, so ergibt sich zwischen den Platten auf Grund der Haftbedingungen für „Newton'sche Flüssigkeiten" eine lineare Geschwindigkeitsverteilung $v_x(y)$ und es verhält sich:

$$\frac{v_x(y)}{y} = \frac{v_{x\text{Platte}}}{h}$$

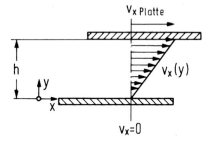

Bild 2.1: Geschwindigkeitsverteilung in einer „Newton'schen Flüssigkeit" zwischen zwei parallel zueinander bewegten Platten

Die auf die Flächeneinheit bezogene Reibungsschubspannung τ ist proportional zur Steigung der Geraden $v_x(y)$, d.h. proportional zum Ausdruck dv_x / dy. Mit η als Proportionalitätsfaktor ergibt sich:

$$\tau = -\eta \cdot \frac{dv_x}{dy} \qquad (2.1)$$

Das ist das bekannte, nach Newton benannte Reibungsgesetz für ideale Flüssigkeiten [2.24, 2.25], in dem η die *dynamische Viskosität* bedeutet.

Für die Arbeit in der Ölhydraulik ist auch die *kinematische Viskosität* ν von Bedeutung, sofern Massenkräfte berücksichtigt werden – etwa bei der Bildung der sog. Reynolds-Zahl „Re" oder auch bei der vereinfachten Messung der Viskosität durch Ausfluss unter Schwerkraft. Die kinematische Viskosität ν ergibt sich mit der Flüssigkeitsdichte ρ aus η zu:

2 Physikalische Grundlagen ölhydraulischer Systeme

$$v = \frac{\eta}{\rho} \qquad (2.2)$$

Einheiten für die dynamische Viskosität η:

1 Ns/m^2 = 1 Pa·s = 10^3 mPa·s (früher: 1 cP = 1 mPa·s)

Einheiten für die kinematische Viskosität v:

1 m^2/s = 10^6 mm^2/s

(früher: 1 cSt = 1mm^2/s)

Faustwert und beispielhafte Umrechnung:

$v = 30$ mm^2/s (HLP 46, 60 °C, 210 bar) → $\eta = 26 \cdot 10^{-3}$ Ns/m^2.

Viskositäts-Temperatur-Verhalten (VT-Verhalten). Mit zunehmender Temperatur sinkt die Viskosität der Druckflüssigkeit, **Bild 2.2**. Der Gradient ist bei tiefen Temperaturen besonders groß. Hohe Temperaturen reduzieren die hydrodynamische Reibung (z. B. in Rohren) – ebenso aber auch die hydrodynamisch erzeugten Tragdrücke. Ferner steigen mit abnehmender Viskosität die Leckölverluste. Das VT-Verhalten kann durch empirisch gewonnene Gleichungen beschrieben werden. Für die *dynamische Viskosität* mineralischer Öle bei atmosphärischem Druck wurde 1921 folgender Ansatz von H. Vogel [2.26] vorgeschlagen:

$$\eta(\vartheta) = k \cdot e^{\frac{b}{c+\vartheta}} \qquad (2.3)$$

Die Konstante k wird darin in Ns/m^2, die Konstanten b und c werden in °C eingesetzt. A. Cameron schlug 1966 vor, die Konstante c für Schmieröle einheitlich mit 95 °C einzusetzen. Kahrs übernahm diese Empfehlung [2.27] – nach [2.28] passte hingegen für das dort verwendete Öl ein Wert von 125 °C besser. Es gibt noch andere Modelle wie z. B. das von Witt [2.29].

Die Abhängigkeit der *kinematischen Viskosität* v von der Temperatur wird meist nach Ubbelohde und Walter (1935) modelliert [2.30, 2.28, 2.31], siehe z. B. auch DIN 51 563:

$$\log\log(v + 0{,}8) = \log\log(v_1 + 0{,}8) - m\log\frac{T}{T_1} \qquad (2.4)$$

mit v in mm^2/s, T in K und der Richtungskonstante m [2.30].

Die hohe Güte des Ansatzes wird 1983 in [2.28] ausdrücklich gewürdigt. In der Praxis benutzt man dieses Modell dazu, Abszisse und Ordinate so zu skalieren, dass die Funktionen $v(T)$ sich als Geraden abbilden, siehe **Bild 2.3** und „Blanko"-Netz in **Bild 2.4**.

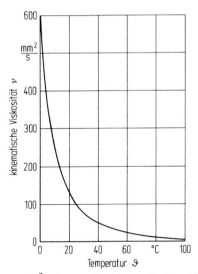

Bild 2.2: Änderung der kinematischen Viskosität mit der Temperatur (Hydrauliköl HL 46, VI 100, $p_o = 1$ bar), nach [2.1]

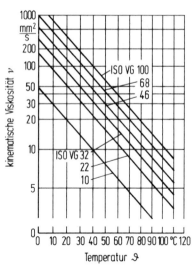

Bild 2.3: Ubbelohde-Diagramm für Hydrauliköle ISO VG 10 bis 100, VI 100, $p_o = 1$ bar, nach [2.1]

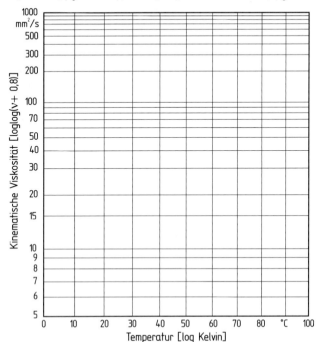

Bild 2.4: Nach Ubbelohde und Walter mit dem Rechner generiertes „Blanko"-Netz zur Eintragung von Viskositätsgeraden über der Temperatur für Mineralöle.

2 Physikalische Grundlagen ölhydraulischer Systeme

Der Anstieg der Viskosität mit fallender Temperatur wird teilweise auch mit Hilfe des so genannten „Viskositätsindex VI" oder der so genannten „Richtungskonstante m" gekennzeichnet.

Viskositäts-Druck-Verhalten (VP-Verhalten). Mit zunehmendem Druck erhöht sich die Viskosität der Hydraulikflüssigkeit. Faustwert: Sie verdoppelt sich bei Druckerhöhung von 1 bar auf 400 bar für gängiges Hydrauliköl (HLP 46) und übliche Betriebstemperatur (60–70 °C). Das VP-Verhalten wird durch ein von Barus [2.32] schon 1893 vorgelegtes und durch Kießkalt [2.33] 1927 bestätigtes Modell beschrieben:

$$\eta(p) = \eta_0 \cdot e^{\alpha(p-p_0)} \tag{2.5}$$

Darin ist η_0 die dynamische Viskosität bei atmosphärischem Druck p_0 und α der Viskositäts-Druck-Koeffizient. α ist abhängig von der Ölstruktur, der Viskosität und der Temperatur. Setzt man Betriebsdruck p und Bezugsdruck p_0 (Umgebung) in bar ein, ergibt sich α in bar^{-1}.

Gemessene Werte wurden z. B. von Kahrs [2.27] mitgeteilt, **Bild 2.5**. Aus dem VT-Verhalten und dem VP-Verhalten lässt sich das Viskositäts-Druck-Temperatur-Verhalten (VPT-Verhalten) kombinieren. **Bild 2.6** zeigt dieses am Beispiel HL 46 (weitere Messwerte siehe [2.28], umfassende Modelle siehe Witt [2.34]).

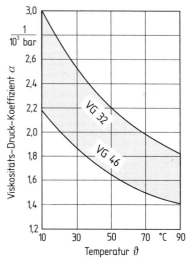

Bild 2.5: Streufeld des Viskositäts-Druck-Koeffizienten für Gleichung (2.4), nach Kahrs [2.27]. Basis: 8 gängige Mineralöle (um 1970).

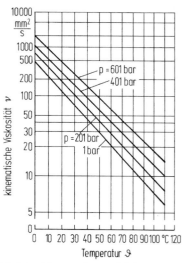

Bild 2.6: Kinematische Viskosität eines mineralischen Hydrauliköls (HL46) in Abhängigkeit von Temperatur und Druck (nach Firmenangaben, Drücke absolut).

2.1.3.2 Dichte-Verhalten

Übersicht. Die Dichte ρ der Druckflüssigkeit ist das Verhältnis der Masse m zu deren Volumen V:

$$\rho = \frac{m}{V}$$

Sie ist eine maßgebliche Kenngröße der Druckflüssigkeit für die Berechnung von Strömungswiderständen und dynamischen Strömungskräften. Die Dichte ist etwas temperatur- und druckabhängig. Erhöht man bei konstanter Temperatur den Druck, so steigt die Dichte als Folge der Kompressibilität. Erhöht man die Temperatur bei konstantem Druck, verringert sie sich durch Ausdehnung. Bild 2.7 zeigt ein typisches Kennfeld für ein mineralisches Hydrauliköl der Viskositätsklasse 46. Fast identische Werte findet man in [2.28] (dort Bild 3) für ein Hydrauliköl „CLP 32".

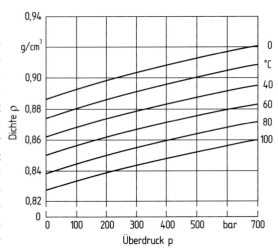

Bild 2.7: Diagramm zur Darstellung des Dichte-Druck-Verhaltens in Abhängigkeit von der Temperatur (Hydrauliköl HL 46 mit VI = 100, nach Herstellerangaben). Andere Hydrauliköle ähnlich.

Dichte-Temperatur-Verhalten isobar. Die Dichte einer Druckflüssigkeit nimmt bei konstantem Druck mit steigender Temperatur ab, weil die Flüssigkeit sich ausdehnt:

$$\rho(\vartheta) = \frac{\rho_0}{1 + \gamma(\vartheta - \vartheta_0)} \tag{2.6}$$

Darin sind ρ_0 in kg/m³ und ϑ_0 in °C die Bezugsgrößen und γ in 1/K der Wärmeausdehnungs-Koeffizient.

Der Wärmeausdehnungs-Koeffizient γ ermöglicht eine einfache Berechnung der Volumenzunahme mit V_0 als Ausgangsvolumen nach der Gleichung

$$\Delta V = \gamma \cdot V_0 (\vartheta - \vartheta_0) \tag{2.7}$$

Betrachtet man z. B. in Bild 2.7 bei 220 bar Druck eine Temperaturerhöhung von 0 °C auf 60 °C, so verringert sich die Dichte dabei von 0,900 auf 0,863 g/cm³. Dieses entspricht einem gemittelten Wärmeausdehnungskoeffizienten γ von etwa $7,0 \cdot 10^{-4}$ K^{-1}. Die Volumenzunahme beträgt nach obiger Gleichung 4,2%.

2 Physikalische Grundlagen ölhydraulischer Systeme

Dichte-Druck-Verhalten isotherm. Die Dichte einer Druckflüssigkeit nimmt bei konstanter Temperatur mit steigendem Druck zu, weil die Flüssigkeit zusammengedrückt wird:

$$\rho(p) = \frac{\rho_0}{1 - \kappa \cdot (p - p_0)} \quad (2.8)$$

Darin sind ρ_0 in kg/m³ und p_0 in bar die Bezugsgrößen und κ in 1/bar die Kompressibilität. Der reziproke Wert von κ ist der Kompressions-Modul K:

$$K = \frac{1}{\kappa}$$

Die Kompressibilität κ (auch „Kompressibilitätsfaktor β") ermöglicht eine einfache Berechnung der Volumenabnahme bei Druckerhöhung nach der Gleichung

$$\Delta V = -\kappa \cdot V_0 (p - p_0) \quad (2.9)$$

Betrachtet man z. B. in Bild 2.7 bei 60 °C Öltemperatur eine Druckerhöhung von 0 auf 300 bar, so vergrößert sich die Dichte von 0,850 auf 0,867. Dieses entspricht einer gemittelten Kompressibilität κ von $6{,}7 \cdot 10^{-5}$ bar^{-1} (vergleiche mit Tafel 2.3). Als Faustwert kann man für Mineralöle und übliche Arbeitsdrücke (bis zu einigen 100 bar) etwa 0,7% Dichte- oder Volumenänderung pro 100 bar ansetzen.

2.1.3.3 Temperaturverhalten bei adiabater Druckänderung

Verdichtet oder expandiert man Hydrauliköl in einem wärmedichten Raum ohne Reibung (z. B. in einem Drucktopf), so ändert sich die Temperatur des Fluids reversibel etwa proportional mit dem Druck. Eine Erhöhung des Druckes (Kompression) bewirkt einen gleichzeitigen Anstieg der Temperatur – eine Entspannung (Dekompression) eine gleichzeitige Temperaturabsenkung.

Nach Witt [2.34, 2.35] beträgt die Temperaturveränderung für ein mineralisches Hydrauliköl (Mobiloil DTE Medium) bei 50 °C und einer Druckerhöhung von Umgebungsdruck auf 200 bar Überdruck 1,25 K/100 bar. Genauere Werte sind abhängig von Ölsorte, Temperatur und Druck (siehe auch [2.36, 2.37]). Dieses Phänomen hat z. B. zur Folge, dass die Temperaturveränderung an einer Drossel aus zwei Anteilen besteht. Nach [2.35] wurde z. B. für eine Drossel-Entspannung von 100 bar auf Umgebungsdruck bei 50 °C Anfangstemperatur ein Temperaturanstieg von 4,3 K gemessen (bzw. fast identisch mit Zustandsmodellen berechnet), der sich aus den Anteilen +5,55 K (Energieumwandlung) und -1,25 K (Dekompression) zusammensetzt.

Eine praktische Anwendung dieses Phänomens besteht darin, die Wirkungsgrade von Verdrängermaschinen allein über Temperaturmessungen zu ermitteln. **Tafel 2.4** zeigt beispielhaft die Temperatursprünge für 90% Gesamtwirkungsgrad. Bei Ölmotoren ergeben sich ab etwa 78% Gesamtwirkungsgrad Temperaturabsenkungen (Kennfelder siehe Witt [2.3, 2.34, 2.35]). Ein Verfahren zur kombinierten Erfassung der Stoffwerte und Temperaturen wurde z. B. von Höfflinger vorgelegt [2.38].

Tafel 2.4: Temperatursprünge an Verdrängermaschinen mit internem Lecköl für 90% Gesamtwirkungsgrad (nach Witt [2.34] für Mobiloil DTE Medium, 50 °C, andere Mineralöle ähnlich)

Druckdifferenz, bar	200	250	300	350
Temp.-Diff. Pumpe, K	3,7	4,6	5,5	6,4
Temp.-Diff. Motor, K	-1,4	-1,7	-2,0	-2,3

2.1.3.4 Luftaufnahmevermögen

Luft kann in Mineralölen gelöst oder ungelöst (Blasenform) enthalten sein. Gelöst beeinflusst sie die Öleigenschaften nicht, auch nicht die Kompressibilität. Im Sättigungszustand kann Mineralöl bei Atmosphärendruck p_0 und 50 °C z. B. 9 Volumenprozent Luft in gelöster Form aufnehmen, d. h. 90 cm^3 auf einen Liter Öl. Während das Luftaufnahmevermögen eines Mineralöls von der Temperatur nur wenig abhängt, nimmt es mit der Erhöhung des Druckes stark zu: Nach dem Henry'schen Gesetz gilt für das maximal gelöste Luftvolumen V_L (bis etwa 300 bar):

$$V_L = V_{Öl} \cdot \alpha \cdot \frac{p}{p_0} \qquad (2.10)$$

$V_{Öl}$ ist das Ölvolumen bei Atmosphärendruck, α der Bunsen'sche Lösungskoeffizient (für Mineralöl etwa 0,08 bis 0,09 leicht steigend mit der Temperatur). Für p ist der Absolutdruck einzusetzen. Je 100 bar beträgt das lösbare Luftvolumen das Acht- bis Neunfache des Ölvolumens – ein hoher Wert! Sobald das Aufnahmevermögen des Öls für gelöste Luft überschritten wird, bilden sich Luftblasen im Öl. Auch kann in Öl gelöste Luft in Luftblasen übergehen, wenn der Sättigungsdruck unterschritten wird, d. h. in der Ansaugleitung, in engen Krümmungen, hinter Drosselstellen usw. Ebenso können Luftblasen durch Ansaugen von Luft, durch Leckstellen oder Pantschen entstehen.

Luftblasen verkleinern den Kompressionsmodul K, können bei Druckerhöhung in einer Pumpe schlagartig verdichtet werden und sehr hohe örtliche Temperaturen annehmen (Gefährdung von Dichtungen, Ölalterung, Geräusche, Gefahr kavitationsähnlicher Verschleiß- und Ermüdungserscheinungen [2.39]). Oft wird vereinfachend von Kavitation gesprochen – diese tritt aber streng genommen meistens nicht auf oder ist von untergeordneter Bedeutung, weil der Dampfdruck von Mineralölen (im Vergleich zu Wasser) so gering ist. Daher kommt der Luftabscheidung eine besondere Bedeutung zu [2.40] (siehe auch Kap. 6.3 Ölbehälter).

2.2 Grundlagen aus der Hydrostatik

2.2.1 Hydrostatisches Verhalten von Flüssigkeiten

Eine in einem Behälter vorhandene ruhende Flüssigkeit kann nur Normalkräfte auf Behälterwände und -boden übertragen. Die in **Bild 2.8** durch Gravitation an den Stellen A, B und C vorhandenen Drücke p sind an sich keine Vektoren, sie wirken aber immer senkrecht zu Behälterwänden und Boden. Ihre Größe wächst mit dem Eigengewicht der betrachteten Flüssigkeitssäule, das heißt mit dem vertikalen Abstand h von der Flüssigkeitsoberfläche.

$$p = \rho \cdot g \cdot h \tag{2.11}$$

Bei der Berechnung ölhydrostatischer Anlagen kann das Eigengewicht der Flüssigkeitssäule in der Regel gegenüber den Arbeitsdrücken vernachlässigt werden.

Der über eine äußere Kraft F erzeugte Druck ist entsprechend **Bild 2.9**:

$$p = \frac{F}{A} \tag{2.12}$$

2.2.2 Energiewandlung mit Kolben und Zylinder

Für die in **Bild 2.10** gezeigte Hebevorrichtung mit der Hubkraft F_2 und der Betätigungskraft F_1 wird der aufzubringende *Arbeitsdruck* oder *Lastdruck*

$$p = \frac{F_1}{A_1} = \frac{F_2}{A_2} \tag{2.13}$$

Sieht man von Leckölverlusten ab, so verdrängt der Kolben mit der Fläche A_1, wenn er um den Weg s_1 bewegt wird, das Flüssigkeitsvolumen V_1:

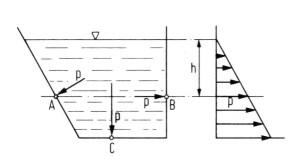
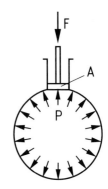

Bild 2.8: Hydrostatischer Druck einer ruhenden Flüssigkeit infolge von Gravitation

Bild 2.9: Hydrostatischer Druck einer ruhenden Flüssigkeit durch Kolbenkraft F auf Fläche A

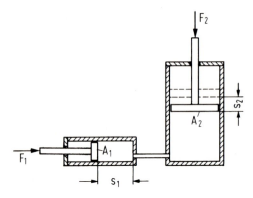

Bild 2.10: Schema einer Hebevorrichtung mit Pump- und Hubzylinder

$$V_1 = V_2 = A_1 \cdot s_1 = A_2 \cdot s_2$$

Es ist also

$$\frac{s_1}{s_2} = \frac{A_2}{A_1} \tag{2.14}$$

Die *Kraftverstärkung* $\frac{F_2}{F_1}$ entspricht bei Vernachlässigung jeglicher Reibung dem Verhältnis der Kolbenflächen:

$$F_2 = \frac{A_2}{A_1} \cdot F_1 \tag{2.15}$$

Umgekehrt wird die Hubgeschwindigkeit v_2 kleiner als die aufgebrachte Geschwindigkeit v_1, denn es ist

$$\frac{v_1}{v_2} = \frac{A_2}{A_1} \tag{2.16}$$

Die auf dem Wege s_1 (s_2) aufgewendete Kolbenkraft F_1 (F_2) ergibt die *Arbeit*

$$W = F_1 \cdot s_1 = F_2 \cdot s_2 \tag{2.17}$$

und die *Leistung*

$$P = F \cdot v$$

Mit $F = A \cdot p$ und $v = \frac{Q}{A}$ wird

$$P = p \cdot Q \qquad \text{(siehe 1.2)}$$

Darin ist Q der Volumenstrom.

2.2.3 Energiewandlung mit rotierendem Verdränger

In **Bild 2.11** ist das Schema einer Pumpe mit rotierendem Verdrängerkolben dargestellt. Der Kolben mit der Fläche A legt bei einer Umdrehung gegen den Lastdruck den Weg $2\pi \cdot r$ zurück und verdrängt dabei das Flüssigkeitsvolumen

$$V = 2\pi \cdot r \cdot A \tag{2.18}$$

Dieses Verdrängungsvolumen nennt man bei einer Hydropumpe das „*Hubvolumen*", bei einem Hydromotor das „*Schluckvolumen*".

Der *Volumenstrom* ist mit der Drehzahl n dann:

$$Q = V \cdot n \tag{2.19}$$

Betrachtet man für verlustfreien Betrieb ein aus Pumpe (1) und Motor (2) bestehendes Hydrogetriebe, so gilt mit $Q_1 = Q_2$:

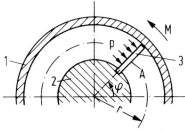

Bild 2.11: Schema einer Pumpe mit rotierendem Verdränger.
1 Gehäuse, 2 Rotor, 3 Flügel

$$\frac{n_1}{n_2} = \frac{V_2}{V_1} \tag{2.20}$$

Bei der in Bild 2.11 gezeigten Verdrängermaschine wirkt das *Drehmoment*

$$M = p \cdot A \cdot r \tag{2.21}$$

Mit $A = \dfrac{V}{2\pi \cdot r}$ erhält man das *verlustlose mechanisch-hydrostatische Gleichgewicht*:

$$M = \frac{p \cdot V}{2\pi} = \frac{p \cdot Q}{2\pi \cdot n} \quad \text{bzw.} \quad M\,[Nm] = \frac{p\,[bar] \cdot V\,[cm^3]}{20\,\pi} \tag{2.22}$$

Die Gleichung (2.22) ist für die Projektierung besonders bedeutsam, weil sie für Pumpen und Motoren gilt und von deren Bauart völlig unabhängig ist.

Die verlustlos aufgenommene oder abgegebene *Leistung* beträgt

$$P = M \cdot \omega = M \cdot 2\pi \cdot n = p \cdot Q \tag{2.23}$$

Setzt man Q in [l/min] und p in [bar] ein, ergibt sich die verlustlose Zahlenwertgleichung

$$P\,[kW] = \frac{Q\,[l/min] \cdot p\,[bar]}{600} \tag{2.24}$$

2.3 Grundlagen aus der Hydrodynamik

Bei der Berechnung strömungsmechanischer Vorgänge (Hydrodynamik) ging man zunächst vom Idealfall der reibungsfreien, inkompressiblen Flüssigkeit aus. In weiteren Schritten berücksichtigte man die Flüssigkeitsreibung durch Einbeziehung des Stoffwertes „Viskosität" und dessen Abhängigkeiten von weiteren Parametern, insbesondere der Temperatur und dem Druck.

Für die strömungstechnische Modellierung ölhydraulischer Komponenten und Anlagen gelten vor allem folgende Grundlagen als bedeutsam:
- *Kontinuitätsgleichung:* Erhaltung der Masse längs eines Stromfadens
- *Bernoulli-Gleichung:* Erhaltung der Energie längs eines Stromfadens
- *Druckverluste beim Fluidumlauf:* Reibungsbehaftete Strömungen
- *Strömungsmodelle für spezielle Geometrien*: Drosseln und Spalte
- *Impulssatz:* Kraftwirkungen strömender Flüssigkeiten.

Für Routineberechnungen in der Praxis stehen die Zusammenhänge zwischen Volumenströmen und Druckverlusten meistens im Vordergrund. Sie sollen daher auch im Folgenden besonders berücksichtigt werden.

2.3.1 Kontinuitätsgleichung

Für die stationäre Strömung einer reibungslosen, inkompressiblen Flüssigkeit gilt das Gesetz von der Erhaltung der Massen, **Bild 2.12**. Es besagt, dass der durch den Querschnitt A_1 fließende Massenstrom $\dot{m}_1$ gleich dem durch den kleineren Querschnitt A_2 fließenden Massenstrom $\dot{m}_2$ ist; bei Flüssigkeiten mit gleich bleibender Dichte gilt dies auch für die instationäre Strömung. Der Massenstrom, also die in der Zeiteinheit durch einen bestimmten Rohrquerschnitt fließende Flüssigkeitsmasse, ist

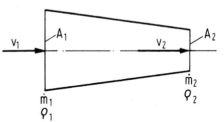

Bild 2.12: Flüssigkeitsströmung durch ein sich verengendes Rohr

$$\dot{m} = \rho \cdot A \cdot v \tag{2.25}$$

mit v als mittlerer Geschwindigkeit.

Entsprechend Bild 2.12 gilt damit:

$$\rho_1 \cdot A_1 \cdot v_1 = \rho_2 \cdot A_2 \cdot v_2 \tag{2.26}$$

und bei gleich bleibender Flüssigkeitsdichte, d. h. inkompressiblem Fluid:

$$A_1 \cdot v_1 = A_2 \cdot v_2 \tag{2.27}$$

2.3.2 Bernoulli'sche Bewegungsgleichung

Die Bernoulli'sche Gleichung geht davon aus, dass der Energieinhalt einer stationär und reibungslos strömenden idealen Flüssigkeit in jedem Punkt des Stromfadens zu jeder Zeit konstant ist [2.41].

Aus dieser Annahme kann man ableiten, dass die Summe aus den drei folgenden charakteristischen Druckanteilen entlang des Stromfadens nach Bernoulli konstant bleibt:

- Hydrostatischer Druck (in der Ölhydraulik der Arbeitsdruck)
- Hydrodynamischer Druck, „Geschwindigkeitsdruck"
- Druck infolge von Gravitation, „Lagedruck"

Betrachtet man hierzu anhand von **Bild 2.13** zwei Stromfadenpunkte 1 und 2, so wird die Druckbilanz durch die Bernoulli'sche Gleichung für ein inkompressibles Fluid wie folgt beschrieben:

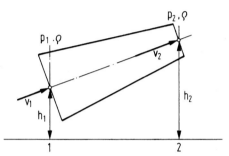

Bild 2.13: Flüssigkeitsströmung durch ein geneigtes Rohr mit sich verengendem Querschnitt

$$p_1 + \frac{\rho \cdot v_1^2}{2} + \rho \cdot g \cdot h_1 = p_2 + \frac{\rho \cdot v_2^2}{2} + \rho \cdot g \cdot h_2 \qquad (2.28)$$

Darin ist p der statische Druck, ρ die Fluiddichte, v die mittlere Geschwindigkeit und g die Gravitationsbeschleunigung (weitere Größen siehe Bild 2.13).
Allgemein gilt für ein inkompressibles reibungsfreies Fluid ($\rho_1 = \rho_2$):

$$p + \frac{\rho \cdot v^2}{2} + \rho \cdot g \cdot h = \text{const.} \qquad (2.29)$$

Da der Lagedruck gegenüber dem dynamischen und statischen Druck in der Ölhydraulik meist vernachlässigt werden kann, gilt in der Regel:

$$p + \frac{\rho \cdot v^2}{2} = \text{const.} \qquad (2.30)$$

Auf dieser für inkompressible und reibungsfreie Flüssigkeiten gültigen vereinfachten Druckbilanz kann nun die Berechnung der Druckverluste in Hydraulikrohrleitungen mit realen Stoffwerten aufbauen.
Diese Berechnung wird im nächsten Kapitel behandelt.

2.3.3 Druckverlust in Rohrleitungen

2.3.3.1 Grundlegende Betrachtungen

Physikalische Entstehung der Rohrreibung. Im Gegensatz zu den o. g. idealisierten Annahmen sind reale Flüssigkeiten bekanntlich weder inkompressibel noch reibungsfrei, vielmehr hat die Reibung eine ganz wesentliche Bedeutung für die Berechnung und die Beurteilung dynamischer Vorgänge bei Flüssigkeiten, insbesondere auch für die Bestimmung der Druckverluste in Rohrleitungen.

Die Reibung entsteht aus Schubspannungen des viskosen Fluids, die infolge von Geschwindigkeitsgefällen quer zur Strömungsrichtung entsprechend Bild 2.1 bzw. Gleichung 2.1 entstehen. Das betrifft sowohl die Reibung innerhalb der Flüssigkeit als auch den Sonderfall der Reibung zwischen Flüssigkeit und Wand (Grenzschicht). Die Größe der Reibung wird dementsprechend vor allem durch die Zähigkeit (Viskosität) des Fluids und die Geschwindigkeitsverhältnisse in der Strömung bestimmt. Die Gleitbewegungen unter Schubspannung erzeugen Wärme – die notwendige Energie wird der Druckenergie entnommen. Den entsprechenden Verlustdruck Δp kann man in die vereinfachte Bernoulli-Gleichung (Gl. 2.30) einführen:

$$p + \frac{\rho \cdot v^2}{2} + \Delta p = \text{const.} \tag{2.31}$$

Betrachten wir hierzu in **Bild 2.14** ein Rohrstück konstanten Durchmessers (und damit konstanten dynamischen Druckes). Von 1 nach 2 entsteht durch Reibung ein Druckverlust. Wegen des konstanten dynamischen Druckes muss der statische Druck p in Strömungsrichtung um den Verlustdruck Δp absinken. Mit den in der Ölhydraulik üblichen Viskositätswerten (die meistens weitaus größer sind als z. B. bei Wasser) ergeben sich in den Rohrleitungen nicht vernachlässigbare Druckverluste.

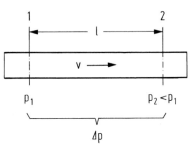

Bild 2.14: Druckabfall in geraden Rohren

Grundansatz für den Druckabfall in Rohrleitungen. Die Entwicklung einer Gleichung für den Druckabfall, den eine reibungsbehaftete Flüssigkeit bei der Durchströmung eines Rohres erfährt, gelang Prandtl mit einem Ansatz, der auf der kinetischen Energie der strömenden Flüssigkeit aufbaut:

$$\frac{dp}{dl} = -\lambda_R \cdot \frac{1}{d} \cdot \frac{\rho \cdot v^2}{2} \tag{2.32}$$

2 Physikalische Grundlagen ölhydraulischer Systeme

Durch Integration erhält man für den Druckabfall bei inkompressibler, stationärer und isothermer Strömung:

$$\Delta p = p_1 - p_2 = \lambda_R \cdot \frac{l}{d} \cdot \frac{\rho \cdot v^2}{2} \tag{2.33}$$

In dieser Gleichung bedeuten entsprechend Bild 2.14:
$\Delta p = p_1 - p_2$ Druckabfall von Rohrquerschnitt 1 nach 2
d Innendurchmesser des Rohres
v auf d bezogene mittlere Strömungsgeschwindigkeit
ρ Dichte der Flüssigkeit

Der Faktor λ_R ist der *Rohrwiderstandsbeiwert*, der wiederum eine Funktion der Reynolds'schen Zahl Re ist.

$$\lambda_R = f(Re) \tag{2.34}$$

$$Re = \frac{v \cdot d}{\nu} = \frac{v \cdot d \cdot \rho}{\eta} \approx 21221 \cdot \frac{Q\,[l/\text{min}]}{d\,[\text{mm}] \cdot \nu\,[\text{mm}^2/\text{s}]} \tag{2.35}$$

mit ν als kinematischer, η als dynamischer Viskosität.

Man unterscheidet grundsätzlich zwischen dem für das Gebiet der Ölhydraulik besonders wichtigen Fall der *laminaren* Strömung (Schichtströmung, Stromlinien parallel zur Rohrachse, Zähigkeitskräfte überwiegen gegenüber Massenträgheitskräften) und dem Bereich der *turbulenten* Strömung (ungeordnete Strömung, Wirbel, Querbewegung auch senkrecht zur Rohrachse, Massenträgheitskräfte überwiegen gegenüber den Zähigkeitskräften).

Darüber hinaus muss beachtet werden, dass Strömungsvorgänge in beiden Fällen sowohl *isotherm* als auch *nicht isotherm* ablaufen können.

Wegen des Wärmeanfalls aus den besprochenen Druckverlusten laufen Strömungsvorgänge der Ölhydraulik in der Regel nicht isotherm ab. Streng genommen müsste man bei nicht isothermer Berechnung auch noch den Wärmeaustausch des Rohres mit der Umgebung berücksichtigen – dieser soll jedoch vernachlässigt werden, d.h. man arbeitet mit *adiabaten* Bedingungen. Entsprechend gilt das Schema von **Tafel 2.5**.

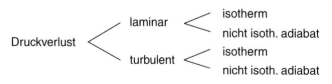

Tafel 2.5: Vier wichtige Fälle für die Berechnung der Druckverluste in Rohrleitungen

Diese vier Fälle sollen im Folgenden behandelt werden.

2.3.3.2 Laminare Rohrströmung

Laminare isotherme Rohrströmung. Diese tritt bei Reynoldszahlen (Gl. 2.35) unter etwa 2000 auf (kleinere Rohrleitungen, mäßige Strömungsgeschwindigkeiten) und sie ist mathematisch elegant und exakt modellierbar. Der als konstant angenommenen Temperatur entsprechend ist die Viskosität sowohl über dem Rohrquerschnitt, als auch in Längsrichtung gleich groß.

Unter diesen Bedingungen lässt sich die Strömungsmechanik exakt berechnen. Dieses soll im Folgenden geschehen – auch als Beispiel für die gute rechnerische Zugänglichkeit anderer laminarer Strömungen. Als Ansatz dient nach **Bild 15** ein im Flüssigkeitsstrom mit fließendes kleines zylindrisches Flüssigkeitselement $\pi \cdot y^2 \cdot l$. Dieses möge sich im Gleichgewicht mit der umgebenden, im Strom fließenden Flüssigkeit befinden. Auf die Stirnflächen dieses Zylinderelements wirken dann links die Druckkraft $p_1 \cdot \pi \cdot y^2$ und rechts die infolge der Druckverluste entlang der Länge l etwas kleinere Kraft $p_2 \cdot \pi \cdot y^2$. Insgesamt ergibt sich daraus die resultierende axiale Druckkraft: $(p_1 - p_2) \cdot \pi \cdot y^2 = \Delta p \cdot \pi \cdot y^2$. Ihr entgegen wirkt infolge der Schubspannung auf die Mantelfläche die Schubkraft $2\pi \cdot y \cdot l \cdot \tau$.

Bei Gleichgewicht gilt:

$$\Delta p \cdot \pi \cdot y^2 = 2\pi \cdot y \cdot l \cdot \tau \tag{2.36}$$

τ ist nach dem Newton'schen Reibungsgesetz

$$\tau = -\eta \cdot \frac{dv}{dy}$$

so dass gilt

$$\frac{dv}{dy} = -\frac{\Delta p}{\eta \cdot l} \cdot \frac{y}{2}$$

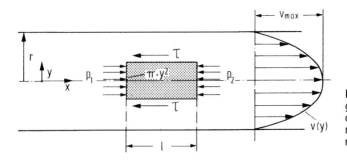

Bild 2.15: Spannungen und Geschwindigkeitsprofil bei laminarer Rohrströmung

2 Physikalische Grundlagen ölhydraulischer Systeme

Durch Integration erhält man mit der Bedingung $v = 0$ bei $y = r$ die Gleichung des Rotationsparaboloids

$$v(y) = -\frac{\Delta p}{4\eta \cdot l} \cdot \left(y^2 - r^2\right) \qquad (2.37)$$

Der Maximalwert der Strömungsgeschwindigkeit in der Rohrachse ergibt sich mit $y = 0$ zu

$$v_{max} = \frac{\Delta p}{4\eta \cdot l} \cdot r^2 \qquad (2.38)$$

Der durch den Rohrquerschnitt fließende Volumenstrom ist formal gleich dem Inhalt des Rotationsparaboloids. Durch Integration von Gl. (2.37) über konzentrische Flächenelemente $dA = 2\pi \cdot y \cdot dy$ erhält man mit den Grenzen $y = 0$ und $y = r$ das von Hagen und Poisseuille um 1840 erstmals veröffentlichte Gesetz für den Volumenstrom bei laminarer isothermer Rohrströmung:

$$Q = \frac{\pi \cdot r^4}{8\eta \cdot l} \cdot \Delta p = \frac{\pi \cdot d^4}{128\eta \cdot l} \cdot \Delta p \qquad (2.39)$$

Für die mittlere Geschwindigkeit im Rohr gilt dabei

$$v = \frac{Q}{\pi \cdot r^2} = \frac{\Delta p}{8\eta \cdot l} \cdot r^2 \qquad (2.40)$$

Sie entspricht damit genau der halben maximalen Strömungsgeschwindigkeit:

$$v = 0{,}5 \cdot v_{max}$$

Eine Auflösung von Gl. (2.40) nach dem Druckabfall Δp ergibt

$$\Delta p = 8 \cdot \eta \cdot \frac{l}{r^2} \cdot v \qquad (2.41)$$

Man erkennt aus dieser Gleichung, dass der Strömungswiderstand Δp bei laminarer Strömung linear mit der Geschwindigkeit wächst. Da es sich um ein Gesetz handelt, kann Gl. (2.41) bei kontrollierter Fluidtemperatur sogar zur experimentellen Bestimmung der Viskosität benutzt werden [2.27].
Setzt man die Gleichungen (2.41) und (2.33) gleich, so wird

$$\lambda_R = \frac{64}{Re} \qquad (2.42)$$

Diese Funktion ist eine Hyperbel, die sich im doppelt logarithmischen Netz als Gerade abbildet – hierauf wird später noch Bezug genommen.

Laminare nicht isotherme adiabate Rohrströmung. Obwohl in der Praxis meist mit isothermer Rohrströmung gerechnet wird, ist bei den überwiegenden Anwendungsfällen der Ölhydraulik – anders als bei Strömungsvorgängen mit Wasser oder Luft – der Ansatz einer nicht isothermen Strömung meist deutlich genauer. Vereinfachend können dabei jedoch adiabate Verhältnisse vorausgesetzt werden.

Hydrauliköl hat eine etwa 50-fach höhere Viskosität als Wasser, und die Viskosität ist zusätzlich besonders stark temperaturabhängig (siehe Abschnitt 2.1.3.1). Hohe Viskosität bedeutet hohe Reibung, insbesondere bei großem Schergefälle dv/dy an der Rohrwand bzw. in deren Nähe. Dadurch ist dort die Temperaturerhöhung am größten, **Bild 2.16**. Entsprechend ergeben sich in Rohrwandnähe die geringsten Viskositäten. Dieses hat im Vergleich zur isothermen Behandlung eine Verringerung des Strömungswiderstands zur Folge.

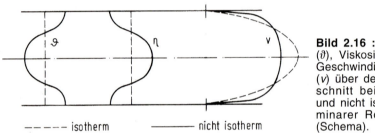

Bild 2.16 : Temperatur- (ϑ), Viskositäts- (η) und Geschwindigkeitsverlauf (v) über dem Rohrquerschnitt bei isothermer und nicht isothermer laminarer Rohrströmung (Schema).

Nach Kahrs [2.27] kann die Berechnung des Druckabfalls unter Verwendung der allgemeinen Druckabfallgleichung (2.33) dadurch geschehen, dass man diese Gleichung durch die Faktoren k_s und k_x ergänzt:

$$\Delta p = k_s \cdot k_x \cdot \lambda_R \cdot \frac{l}{d} \cdot \frac{\rho \cdot v^2}{2} \qquad (2.43)$$

Der Faktor k_s berücksichtigt den Einfluss von Temperatur- und Viskositätsänderung über dem Rohrquerschnitt und ist im Wesentlichen von dem Produkt aus der mittleren Strömungsgeschwindigkeit v und der mit der mittleren Temperatur $\overline{\vartheta}$ über dem Rohrquerschnitt errechneten dynamischen Viskosität $\overline{\eta}$ abhängig, **Bild 2.17**.

Der Faktor k_x berücksichtigt den Einfluss von Temperatur- und Viskositätsänderung über der Rohrlänge und ist vom Druckgefälle abhängig. Er wird in **Bild 2.18** über demjenigen Druckabfall dargestellt, der sich bei extrapolierten Anfangsbedingungen für die betrachtete Rohrlänge einstellen würde. Dieser extrapolierte Anfangsdruckabfall wird mit Gl. (2.43) bei Einsetzen von $k_x = 1$ ermittelt. Wie man erkennt, ist die Temperaturerhöhung in Strömungsrichtung bei mäßigen Druckverlusten vernachlässigbar.

2 Physikalische Grundlagen ölhydraulischer Systeme   51

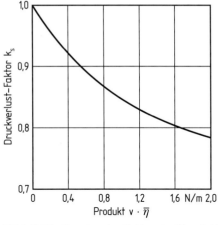

Bild 2.17: Druckverlustfaktor k_s für nicht isotherme adiabate Rohrströmung (nach Kahrs [2.27])

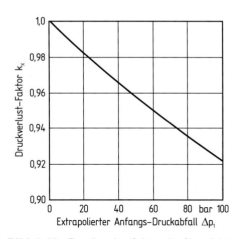

Bild 2.18: Druckverlustfaktor k_x für nicht isotherme adiabate Rohrströmung (näherungsweiser Verlauf für übliche Viskositäten, nach Kahrs [2.27])

2.3.3.3 Turbulente Rohrströmung

Turbulente isotherme Rohrströmung. Für den Geschwindigkeitsverlauf über dem Rohrquerschnitt ergibt sich bei turbulenter Strömung ein im Verhältnis zur laminaren Strömung mehr abgeflachtes Strömungsprofil, **Bild 2.19**. Die mittlere Geschwindigkeit beträgt für den isothermen Fall etwa

$$v = (0{,}79 ... 0{,}82)\, v_{max} \qquad (2.44)$$

Bei den in der Strömungsmechanik üblicherweise betrachteten Medien kleinerer Viskosität, wie Luft und Wasser, findet der Umschlag von laminarer in turbulente Strömung in einem sehr engen Bereich der *Re*-Zahl um den Wert 2320 statt.

Bei Strömungen in Ölhydraulikanlagen lässt sich der Übergang infolge möglicher Störeinflüsse (z. B. Pulsation) meist nicht so genau festlegen. Im turbulenten Bereich sind der Längsbewegung der Strömung unregelmäßige Querbewegungen überlagert. Jedoch bildet sich in der Nähe der Rohrwand

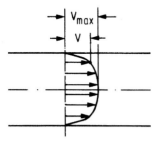

Bild 2.19: Geschwindigkeitsprofil bei turbulenter Strömung

stets eine laminare Grenzschicht [2.42] aus, die man als „Schmierschicht" betrachten kann. Die Dicke dieser Grenzschicht verringert sich mit wachsender *Re*-Zahl. Ist die Dicke der laminaren Grenzschicht größer als die größte Erhebung an der Rohrwand, so spricht man von einem hydraulisch glatten Rohr. Es hat natürlich einen geringeren Strömungswiderstand zur Folge als ein raues Rohr. **Bild 2.20** zeigt die Rohrwiderstandsbeiwerte für isotherme laminare Strömung (links) und isotherme turbulente Strömung (rechts) in Abhängigkeit von der *Re*-Zahl.

Der linke Verlauf entspricht Gl. (2.42), der rechte dem Modell von Blasius (1931) für „hydraulisch glatte" Rohre:

$$\lambda_R = 0{,}3164 \cdot Re^{-0{,}25} \tag{2.45}$$

Diese Gleichung ist eine einfache und für die Ölhydraulik bis Re = 10^5 ausreichende Ersatzfunktion verschiedener bekannt gewordener komplizierterer Modelle anderer Forscher [2.41]. Die dafür zulässigen Rauigkeiten sind bei den in der Ölhydraulik üblichen Präzisionsstahlrohren nach DIN 2391 meistens gut genug erfüllt. Häufig ergeben sich für Arbeitsströmungen in Hydraulikrohren Betriebspunkte in der Nähe des Übergangsbereiches oder sogar darin. λ_R beträgt dann etwa 0,05.

Beispiel: Bei einer Arbeitsleitung mit 0.014m (14mm) lichter Weite, 6 m/s Strömungsgeschwindigkeit und 35 mm²/s kinematischer Viskosität ($\approx 30 \cdot 10^{-3}$ Ns/m² dyn. Viskosität) ergibt sich ein Wert *Re* = 2400. Nach Kahrs [2.27] tritt der Übergangsbereich in der Ölhydraulik bei *Re*-Zahlen von 1900 bis 3000 auf.

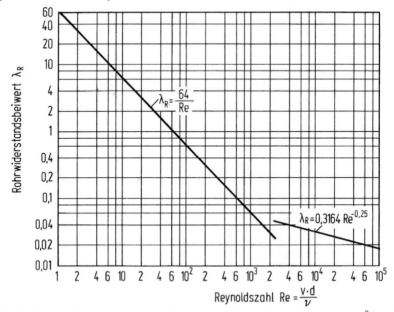

Bild 2.20: Rohrwiderstandsbeiwerte für die praktische Anwendung in der Ölhydraulik. Der linke Ast gilt für laminare isotherme Strömung (Hagen-Poisseuille) und der rechte für turbulente isotherme Strömung für „hydraulisch glatte Rohre" (Blasius).

2 Physikalische Grundlagen ölhydraulischer Systeme

Turbulente nicht isotherme adiabate Rohrströmung. Auch bei turbulenter Rohrströmung kann das nicht isotherme Verhalten mit Hilfe eines Korrekturfaktors berücksichtigt werden [2.27], der aus dem Nomogramm in **Bild 2.21** zu entnehmen ist. Damit wird für den turbulenten Bereich:

$$\Delta p = k_t \cdot \lambda_R \cdot \frac{l}{d} \cdot \frac{\rho \cdot v^2}{2} \quad (2.46)$$

Da der Faktor k_t immer kleiner als 1 ist, führt die Ermittlung des Druckabfalls bei nicht isothermer Betrachtung gegenüber isothermer Rechnung zu etwas kleineren Druckverlusten. Wie das Nomogramm zeigt, sind die Unterschiede aber nur bei sehr hohen Strömungsgeschwindigkeiten und tendenzmäßig hohen Viskositäten von Bedeutung: Selbst bei hohen Strömungsgeschwindigkeiten in Arbeitsleitungen von z. B. 10 m/s ergeben sich für übliche Viskositäten k_t-Werte von nur 0,96 bis 0,97. Für das o. g. Beispiel käme 0,98 heraus – ein vernachlässigbarer Wert.

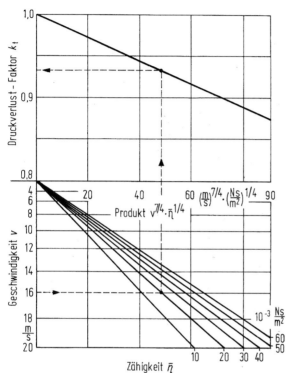

Bild 2.21: Nomogramm zur Bestimmung des Druckverlustfaktors k_t für turbulente nicht isotherme adiabate Rohrströmung und übliche Betriebsviskositäten der Ölhydraulik (nach Kahrs [2.27])

2.3.4 Druckverlust in Krümmern und Leitungselementen

Bei der Durchströmung von Rohrkrümmern und Leitungselementen wie Rohrverzweigungen, Rohrvereinigungen, Querschnittsänderungen und Rohreinläufen findet der Übergang laminar – turbulent bei vergleichsweise sehr kleinen Re-Zahlen statt. Für die turbulenten Druckverluste ist folgender Ansatz üblich:

$$\Delta p = \zeta \cdot \frac{\rho \cdot v^2}{2} \quad (2.48)$$

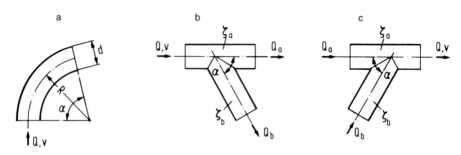

Bild 2.22: Rohrkrümmer, Rohrverzweigung, Rohrvereinigung

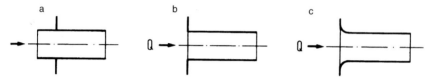

Bild 2.23: Rohreinläufe

Die Strömungsgeschwindigkeit v wird üblicherweise auf den Rohrquerschnitt bezogen (auch bei Verschraubungen). Der Widerstandsbeiwert ζ (nach [2.44] auch „Druckverlustzahl") ist für viele Geometrien experimentell ermittelt worden [2.45, 2.46]. Praktische Werte werden für die in den **Bildern 2.22** und **2.23** skizzierten Elemente in **Tafel 2.6** bis **2.9** angegeben. Sie stammen aus Messungen bei relativ geringen Viskositäten (Viskosität hat bei Turbulenz kaum Einfluss auf ζ [2.46]).

Tafel 2.6: ζ-Werte für glatte Rohrkrümmer, entsprechend Bild 2.22 a (nach Eck [2.45])

R / d	$\alpha = 45°$	$\alpha = 90°$
1	0,14	0,21
2	0,09	0,14
4	0,08	0,11
6	0,075	0,09
10	0,07	0,11

Tafel 2.7: ζ-Werte für Rohrverzweigungen entsprechend Bild 2.22 b, nach Eck [2.45] (beide Rohre mit gleichem Durchmesser)

Q_b / Q	$\alpha = 45°$		$\alpha = 90°$	
	ζ_a	ζ_b	ζ_a	ζ_b
0,6	0,07	0,33	0,07	0,96
0,8	0,20	0,29	0,21	1,10
1,0	0,33	0,35	0,35	1,29

2 Physikalische Grundlagen ölhydraulischer Systeme 55

Tafel 2.8: ζ-Werte für Rohrvereinigungen entsprechend Bild 2.22 c, nach Eck [2.45] (beide Rohre mit gleichem Durchmesser)

Q_b / Q	$\alpha = 45°$		$\alpha = 90°$	
	ζ_a	ζ_b	ζ_a	ζ_b
0,6	0,05	0,22	0,40	0,47
0,8	-0,20	0,37	0,50	0,73
1,0	-0,57	0,38	0,60	0,92

Tafel 2.9: ζ-Werte für Rohreinläufe, nach Herning [2.43]

Einlaufform nach Bild 2.23	scharfe Kante	gebrochene Kante
a	3,0	0,55
b	0,5	0,25
c	0,06 ... 0,005 je nach Wandrauigkeit	

Man erkennt die gravierende Bedeutung von Gestaltungsmaßnahmen für den Beiwert ζ. Bei den Rohreinläufen ergibt z. B. schon eine nur gebrochene Einlaufkante gegenüber scharfer Kante einen nur etwa halb so großen Widerstandsbeiwert. Dieses ist physikalisch durch die verringerte Strahleinschnürung erklärbar. Bei abgerundeten Einlaufkanten kann man sogar den Zusatzwiderstand ganz vernachlässigen.

Im laminaren Bereich steigen die ζ-Werte mit abnehmender Reynoldszahl stark an. Chaimowitsch empfiehlt in [2.46] hierzu einen Korrekturfaktor b, den er für zwei Re-Bereiche angibt. Damit gilt:

$$\Delta p = \zeta \cdot b \cdot \frac{\rho \cdot v^2}{2} \quad (2.49)$$

Praxisrelevant ist vor allem der Bereich Re = 2 bis 500. Für ihn kann man die grafische Angabe aus [2.46] in folgende Gleichung kleiden:

$$b_{Re\,2...500} \cong 730 \cdot Re^{-1,0} \quad (2.50)$$

2.3.5 Strömungsmechanik hydraulischer Widerstände

Bewusst eingesetzte hydraulische Widerstände werden in der Ölhydraulik – ähnlich wie in der Elektrotechnik – vor allem zur Steuerung angewendet. Man unterscheidet zwischen laminaren und turbulenten Widerständen.

Laminare Widerstände. Der Widerstand entsteht durch laminare Scherreibung. Die Konstruktion wird gezielt darauf ausgerichtet, laminare Bedingungen durch kleine *Re*-Zahlen zu sichern – beispielsweise durch Anwendung des Prinzips „Kapillare": zylindrischer Kanal kleinen Querschnitts und vergleichsweise großer Länge. Die Berechnung laminarer Widerstände ist in vielen Fällen mathematisch sehr genau möglich. Für Kapillare mit Kreisquerschnitt gilt z. B. die in Kap. 2.3.3.2 abgeleitete Gl. (2.39).

Bei laminaren Widerständen ist der Zusammenhang zwischen Ölstrom und Druckabfall linear, er entspricht damit bezüglich Analogie mit der Elektrotechnik dem Verhalten idealer Ohmscher Widerstände (vergleiche mit Kap. 1.3.3). Von Nachteil ist bei Fluiden die sehr starke nicht lineare Temperaturabhängigkeit, die durch den Einfluss der dynamischen Viskosität entsteht. Diesen Nachteil kann man bei turbulenten Widerständen weitgehend ausschalten.

Turbulente Widerstände. Der Widerstand entsteht dadurch, dass statischer Druck durch Querschnittsverengung nach der Bernoulli-Gleichung (Kap. 2.3.2) in dynamischen Druck (Geschwindigkeitsdruck) umgesetzt wird und die kinetische Energie des Fluids nicht oder kaum zurückgewonnen wird, d. h. weitgehend durch Verwirbelung in Wärme übergeht. Durch scharfkantige Querschnittsverengungen kann man den Wandeinfluss (Grenzschicht) so weit herunterdrücken, dass die Strömungsmechanik oberhalb gewisser Re-Zahlen von der Viskosität weitgehend unabhängig wird.

Hierzu zeigt **Bild 2.24** das bekannte Beispiel der „Blende" mit zwei Druckmessstellen 1 und 2 unmittelbar vor und hinter der scharfkantigen Verengung.

Die Strömung ist dadurch gekennzeichnet, dass die höchste Geschwindigkeit nicht im engsten Querschnitt, sondern auf Grund der Massenkräfte in Strömungsrichtung erst dahinter auftritt (Strahlkontraktion). Dadurch sinkt der statische Druck hinter dem engsten Querschnitt nach Bernoulli (Kap. 2.3.2) im freien Strahl zunächst noch etwas weiter ab.

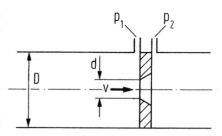

Bild 2.24: Geometrie und Messstellen an einer scharfkantigen Blende.

Die Strömungsmechanik von Blenden ist wegen der Anwendung für die Messung von Volumenströmen relativ gut bekannt (siehe z. B. ISO 5167). Dabei ist folgender Grundansatz üblich:

$$Q = \alpha \cdot A_D \cdot \sqrt{\frac{2 \cdot (p_1 - p_2)}{\rho}} = \alpha \cdot A_D \cdot \sqrt{\frac{2 \cdot \Delta p}{\rho}} \quad (2.51)$$

Der Volumenstrom Q ist hier nicht linear, sondern quadratisch vom Druckabfall Δp abhängig, worin die Umwandlung von statischem in dynamischen Druck zum Ausdruck kommt. A_d ist die Querschnittsfläche der Blende, ρ die Fluiddichte und α die Durchflusszahl.

2 Physikalische Grundlagen ölhydraulischer Systeme

α berücksichtigt neben den genauen Orten der Druckmessungen vor allem die Strahlkontraktion auf Grund der Massenkräfte und ist daher vom Öffnungsverhältnis m und der Re-Zahl abhängig. Für diese Parameter gilt:

$$m = \left(\frac{d}{D}\right)^2 \qquad (2.52)$$

$$Re = \frac{v \cdot d}{\nu} \qquad (2.53)$$

Für „Normblenden mit Eckenentnahme" findet man in ISO 5167 für Re-Zahlen >5000 und m = 0,05...0,45 Werte für α bei etwa 0,6 bis 0,7. Diese können auch in der Ölhydraulik typisch sein [2.47].

Gl. (2.51) kann im Prinzip auch für verstellbare Drosselquerschnitte in der Form von Schlitzen und Kerben angewendet werden. Nach [2.48] können die α-Werte bei kleinen Re-Zahlen deutlich größer als 1 werden, dieses trat für einige typische Geometrien unterhalb von Re = 700 bis 1000 auf, während oberhalb von etwa Re = 2000 fast konstante Werte um α = 0,7 gemessen wurden. Bei genauen Vergleichen muss man sich die Messorte für die Drücke p_1 und p_2 und ggf. auch die für die Re-Zahl benutzte charakteristische Länge ansehen.

Widerstände mit Übergangsbereichen laminar-turbulent. Im Prinzip ist für jede durchströmte Geometrie ein solcher Übergang in einem bestimmten Bereich der Reynoldszahl Re zu erwarten. Daher ist es sehr sinnvoll, bei entsprechenden Berechnungen oder Messungen die Re-Zahl zu beobachten bzw. als Parameter festzuhalten [2.48]. Für die Auslegung von Steuerungen ist zu beachten, dass bei Annäherung an den Übergangsbereich von der turbulenten Seite die Viskosität des Fluids und damit die Temperatur immer größeren Einfluss auf die Widerstandscharakteristik gewinnt.

2.3.6 Leckölverlust durch Spalte

An druckbeaufschlagten Spalten zwischen Funktionsflächen in Verdrängermaschinen oder Ventilen entstehen Leckölströme. Diese dienen zwar auch zur Schmierung der Elemente, beeinflussen jedoch das Betriebsverhalten von Anlagen sowohl bezüglich Wirkungsgrad (Verluste) als auch bezüglich der Qualität von Steuerungen und Regelungen. Überschlägige Vorausberechnungen können mit Hilfe der im Folgenden aufgeführten Gleichungen für die in **Bild 2.25** skizzierten wichtigsten Spaltformen durchgeführt werden.

Unter der Voraussetzung, dass es sich um die üblichen relativ breiten Spalte mit kleinen Spaltweiten (häufig 0,001 bis 0,020 mm) und um laminare, isotherme Leckölströmung handelt, können die folgenden Gleichungen ähnlich wie Gl. (2.39) hergeleitet werden.

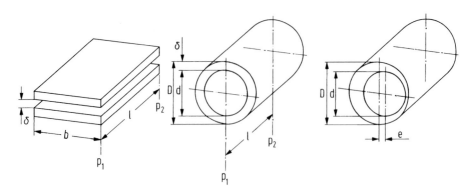

Bild 2.25: Wichtige Spaltformen – ebener, konzentrischer und exzentrischer Spalt

a) ebener Spalt:

$$Q_L = \frac{b \cdot \delta^3}{12 \cdot \eta} \cdot \frac{p_1 - p_2}{l} \qquad (2.54)$$

b) konzentrischer Spalt:

$$Q_L = \frac{\pi \cdot d \cdot \delta^3}{12 \cdot \eta} \cdot \frac{p_1 - p_2}{l} \qquad (2.55)$$

c) exzentrischer Spalt (nach Chaimowitsch)

$$Q_L = \frac{\pi \cdot d \cdot \delta^3}{12 \cdot \eta} \cdot \frac{p_1 - p_2}{l} \cdot (1 + 1{,}5 \cdot \varepsilon^2) \qquad (2.56)$$

In a) bis c) sind einzusetzen:

$$\delta = \frac{D - d}{2}$$

In c) ist einzusetzen:

$$\varepsilon = \frac{e}{\delta} \qquad (2.57)$$

Man erkennt, dass der Leckstrom durch exzentrische Lage des Innenteils gegenüber einer zentrischen Lage grundsätzlich zunimmt (Zusatzglied in Gl. 2.56). Bei einseitiger Anlage ($\varepsilon = 1$) steigt der Leckölstrom auf das 2,5-fache an.

Bei der Berechnung von Leckölverlusten durch Spalte ist zu beachten, dass bei genauer Modellierung die tatsächliche Viskosität im Fluid anzusetzen ist, wobei im Gegensatz zur Rohrleitung die Temperatur der „Wandung" sehr bedeutsam ist. Wegen der kleinen Fluidmasse im Vergleich zur umgebenden Festkörpermasse und wegen des dünnen Fluidfilms folgt die Fluidtemperatur weitgehend der Oberflächentemperatur der Festkörpermasse. Adiabate Bedingungen können daher hier nicht angenommen werden. Bei größeren Temperatur- und Druckunterschieden sind numerische Verfahren zu empfehlen.

Darüber hinaus muss bei b) und c) beachtet werden, dass sich die Spaltweite und damit auch der Leckölverlust infolge unterschiedlicher Wärmeausdehnungen der Elemente während des Betriebes verändern kann. Diese Abhängigkeit ist wegen der kleinen Spaltweiten und des kubischen Einflusses der Spaltweite auf den Leckstrom sehr sensibel. Eine Durchmesseränderung Δd infolge Temperaturänderung $\Delta \vartheta$ berechnet man nach der Gleichung

$$\Delta d = d \cdot \beta \cdot \Delta \vartheta \qquad (2.58)$$

Für Temperaturen $\vartheta < 100\ °C$ gelten folgende Werte für den linearen Wärmeausdehnungskoeffizienten β in 1/K. GG: $1{,}05 \cdot 10^{-5}$, St: $1{,}1$ bis $1{,}2 \cdot 10^{-5}$ (rostfrei höher), Ms: $1{,}85 \cdot 10^{-5}$, Al-Legierungen: $2{,}1$ bis $2{,}4 \cdot 10^{-5}$.

2.3.7 Kraftwirkung strömender Flüssigkeiten

Wenn sich die Geschwindigkeit einer strömenden Flüssigkeit nach Betrag und/oder Richtung ändert, werden nach dem Impulssatz Massenkräfte auf die Führungselemente ausgeübt. Anschauliche Beispiele sind die Schubkraft einer Düse, die Kräfte an gebogenen Rohren und Schläuchen, Strömungskräfte an Ventilschiebern oder die Kraft beim Auftreffen eines Flüssigkeitsstrahls auf eine ebene Platte.

Solche Kräfte lassen sich mit Hilfe des Impulssatzes bestimmen [2.41]. Er sagt im Prinzip aus, dass die zeitliche Änderung der gerichteten Größe $m \cdot v$ eines Systems gleich der auf das System wirkenden gerichteten äußeren Kraft ist. Das „System" wird durch ein „Kontrollgebiet" definiert.

In der Hydraulik kann man für viele Probleme dieser Art reibungsfreie stationäre Strömung ansetzen und erhält mit der Fluiddichte ρ für das Kontrollgebiet mit der Grenzlinie R:

$$\Sigma F = \Sigma Q \cdot \rho \cdot v \qquad (2.59)$$

In den Eintrittsquerschnitten des Kontrollgebietes wirkt die Reaktionskraft von $Q \cdot \rho \cdot v$ in Strömungsrichtung – in den Austrittsquerschnitten entgegen der Strömungsrichtung. Zusätzlich sind ggf. alle Kräfte aus hydrostatischen Druckfeldern anzusetzen. Alle Anteile werden geometrisch addiert. Die Resultierende steht mit der am Kontrollgebiet angreifenden äußeren Kraft F im Gleichgewicht.

Nach dieser Regel ergeben sich für die in **Bild 2.26** skizzierten Elemente folgende Gleichungen:

a) Strahlkraft auf eine ebene geneigte Platte (Normalkraft):

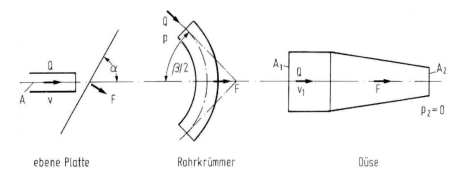

ebene Platte   Rohrkrümmer   Düse

Bild 2.26: Strömungskräfte an Bauelementen

$$F = Q \cdot \rho \cdot v \cdot \sin\alpha \tag{2.60}$$

Für $\alpha = 90°$ ist

$$F = Q \cdot \rho \cdot v = \dot{m} \cdot v \tag{2.61}$$

b) Kraft auf Rohrkrümmer:

$$F = 2(p \cdot A + \rho \cdot Q \cdot v) \cdot \cos\frac{\beta}{2} \tag{2.62}$$

c) Kraft auf Düsenmantel:

$$F = Q \cdot \rho \cdot v_1 \cdot \frac{1}{2}\left(\frac{A_1}{A_2} - 1\right)^2 \tag{2.63}$$

2.4 Tragende Ölfilme

Bedeutung. In der Ölhydraulik werden Gleitlager nicht nur als Lagerelement für eine rotierende Welle verwendet, sondern treten auch in anderen Formen auf – Beispiele:
- Arbeitskolben in Zylinderbohrungen von Axialkolbenmaschinen,
- rotierende Zylindertrommeln gegen feste Steuerböden,
- Gleitschuhe auf Schrägscheiben von Axialkolbenmaschinen,
- Flügel von Flügelzellenmaschinen gegen Außenring,
- Dichtungslippen auf glatten Dichtflächen, Drehdurchführungen u. a.

Derartige Gleitkontakte sind oft hoch belastet – trotzdem ist ein trennender, tragender Ölfilm anzustreben. Er kann *hydrodynamisch* oder *hydrostatisch* erzeugt werden.

Hydrodynamischer und hydrostatischer Tragdruck. Zur Veranschaulichung werden in **Bild 2.27** drei typische Fälle gezeigt.

2 Physikalische Grundlagen ölhydraulischer Systeme

Beim *Radial-Gleitlager*, wie es z. B. in jeder Zahnradpumpe vorkommt, wird das Fluid durch Haften an der Welle in den Spalt gezogen, wodurch der Tragdruck 3 entsteht [2.49]. Alternativ kann dieser auch durch Verdrängung erzeugt werden, wenn z. B. Welle und Lagerschale stillstehen und die Last umläuft oder rasch ihre Richtung ändert. Eine solche Tragdruckerzeugung durch „Verdrängung" ist sogar besonders wirksam (siehe „hydrodynamisch wirksame Winkelgeschwindigkeit" der Gleitlager-Theorie).

Das zweite Beispiel zeigt die *Paarung Kolben-Zylinder* einer Schrägscheiben-Axialkolbenmaschine für Pumpenbetrieb. Der Kolben fährt gegen Öldruck ein und wird durch die vom Gleitschuh eingeleiteten Querkräfte verkantet (Kap. 3.1.2). Durch die begrenzte Führungslänge der „Buchse" entsteht infolge von Translation der Tragdruck 3, wodurch das Betriebsverhalten gegenüber einer durchgehenden „Buchse" nach Renius [2.50] deutlich verbessert wird. Zusätzlich rotiert der Kolben je nach Gelenkreibung mehr oder weniger stark (nach [2.50] eher ungünstig). Für die gezeigte Kolben-Zylinder-Paarung ist es nach [2.50] ferner ungeschickt, den Kolben mit Umfangsnuten (Eindrehungen) zu versehen (Drainage der Tragdrücke, siehe Parallelen zu Gleitlagern [2.51]).

Das rechte Beispiel von Bild 2.27 zeigt die Wirkung eines *hydrostatischen Tragfeldes*. Der Druck wird über die Bohrung 1 dem Arbeitsraum des Zylinders entnommen. Die Resultierende des hydrostatischen Druckfeldes 2 entspricht nicht ganz der axialen Kolbenkraft F – typisch sind nach [2.52] 90 bis 95%. Der Rest muss hydrodynamisch erzeugt werden, man spricht daher hier von einer *hydrostatischen Entlastung*. Die komplexe Reibungsmechanik der Gleitschuhe wurde eingehend von Böinghoff erforscht [2.53].

Bei einem echten *hydrostatischen Lager* wird immer die volle Last hydrostatisch getragen, und zwar nach dem Druckaufbringen ohne jede Berührung [2.54, 2.55]. Dafür ist ein Konzept zur Spalthöhenstabilisierung notwendig, z. B. ein starker Vorwider-

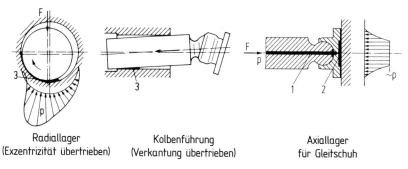

Radiallager (Exzentrizität übertrieben)   Kolbenführung (Verkantung übertrieben)   Axiallager für Gleitschuh

Bild 2.27: Tragende Ölfilme (Beispiele)

stand oder eine Konstantpumpe je Tragfeld. Beim Gleitschuh würden sich nach diesem Prinzip extrem kleine Drosselelemente ergeben [2.52]. Die in Bild 2.27 erkennbare Verengung im Zufluss (häufig 0,5 bis 1 mm ⌀) wäre für diese Aufgabe z. B. noch viel zu groß. Sie dient eher der Leckstrombegrenzung bei eventuellem Abheben. Systeme dieser Art werden zunehmend mit aufwändigen Simulationsverfahren modelliert [2.56].

Darstellung der Reibungszustände geschmierter Gleitstellen. Die ersten bedeutenden Grundlagen hierzu hat R. Stribeck um 1900 geschaffen [2.57]. Die „Stribeck-Kurve" wird später zum Kennzeichen des allgemeinen Reibungsverhaltens geschmierter Gleitflächen (siehe G. Vogelpohl 1954 in [2.58]). **Bild 2.28** zeigt den Verlauf der Reibungszahl μ über der Gleitgeschwindigkeit v bzw. über einer Ähnlichkeits-Kennzahl.

Besonders verbreitet ist die Darstellung über der Gleitgeschwindigkeit, *wobei Viskosität und Lagerlast konstant gehalten werden müssen*. Die Kurve beginnt bei hoher Haftreibung ($v = 0$, innige Berührung, theoretische Schmierspalthöhe null), um mit wachsender Gleitgeschwindigkeit auf ein Minimum abzufallen. Danach steigt sie bis zum „Ausklinkpunkt" progressiv an. Hier beginnt der Bereich der Vollschmierung. Die Kurve steigt weiter degressiv an, um nach einem Wendepunkt in die *Petroff-Gerade* überzugehen: konzentrischer Wellenlauf, Berechnung s. [2.49], dort Gl. (3.4). Im Mischreibungsgebiet sind die Gleitflächen grundsätzlich einem Verschleiß unterworfen, bei Flüssigkeitsreibung sind sie völlig getrennt. Der Anstieg der Reibungszahl bei Flüssigkeitsreibung ergibt sich auf Grund des zunehmenden Schergefälles.

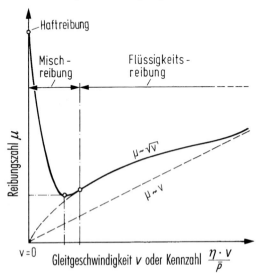

Bild 2.28: Grundcharakter der Stribeck-Kurve für Gleitlager. Bei Auftragung über der Gleitgeschwindigkeit müssen dynamische Viskosität η und mittlere Flächenpressung $\bar{p}$ konstant gehalten werden. Da vor allem die Konstanthaltung der Viskosität schwierig ist, bietet sich die Auftragung über der angeschriebenen Kennzahl an, die drei wichtige Betriebsgrößen elegant zusammenfasst (siehe Text).

Praktische Zustände sollten für Dauerbetrieb mit gewissem Sicherheitsabstand rechts vom Ausklinkpunkt liegen.

Beim Einsatz vieler hydrostatischer Maschinen – insbesondere in der Mobilhydraulik – wird das Mischreibungsgebiet oft durchfahren. Deswegen ist vor allem bei Pumpen und Ölmotoren ein schmales Mischreibungsgebiet und ein tief liegendes Reibungsminimum durch konstruktive Maßnahmen anzustreben.

Die Bedingung „konstante Viskosität" für ein Auftragen von μ über v ist schwer einzuhalten, weil sich mit steigender Gleitgeschwindigkeit die Gleitstelle und das Öl durch die Verlustenergie erwärmen und dadurch die Viskosität kleiner wird. Ebenso sind Laständerungen manchmal nicht auszuschließen. Beide Einflüsse kann man elegant erfassen, wenn man die (ermittelten) Istwerte aller drei Größen (Viskosität, Gleitgeschwindigkeit und mittlere Flächenpressung) zu der in Bild 2.28 mit angeschriebenen Ähnlichkeitskennzahl vereinigt [2.58], die sich wie folgt ableiten lässt.

Für die Modellierung der Tragfähigkeit hydrodynamischer Gleitlager hat sich die dimensionslose sogenannte *Sommerfeld-Zahl So* bewährt [2.49]:

$$So = \frac{\bar{p} \cdot \psi^2}{\eta \cdot \omega} \qquad (2.64)$$

Es bedeuten: $\bar{p}$ mittlere Flächenpressung im Gleitlager, ψ relatives Lagerspiel, η dynamische Viskosität, ω Winkelgeschwindigkeit der Welle. Für das relative Lagerspiel gilt

$$\psi = \frac{R-r}{r} \qquad (2.65)$$

mit R als Lagerradius und r als Wellenradius.

Für die Darstellung von Reibungszahlen bei nicht bekannten, aber konstanten Spaltweiten ist nach Vogelpohl [2.49, 2.58] für Gleitlager die Verwendung der etwas vereinfachten Ähnlichkeitskennzahl

$$\frac{\eta \cdot \omega}{\bar{p}} \quad \text{oder} \quad \frac{\eta \cdot v}{\bar{p}} \qquad (2.66)$$

zweckmäßig, die von ihm auch als *Gümbel-Hersey-Zahl* [2.49] bezeichnet wird.

Trägt man gemessene Reibungszahlen für unterschiedliche Parameterkombinationen v, η und $\bar{p}$ über dieser Kennzahl auf, so fällt das sonst große Gewirr von (z. T. auch noch „verbogenen") Stribeck-Kurven bei gleich gehaltener Geometrie zu einem einzigen schmalen Stribeck-Band zusammen. Eine solche Stribeck-Kurve gewinnt sehr stark an Aussagekraft.

Das entsprechend [2.58] verallgemeinerte Stribeck-Phänomen wurde für geschmierte Gleitstellen hydrostatischer Maschinen z. B. an den in Bild 2.27 gezeigten Elementen „Gleitschuhe" [2.59, 2.53] und „quer belastete Kolben mit Teildrehung" [2.50] nachgewiesen.

Diese Zusammenhänge lehren, dass die örtliche Viskosität bei allen experimentellen Untersuchungen an geschmierten Gleitstellen (auch z. B. an dynamischen Dichtungen) möglichst sorgfältig zu ermitteln ist.

Literaturverzeichnis zu Kapitel 2

[2.1] Eckhardt, F.: Druckflüssigkeiten – Auswahl, Eigenschaften, Probleme, Anwendung. Teil I bis IV. O+P 24 (1980) H. 2, S. 81-84; H. 3, S. 167-173; H. 4, S. 275-279 und H. 6, S. 358-364 (darin insgesamt 104 weitere Lit.).

[2.2] Bock, W.: Hydraulic Oils. In: Mang, Th. und W. Dresel (Hrsg.): Lubricants and Lubrication. Weinheim: WILEY-VCH 2001, S. 246-300.

[2.3] Frauenstein, M.: Hinweise über Druckflüssigkeiten für Konstrukteure. Firmenschrift der Mobil Oil AG, Hamburg, 3. Aufl. 1980.

[2.4] Reichel, J.: Druckflüssigkeiten der Gruppe HFC und das Verschleißverhalten von Verdrängermaschinen. O+P 29 (1985) H. 3, S. 157-162.

[2.5] Reichel, J.: O+P-Gesprächsrunde: Wohin führt der Weg der Wasserhydraulik? O+P 41 (1997) H. 2, S. 68-74, 76-80, 82-85.

[2.6] Elfers, G. und A. Spijkers: Servohydraulik auf Wasserbasis. O+P 41 (1997) H. 10, S. 725-729.

[2.7] Reichel, J.: Druckflüssigkeiten für die Wasserhydraulik. O+P 43 (1997) H. 4, S. 254, 266, 268, 270-272.

[2.8] Oberen, R.: Entwicklung eines Schrägscheibenmotors für die Wasserhydraulik. O+P 42 (1998) H. 2, S. 105-110.

[2.9] Trostmann P. und P.M. Clausen: Wasserhydrauliksysteme. O+P 40 (1996) H. 10, S. 670, 674, 676-679.

[2.10] Staeck, D.: O+P-Gesprächsrunde: Wann sind biologisch schnell abbaubare Druckflüssigkeiten problemlos einsetzbar? O+P 40 (1996) H. 5, S. 306-308, 310, 312, 314, 317, 318, 320-322, 324 und 326.

[2.11] Staeck, D.: Die „neuen" Druckflüssigkeiten – Biologisch abbaubare umweltschonende Medien. O+P 34 (1990) H. 6, S. 385, 386, 388-395 (darin 13 weitere Lit.).

[2.12] Galle, R.: Umweltschonende Druckflüssigkeiten. O+P 35 (1991) H. 4, S. 356, 359, 360, 362, 364, 366, 369 b (darin 16 weitere Lit.).

[2.13] Busch, Ch.: Untersuchungen an Rapsöl als Druckübertragungsmedium. O+P 35 (1991) H. 6, S. 506, 508, 510, 512, 514–519 (siehe auch Diss. RWTH Aachen 1995).

[2.14] Römer, A.: Einsatz von biologisch abbaubaren Hydraulikflüssigkeiten in der Mobiltechnik. O+P 38 (1994) H. 10, S. 626–630.

[2.15] Römer, A.: Biologisch schnell abbaubare Hydrauliköle für Traktoren und Landmaschinen. O+P 43 (1999) H. 3, S. 188–190, 192, 194, 195 (siehe auch Diss. TU Braunschweig 2000).

2 Physikalische Grundlagen ölhydraulischer Systeme

[2.16] Remmele, E., B. Widmann, H. Schön und B. Wachs: Hydrauliköle auf Rapsölbasis. Landtechnik 52 (1997) H. 3, S. 136–137.

[2.17] Werner, M. und H. Bock: Praxisnaher Kurzzeitprüfstand für biologisch schnell abbaubare Hydraulikfluide. O+P 42 (1998) H. 8, S. 516–518, 520, 521.

[2.18] Kempelmann, C., A. Remmelmann und M. Werner: Perspektiven für die umweltschonende Hydraulik. O+P 41 (1997) H. 5, S. 352–356, 359, 360, 362–367 (darin 13 weitere Lit.).

[2.19] Schöpke, M. und D.G. Feldmann: Einsatz keramischer Werkstoffe in Axialkolbenmaschinen. O+P 41 (1997) H. 4, S. 242, 244, 246, 248, 250.

[2.20] Bebber, D. van: PVD-Beschichtung in Verdrängereinheiten. O+P 43 (1999) H. 9, S. 644–651 (siehe auch Diss. RWTH Aachen 2003).

[2.21] German S. und E. Pelzer: Moderne Hydraulikmedien im Kfz. O+P 34 (1990) H. 12, S. 854, 855.

[2.22] Burckhart, M.: Bremsflüssigkeit für die Zentralhydraulik in Kraftfahrzeugen? O+P 33 (1989) H. 3, S. 232, 234.

[2.23] Jantzen, E.: Hydrauliköle in der Luftfahrt. O+P 28 (1984) H. 5, S. 320, 322, 323 (darin 11 weitere Lit.).

[2.24] Newton, I.: Philosophiae naturalis principia mathematica. London: 1687.

[2.25] Tietjens, O.: Strömungslehre. Band 1 (siehe dort S. 8). Berlin: Springer-Verlag 1960.

[2.26] Vogel, H.: Das Temperaturabhängigkeitsgesetz der Viskosität von Flüssigkeiten. Physikal. Zeitschr. XXII (1921) H. 28, S. 645–646.

[2.27] Kahrs, M.: Der Druckverlust in den Rohrleitungen ölhydraulischer Antriebe. VDI-Forschungsheft 537. Düsseldorf: VDI-Verlag 1970.

[2.28] Peeken, H. und J. Blume: Druck- und Temperaturabhängigkeit der Kompressionskennwerte und Viskositäten eines mineralischen Hydrauliköls. Konstruktion 35 (1983) H. 12, S. 473–497.

[2.29] Witt, K.: Die Berechnung physikalischer Kennwerte von Druckflüssigkeiten. O+P 16 (1972) H. 7, S. 279–283 (siehe auch ähnliche Diss. TH Eindhofen 1974).

[2.30] Ubbelohde, L.: Zur Viskosimetrie. Leipzig: Hirzel, 1935 (1. Aufl.) und 1936 (2. Aufl.).

[2.31] Peeken, H. und M. Spilker: Druck- und temperaturabhängige Eigenschaften von Hydraulikflüssigkeiten. Teil 1: Druck- und Temperaturverhalten der Viskosität von Hydraulikflüssigkeiten. O+P 25 (1981) H. 12, S. 903–907.

[2.32] Barus, C.: Isothermals, Isopiestics and Isometrics Relative to Viscosity. American J. of Science 45 (1893) H. 266, S. 87-96.

[2.33] Kießkalt, S.: Untersuchungen über den Einfluß des Druckes auf die Zähigkeit von Ölen und seine Bedeutung auf die Schmiertechnik. VDI-Forsch.-Heft 291. Berlin: VDI-Verlag 1927.

[2.34] Witt, K.: Druckflüssigkeiten und thermodynamisches Messen. Frankfurt/M.: Ingenieur Digest 1974.

[2.35] Witt, K.: Thermodynamisches Messen in der Ölhydraulik. „Einführung und Übersicht". O+P 20 (1976) H. 6, S. 416-424 (weitere Arbeiten in nachfolgenden O+P-Heften).

[2.36] Blume, J.: Druck- und Temperatureinfluß auf Viskosität und Kompressibilität von flüssigen Schmierstoffen. Diss. RWTH Aachen 1987.

[2.37] Schmidt, A.: Charakterisierung umweltverträglicher Schmierstoff-Werkstoff-Kombinationen mittels tribologischem Datenbanksystem. Diss. RWTH Aachen 2001.

[2.38] Höfflinger, W.: Entwicklung eines Meßverfahrens zur thermodynamischen Bestimmung des Wirkungsgrades ölhydraulischer Pumpen, Motoren und Getriebe. Fortschritt-Ber. VDI-Z. Reihe 14, Nr. 21. Düsseldorf: VDI-Verlag 1979.

[2.39] Kleinbreuer, W.: Untersuchungen der Werkstoffzerstörung durch Kavitation in ölhydraulischen Systemen. Diss. RWTH Aachen 1980.

[2.40] Weimann, O.: Die Abscheidung von Luftblasen aus Schmierölen durch konstruktive Maßnahmen. Diss. TH Darmstadt 1971.

[2.41] Truckenbrodt, E.: Fluidmechanik (Bd. 1 und 2). Berlin, Heidelberg, New York: Springer Verlag 1980.

[2.42] Schlichting, H.: Grenzschichttheorie. Karlsruhe: Verlag G. Braun 1990.

[2.43] Herning, F.: Stoffströme in Rohrleitungen. 4. Auflage. Düsseldorf: VDI-Verlag 1966.

[2.44] Findeisen, D. und F. Findeisen: Ölhydraulik. 4. Auflage. Berlin, Heidelberg, New York: Springer Verlag 1994 (darin besonders zahlreiche weitere Lit.).

[2.45] Eck, B.: Technische Strömungslehre. Bd. 1, 9. Auflage (1988) und Bd. 2, 8. Auflage (1981). Berlin: Springer Verlag 1981 und 1988.

[2.46] Chaimowitsch, J.M.: Ölhydraulik. Berlin: VEB Verlag Technik 1961.

[2.47] Schaller, W.: Ölströmung in Drosselstellen von Werkzeugmaschinen. Diss. TH Stuttgart 1953.

[2.48] Widmann, R.: Hydraulische Kennwerte kleiner Drosselquerschnitte. O+P 29 (1985) H. 3, S. 208, 213–217.

[2.49] Vogelpohl, G.: Betriebssichere Gleitlager. Bd. 1: Grundlagen und Rechnungsgang. 2. Aufl. Berlin: Springer-Verlag 1967.

[2.50] Renius, K.Th.: Untersuchungen zur Reibung zwischen Kolben und Zylinder bei Schrägscheiben-Axialkolbenmaschinen. VDI-Forschungsheft 561. Düsseldorf: VDI-Verlag 1974.

[2.51] Peeken, H.: Über den Einfluß der Unterteilung von Schmierflächen auf die Tragfähigkeit von Schmierfilmen. Diss. TH Braunschweig 1959. Auszug in Ing.-Archiv 29 (1960) H. 3, S. 199–218.

[2.52] Renius, K.Th.: Zum Entwicklungsstand der Gleitschuhe in Axialkolbenmaschinen. O+P 16 (1972) H. 12, S. 494–497.

[2.53] Böinghoff, O.: Untersuchungen zum Reibungsverhalten der Gleitschuhe in Schrägscheiben-Axialkolbenmaschinen. VDI-Forschungsheft 584. Düsseldorf: VDI-Verlag 1977.

[2.54] Thoma, J.: Der Ölfilm als Konstruktionselement. O+P 13 (1969) H. 11, S. 524–528.

[2.55] Rippel, H. C.: Design of hydrostatic bearings. 10 Aufsatzteile in Machine Design 35 (1963).

[2.56] Wieczorek, U. und M. Ivantysynowa: Computer aided optimization of bearing and sealing gaps in hydrostatic machines – the simulation tool CASPAR. Intern. J. of Fluid Power 3 (2002) H. 1, S. 7–20.

[2.57] Stribeck, R.: Die wesentlichen Eigenschaften der Gleit- und Rollenlager. Z-VDI 46 (1902) H. 36, S. 1341–1348; H. 38, S. 1432–1438 und H. 39, S. 1463–1470. Siehe auch Mitt. Forschungsarbeiten Ing. Wes. No. 7. Berlin: VDI-Verlag 1903.

[2.58] Vogelpohl, G.: Die Stribeck-Kurve als Kennzeichen des allgemeinen Reibungsverhaltens geschmierter Gleitflächen. Z-VDI 96 (1954) H. 9, S. 261–268.

[2.59] Renius, K.Th.: Experimentelle Untersuchungen an Gleitschuhen von Axialkolbenmaschinen. O+P 17 (1973) H. 3, S. 75–80.

3 Energiewandler für stetige Bewegung (Hydropumpen und -motoren)

Einteilung nach Grundfunktionen. Hydropumpen dienen zur Wandlung mechanischer in hydrostatische Energie – Hydromotoren für den umgekehrten Vorgang (Bezeichnung „Wandler" statt „Umformer" nach Roth [3.1] wegen der Änderung der Energieart). Die Wandlung geschieht durch Verdrängung und ist stetig (Gegensatz: absätzige Bewegung – s. Kap. 4).

Man unterscheidet grundsätzlich zwischen Maschinen mit *konstantem* und solchen mit *veränderlichem Verdrängungsvolumen*, ferner zwischen Maschinen mit *einer* oder *zwei Strömungsrichtungen (Förderrichtungen)*, Tafel 1.3.

Unter Verdrängungsvolumen (auch „Hubvolumen") versteht man das je Umdrehung leckagefrei geförderte bzw. aufgenommene Ölvolumen.

Einteilung nach Bauarten. Die große Vielfalt wird in **Bild 3.1** vereinfachend dargestellt. Alle (außer den Schraubenmaschinen) können grundsätzlich als Hydropumpen oder als Hydromotoren eingesetzt werden, allerdings gibt es Präferenzen. Die wichtigsten Bauarten werden in den folgenden Abschnitten besprochen, ihr Betriebsverhalten wird in Abschnitt 3.7 behandelt.

Die bedeutendsten Bauarten mit *verstellbarem Hubvolumen* sind die Axialkolbenmaschinen, Radialkolbenmaschinen und Flügelzellenmaschinen. Die wichtigsten Bauarten mit *konstantem Hubvolumen* sind die Zahnradmaschinen, Zahnringmaschinen und Flügelzellenmaschinen. Kolbenmaschinen sind für besonders hohe Drücke und Leistungen geeignet.

3.1 Axialkolbenmaschinen

Axialkolbenmaschinen werden in sehr großen Stückzahlen als Pumpen und Motoren hergestellt, insbesondere für die Mobilhydraulik. Wegen ihrer hohen Leistungsdichte und konstruktiv einfachen Verstellbarkeit des Hubvolumens sind sie insbesondere für stufenlose hydrostatische Getriebe sowie für Kreisläufe mit geregelten Parametern geeignet und verbreitet.

Nach ihrer Kinematik unterscheidet man entsprechend **Bild 3.2**:
 – Schrägachsenmaschinen (*MH*-Maschinen [3.2])
 – Schrägscheibenmaschinen (*MZ*-Maschinen [3.2])
 – Taumelscheibenmaschinen (*MZ*-Maschinen [3.2])
Die Schrägscheibenmaschinen entwickelten sich im Laufe der Jahre zur bedeutendsten Bauart – danach rangieren die Schrägachsenmaschinen.

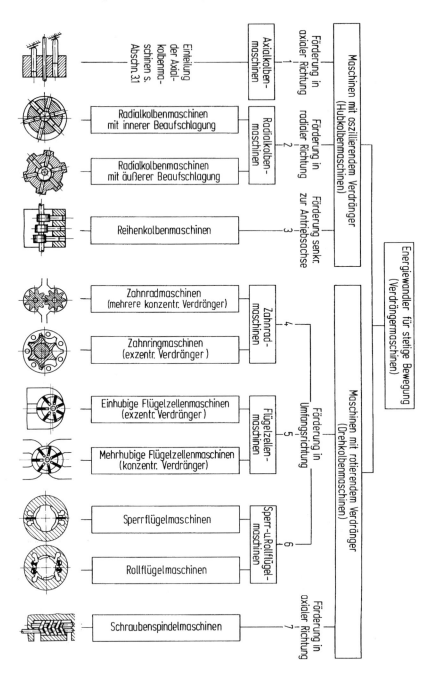

Bild 3.1: Systematische Einteilung der Energiewandler für stetige Bewegung

3 Energiewandler für stetige Bewegung (Hydropumpen und -motoren)

Bauform, Huberzeugung	Skizze der Bauform	Schema der Kraft- und Drehmomentzerlegung

1. Schrägachsenmaschinen

Bei schräg gestellter Zylinderblockachse oder Triebscheibenachse gegenüber Triebwellenachse (Schwenkwinkel α) wird bei Drehung von Triebwelle, Triebscheibe und Zylinderblock an den Kolben ein Hub erzeugt.

1.1 mit schwenkb. Zylinderblock

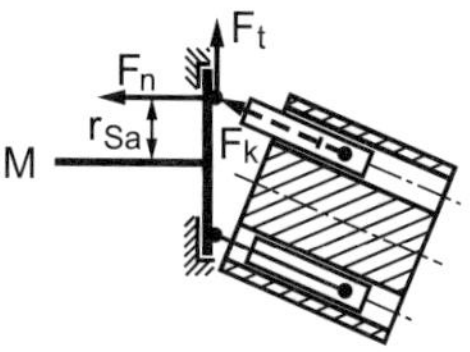

1.2 mit schwenkb. Triebscheibe

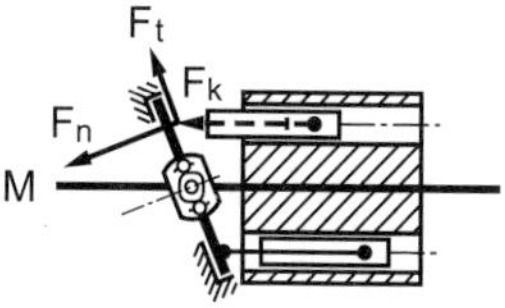

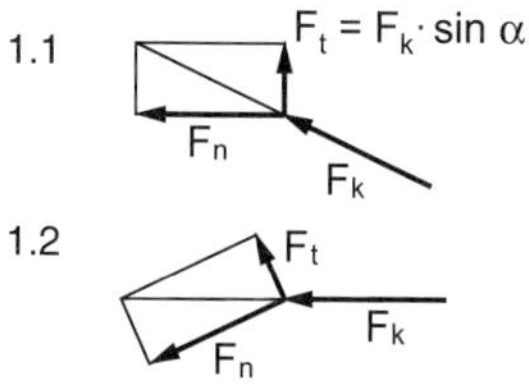

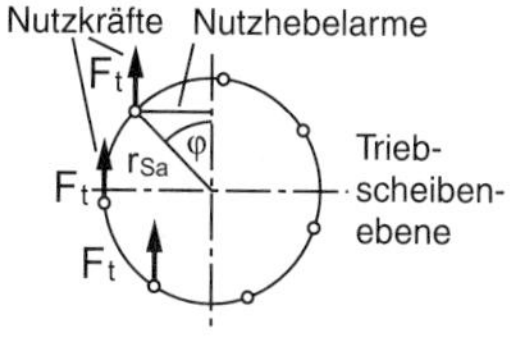

1.1 $F_t = F_k \cdot \sin\alpha$

1.2

Nutzkräfte   Nutzhebelarme

Triebscheibenebene

$$M = \sum F_t \cdot r_{Sa} \cdot \sin\varphi$$

2. Schrägscheibenmaschinen

Bei schräg gestellter Schrägscheibe gegenüber der Triebwellenachse (Schwenkwinkel α) wird bei der Drehung von Triebwelle und Zylinderblock an den Kolben ein Hub erzeugt.

2.1 mit Gleitschuhen

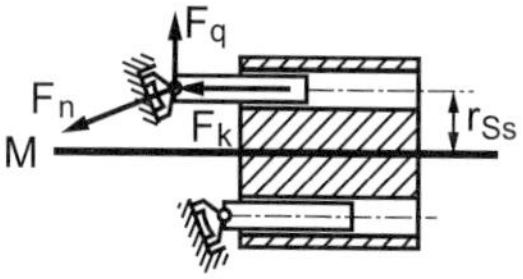

2.2 mit Kugelkopfkolben

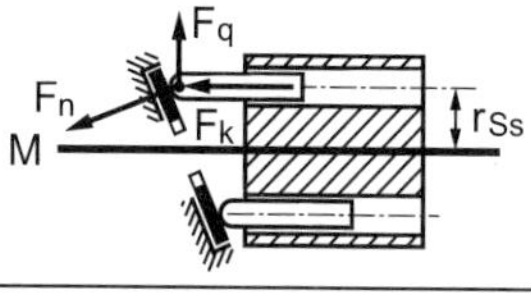

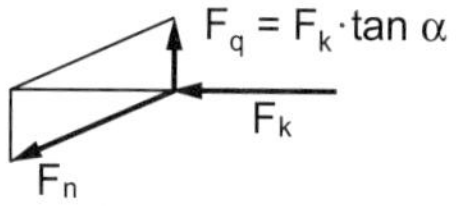

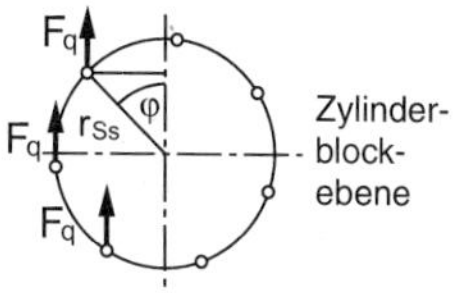

$F_q = F_k \cdot \tan\alpha$

Zylinderblockebene

$$M = \sum F_q \cdot r_{Ss} \cdot \sin\varphi$$

3. Taumelscheibenmaschinen

Bei schräg gestellter Taumelscheibe relativ zum feststehenden Zylinderblock (Schwenkwinkel α) wird bei Drehung von Triebwelle und Taumelscheibe am Kolben ein Hub erzeugt (kinematische Umkehrung von 2).

3.1 mit Gleitschuhen

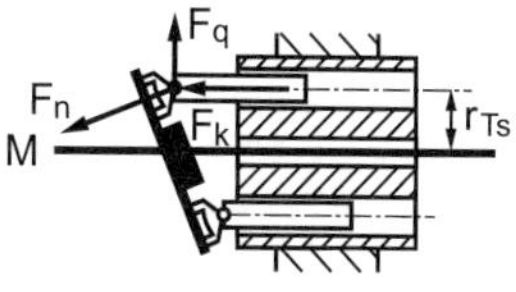

3.2 mit Kugelkopfkolben

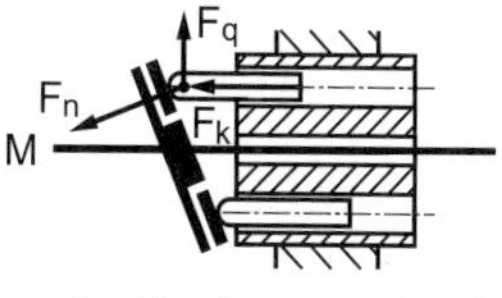

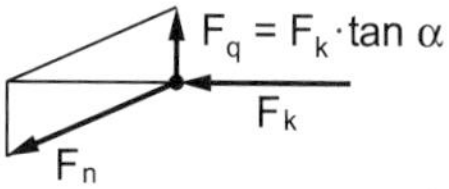

$F_q = F_k \cdot \tan\alpha$

$$M = \sum F_q \cdot r_{Ts} \cdot \sin\varphi$$

M stützt sich am feststehenden Zylinderblock ab, sein Betrag entspricht aus Gleichgewichtsgründen dem Taumelscheibenmoment.

Bild 3.2: Gesamtübersicht über die Bauformen der Axialkolbenmaschinen

Günstige Kolbenzahlen. Jeder Kolben erzeugt einen pulsierenden Ölstrom (Pumpe) bzw. nimmt einen angebotenen Ölstrom pulsierend auf (Motor). Um die Förderstrom-Ungleichförmigkeit der ganzen Einheit klein zu halten, werden *ungerade* Kolbenzahlen bevorzugt – typisch (5), 7, 9 oder 11, siehe Kap. 3.8.2..

3.1.1 Schrägachsenmaschinen

Übersicht. Die Schrägachsenmaschine ist die älteste Bauart der Axialkolbenmaschinen (siehe Historie, Kap. 1.4). Von den beiden kinematisch möglichen Grundstrukturen in Bild 3.2 ist die obere (1.1) die übliche. Sie arbeitet mit einem relativ zur Triebachse schwenkbaren bzw. (bei Konstantmaschinen) schräg gestellten Gehäuse, in dem der Zylinderblock gemeinsam mit der Triebscheibe umläuft. Die zweite Ausführung hat eine kardanisch auf der Welle befestigte schwenkbare (bzw. schräge) Triebscheibe, die auch gemeinsam mit dem Zylinderblock umläuft, sich jedoch am Gehäuse abstützt. Das Gelenk ist aufwendig, aber die durchführbare Welle hat Vorteile. Trotzdem ist die Bedeutung dieser Bauart gering. Die weiteren Ausführungen beschränken sich daher auf Bauart 1.1.

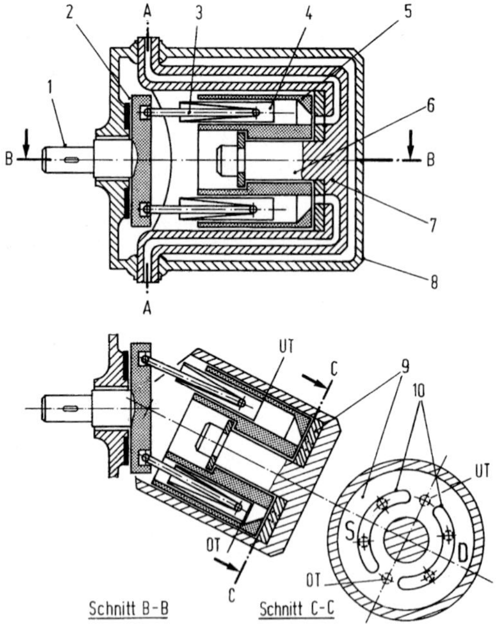

Aufbau und Funktion. Nach Bild 3.3 ist die Triebwelle 1 mit der Triebscheibe 2 fest verbunden. Diese wird auf der linken Seite durch kräftige Lager (meist Wälzlager) abgestützt und ist rechts mit dem Zylinderblock 5 über die Pleuelstangen 3 und die Kolben 4 gekoppelt. Damit laufen die Teile 1 bis 5 gemeinsam um. Der Drehzapfen 6 ist im Schwenkgehäuse 7 befestigt, das (im festen Außengehäuse 8) um die Achse A = A schwenkbar angeordnet ist.

Bei *Pumpenbetrieb* setzt die Triebwelle 1 über Triebscheibe 2, Kolbenstangen 3 und Kolben 4 den Zylinderblock 5 in Rotation. Schwenkt man das Schwenkgehäuse 7 in die im Schnitt B = B gezeichnete Stellung, so vollführen alle im Zylinderblock gelagerten Kolben Hubbewegungen; der obere Kolben wird sich

Bild 3.3: Axialkolbenmaschine in Schrägachsenbauweise – Schemadarstellung. S Saugseite, D Druckseite, OT Oberer Totpunkt, UT Unterer Totpunkt.

z. B. bei einer Drehung des Zylinderblocks um 180° von dem gezeichneten unteren zum oberen Totpunkt bewegen und dabei einen Teilölstrom erzeugen. Bei weiterer Drehung um 180° wird er Öl ansaugen. Etwa die Hälfte der Kolben wird also einen Druck-, die andere Hälfte einen Saughub vollführen. Druck- und Saugseite sind über die Druck- und Saugniere 10 der Steuerscheibe 9 (auch „Steuerspiegel", „Steuerboden") mit dem Druckstutzen und dem Saugstutzen der Pumpe verbunden. Der Ölstrom wird durch die Schwenkachse zu den Außenanschlüssen geführt.

Beim Betrieb als *Motor* ergibt sich der umgekehrte Vorgang: Der über Druckstutzen und Druckniere in die Zylinder der Axialkolbenmaschine gelangte Druckölstrom bewegt die Kolben vom oberen zum unteren Totpunkt, wobei die Kolbenkräfte über die Kolbenstangen Teildrehmomente an der Triebscheibe erzeugen, deren Summe das Arbeitsdrehmoment bildet.

Besonderheiten der Kinematik. Bei der Schrägachsenmaschine werden die Arbeitskräfte allein durch Längskräfte in den Pleuelstangen übertragen. Zerlegt man diese am Triebflansch in die beiden in Bild 3.2 gezeigten Komponenten, so kann man die tangentiale Komponente als Nutzkraft an der Triebscheibe (auch „Hubscheibe") und die axiale als Blindkraft auffassen (daher nach H. Molly „*MH-Maschinen*" [3.2]: *Moment an der Hubscheibe*). Im Gegensatz dazu werden die Arbeitskräfte bei den Schrägscheibenmaschinen allein durch Querkräfte zwischen Kolben und Zylinder erzeugt (nach Molly „*MZ-Maschinen*" [3.2]: *Moment am Zylinderblock*). Die Kinematik der Schrägachsenmaschinen hat große Vorteile bezüglich der Reibung zwischen Kolben und Zylinder: Diese ist sowohl beim Anlaufen unter Last als auch bei Betriebsdrehzahl klein und erlaubt große Schwenkwinkel. Nachteilig kann die Neigung zu Drehschwingungen sein [3.3] (Zylinderblock als Drehmasse, Mitnahmeelemente als Drehfeder).

Konstruktive Merkmale des Triebwerks. Die maximalen Schwenkwinkel betragen häufig 25 bis 40°, in geringer Stückzahl inzwischen auch 45° (konstant und verstellbar). Die großen Winkel („Großwinkelmaschinen") führen zu hoher Leistungsdichte und günstigen Wirkungsgraden – leider ist die etwas „sperrige" Außenkontur und die nicht durchgehende Triebflanschwelle manchmal von Nachteil. Der Zylinderblock kann entweder über Pleuel oder über ein zentrales Gelenk mitgenommen werden – bei Konstantmaschinen auch über eine Kegelradverzahnung [3.2]. Die Newton`sche Scherreibung zwischen Kolben und Zylinder wurde im Laufe der Entwicklung durch verringerte Flächen reduziert – im Extremfall vereinigt man Kolben und Pleuelstange zu einem „Knochen" mit geschichteten Kolbenringen am rudimentären Kolben ohne jede zylindrische Kontur, **Bild 3.4**. Die Axialkräfte auf den Triebflansch werden meistens durch Wälzlager aufgenommen, die wegen der großen Kräfte vergleichsweise aufwändig ausfallen – sie machen daher einen hohen Kostenteil aus und bestim-

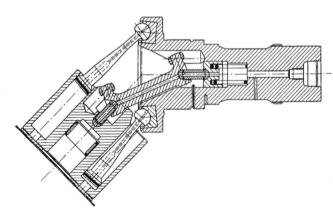

Bild 3.4: Triebsatz einer verstellbaren Schrägachsenmaschine mit Gelenkmitnahme und maximal 45° Schwenkwinkel, Bauart Sauer-Danfoss/Fendt. Sphärischer Kolbenbereich mit geschichteten „Kolbenringen". Serienproduktion ab 1996 für Traktorgetriebe (Werkbild AGCO-Fendt).

men oft die in Abhängigkeit von Druck und Drehzahl zu erwartende Lebensdauer der Einheit. Der Vorschlag kleiner bauender und kostengünstigerer hydrostatischer Tragfelder [3.2] hat sich bisher nicht durchgesetzt. Jedoch wird vereinzelt von einem Vorschlag von Molly [3.2] Gebrauch gemacht, zwei Schrägachsenmaschinen so auf eine gemeinsame Welle zu setzen, dass sich die Axialkräfte (bei gleichen Drücken und Schwenkwinkeln) aufheben, **Bild 3.5**.

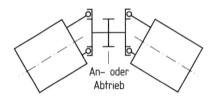

Bild 3.5: Tandemanordnung bei Schrägachsenmaschinen mit Kompensation der Axialkräfte zur Einsparung von Wälzlageraufwand (nach H. Molly [3.2])

Konstruktive Merkmale der Umsteuerung. Von großer Bedeutung für die Funktion aller Axialkolbenmaschinen ist die Ausbildung der Umsteuerung. Die feste Steuerscheibe ist ebenflächig oder sphärisch. Bei Taumelscheibenmaschinen benötigt man ein umlaufendes Steuerelement. Wenn ein Kolben bei Pumpenbetrieb nach dem Ansaugen seinen unteren Totpunkt erreicht hat, überfährt die Öffnung seines Zylinders den Steg zwischen den Steuernieren und wird bei Beginn des Einfahrens mit der „Druckniere" D verbunden (Bild 3.3). Damit beginnt der Arbeitshub, der im oberen Totpunkt mit dem Überfahren des zweiten Steges endet. Der Umsteuersteg ist im Interesse geringer Überströmverluste etwas breiter als die Zylinderöffnung. Beim Überfahren haben die Zylinder daher kurzzeitig keine Verbindung mit der Saug- bzw. der Druckleitung. Eine plötzliche Verbindung ist vor allem beim Übergang von der Saug- zur Druckniere ungünstig, weil das Ölvolumen des Zylinderraumes schlagartig von Saugdruck auf Arbeitsdruck verdichtet wird [3.4]. Die Steilheit des Druckanstiegs kann ohne besondere Maßnahmen z. B. 1000 bar je ms betragen und die entstehende überschwingende Druckspitze kann weit über dem Systemdruck liegen. Ggf. werden erhebliche Schwingungen und Geräusche angeregt.

Dem begegnet man durch konstruktive Maßnahmen, die einen sanfteren Druckanstieg mit geringerem Überschwingen bewirken – z.b. durch *Vorkompression* und durch Anbringen von *Vorsteuerkerben*, -nuten oder -bohrungen im Umsteuersteg. Die Wirksamkeit dieser und weiterer Maßnahmen wurde z. B. in [3.5] untersucht.

3.1.2 Schrägscheibenmaschinen

Übersicht. Schrägscheiben-Axialkolbenmaschinen erreichten erst in den letzten Jahrzehnten große Stückzahlen. Heute gelten sie als die bedeutendste Bauart. Zu Beginn ihrer Entwicklung waren typische Probleme vor allem auf die hohen Querkräfte zwischen Kolben und Zylindern (Reibung, Zylinderführung) und die Gleitschuhabstützung (Lecköl, Kippen, Verschleiß) zurückzuführen.

Aufbau und Funktion. Nach Bild 3.2 und **Bild 3.6** unterscheidet man zwischen Schrägscheibenmaschinen mit Gleitschuhen und solchen mit Kugelkopfkolben. Die Gleitschuh-Variante herrscht eindeutig vor.

Bei beiden Varianten ist der Zylinderblock 5 drehfest mit der Triebwelle 1 verbunden. Die Schrägscheibe 2 ist fest eingebaut oder schwenkbar gelagert. Die Kolben 4 besitzen hier keine Pleuelstange, sondern sie stützen sich entweder über Gleitschuhe 3 oder über Kugelkopfkolben 9 direkt auf der Schrägscheibe 2 ab. Bei Maschinen mit Kugelkopfkolben wird zwecks reibungsärmerer Kraftübertragung zwischen Kugelkopf und Schrägscheibe meist noch eine wälzgelagerte Zwischenscheibe 3a eingebaut. Wird der Zylinderblock 5 in Drehung versetzt, so vollführen die Kolben eine Hubbewegung. Durch einen Vordruck auf der Saugseite, durch Kolbenfedern oder durch Niederhalter wird der Kontakt der Gleitschuhe bzw. der Kugelkopfkolben mit der Schrägscheibe bzw. der Wälzscheibe sichergestellt. Die Welle 1 kann im Prinzip auf der Gegenseite fortgesetzt werden (Stummel 8), ein Vorteil dieser Bauart.

Besonderheiten der Kinematik und konstruktive Merkmale. Bei der Schrägscheibenmaschine werden die Arbeitskräfte allein durch die Querkräfte zwischen Kolben und Zylinder übertragen. Es herrschen infolge der Verkantung große örtliche Flä-

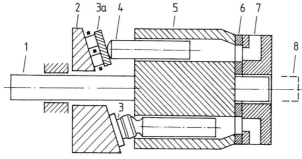

Bild 3.6: Axialkolbenmaschine in Schrägscheiben-Bauweise, unten mit Gleitschuhen – oben mit Kugelkopfkolben

Steuerscheibe 6 und Anschlüsse 7 um 90° versetzt gezeichnet

chenpressungen, insbesondere bei voll ausgefahrenem Kolben, **Bild 3.7**. Die Reibungsmechanik dieses Bereiches ist daher für das Betriebsverhalten von zentraler Bedeutung. Eine erste, allerdings stark vereinfachte Modellierung der Hydrodynamik wurde 1972 von van der Kolk [3.6] vorgelegt. Die Messung der Reibungskräfte mit Nachweis trennender Flüssigkeitsfilme bis 20° Schwenkwinkel und Herausarbeitung von Parametereinflüssen (Konstruktionsregeln) gelang 1973 erstmalig Renius

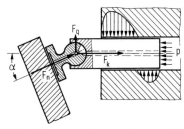

Bild 3.7: Gleichgewicht am Kolben-Gleitschuh-Element ohne Gleitschuhreibung (Schema)

[2.50] (s. Kap. 2.4). Als günstig erwiesen sich insbesondere glatte Kolben mit etwa 1‰ Lagerspiel. Konstruktiv weniger beeinflussbar ist die hohe Anlaufreibung von Motoren unter Last – nach [3.7] für höhere Drücke in Drehmoment ausgedrückt etwa 25% (nach [2.50] allein am Kolben 15–16%). Weitere grundlegende Arbeiten [3.8 bis 3.10] und Industrieentwicklungen erlauben heute (2003) Schwenkwinkel bis 21°.

Bei der konstruktiven Ausführung von Schrägscheiben-Axialkolbenmaschinen sollte die Mitnahme zwischen Welle und Zylinderblock nahe der Ebene der Kolben-Gleitschuh-Gelenke erfolgen und eine Selbstanpassung des Zylinderblocks an den Steuerboden erlauben, **Bild 3.8**.

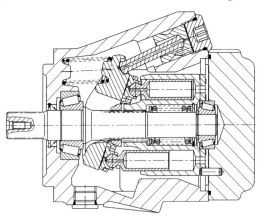

Bild 3.8: Verstellbare Schrägscheiben-Axialkolbenmaschine, Bauart Bosch-Rexroth (Baureihe 52 VNO für mäßige Drücke, daher relativ große Kolben)

Etwas günstigere Verhältnisse hinsichtlich der Wirkung der Querkräfte ergeben sich für die Schrägscheibenmaschine mit Kugelkopfkolben, **Bild 3.9**. Die Querkraft wird zwar auch hier vom Kolben auf den Zylinderblock übertragen, jedoch ergibt sich in Bezug auf den Kontaktpunkt in der gezeigten Lage ein Gegenmoment aus dem Druckfeld, so dass kleinere Kippmomente entstehen mit entsprechend geringeren Flächenpressungen zwischen Kolben und

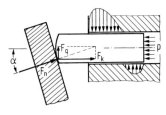

Bild 3.9: Gleichgewicht am Kugelkopfkolben (Schema)

3 Energiewandler für stetige Bewegung (Hydropumpen und -motoren)   75

Zylinder. Der Einsatzbereich dieser Maschinen ist wegen der Hertz'schen Pressungen zwischen Kugelkopf und Wälzscheibe auf maximale Arbeitsdrücke von etwa 200 bis 250 bar begrenzt.

3.1.3 Taumelscheibenmaschinen

Bei der Taumelscheibenmaschine läuft nach **Bild 3.10** die Welle 1 mit der daran fest oder (selten) verstellbar befestigten Taumelscheibe 2 um. Diese erzeugt über die Wälzscheibe 3 den Hub der Kolben 4 im feststehenden Zylinderblock. Die Steuerung erfolgt durch den mit der Welle fest verbundenen Steuerzylinder 5. Nicht verstellbare Taumelscheiben-Axialkolbenmaschinen sind robust und haben relativ gute Wirkungsgrade.

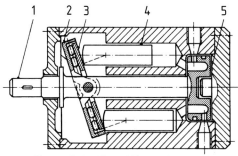

Steuerzylinder 5 um 90° versetzt gezeichnet

Bild 3.10: Taumelscheiben-Axialkolbenmaschine

3.1.4 Berechnung der Axialkolbenmaschinen

Verdrängungsvolumen. Das Verdrängungsvolumen ergibt sich aus der Kinematik und den Abmessungen der Axialkolbenmaschinen mit Hilfe der in **Bild 3.11** abgeleiteten Kolbenhübe.

Für die *Schrägachsenmaschinen* (links) erhält man bei einer Kolbenzahl z mit dem Durchmesser d_K ein Verdrängungsvolumen V :

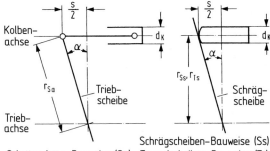

Schrägachsen-Bauweise (Sa)
Hub $s = 2\, r_{Sa} \sin \alpha$

Schrägscheiben-Bauweise (Ss)
Taumelscheiben-Bauweise (Ts)
Hub $s = 2\, r_{Sa,\,Ts} \tan \alpha$

Bild 3.11: Kolbenhübe von Axialkolbenmaschinen

$$V = \frac{z}{2} \cdot \pi \cdot d_K^2 \cdot r_{Sa} \cdot \sin \alpha \qquad (3.1)$$

Für die *Schrägscheiben-* und die *Taumelscheibenmaschinen* (rechts) gilt:

$$V = \frac{z}{2} \cdot \pi \cdot d_K^2 \cdot r_{Ss,\,Ts} \cdot \tan \alpha \qquad (3.2)$$

Eine Winkelvergrößerung wirkt sich bei Gl. (3.2) stärker aus als bei Gl. (3.1).

Mittleres Drehmoment. Die Berechnung kann auf zwei Arten erfolgen, am einfachsten durch Einsetzen der abgeleiteten Hubvolumina V in Grundgleichung (2.22). Danach gilt für *Schrägachsenmaschinen (MH)*:

$$M = \frac{z}{4} \cdot d_k^2 \cdot p \cdot r_{Sa} \cdot \sin\alpha \qquad (3.3)$$

und für *Schrägscheiben-* bzw. *Taumelscheibenmaschinen (MZ)*:

$$M = \frac{z}{4} \cdot d_k^2 \cdot p \cdot r_{Ss,Ts} \cdot \tan\alpha \qquad (3.4)$$

Etwas aufwändiger ist der zweite Weg: die Ableitung des mittleren Moments aus der Aufsummierung der Teilmomente.

Dieses Verfahren sei anhand von **Bild 3.12** beispielhaft für die *Schrägachsenmaschine* beschrieben (Moment an der Triebscheibe, Kap. 3.1.1). Integriert wird über die Funktion des sich über dem Drehwinkel ändernden Teilmoments eines Kolbens. Da über den Arbeitshub = Weg π nur die halbe Kolbenzahl wirkt, ergibt sich

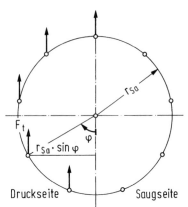

Bild 3.12: Drehmomententwicklung an der Triebscheibe bei Schrägachsenmaschinen.

$$M = \frac{z}{2} \cdot \frac{1}{\pi} \cdot \int_0^\pi F_t \cdot r_{Sa} \cdot \sin\varphi \cdot d\varphi = \frac{z}{2} \cdot \frac{1}{\pi} \cdot F_t \cdot 2r_{Sa} \qquad (3.5)$$

Setzt man nach Bild 3.2 nun $F_t = F_k \cdot \sin\alpha$ mit Kolbenfläche und –druck ein, erhält man o. g. Gl. (3.3). Nach diesem Prinzip kann man ebenso bei den anderen Axialkolbenmaschinen vorgehen, bei den Taumelscheibenmaschinen mit zweistufiger Zerlegung der Kolbenkraft.

Leistungen. Die mechanische Wellenleistung von Pumpe oder Motor ist:

$$P_{mech} = M \cdot \omega = 2\pi \cdot M \cdot n \qquad (3.6)$$

und die hydraulische Leistung:

$$P_{hydr} = p \cdot Q \qquad (3.7)$$

Bei praktischen Rechnungen ist der Gesamtwirkungsgrad η zu berücksichtigen:

$$P_{mech} = \frac{p \cdot Q}{\eta^{\pm 1}} \qquad \begin{array}{l} + \text{ für Pumpe} \\ - \text{ für Motor} \end{array} \qquad (3.8)$$

3.2 Radialkolbenmaschinen

Bei Radialkolbenmaschinen sind die Zylinder in radialer Richtung sternförmig zur Antriebswelle angeordnet. Man teilt sie nach Murrenhoff [3.11] ein in
- Radialkolbenmaschinen mit *Außenabstützung* (auch „innen beaufschlagt")
- Radialkolbenmaschinen mit *Innenabstützung* (auch „außen beaufschlagt").

Radialkolben*pumpen* sind meistens schnelllaufend – Radialkolben*motoren* überwiegend langsam laufend, teilweise mit mehreren Hüben je Kolbenumlauf.

3.2.1 Maschinen mit Außenabstützung

Die Kolbenkräfte werden über Gleitelemente oder Wälzpaarungen außen abgestützt, während man die Druckflüssigkeit von innen zu- bzw. abführt. Als besonders bekanntes Beispiel gilt die von Bosch entwickelte [3.12] und 2001 von Moog übernommene schnelllaufende Radialkolbenpumpe nach **Bild 3.13**.

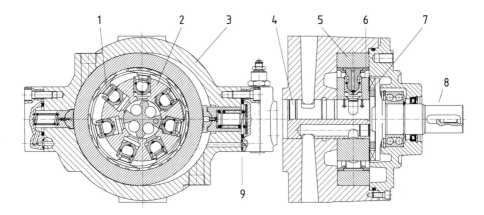

Bild 3.13: Radialkolbenmaschine mit Aussenabstützung (nach Bosch und Moog)

Die Kolben-Gleitschuh-Elemente 1 sind radial im umlaufenden Zylinderstern 2 angeordnet, der um den im Gehäuse 3 befestigten Steuerzapfen 4 rotiert. Wird der Hubring (Gleitring) 5 durch die Stellkolben in eine exzentrische Lage nach links bewegt, entsteht an den Kolben ein Hub. Der Niederhalter 6 hält die Gleitschuhe auf dem Hubring. Im Interesse einer ungestörten Selbsteinstellung des Zylinderblocks 2 wird dieser über eine Kreuzscheibenkupplung 7 mit der Antriebswelle 8 gekoppelt. Wegen der günstigen hydrodynamischen Bedingungen benötigen die Gleitschuhe nach Harms [3.13] nicht unbedingt hohe hydrostatische Entlastungsgrade (s. Kap. 2.4). An die Fläche 9 können verschiedene Steuer- bzw. Regeleinrichtungen angeflanscht werden.

Nach [3.12] gelten folgende Vorteile: hohe Dauerdrücke, gutes Selbstansaugverhalten, niedriger Geräuschpegel (u. a. durch Ölfilmdämpfung am schwimmenden Zylinderstern), gute Verstelldynamik, günstige Wirkungsgrade (im Optimum 93%) und Robustheit (Selbstnachstellung der Steuerfläche durch druckseitige Anlage am Steuerzapfen).

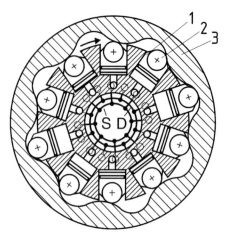

Bild 3.14 zeigt einen typischen Langsamläufer-Radialkolbenmotor mit Mehrfachhub. Die Arbeitskolben 1 stützen sich über Rollen 2 (kolbenseitig hydrostatisch teilentlastet) auf der gehäusefesten Kurvenbahn 3 außen ab, der Zylinderstern rotiert (hier im Uhrzeigersinn). 80 Hübe je Umlauf ergeben ein besonders großes Schluckvolumen (damit auch Drehmoment) relativ zum Bauvolumen – die maximalen Drehzahlen sind dafür je nach Baugröße auf z. B.

Bild 3.14: Radialkolbenmotor mit Außenabstützung und Mehrfachhüben (Bild: Verfasser, angelehnt an Poclain). S Saugseite, D Druckseite.

50 bis 300/min begrenzt. Die Ölanschlüsse der Zylinder erfolgen über die gestrichelt dargestellten kreisförmigen Öffnungen, die zur feststehenden axialen Steuerplatte gehören (S Saugseite, D Druckseite, Kanäle schematisiert). Spezielle Ausführungen sind auf halbes Schluckvolumen umschaltbar – z. B. durch Abschaltung der halben Kolbenzahl oder durch Hintereinanderschalten von je 2 Zylindern (Drehzahlverdoppelung). Konzepte dieser Art erreichen heute im Bestpunkt Wirkungsgrade um 90 bis 92 % (z. B. bei 40 % der Maximaldrehzahl und Drücken um 210 bar) und sind damit zuweilen schon leicht besser als die Kombinationen aus schnelllaufenden Axialkolbenmotoren und Planetengetrieben (z. B. für Radantriebe).

3.2.2 Maschinen mit Innenabstützung

Die in **Bild 3.15** gezeigte Radialkolbenmaschine wird als langsamlaufender Hydromotor angeboten. Der zylindrisch ausgeführte Kolben 1 stützt sich an der Kugelfläche des Gehäusekopfes 4 ab und wird gleichzeitig im Zylinder 2 geführt, der sich seinerseits auf der Kugelfläche 3 abstützt. Deren Exzen-

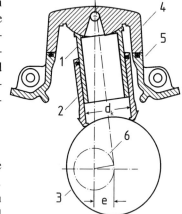

Bild 3.15: Langsam laufender Radialkolbenmotor mit Innenabstützung (nach Denison/Calzoni)

trizität bewirkt beim Rotieren einen Hub des Zylinders relativ zum Kolben. Der Ölstrom wird durch eine mitdrehende axiale (nicht sichtbare) Steuerplatte gesteuert und gelangt über Gehäuse 5 und Gehäusekopf 4 in den Verdrängungsraum. Das relativ große Totvolumen lässt sich durch Füllen des Kolbens vermindern. Sonderausführungen arbeiten mit hydrostatisch verstellbarer Exzentrizizät. Alle haben Einfachhub.

3.2.3 Berechnung von Radialkolbenmaschinen

Verdrängungsvolumen. Mit der Exzentrizität e ergibt sich für eine Maschine nach Bild 3.15 (Einfachhub) mit z Zylindern vom Durchmesser d_k das Verdrängungsvolumen:

$$V = z \cdot \frac{\pi \cdot d_k^2}{4} \cdot 2e = \frac{z}{2} \cdot \pi \cdot d_k^2 \cdot e \qquad (3.9)$$

Bei Maschinen mit mehreren Hüben je Umdrehung (wie z. B. nach Bild 3.14) ist das mit dieser Gleichung errechnete Verdrängungsvolumen noch mit der Anzahl der Kolbenhübe je Umdrehung zu multiplizieren.

Mittleres Drehmoment. Es beträgt mit Gl. (2.22) für Einfachhub

$$M = \frac{p \cdot V}{2\pi} = \frac{z}{4} \cdot p \cdot d_k^2 \cdot e \qquad (3.10)$$

3.3 Zahnrad- und Zahnringmaschinen

Diese Gruppe repräsentiert konstante Verdrängermaschinen, die in sehr großen Stückzahlen als Pumpe oder Motor hergestellt werden. Man unterscheidet
- *Außenzahnradmaschinen*
- *Innenzahnradmaschinen*
- *Zahnringmaschinen*

3.3.1 Außenzahnradmaschinen

Außenzahnradmaschinen bestehen im Wesentlichen aus zwei ineinander greifenden zylindrischen Zahnrädern, **Bild 3.16**. Die Druckflüssigkeit wird bei Rotation in den Zahnlücken zwischen Zahnrädern und Gehäusemantel gefördert. In der Ölhydraulik betragen die zulässigen Dauerdrücke guter Zahnradpumpen heute etwa 250 bar. Dafür ist die früher verbreitete einfache Plattenbauweise ohne Spaltkompensation nicht geeignet. Um die Leckölverluste zwischen Saug-

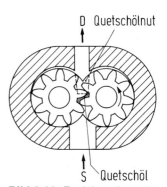

Bild 3.16: Funktion einer einfachen Zahnradmaschine.
S Saugseite, D Druckseite

und Druckseite zu begrenzen, wurden Zahnradpumpen entwickelt, bei denen die Radial- und Axialspalte hydrostatisch kompensiert werden [3.14 bis 3.17].
Der Eingriffsbereich wird durch das Drehmoment für das zweite Zahnrad relativ gut dicht – hier muss eher auf die Abführung des sog. Quetschöls geachtet werden (Quetschölnut). Die Spaltkompensationen werden konstruktiv z. B. dadurch erreicht, dass die Zahnräder mit ihren Wellen in Buchsen oder Brillen gelagert sind, die axial und radial über definierte Felder mit dem Arbeitsdruck beaufschlagt werden.
Bild 3.17 zeigt schematisch die resultierenden Kräfte. Diese werden so ausgelegt, dass die von innen wirkenden Druckkräfte ausgeglichen bzw. im Interesse einer guten Abdichtung sogar leicht überkompensiert werden. Hierzu gab es frühe fortschrittliche Konzepte von Plessey und ein bekanntes Patent von Molly und Eckerle [3.17], das zur seinerzeit bedeutenden Brillenpumpe von Bosch führte, die in großer Stückzahl gebaut worden ist. Die radiale Anpressung erfolgte hier in Richtung der

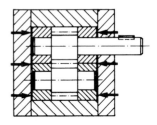

Bild 3.17: Zahnradmaschine mit Axial- und Radialspaltausgleich (nach Bosch)

Druckseite mit Abdichtung der Zahnradköpfe am Umfang kurz vor Eintritt in den Druckstutzen. Dadurch konnte man die Lagerkräfte klein halten und sehr hohe Wirkungsgrade erreichen (nach [3.15] im Bestpunkt 96%). Als Nachteile erwiesen sich das hohe Geräuschniveau infolge des kleinen Druckaufbauweges und die aufwendige Fertigung. Daher entstand bei Bosch die sogenannte Buchsenpumpe, **Bild 3.18**. Die Wellen laufen nach wie vor in Gleitlagern. Der Druckaufbau am Zahnkopf erstreckt sich jedoch nun über einen großen Sektor [3.15], die Geräusche sind geringer. Infolge der höheren Lagerbelastung sind die Wirkungsgrade nicht mehr ganz so gut (nach [3.15] im Bestpunkt 90%). Da sich dieses Konzept auch billiger herstellen ließ, löste es die Brillenpumpe ab.

Infolge der Kinematik des Zahneingriffs entstehen druckseitig bei Zahnradpumpen Förderstrom- und Druckpulsationen (s. Kap. 3.7.3) und als Folge Geräusche, insbesondere bei kleinen Zähnezahlen. Große Zähnezahlen sind wegen

Bild 3.18: Bosch „Buchsenpumpe" mit Spaltkompensation (Bosch)

verringerter Leistungsdichte nicht zielführend. Feinkorrekturen der Eingriffsgeometrie können Fortschritte bringen. Bosch Rexroth erreichte z.b. mit der „Silencepumpe" eine erheblich verringerte Pulsation durch Zweiflankenabdichtung der Verzahnung. Eine grundlegende Verbesserung ist auch mit der in **Bild 3.19** dargestellten Duo-Pumpe [3.18] erzielt worden. Sie arbeitet mit zwei Zahnradpaaren, deren Zähne 1 und 2 um eine halbe Zahnteilung gegeneinander versetzt sind.

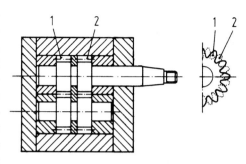

Bild 3.19: Zahnradpumpe mit 2 gegeneinander versetzten Zahnrädern (Bosch)

Beide Zahnradpaare sind durch eine Zwischenplatte voneinander getrennt, jedoch saug- und druckseitig verbunden. Die um eine halbe Phase gegeneinander versetzte Pulsation der Teilförderströme ergibt eine wesentlich geringere Gesamtpulsation und damit eine starke Geräuschreduzierung.

3.3.2 Innenzahnradmaschinen

Innenzahnradmaschinen mit Füllstück. Bei der in **Bild 3.20** gezeigten Innenzahnradmaschine wird das Ritzel 1 angetrieben, das das Innenzahnrad 2 mitnimmt. Das Öl wird in den Lücken zwischen den beiden Zahnrädern und dem Füllstück 3 gefördert. Auch Innenzahnradmaschinen arbeiten mit hydrostatisch kompensierten Radial- und Axialspalten.

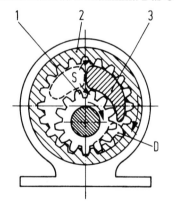

Aufgrund der mehr zentrischen Anordnung des Ritzels und der Antriebswelle können Innenzahnradmaschinen bei gleichem Verdrängungsvolumen kleiner ausgeführt werden als Außenzahnradmaschinen. Das Zusammenwirken von Ritzel und Innenzahnrad (Hohlrad) mit größerer Zahneingriffslänge bzw. Überdeckung ergibt eine geringere Förderstrom- und Druckpulsation mit entsprechend geringerer Geräuschentwicklung als bei Außenzahnradpumpen.

Bild 3.20: Innenzahnradmaschine. S Saugseite, D Druckseite

Innenzahnradmaschinen ohne Füllstück. Als Beispiel zeigt **Bild 3.21** eine neuere Bauart von Eckerle [3.18, 3.19]. Zahnrad 1 ist auch hier mit Innenzahnrad 2 im Eingriff, jedoch mit „Zähnezahldifferenz 1" und direkter Abdichtung an den speziell geformten Zahnköpfen. Der Ring 3 ist im Gehäuse so gelagert, dass er durch Druckfelder Kräfte auf das Hohlrad ausüben kann, die den inneren Druckkräften entgegenwirken und eine gute Zahnkopfabdichtung ermöglichen. Die Pumpe wurde für sehr kleine Hubvolumina (nach [3.19] bis 4 cm³) und Dauerdrücke bis zu 250 bar ab 2001 in Serie eingeführt. Wegen ihres niedrigen Geräuschpegels wird sie vor allem für Einsätze im Pkw angeboten.

3.3.3 Zahnringmaschinen

Zahnringmaschinen werden überwiegend als Motoren verwendet. Der Verdrängerteil des in **Bild 3.22** gezeigten Motors besteht aus einem gehäusefesten, innenverzahnten Außenring 1 mit sieben und einem außenverzahnten Rotor 2 mit sechs „Zähnen" und kardanischem Antrieb 3. Bei Motorbetrieb sind alle Kammern, deren Volumina sich gerade vergrößern, mit der Druckseite verbunden – Kammern mit Verkleinerung des Volumens schieben die Flüssigkeit aus. Die Steuerung erfolgt durch das zylindrische rotierende Verteilerventil 4. Während der Bewegung eines Rotorzahnes von einer Zahnlücke des Außenrings zur nächsten füllt und entleert sich jede Kammer einmal. Das Schluckvolumen ist daher relativ zum Bauvolumen sehr groß und erlaubt nach Gl (2.22) hohe Motordrehmomente.

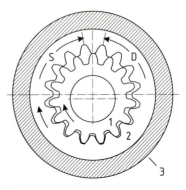

Bild 3.21: Innenzahnradmaschine ohne Füllstück (Schemadarstellung, angelehnt an Eckerle EIPR). S Saugseite, D Druckseite

Der Wirkungsgrad ist infolge der Leckölverluste sowie der Reibungs- und Strömungsverluste mäßig (Bestwerte z. B. 83%), so dass Zahnringmaschinen nur für Drücke bis etwa 175 bar und mäßige Drehzahlen eingesetzt werden – hier allerdings in großen Stückzahlen.

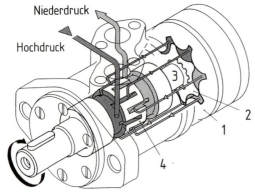

Bild 3.22: Zahnringmaschine (nach Danfoss)

3.3.4 Berechnung von Zahnrad- und Zahnringmaschinen

Verdrängungsvolumen. Für die überschlägige Berechnung von *Zahnradmaschinen* kann man in erster Näherung davon ausgehen, dass Zähne und Zahnlücken das gleiche Volumen einnehmen. Mit dieser Voraussetzung gilt bei 2 Zahnrädern:

$$V \approx \frac{\pi}{4} \cdot \left(D^2 - d^2\right) \cdot b \tag{3.11}$$

3 Energiewandler für stetige Bewegung (Hydropumpen und -motoren)

mit D als Kopfkreis- und d als Fußkreisdurchmesser des treibenden Rades. Die genaue Berechnung ist vergleichsweise aufwendig [3.20 bis 3.22].
Für *Zahnringmaschinen* gilt mit z als Zähnezahl des Innenzahnrades und b als Zahnbreite nach **Bild 3.23**

$$V = z \cdot (z+1) \cdot (A_{max} - A_{min}) \cdot b \tag{3.12}$$

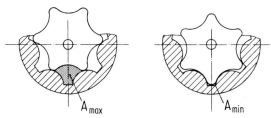

Bild 3.23: Skizzen zur Ermittlung charakteristischer Flächen für die Berechnung des Verdrängungsvolumens von Zahnringmaschinen

Mittleres Drehmoment. Für *Zahnradmaschinen* ergibt sich bei Einsetzen von Gl. (3.11) in Gl. (2.22):

$$M \approx \frac{1}{8}(D^2 - d^2) \cdot b \cdot p \tag{3.13}$$

Entsprechend erhält man für *Zahnringmaschinen*:

$$M = \frac{z \cdot (z+1)}{2\pi} \cdot (A_{max} - A_{min}) \cdot b \cdot p \tag{3.14}$$

3.4 Flügelzellenmaschinen

Flügelzellenmaschinen lassen sich unterteilen in:
- *einhubige* oder *mehrhubige* Maschinen
- *innere* oder *äußere* Beaufschlagung
- *Festes* oder *verstellbares* Hubvolumen

Alle Bauformen werden vorwiegend als Pumpe ausgeführt. Motoren sind häufig mehrhubig. Im Folgenden werden nur die vorherrschenden außen beaufschlagten Flügelzellenmaschinen behandelt. Reibungsmechanik (Fliehkräfte), Festigkeit und Abdichtung im Flügelbereich bestimmen die Eigenschaften und Grenzen dieses Prinzips [3.23]. Es arbeitet wegen der außerordentlich geringen Förderstrompulsation sehr leise, erreicht aber nur mäßige Drücke und Wirkungsgrade und verlangt eine besonders gute Ölfilterung. Mehrhubige Maschinen sind nicht stufenlos verstellbar – können aber im Hubvolumen umschaltbar gestaltet werden.

3.4.1 Einhubige Maschinen

Die verstellbare einhubige Flügelzellenmaschine nach **Bild 3.**24 hat einen Rotor 1 mit zahlreichen Flügeln 2, die durch Fliehkraft, durch Öl- oder Federdruck oder durch mehrere dieser Kräfte an der Innenfläche eines Gleitrings 3 anliegen. Hydrostatisch entlastete Doppelflügel sind besonders günstig. Der Gleitring 3 liegt in der Darstellung bei maximaler Exzentrizität an der Stellschraube 4 an. Sobald der zwischen Flügeln, Gehäuse und Rotor eingeschlossene Raum sich erweitert, wird Fluid aus der Saugleitung S über die Saugniere 5 angesaugt und bei weiterer Drehung des Rotors über die Druckniere 6 in den Druckstutzen D gefördert. Die Exzentrizität wird durch das Druckstück 7 kontrolliert, das die Stellkraft von einer mechanischen oder hydraulischen Steuer- oder Regeleinrichtung erhält (Anflanschfläche) und gleichzeitig die horizontale Komponente der Gleitring-Druckkräfte aufnimmt (Ansatz für eine einfache mechanische Druckregelung).

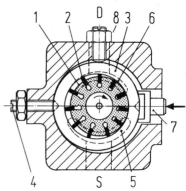

Bild 3.24: Verstellbare einhubige Flügelzellenmaschine, prinzipieller Aufbau. S Saugseite, D Druckseite

Die Stellschraube 8 ermöglicht eine kleine vertikale Exzentrizität – diese erzeugt eine Vorkompression, wodurch die Pumpe im Betrieb „von Hand" leise eingestellt werden kann. Eine typische praktische Ausführung wird z. B. in [3.24] besprochen.

3.4.2 Mehrhubige Maschinen

Bei der zweihubigen Flügelzellenmaschine nach **Bild 3.**25 sind um den Rotor zwei einander gegenüberliegende Verdrängungsräume 1 und 2 angeordnet, die mit je einer Saugniere 3 bzw. 4 und einer Druckniere 5 bzw. 6 verbunden sind. Saug- und Druckineren sind auch miteinander und mit den entsprechenden Stutzen S und D verbunden. Infolge der symmetrischen Anordnung der Verdrängungsräume werden der Rotor und seine Lager weitgehend von Radialkräften entlastet. Allerdings kann diese Bauart nicht stufenlos verstellbar gebaut werden.

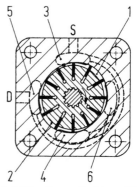

Bild 3.25: Doppelhubige Flügelzellenmaschine (nach Sperry Vickers). S Saugseite, D Druckseite

3.4.3 Berechnung von Flügelzellenmaschinen

Verdrängungsvolumen. Näherungsweise gilt für *einhubige* Maschinen nach Bild 3.26 für maximale Exzentrizität $e_{max} = (D-d)/2$:

$$V_{max} = b \cdot \left[\frac{\pi \cdot (D^2 - d^2)}{2} - a \cdot z \cdot (D-d) \right] \qquad (3.15)$$

mit b als Flügelbreite und z als Flügelzahl. Genauere Berechnung siehe z. B. [3.25]. Für *mehrhubige* Maschinen multipliziert man den rechten Teil der Gleichung mit der Hubzahl eines Flügels je Umdrehung k.

Mittleres Drehmoment. Die Berechnung kann wieder mit Gl. (2.22) erfolgen.

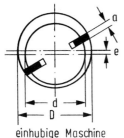
einhubige Maschine

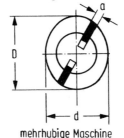
mehrhubige Maschine

Bild 3.26: Skizzen zur Ermittlung des Verdrängungsvolumens von Flügelzellenmaschinen

3.5 Sperr- und Rollflügelmaschinen

3.5.1 Sperrflügelmaschinen

Die Sperrflügelmaschine kann als kinematische Umkehrung der Flügelzellenmaschine angesehen werden, **Bild 3.27**. Bei ihr sind die beiden um 180° versetzten Flügel 1 nicht im Rotor, sondern im feststehenden Gehäuse radial verschiebbar untergebracht; sie werden durch Federkraft, durch Drucköl oder durch beides auf die Lauffläche des Rotors 2 gedrückt und sperren so Druckraum 3 und Saugraum 4 voneinander ab. Im Interesse einer besonders niedrigen Förderstrompulsation baut man zwei Einheiten mit 90° Winkelversatz auf gemeinsamer Welle und gemeinsamen Außenanschlüssen zusammen. Die Rotorgeometrie muss stoßfreie Flügelhübe ergeben (stetige Beschleunigungsfunktion) und soll auf kleinste geometrisch bedingte Förderstrompulsationen ausgelegt sein (geringe Geräuschpegel). Die hydrostatischen Kräfte der gegenüberliegenden

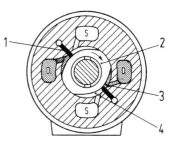

Bild 3.27: Sperrflügelmaschine (nach Sauer), S Saugseite, D Druckseite

Druckräume gleichen sich am Rotor aus und führen zu geringen Lagerbelastungen und Lagerverlusten. Bei guter seitlicher Abdichtung sind günstige Wirkungsgrade und Drücke bis 210 bar erreichbar. Einsatz vorwiegend als Pumpe.

3.5.2 Rollflügelmaschinen

Die in **Bild 3.28** skizzierte Rollflügelmaschine ist mit einem Rotor 1 und mit vier Rollflügeln 2 ausgerüstet. Über (nicht gezeichnete) Zahnräder werden Rotor und Rollflügel formschlüssig synchronisiert, so dass die Zähne 3 des Rotors gesteuert in die Lücken 4 der Rollflügel eingreifen. Die Saug- und Druckseiten sind horizontal durch die Rollflügel, vertikal durch die Rotorzähne abgedichtet. Die gegenüberliegenden, sich ausgleichenden Rotor-Druckfelder ergeben geringe Lagerbelastungen und gutes Anlaufen unter Last der vorwiegend als Hydromotor bis etwa 210 bar eingesetzten Bauart.

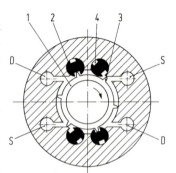

Bild 3. 28: Rollflügelmaschine (nach Rollstar). S Saugseite, D Druckseite

3.5.3 Berechnung von Sperr- und Rollflügelmaschinen

Verdrängungsvolumen. Für die *Sperrflügelmaschine* gilt nach **Bild 3.29** mit b als Rotorbreite und α als Korrekturwinkel (Flächenäquivalenz für $D-d$):

$$V = \frac{\pi \cdot b}{2}(D^2 - d^2) \cdot \frac{180° - \alpha}{180°} \tag{3.16}$$

Für die *Rollflügelmaschine* gilt nach Bild 3.29 mit A_Z als stirnseitige Zahnfläche, z als Anzahl Zähne und b als Rotorbreite

$$V = \frac{\pi \cdot b}{2}(D^2 - d^2) - z \cdot A_z \tag{3.17}$$

Mittleres Drehmoment. Die Berechnung kann, wie schon mehrfach gezeigt, durch Einsetzen o. g. Gleichungen in Gl. (2.22) erfolgen.

Sperrflügelmaschine

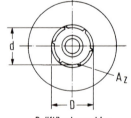
Rollflügelmaschine

Bild 3.29: Skizzen zur Ermittlung des Verdrängungsvolumens von Sperr- und Rollflügelmaschinen

3.6 Schraubenmaschinen

Schraubenmaschinen bestehen aus dem Gehäuse, einer angetriebenen Schraubenspindel und einer oder mehreren Gegenspindeln, die von der Antriebsspindel in Rotation versetzt werden, **Bild 3.30**. Durch den Eingriff entstehen abgedichtete Kammern, die in axialer Richtung von der Saug- zur Druckseite wandern. Nach [3.26] ist dieses die leiseste aller Verdrängerpumpen, die nach [3.27] erst den Bau hydraulischer Aufzüge ermöglicht hat. Schraubenmaschinen werden häufig aus zweigängigen Spindeln hergestellt [3.28]. Nach Schlösser [3.29] kann das Hubvolumen aus dem Produkt von Steigung s und freiem Strömungsquerschnitt A gebildet werden (A = freier radialer Gehäusequerschnitt minus Schnittfläche der Spindeln). Genauere Berechnungen sind aufwendig.

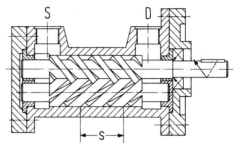

Bild 3.30: Schraubenmaschine. S Saugseite, D Druckseite, s Spindelsteigung

$$V = A \cdot s \tag{3.18}$$

Schraubenmaschinen werden ausschließlich als Pumpen eingesetzt und bieten ein sehr gutes Selbstsaugverhalten. Bei geringen Drücken (oft zwei Spindeln) dienen sie z. B. zum Stofftransport oder zur Speisung großer Hochdruckpumpen – bei mäßigen bis höheren Drücken (eher drei Spindeln, 100–210 bar) für Aufzüge, Schiffsladewinden, leise Papierpressen, Gesenkschmiedehämmer, Wasserturbinensteuerungen u. a. [3.27]. Nach [3.26] wurde bei 2900/min ein bester Wirkungsgrad von 85 % bei 40 bar erreicht. Andere Quellen geben z.T. geringere Werte an. Da Radialkräfte hydrodynamisch getragen und Axialkräfte hydrostatisch ausgeglichen werden können, sind Lageraufwand und Verschleiß sehr gering [3.26]. Da Störkräfte durch oszillierende Massen fehlen, laufen Schraubenmaschinen auch bei hohen Drehzahlen sehr ruhig. Sie verkraften einen großen Viskositätsbereich.

3.7 Übersicht zur Auswahl von Verdrängermaschinen

Um die Projektierung hydrostatischer Anlagen vor allem für Einsteiger zu erleichtern, werden die *charakteristischen Betriebseigenschaften und die technischen Daten* der bisher besprochenen Verdrängermaschinen in **Tafel 3.1** bzw. **3.2** zusammengefasst. Die Informationen fußen vor allem auf Hersteller-Angaben [3.30, 3.31] und sind als Anhaltswerte zu verstehen – im Einzelfall sollte man den Hersteller zu Rate ziehen.

3 Energiewandler für stetige Bewegung (Hydropumpen und -motoren)

Tafel 3.1: Betriebseigenschaften und Anwendung von Verdrängermaschinen

Maschinenart	Vorteile
1) Axialkolbenmaschinen a) Schrägachsenbauweise b) Schrägscheibenbauweise mit Gleitschuhen c) Schrägscheibenbauweise mit Kugelkopfkolben	- hohe Drücke, große Leistungsdichte - Hubvolumen konstant oder verstellbar (verstellbar bes. kostengünstig bei b) - hohe Wirkungsgrade (bes. bei a und c) a: keine Arbeitsquerkräfte am Kolben, daher große Schwenkwinkel bis 45° und gutes Anlaufverhalten unter Last b, c: kostengünstig, kompakt, einfache Ölführung im Gehäuse (Kompaktgetriebe möglich), Welle durchführbar b: hohe Verstelldynamik (Regelkreise)
2) *Radialkolbenmaschinen* a) schnell laufend b) langsam laufend m. Exzenter c) langsam laufend m. Nockenring	- hohe Wirkungsgrade a: sehr hohe Drücke, hohe Drehzahlen, hohe Verstelldynamik, kompakt b: hohe Drehmomente bei kleinen Drehz. c: wie b, aber kompakter
3) *Zahnrad- und Zahnringmaschinen* a) Außen-Zahnradmaschinen ohne Spaltausgleich b) Außenzahnradmaschinen mit Spaltausgleich c) Innenzahnradmaschinen d) Zahnringmaschinen	- sehr kostengünstig, hohe Leistungsdichte - geringer Platzbedarf, anbaufreundlich - Welle durchführbar a: sehr einfach, preisgünstigste Pumpe b: gute Wirkungsgrade, insbesondere geringe Leckströme c: geringe Förderstrompulsation (leise) d: sehr hohe Drehmomente relativ zur Baugröße, kleine Drehzahlen möglich
4) *Flügelzellenmaschinen* a) einhubige Maschinen b) mehrhubige Maschinen 5) *Sperr- u. Rollflügelmaschinen* a) Sperrflügelmaschinen b) Rollflügelmaschinen	- geringes Bauvolumen, kompakt - geringe Förderstrompulsation (leise) - Welle durchführbar - günstige volumetrische Wirkungsgrade 4a: Hubvolumen konst. oder verstellbar, Vorkompression einfach einstellbar 4b, 5a, 5b: hydrostat. Kraftausgleich

Nachteile	bevorzugte Anwendung (P Pumpe M Motor)
- hohe Herstellkosten (besonders a) - Baulänge größer als bei Pos. 2 a: aufwändige Ölführung bei verstellb. Einheiten, sperriger Platzbedarf, Welle nicht durchführbar b: Querkräfte und Kippmoment am Kolben begrenzen Schwenkwinkel, erschweren Anlaufen c: Herz'sche Pressung am Kugelkopf begrenzt Arbeitsdruck	P/M a: weniger als Pumpe – eher wegen des guten Anlaufens als Motor (fest oder oft in einer Richtung verstellbar). Großwinkelmaschinen (45°) für hocheffiziente leistungsverzweigte Traktorfahrantriebe P/M b: Als Verstellpumpe und Konstantmotor in der Mobilhydraulik in sehr großen Stückzahlen in Anwendung. Dauerbetrieb bei sehr kleinen Drehzahlen (Motoren) ungünstig (Reibung)
- hohe Herstellkosten, insbes. b,c b: großes Bauvolumen b/c: Bei höheren Drehzahlen sinken Wirkungsgrade oft stark ab c: nicht stufenlos verstellbar	P a: eher stationär als mobil angewendet M b: Hydromotor f. Getriebe von Sonderfahrzeugen (z. B. Arbeitsmaschinen). Stationär: Winden, Kunststoffpressen ... M c: Wie vor, Radantriebe eher direkt.
- nur konst. Hubvolumen möglich: Beeinflussung des Förderstroms durch Drosselung verlustreich a: nur für niedrige Drücke gut, kaum als Hydromotor geeignet b: deutlich aufwendiger als a c: nochmals teurer als b d: mäßige Wirkungsgrade und relativ geringe Höchstdrehzahlen	P a: für niedrige Drücke (rückläufig) P b: einfache Systeme der Mobilhydraulik (z. B. Lenkung). Stationärhydrauliken P c: Werkzeugmaschinen, Automatikgetriebe (einfach, f. niedrige Drücke) M b: billiger einfacher verbreiteter Motor mit mäßigem Anlaufverhalten (Reibung) M d: verbreitet als langsam/mittelschnell laufender Motor und Lenk-Dosiereinheit

Tafel 3.2: Betriebsdaten von Verdrängermaschinen (Pumpen und Motoren). Anhaltswerte ohne sehr seltene Sonderausführungen und ohne Pumpen für sehr niedrige Drücke (etwa Getriebehydraulik)

Maschinenart	Stückzahl *)	Verdrängungsvolumen [cm³] **)	Max. Drehzahl [min⁻¹] ***)	Nenndruck [bar]
1) Axialkolbenmaschinen				
a) Schrägachsen-Axialkolbenmaschinen	••	5 ... 50 ... 500 ... 4000	7500 ... 500	280 ... 420
b) Schrägscheiben-A. mit Gleitschuhen				
- mittelschwere Baureihen	•••	5 ... 20 ... 70 ... 300	4000 ... 1000	210 ... 250
- schwere Baureihen	•••	5 ... 20 ... 250 ... 1000	5000 ... 500	280 ... 420
c) Schrägscheiben-A. mit Kugelkopfkolben	•	2 ... 20 ... 200 ... 500	8000 ... 1500	150 ... 200
2) Radialkolbenmaschinen				
a) schnell laufend	••	2 ... 50 ... 500 ... 8000	3000 ... 300	280 ... 700
b) langsam laufend mit Exz. oder Nockenring				
- mittelschwere Baureihen	••	10 ... 200 ... 5000 ... 35000	1500 ... 50	250 ... 280
- schwere Baureihen	••	50 ... 200 ... 5000 ... 15000	1000 ... 30	350 ... 420
3) Zahnrad- und Zahnringmaschinen				
a) Außenzahnradmasch. ohne Spaltausgleich	••••	0,1 ... 5 ... 50 ... 1000	7500 ... 2500	50 ... 150
b) Außenzahnradmasch. mit Spaltausgleich	••••	0,2 ... 5 ... 50 ... 250	8000 ... 2000	200 ... 280
c) Innenzahnradmaschinen	•••	0,2 ... 5 ... 50 ... 500	5000 ... 2000	100 ... 320
d) Zahnringmaschinen	••	10 ... 50 ... 200 ... 800	2000 ... 200	100 ... 200
4) Flügelzellenmaschinen				
a) einhubige Flügelzellenmaschinen	••••	3 ... 6 ... 30 ... 150	5000 ... 1000	100 ... 180
b) mehrhubige Flügelzellenmaschinen	••	2 ... 20 ... 50 ... 200	4000 ... 1300	120 ... 210
5) Sperr- und Rollflügelmaschinen				
a) Sperrflügelmaschinen	••	4 ... 10 ... 40 ... 400	4000 ... 1700	140 ... 210
b) Rollflügelmaschinen	•	... 750	1200	140 ... 210
6) Schraubenmaschinen	•	3 ... 20 ... 1000 ... 10000	20000 ... 2000	6 ... 210

*) Stückzahl: • klein •• mittel ••• groß •••• sehr groß
**) Hauptbereich unterstrichen
***) abnehmend mit steigendem Verdrängungsvolumen

3 Energiewandler für stetige Bewegung (Hydropumpen und -motoren)

3.8 Betriebsverhalten von Verdrängermaschinen

3.8.1 Wirkungsgrade und Kennlinienfelder

Gesamtwirkungsgrad und Teilwirkungsgrade. Der *Gesamtwirkungsgrad* η_{ges} einer Verdrängermaschine ist das Produkt aus zwei charakteristischen Teilwirkungsgraden, dem *volumetrischen Wirkungsgrad* η_{vol} und dem *hydraulisch-mechanischen Wirkungsgrad* η_{hm} :

$$\eta_{ges} = \eta_{vol} \cdot \eta_{hm} \tag{3.19}$$

Dabei berücksichtigt η_{vol} alle Leckölverluste (intern und extern) und die Kompressionsverluste (Kap. 2.1.3.2). Lecköl entsteht z. B. bei einer Schrägscheiben-Axialkolbenpumpe am Steuerboden, an den Kolben und an den Gleitschuhen. Das am Steuerboden direkt vom Druck- zum Sauganschluss überströmende Lecköl bezeichnet man als *internes Lecköl*. Das übrige Lecköl sammelt sich im Gehäuse. Auch dieses kann *intern* direkt der Saugseite zugeführt werden, wenn die Pumpe ohne nennenswerten Vordruck aus dem Tank ansaugt. Bei höheren saugseitigen Vordrücken (z. B. bei geschlossenen Kreisläufen) sind die Druckgrenzen von Gehäuse und Dichtungen zu beachten. Ggf. muss das Gehäuse separat mit dem Tank verbunden werden, hier fließt dann *externes Lecköl*.

Demgegenüber beinhaltet η_{hm} jegliche Reibung in der Verdrängermaschine einschließlich aller Scher- und Strömungsverluste.

Die Gesetzmäßigkeit der Teilwirkungsgrade erlaubt für die Berechnung zwei bedeutende Grundsätze. Für vorgegebene Komponenten oder Anlagen gilt:
– *Drehzahlverluste* beruhen ausschließlich auf Leckströmen (η_{vol})
– *Drehmomentverluste* beruhen ausschließlich auf Reibung (η_{hm})
Diese Regeln gelten sinngemäß auch für Translation (z. B. Hydrozylinder: Geschwindigkeitsverluste, Kraftverluste). η_{vol} ist dort allerdings oft > 99%.

Praktische Berechnung. In **Bild 3.31** wird das Verlustverhalten von Pumpe 1 und Motor 2 vereinfachend modelliert. Die verlustlosen Aus- und Eingangsgrößen sind mit dem Index „th" gekennzeichnet, während der Index „v" die Verluste anzeigt. Wenn für den Betrieb eines Hydrauliksystems z. B. ein Volumenstrom Q_{eff} und ein Druck p_{eff} verlangt werden, so müssen bei der Auslegung der Hydropumpe die an ihr entstehenden Lecköl- und Reibungsverluste vorgehalten werden; Erstere werden in Q_{1v}, Letztere in p_{1v} zusammengefasst. Für die *Auslegung der Pumpe* gilt folgende Bilanz:

$$Q_{1th} = Q_{1eff} + Q_{1v} = \frac{Q_{1eff}}{\eta_{1vol}} = n_1 \cdot V_1 \tag{3.20}$$

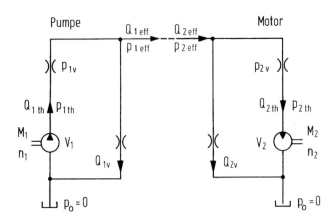

Bild 3.31: Modellierung des Verlustverhaltens von Hydropumpe und Hydromotor

$$p_{1\text{th}} = p_{1\text{eff}} + p_{1v} = \frac{p_{1\text{eff}}}{\eta_{1\text{hm}}} = \frac{2\pi \cdot M_1}{V_1} \tag{3.21}$$

Um Q_{eff} zu erreichen, muß man bei V_1 oder n_1 entsprechend vorhalten und um p_{eff} zu liefern, ist wegen des Druckverlustes p_{1v} ein Vorhalten beim Antriebsdrehmoment M_1 notwendig.

Entsprechend gilt für die *Auslegung des Hydromotors* :

$$Q_{2\text{th}} = Q_{2\text{eff}} - Q_{2v} = Q_{2\text{eff}} \cdot \eta_{2\text{vol}} = n_2 \cdot V_2 \tag{3.22}$$

$$p_{2\text{th}} = p_{2\text{eff}} - p_{2v} = p_{2\text{eff}} \cdot \eta_{2\text{hm}} = \frac{2\pi \cdot M_2}{V_2} \tag{3.23}$$

Daraus können für Pumpe und Motor die folgenden Gleichungen für die drei charakteristischen Wirkungsgrade abgeleitet werden:

Pumpe:

$$\eta_{1\text{ges}} = \eta_{1\text{vol}} \cdot \eta_{1\text{hm}} = \frac{p_{1\text{eff}} \cdot Q_{1\text{eff}}}{2\pi \cdot M_1 \cdot n_1} \tag{3.24}$$

$$\eta_{1\text{hm}} = \frac{\eta_{1\text{ges}}}{\eta_{1\text{vol}}} = \frac{p_{1\text{eff}} \cdot Q_{1\text{th}}}{2\pi \cdot M_1 \cdot n_1} = \frac{p_{1\text{eff}} \cdot V_1}{2\pi \cdot M_1} \tag{3.25}$$

$$\eta_{1\text{vol}} = \frac{\eta_{1\text{ges}}}{\eta_{1\text{hm}}} = \frac{Q_{1\text{eff}}}{Q_{1\text{th}}} = \frac{Q_{1\text{eff}}}{n_1 \cdot V_1} = \frac{Q_{1\text{th}} - Q_{1V}}{Q_{1\text{th}}} \tag{3.26}$$

3 Energiewandler für stetige Bewegung (Hydropumpen und -motoren)

Motor:

$$\eta_{2\text{ges}} = \eta_{2\text{vol}} \cdot \eta_{2\text{hm}} = \frac{2\pi \cdot M_2 \cdot n_2}{p_{2\text{eff}} \cdot Q_{2\text{eff}}} \tag{3.27}$$

$$\eta_{2\text{hm}} = \frac{\eta_{2\text{ges}}}{\eta_{2\text{vol}}} = \frac{2\pi \cdot M_2 \cdot n_2}{p_{2\text{eff}} \cdot Q_{2\text{th}}} = \frac{2\pi \cdot M_2}{p_{2\text{eff}} \cdot V_2} \tag{3.28}$$

$$\eta_{2\text{vol}} = \frac{\eta_{2\text{ges}}}{\eta_{2\text{hm}}} = \frac{Q_{2\text{th}}}{Q_{2\text{eff}}} = \frac{n_2 \cdot V_2}{Q_{2\text{eff}}} = \frac{Q_{2\text{th}}}{Q_{2\text{th}} + Q_{2V}} \tag{3.29}$$

Visualisierung des Betriebsverhaltens. Einen Einblick in Volumenströme und volumetrische Verluste sowie in An- oder Abtriebsmomente und Verlustmomente vermittelt **Bild 3.32** beispielhaft für eine Konstantpumpe.
Der verlustlose Förderstrom $Q_{1\text{th}}$ steigt nach Gl. (2.19) linear mit der Drehzahl und der Leckölstrom der Pumpe Q_{1V} fast linear mit der Druckdifferenz an, ist aber nur wenig von der Drehzahl abhängig.
Das verlustlose Antriebsmoment $M_{1\text{th}}$ steigt nach Gl. (2.22) linear mit dem Druck an. Ihm überlagert sich das Verlustmoment M_{1V}, das bei konstanter Drehzahl mit dem Druck flach ansteigt, bei Drehzahl null aber bereits einen gewissen Wert hat (z. B. durch federbelastete Gleitstellen). Über der Drehzahl verhält sich das Verlustmoment bei konstantem Druck ähnlich einer Stribeck-Kurve (vergl. mit Kap. 2.4).

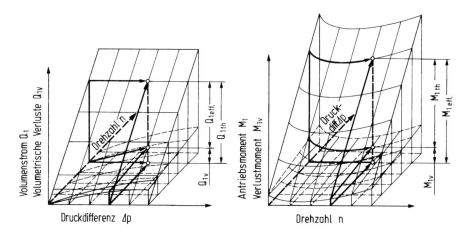

Bild 3.32: Räumliche Kennlinienfelder für eine Konstantpumpe (nach Backé und Hahmann)

Aus Bild 3.32 lassen sich vereinfachend zwei charakteristische Diagramme ableiten, **Bild 3.33**. Dargestellt sind die drei Teilwirkungsgrade, wie sie sich etwa für eine gute Zahnradpumpe mit Spaltausgleich oder eine durchschnittliche Kolbenpumpe über dem Druck (links) und über der Drehzahl (rechts) ergeben. Über dem *Arbeitsdruck* steigt der hydraulisch-mechanische Teilwirkungsgrad η_{hm} vor allem deswegen an, weil die darin enthaltenen Strömungsverluste und ein Teil der Reibungsverluste vom Druck weitgehend unabhängig sind (s. Kap. 2.3 u. 2.4). Der volumetrische Teilwirkungsgrad η_{vol} fällt mit steigendem Druck infolge der weitgehend laminaren Leckölströme (s. Kap. 2.3.6) etwa linear ab.

Über der *Antriebsdrehzahl* steigt der hydraulisch-mechanische Teilwirkungsgrad η_{hm} von einem ungünstigen „Losbrechpunkt" bis zu einem Maximum an und fällt dann stetig ab. Der ganze Verlauf ähnelt dem Spiegelbild einer Stribeck-Kurve (Kap. 2.4) und ist auch damit im linken Bereich gut deutbar, während sich im rechten Bereich zusätzlich die Strömungsverluste auswirken, die mit der Drehzahl meist progressiv ansteigen (turbulente Strömung, s. Kap. 2.3.4). Der volumetrische Teilwirkungsgrad η_{vol} beginnt mit null bei einer kleinen Mindestdrehzahl – diese benötigt die Pumpe, um die eigenen Leckströme zu decken. Da die Leckverluste bei konstantem Druck im ganzen Drehzahlbereich etwa konstant sind, muss η_{vol} über der Drehzahl kontinuierlich ansteigen.

Die bisherigen Aussagen lassen sich durch einen Überblick über typische Wirkungsgrade wichtiger Verdrängermaschinen vertiefen, **Bild 3.34**. Dargestellt sind der Gesamtwirkungsgrad und der volumetrische Wirkungsgrad über dem Arbeitsdruck (hydraulisch-mechanischer Wirkungsgrad daraus berechenbar). Es handelt sich um

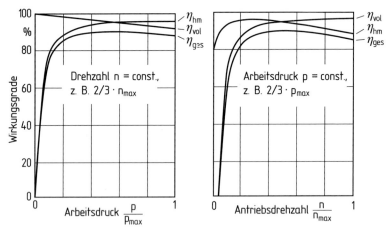

Bild 3.33: Teilwirkungsgrade und Gesamtwirkungsgrad von verlustarmen Pumpen über dem Druck (links) und der Drehzahl (rechts) für übliche konstante Viskosität.

3 Energiewandler für stetige Bewegung (Hydropumpen und -motoren)

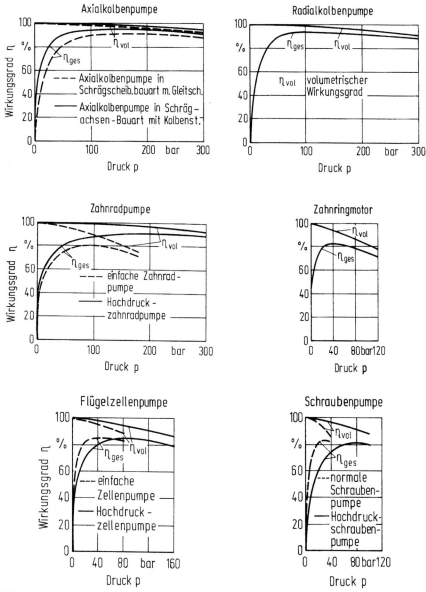

Bild 3.34: Beispiele für den Verlauf des Gesamtwirkungsgrades und des volumetrischen Wirkungsgrades über dem Druck für verschiedene Verdrängermaschinen. Unter Druck ist der Differenzdruck zu verstehen (Umgebungsdruck auf der Niederdruckseite). Drehzahl 1500/min, gängige Ölviskosität.

einen groben Überblick nach verschiedenen Quellen. Die Wirkungsgrade ausgeführter Maschinen können sowohl etwas darunter als auch darüber liegen.

Anlaufmomente von Hydromotoren. Während Pumpen selten unter Arbeitsdruck anlaufen müssen, kommt dieses bei Hydromotoren sehr häufig vor, beispielsweise bei hydrostatischen Fahrantrieben. Wegen der großen Verbreitung der Axialkolbenmaschinen sei in **Bild 3.35** deren Anlaufverhalten über der Druckdifferenz nach [3.7] wiedergegeben. Die Ordinate bezieht das tatsächliche Anlaufdrehmoment auf das jeweils nach Gl. (2.22) berechnete verlustlose Moment. Wegen der

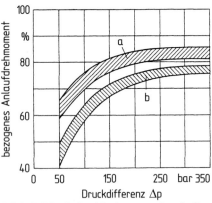

Bild 3.35: Anlaufdrehmomentverhalten von drei Schrägachsen-Axialkolbenmotoren (a) und fünf Schrägscheiben-Axialkolbenmotoren (b) nach Causemann [3.7]

großen Kolbenreibung [2.50] schneiden die Schrägscheiben-Axialkolbenmaschinen deutlich schlechter ab als die Schrägachsenmaschinen. Radialkolbenmotoren liegen eher bei a als bei b.

Betriebskennfelder. Sie geben Wirkungsgrade (und z. T. auch weitere Größen) in Abhängigkeit von Drehzahl und Druck und ggf. auch von der Hubvolumeneinstellung an. **Bild 3.36** zeigt ein Kennfeld für die in Bild 3.18 dargestellte Außenzahnradmaschine (Bosch Buchsenpumpe) nach Hoffmann [3.15]. Der beste Wirkungsgrad von 90% ist für Zahnradpumpen mit Spaltausgleich guter Durchschnitt. Die guten Werte im oberen Druckbereich (max. zulässig 250 bar) sowie die sehr flachen Q-Kennlinien sind ein Beweis für sehr geringe volumetrische Verluste (guter Spaltausgleich). Die mechanischen Verluste sind weniger günstig. Zur praktischen Berechnung der mechanischen Antriebsleistung bildet man aus vorgegebenen Wertepaaren von Q und Δp nach Gl. (2.24) die erzeugte hydrostatische Leistung und divi-

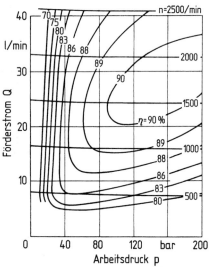

Bild 3.36: Gemessenes Betriebskennfeld für die in Bild 3.18 gezeigte Außenzahnradpumpe (Bosch „Buchsenpumpe") [3.15]. Öltemperatur 60 °C, kinematische Viskosität 20 cSt = 20 mm^2/s

3 Energiewandler für stetige Bewegung (Hydropumpen und -motoren)

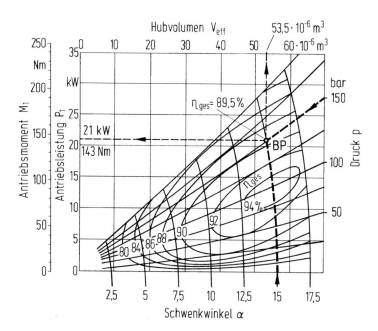

Bild 3.37: Betriebskennfeld für eine besonders verlustarme Axialkolbenpumpe mit veränderlichem Hubvolumen und mäßigen Drücken. Antriebsdrehzahl 1500/min, dynamische Ölviskosität $30 \cdot 10^{-3}$ Ns/m². Quelle: Kämper-Hydraulik

diert diese nach Gl. (3.8) durch den aus dem Diagramm abgelesenen Gesamtwirkungsgrad. Aus dieser Leistung kann man mit Hilfe der ablesbaren Drehzahlen nach Gl. (1.1) auch das Antriebsmoment berechnen.

Auch für Maschinen mit veränderlichem Verdrängungsvolumen gibt es solche Kennfelder. So zeigt **Bild 3.37** z. B. ein Kennfeld für eine Axialkolben-Verstellpumpe für mäßige Drücke. Der Bestwert von 94% ist als außergewöhnlich gut zu bezeichnen – dieses Niveau erreichen meist nur Schrägachsenmaschinen (Schrägscheibenmaschinen im Durchschnitt eher 90 bis 93%). Gute Schrägachsen-Großwinkelmaschinen (etwa nach Bild 3.4) kommen auf Bestwerte um 96%.

Geht man in Bild 3.37 z. B. von einem Schwenkwinkel $\alpha = 15°$ und einem Druck $p = 150$ bar aus, kann man für den Betriebspunkt BP folgende Daten ablesen:

Antriebsdrehmoment $M_1 = 143$ Nm,
Antriebsleistung $P_1 = 21$ kW,
Hubvolumen $V_{eff} = 53{,}5 \cdot 10^{-6}$ m³,
Wirkungsgrad $\eta_{ges} = 89{,}5\%$.

3.8.2 Förderstrom- und Druckpulsation

Verdrängerpumpen liefern keinen konstanten, sondern einen etwas schwankenden Volumenstrom; man spricht von *Förderstrompulsation*. Ob bzw. in welchem Maße daraus eine *Druckpulsation* entsteht, hängt nach **Bild 3.38** von der Kompressibilität des Fluids und der Beschaffenheit nachgeordneter Anlagenteile ab (s. Kap. 3.7.4). Die verbleibende Druckpulsation erzeugt Schwingungen, die wiederum die Ursache für Geräusche oder ggf. Beschädigungen sein können. Nach Link [3.32] besteht die gesamte Förderstrompulsation aus folgenden Komponenten

- *geometrische* Förderstrompulsation
- *Kompressions*-Förderstrompulsation
- *Lecköl*bedingte Förderstrompulsation

Die geometrisch bedingte Pulsation steht häufig im Vordergrund.

Sie soll daher mit Hilfe von **Bild 3.39** für eine Pumpe mit 6 Kolben ermittelt werden. Die Kolben fördern während einer halben Umdrehung der Antriebswelle (Druckhub) momentane harmonische Teilförderströme, deren Addition den Gesamtförderstrom Q ergibt (Beispiel: $Q_1 + Q_2 + Q_3 = Q$ bei $\varphi = 0$). Er schwankt nach Bild 3.36 zwischen Q_{max} und Q_{min}, das heißt um den Mittelwert Q_m.

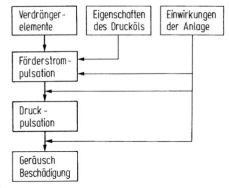

Bild 3.38: Wirkzusammenhang zwischen Förderstrompulsation, Druckpulsation und Geräuschentstehung

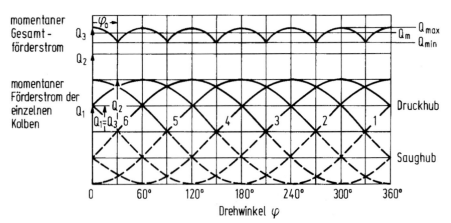

Bild 3.39: Darstellung des geometrisch bedingten Gesamtförderstroms einer Kolbenpumpe mit 6 Kolben durch Addition der Teilförderströme

3 Energiewandler für stetige Bewegung (Hydropumpen und -motoren)

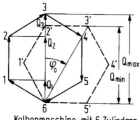

Kolbenmaschine mit 6 Zylindern
(gerade Zylinderzahl)

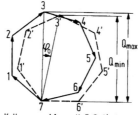

Kolbenmaschine mit 7 Zylindern
(ungerade Zylinderzahl)

Bild 3.40: Bestimmung des momentanen verlustlosen Gesamtförderstroms einer Kolbenpumpe mit Hilfe von Zeigerdiagrammen

Q_{max}, Q_{min} und Q_m können, wie **Bild 3.40** zeigt, mit Hilfe von Zeigerdiagrammen bestimmt werden. Rotiert der Zeiger mit der Winkelgeschwindigkeit der Triebwelle, so ist der Förderstrom des Einzelkolbens proportional der Höhe des Zeigers über der Mittellinie. Bei mehreren gleichmäßig über den Umfang verteilten Zylindern werden die Zeiger mit ihren Zwischenwinkeln addiert, wodurch man ein geschlossenes, regelmäßiges Vieleck erhält. Da nur die nach oben weisenden Zeiger zur Förderung beitragen, ist die Förderung gleich der augenblicklichen Höhe des Vielecks über der Grundlinie. Den Förderstrom kann man sich also anschaulich als die Höhe eines über eine feste Ebene rollenden Vielecks vorstellen, wie es in Bild 3.40 für Maschinen mit gerader und ungerader Kolbenzahl dargestellt ist. Zwischen Q_{max} und Q_{min} liegt der charakteristische Winkel φ_0, er beträgt:

$$\varphi_0 = \frac{\pi}{z} \quad \begin{pmatrix} \text{gerade Kol-} \\ \text{benzahl } z \end{pmatrix} \qquad \varphi_0 = \frac{\pi}{2z} \quad \begin{pmatrix} \text{ungerade} \\ \text{Kolbenzahl} \end{pmatrix}$$

Aus dem Zeigerdiagramm folgt für den minimalen Förderstrom:

$$Q_{min} = Q_{max} \cdot \cos\varphi_0$$

und die *Förderstromschwankung* ergibt sich zu

$$Q_{max} - Q_{min} = Q_{max} \cdot (1 - \cos\varphi_0)$$

Der *mittlere Förderstrom* ist

$$Q_m = \frac{1}{\varphi_0} \cdot \int_0^{\varphi_0} (Q_{max} - \cos\varphi) \cdot d\varphi = Q_{max} \cdot \frac{\sin\varphi_0}{\varphi_0} \qquad (3.30)$$

Der so genannte *Ungleichförmigkeitsgrad* δ ist definiert als das Verhältnis von Förderstromschwankung zu mittlerem Förderstrom.

$$\delta = \frac{Q_{max} - Q_{min}}{Q_m} \cdot 100\% = \frac{(1 - \cos\varphi_0) \cdot \varphi_0}{\sin\varphi_0} \cdot 100\% \qquad (3.31)$$

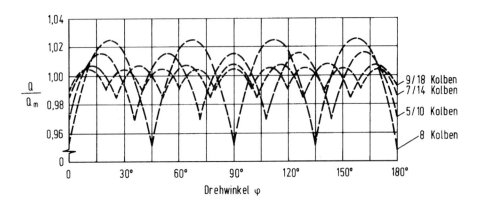

Bild 3.41: Geometrisch bedingte Förderströme von Kolbenpumpen

In Ergänzung zu Bild 3.39 werden in **Bild 3.41** die Gesamtförderströme von Kolbenpumpen für weitere Kolbenzahlen über dem Drehwinkel dargestellt. Auffällig ist hier, dass die Ungleichförmigkeit bei 8 Kolben deutlich größer ist als bei 5 Kolben.

Einen Gesamtüberblick über die Ungleichförmigkeitsgrade für Kolbenzahlen von 3 bis 11 liefert **Tafel 3.3**. Es zeigt sich, dass die geometrisch bedingte Ungleichförmigkeit einer Kolbenpumpe mit ungerader Kolbenzahl ebenso groß ist wie die einer Pumpe mit doppelter (gerader) Kolbenzahl.

Tafel 3.3: Geometrisch bedingte Ungleichförmigkeitsgrade bei Kolbenpumpen

Kolbenzahl z	3	4	5	6	7	8	9	10	11
δ (%)	14,03	32,53	4,97	14,03	2,53	7,81	1,53	4,97	1,02

Die *Pulsationsfrequenzen* von Verdrängermaschinen ergeben sich wie folgt:
- Kolbenmaschinen mit gerader Kolbenzahl z $\cdots\cdots\cdots\cdots$ $f = n \cdot z$
- Kolbenmaschinen mit ungerader Kolbenzahl z $\cdots\cdots\cdots$ $f = 2n \cdot z$
- Zahnrad- u. Flügelzellenmaschinen mit z Zähnen/Flügeln $\cdots$ $f = n \cdot z$

Bezüglich der umfangreicheren Herleitung der Ungleichförmigkeitsgrade von Zahnrad- und Flügelzellenmaschinen sei auf [3.20, 3.32 u. 3.33] verwiesen.

Von D. Hoffmann [3.15, 3.34] wurden für 3 Zahnradpumpen die geometrisch bedingten Förderstrompulsationen berechnet und mit gemessenen Druckpulsationen verglichen. Dabei ergab sich eine relativ gute Korrelation zwischen den beiden Größen, **Bild 3.42**. Zu erkennen sind ferner die mit steigender Zähnezahl abnehmenden Druck-Amplituden. Die Innenzahnradpumpe schneidet dabei wesentlich besser ab als die Außenzahnradpumpen.

3 Energiewandler für stetige Bewegung (Hydropumpen und -motoren)

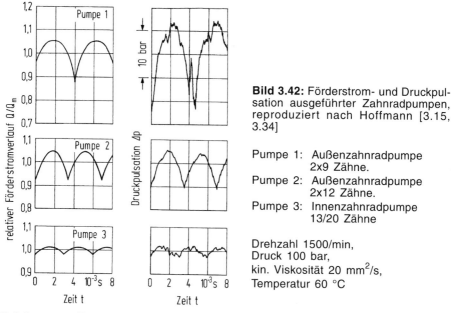

Bild 3.42: Förderstrom- und Druckpulsation ausgeführter Zahnradpumpen, reproduziert nach Hoffmann [3.15, 3.34]

Pumpe 1: Außenzahnradpumpe 2x9 Zähne.
Pumpe 2: Außenzahnradpumpe 2x12 Zähne.
Pumpe 3: Innenzahnradpumpe 13/20 Zähne

Drehzahl 1500/min,
Druck 100 bar,
kin. Viskosität 20 mm²/s,
Temperatur 60 °C

Bei der ersten Pumpe treten größere Abweichungen auf, weil außer der geometrisch bedingten Ungleichförmigkeit noch andere Faktoren Einfluss auf die Förderstrompulsation haben – insbesondere mangelnde Vorkompression (nach [3.35] hier relevant) und die Leckverluste (Spaltgeometrien, Fluid-Viskosität, Druck, Drehzahl). Die Umsetzung von Förderstrom- in Druckpulsation in einer Anlage wurde bereits mit Bild 3.38 angesprochen.

3.8.3 Pulsationsdämpfung

Die Druckpulsation hat erheblichen Einfluss auf die Geräuschentstehung. Bei Pumpen mit unbefriedigend hoher Druckpulsation besteht die Möglichkeit der sekundären Glättung durch Dämpfer [3.35, 3.36].

Bewertung der Dämpfung. Die *Dämpfung D* wird häufig in dB angegeben:

$$D = 20 \log (p_E/p_A) \qquad (3.32)$$

mit p_E und p_A als Druckamplituden an Eingang und Ausgang.

Die Dämpfung D in dB ist dimensionslos, d. h. dB ist keine Einheit, sondern steht für eine Rechenvorschrift (siehe Akustik). Für die Dämpfung der Druckpulsation gibt es grundsätzlich viele physikalische Möglichkeiten, die sich nach Esser [3.36] in drei Gruppen einteilen lassen, **Bild 3.43**.

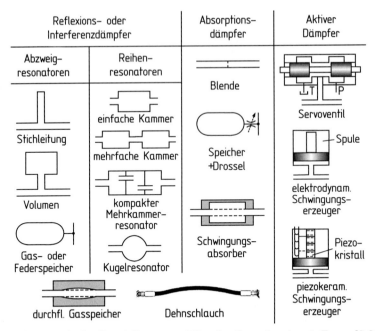

Bild 3.43: Schematische Darstellung von Dämpfer-Bauarten (nach Esser [3.36])

Reflexions- oder Interferenzdämpfer. Sie verfolgen das Prinzip, dass die störende primäre Druckwelle durch Überlagerung einer zweiten Welle gleicher Amplitude und gleicher Frequenz ausgelöscht wird. Dazu muss die zweite Welle um eine halbe Wellenlänge gegenüber der ersten phasenverschoben sein.

Absorptionsdämpfer. Hier wird die Schwingungsenergie mit Hilfe von Flüssigkeitsreibung (z. B. Speicher mit Eingangsdrossel) oder durch Materialien mit innerer Reibung (z. B. Dehnschläuche mit Hysterese) teilweise in Wärmeenergie umgewandelt.

Aktive Dämpfer. Man glättet bei diesem Prinzip die Druckpulsation im geschlossenen sehr schnellen Regelkreis: Der Druck-Istwert wird gemessen und mit dem aktuellen pulsationsfreien Mittelwert (Sollwert) verglichen. Bei Abweichungen (Schwingungen) wirken schnelle Stellglieder entweder entlastend (Druckberg) oder belastend (Drucktal). Piezo-Aktoren sind besonders schnell (hohe Grenzfrequenzen).

Beispiele für Reflexions- und Interferenzdämpfer. Die Dämpfung ist hier stark frequenzabhängig. Als erstes sei die Dämpfungswirkung eines hydropneumatischen Speichers nach D. Hoffmann [3.35] wiedergegeben, **Bild 3.44**.

Das Dämpfungsmaximum liegt bei üblicher Speichergröße, typischen Betriebsdaten und üblicher Ankopplung unter 100 Hz, so dass die Anregung durch eine Hydropum-

3 Energiewandler für stetige Bewegung (Hydropumpen und -motoren)

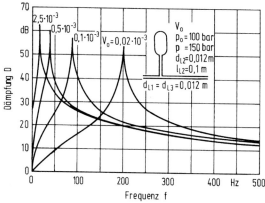

Bild 3.44: Dämpfungsverläufe für Abzweig-Gasspeicher mit verschiedenen Speichervolumina, nach [3.35]

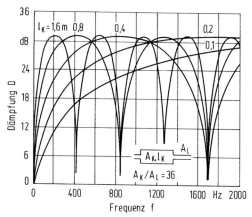

Bild 3.45: Dämpfungsverläufe für Einzelkammerdämpfer mit konstantem Querschnittsverhältnis A_K/A_L, jedoch verschiedener Kammerlänge l_K, nach [3.35]

pe nur wenig gedämpft wird. Eine Verkürzung der Länge und Vergrößerung des Durchmessers der Verbindungsleitung sowie eine Verringerung des Speichervolumens führt zu höheren Frequenzen. Entsprechende Pulsationsdämpfer wurden entwickelt.

Das zweite Beispiel (auch nach [3.35]) zeigt die Wirkung eines Einzelkammer-Dämpfers, Bild 3.45. Die Dämpfungswirkung steigt mit dem Querschnittsverhältnis A_K/A_L an und kann Werte zwischen 20 und 40 dB erreichen. Der Dämpfungsverlauf über der Anregungsfrequenz weist Maxima und Minima auf, deren Lage von der Kammerlänge l_K abhängt. Um Minima im Frequenzbereich bis zu 2000 Hz zu vermeiden, sollte die Kammer, wie Bild 3.45 zeigt, nicht länger als 0,2 m sein. Bei größerer Länge kann man die Ablaufleitung bis zur Kammermitte einschieben, ohne die Dämpfungswirkung zu verschlechtern.

Hintereinanderschalten mehrerer Einzelkammern. Dadurch lassen sich größere Dämpfungen erreichen. Untersuchungen von Hoffmann [3.35] haben gezeigt, dass ein Zweikammersystem ausreichend ist, weil damit bereits Dämpfungswerte von über 40 dB zu erreichen sind. Ein Zweikammersystem muss jedoch geometrisch sehr sorgfältig an das Frequenzspektrum der Anregung angepasst werden.

Schläuche als Dämpfer. Druckbeaufschlagte Schlauchleitungen mit einer oder mehreren Stahldrahteinlagen haben wegen der geringen inneren Reibung und Speicherwirkung nur eine geringe Dämpfungswirkung. Wirkungsvoller ist dagegen der Einbau von Schlauchleitungen mit Textilgarngeflechteinlagen, mit denen Dämpfungswerte bis zu etwa 20 dB erreicht werden. Diese Schläuche haben leider nicht so hohe zulässige Drücke.

Dämpfereinbau. Zu beachten ist für alle Dämpfer, dass diese möglichst direkt hinter der Schwingungsquelle in die Leitung eingebaut werden, weil ein größerer Abstand unerwünschte Dämpfungseinbrüche verursachen kann. Alle oben angegebenen Dämpfungswerte gelten für Dämpfer innerhalb einer reflexionsfreien Rohrleitung. Da ein reflexionsfreier Rohrleitungsabschluss in der Praxis meist nicht vorhanden ist, muss dann in der Regel mit etwas geringeren Dämpfungswerten gerechnet werden.

Literaturverzeichnis zu Kapitel 3

[3.1] Roth, K.H.: Konstruieren mit Konstruktionskatalogen. Berlin: Springer-Verlag 1982.

[3.2] Molly, H.: Die Axialkolben-Mehrzellenmaschinen in der Hydrostatik. Eine Betrachtung ihrer Arbeitsweise. VDI-Z. 114 (1972) H. 2, S. 113-120 (Teil I), H. 5, S. 330-335 (Teil II) und H. 11, S. 816-824 (Teil III).

[3.3] Walzer, W.: Theoretische und experimentelle Untersuchung der Zylindertrommelmitnahme in Großwinkel-Axialkolbenmaschinen. Diss. Univ. Karlsruhe 1984. Kurzfassg. in: O+P 29 (1985) H. 11, S. 826, 828, 830, 832, 833.

[3.4] Nikolaus, H.: Geräuschbildung an Axialkolbenpumpen. O+P 19 (1975) H. 7, S. 535-539 (darin 30 weitere Lit.).

[3.5] Grahl, T.: Geräuschminderung an Axialkolbenpumpen durch variable Umsteuersysteme. O+P 33 (1989) H. 5, S. 437, 438 und 440-443.

[3.6] van der Kolk, H.-J.: Beitrag zur Bestimmung der Tragfähigkeit des stark verkanteten Gleitlagers Kolben-Zylinder in Axialkolbenpumpen der Schrägscheibenbauart. Diss. Univ. Karlsruhe 1972.

[3.7] Causemann, P.: Untersuchungen der Anlaufmomente und des Anlaufverhaltens von Axialkolbenmotoren. Industrie-Anzeiger 94 (1972) H. 81, S. 1931-1934.

[3.8] Regenbogen, H.J.: Das Reibungsverhalten von Kolben und Zylinder in hydrostatischen Axialkolbenmaschinen. VDI-Forschungsheft 590. Düsseldorf: VDI-Verlag 1978.

[3.9] Koehler, O.: Hydrostatische Druckverteilung im Spalt zwischen Kolben und Zylinder beim Anlaufen eines Schrägscheibenaxialkolbenmotors. O+P 30 (1986) H. 11, S. 839-842 und 31 (1987) H. 11, S. 856-860 (siehe auch Diss. TU Braunschweig 1984).

[3.10] Ivantysyn, J. und M. Ivantysynova: Hydrostatische Pumpen und Motoren. 1. Auflage. Würzburg: Vogel Buchverlag 1993.

[3.11] Murrenhoff, H.: Grundlagen der Fluidtechnik. Teil 1: Hydraulik. Umdruck zur Vorlesung. 2. Auflage. Aachen: Verlag Mainz 1998.

[3.12] Kersten, G.: Neue geräuscharme, verstellbare Hochdruckradialkolbenpumpe. O+P 17 (1973) H. 4, S. 110-115.

[3.13] Harms, H.-H.: Untersuchungen zum Reibungsverhalten zwischen Gleitschuh und Gleitring von schnelllaufenden Radialkolbenmaschinen. VDI Forschungsheft 613. Düsseldorf: VDI-Verlag 1982.

[3.14] Molly, H. und O. Eckerle: Zahnradpumpe. DBP 1 006 722 (Anm. 6.8.53).

3 Energiewandler für stetige Bewegung (Hydropumpen und -motoren)

[3.15] Hoffmann, D.: Betriebsverhalten und Einsatzmöglichkeiten verschiedener Zahnradpumpenbauarten. Grundl. Landtechnik 24 (1974) H. 2, S. 51-55.

[3.16] Griese, K.: Zahnradpumpen und –motoren. O+P 42 (1998) H. 9, S. 564-571.

[3.17] Fricke, H.-J.: Neue Wege der Geräuschsenkung bei Außenzahnradpumpen. O+P 21 (1977) H. 10, S.709-711.

[3.18] Eckerle, O.: Füllstücklose Innenzahnradpumpe. Offenlegungsschrift DE 196 51 683 A 1 (Anm. 12.12.1996).

[3.19] -.-: Spaltkompensierte Innenzahnradpumpen. O+P 43 (1999) H. 6, S. 456-457.

[3.20] Molly, H.: Die Zahnradpumpe mit evolventischen Zähnen. O+P 2 (1958) H. 1, S. 24-26.

[3.21] Gutbrod, W.: Förderstrom von Außen- und Innenzahnradpumpen und seine Ungleichförmigkeit. O+P 19 (1975) H. 2, S. 97-104 (siehe auch Diss. Univ. Stuttgart 1974).

[3.22] Kollek, W. und J. Stryczek: Optimierung der Parameter von Zahnradpumpen mit Evolventen-Außenverzahnung. O+P 22 (1978) H. 4, S. 208-212.

[3.23] Heisel, U., W. Fiebig und N. Matten: Untersuchungen zum Flügelverhalten in druckgeregelten Flügelzellenpumpen O+P 36 (1992) H. 2, S. 102 und 105-110.

[3.24] Kahrs, M.: Neue regelbare Flügelzellenpumpen-Baureihe. O+P 26 (1982) H. 9, S. 623-626.

[3.25] Wowries, E.: Der theoretische Förderstrom regelbarer Flügelzellenpumpen. O+P 8 (1964) H. 2, S. 58-60.

[3.26] Wunderlich, E.: Die Schraubenspindelpumpe in der Ölhydraulik, Teil I: Aufbau, Konstruktion und Wirkungsweise. O+P 26 (1982) H.1, S. 28-30.

[3.27] Noel, A.: Die Schraubenspindelpumpe in der Ölhydraulik, Teil II: Anwendungen. O+P 26 (1982) H. 5, S. 342-343.

[3.28] Geimer, M.: Druckaufbauprofil in dreispindeligen Schraubenspindelpumpen. O+P 35 (1991) H. 12, S. 898-905 (siehe auch Diss. RWTH Aachen 1995).

[3.29] Schlösser, W.M.J. und J.W. Hilbrands: Das theoretische Hubvolumen von Verdrängerpumpen. O+P 7 (1963) H. 4, S. 133-138.

[3.30] Mannesmann Rexroth AG (Hrsg.): Grundlagen und Komponenten der Fluidtechnik Hydraulik. Der Hydraulik Trainer, Bd. 1 (2. Aufl.). Lohr a. Main: Mannesmann Rexroth AG 1991.

[3.31] -,-: O+P Konstruktions Jahrbuch 27 (2002/2003). Mainz: Vereinigte Fachverlage 2002 (erscheint jährlich aktualisiert mit wechselnden Schwerpunkten).

[3.32] Link, B.: Untersuchung der Förderstrom- und Druckpulsation von spaltkompensierten Außenzahnradpumpen. Diss. TU Braunschweig 1985. Fortschritt-Ber. VDI Reihe 1, Nr. 137. Düsseldorf: VDI-Verlag 1986. Auszug in O+P 30 (1986) H. 11, S.836-838.

[3.33] Wüsthoff, P. und M. Willekens: Das geometrische Hubvolumen und die Ungleichförmigkeit verstellbarer Flügelpumpen. Industrie-Anzeiger 95 (1973) H. 16, S. 293-296.

[3.34] Hoffmann, D.: Wirkungsgrad und Pulsation verschiedener Zahnradpumpenbauarten und ihr Einfluss auf den Einsatzbereich. O+P 18 (1974) H. 8, S. 601-605.

[3.35] Hoffmann, D.: Die Dämpfung von Flüssigkeitsschwingungen in Ölhydraulikleitungen. VDI-Forschungsheft 575. Düsseldorf: VDI-Verlag 1976.

[3.36] Esser, J.: Adaptive Dämpfung von Pulsationen in Hydraulikanlagen. Diss. RWTH Aachen 1996.

4 Energiewandler für absätzige Bewegung (Hydrozylinder, Schwenkmotoren)

Die Energiewandler für absätzige Bewegung gliedern sich im Wesentlichen in *Hydrozylinder* und *Schwenkmotoren*, **Bild 4.1**. *Hydrozylinder* ermöglichen auf einfache Weise translatorische Bewegungen und große Kräfte. Immer bedeutender wird der Einsatz als Stellglied (*Aktuator*) bei Steuerungen und Regelungen [4.1, 4.2]. Es gibt einfach und doppelt wirkende Bauformen, teilweise mit integrierten Positionssensoren zur Rückführung des Istwertes [4.2]. Der Wirkungsgrad (z.B. 95%) steigt mit dem Durchmesser, da die Reibungskraft linear, die Druckkraft aber quadratisch zunimmt. Für Hydrozylinder existieren zahlreiche Normen [4.3]. *Schwenkmotoren* setzt man vorwiegend für absätzige Drehbewegungen ein (begrenzter Drehwinkel), insbesondere für große Momente.

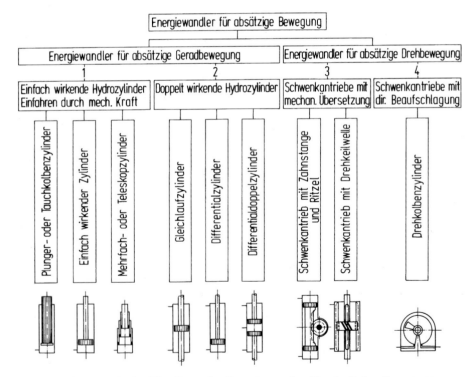

Bild 4.1: Systematische Einteilung der Energiewandler für absätzige Bewegung

4 Energiewandler für absätzige Bewegung (Hydrozylinder, Schwenkmotoren)   107

4.1 Einfach wirkende Zylinder

Einfach wirkende Zylinder werden nur von einer Seite, das heißt in der Regel nur beim Arbeitshub, mit Hydrauliköl beaufschlagt; der Rückhub wird dagegen durch äußere mechanische Kräfte bewirkt, z. B. durch das Gewicht der gehobenen Last. Es werden drei verschiedene Arten von einfach wirkenden Zylindern verwendet:
- Plunger- oder Tauchkolbenzylinder
- normale einfach wirkende Zylinder
- Mehrfach- oder Teleskopzylinder.

Allen Zylindern ist gemein, dass die Gleitflächen von Dichtungen extrem glatt sein müssen (Reibungskraft, Dichtheit, Verschleiß). Bei Kolbenstangen ist zusätzlich eine harte, korrosionsgeschützte Oberfläche vorteilhaft (s. Kap. 6.2).

4.1.1 Plunger- oder Tauchkolbenzylinder

Der Plunger- oder Tauchkolbenzylinder ist sehr einfach aufgebaut, **Bild 4.2** und daher sehr kostengünstig. Der Hub entsteht durch die Verdrängung der Kolbenstange 2 beim Zuführen von Druckflüssigkeit in den innen unbearbeiteten Zylinder 1. Zwischen Zylinder und Kolbenstange ist ein großer Spalt 3, da die Kolbenstangenführung

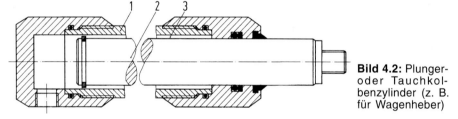

Bild 4.2: Plunger- oder Tauchkolbenzylinder (z. B. für Wagenheber)

und -abdichtung am rechten Zylinderende erfolgt. Bei großen Kippmomenten werden z. T. Führungselemente am linken Stangenende vorgesehen (insbesondere bei sehr langen Zylindern). Einfahren erfolgt durch äußere Kräfte. Plungerkolbenzylinder haben geringe Reibungsverluste. Lange Zylinder eignen sich eher für den vertikalen als für den horizontalen Einbau [4.4].

4.1.2 Normaler einfach wirkender Zylinder

Der normale einfach wirkende Zylinder besteht aus einem Rohr 1 mit exakt geführtem und sehr gut abgedichtetem Kolben 2, **Bild 4.3**. Die Innenrauigkeit des Rohrstücks ist extrem klein, nicht aber die Durchmessertoleranz. Deswegen kann man kostengünstige gezogene Rohre „von der Stange" verwenden, deren Innenfläche keine Nachbearbeitung erfordert. Der Öldruck wirkt auf die Kolben-Stirnfläche (Kolbenkraft aus voller Fläche). Auf der Gegenseite ist der Zylinder in der Regel mit der Au-

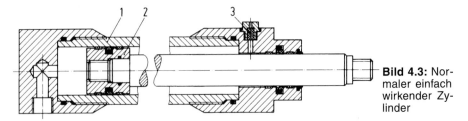

Bild 4.3: Normaler einfach wirkender Zylinder

ßenluft verbunden und durch einen kleinen Filter 3 geschützt. Kolben und Kolbenstange werden auch rechts im Zylinder geführt und abgedichtet. Diese Zylinder haben häufig einen größeren Reibungswiderstand als die Plungerkolbenzylinder.

4.1.3 Mehrfach- oder Teleskopzylinder

Ist bei geringer Einbauhöhe ein großer Hub erforderlich, wie z. B. bei Lastwagenkippern, so verwendet man Teleskopzylinder. Sie werden überwiegend als einfach wirkende Zylinder verwendet, können aber auch als doppelt wirkende Zylinder ausgeführt werden [4.5]. Für die Auswahl eines Teleskopzylinders ist die letzte Stufe (kleinster Teilkolben) entscheidend - auch er muss die Hubkraft aufbringen.

Einfacher Teleskopzylinder. Beim einfachen Teleskopzylinder nach **Bild 4.4** wird zunächst der Kolben mit der größten Fläche A_1 betätigt, weil er den geringsten Druck erfordert. Erst wenn er seine Endlage erreicht hat, folgt der Kolben mit der nächstkleineren Fläche A_2 usw., zuletzt der Kolben mit der kleinsten Fläche A_4. Für konstante äußere Kraft (Last) $F = p \cdot A$ und konstanten Zulauf-Volumenstrom $Q = v \cdot A$ ergeben sich beim Ausfahren:

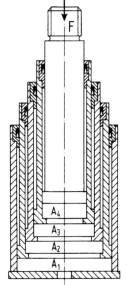

Druckverlauf   *Geschwindigkeitsverlauf*

$$p_1 = \frac{F}{A_1} \text{ (min.)} \qquad v_1 = \frac{Q}{A_1} \text{ (min.)}$$

$$\vdots \qquad\qquad\qquad \vdots$$

$$p_4 = \frac{F}{A_4} \text{ (max.)} \qquad v_4 = \frac{Q}{A_4} \text{ (max.)}$$

Beim Übergang der Bewegung von einem zum anderen Kolben treten also plötzliche Druck- und Geschwindigkeitsänderungen auf, die mit Stößen verbunden sind. Für bestimmte

Bild 4.4: Einfacher Teleskopzylinder

4 Energiewandler für absätzige Bewegung (Hydrozylinder, Schwenkmotoren)

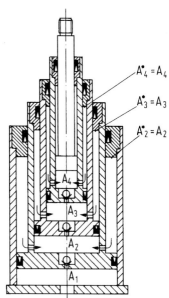

Bild 4.5: Gleichlauf-Teleskopzylinder

Anwendungsfälle - etwa die Betätigung eines Kippers - ist dieses durchaus erwünscht, weil der Abladevorgang durch die dabei entstehende Rüttelbewegung verbessert wird. Darüber hinaus ist hier auch die zu Beginn des Abkippens langsame Hubbewegung günstig, weil zum Anheben der zunächst waagerecht liegenden Wagenplattform eine große Kraft erforderlich ist, die mit zunehmendem Kippwinkel abnimmt.

$A_4^* = A_4$
$A_3^* = A_3$
$A_2^* = A_2$

Gleichlauf-Teleskopzylinder vermeiden die Ungleichförmigkeiten, **Bild 4.5**. Die Zylinderräume mit den Flächen A_2, A_3 und A_4 sind jeweils mit den Zylinderringräumen mit den Ringflächen A_2^*, A_3^* und A_4^* verbunden. A_2 und A_2^*, A_3 und A_3^* sowie A_4 und A_4^* sind flächengleich.

Bei Beaufschlagung der Kolbenfläche A_1 strömt Öl aus dem Zylinderringraum mit der Fläche A_2^* unter den Kolben mit der Fläche A_2 und hebt auch ihn an. Gleichzeitig strömt auch das Öl aus den Zylinderringräumen mit den Flächen A_3^* und A_4^* unter die Kolben A_3 und A_4. Infolgedessen beginnen sich bei Beaufschlagung der Kolbenfläche A_1 alle Kolben gleichzeitig zu bewegen, ohne dass Druck- oder Geschwindigkeitsstöße auftreten. Die Rückschlagventile dienen zum Füllen und für den Lecköleresatz.

4.2 Doppelt wirkende Zylinder

Doppelt wirkende Zylinder können von beiden Seiten mit Drucköl beaufschlagt werden, so dass sie in beiden Hubrichtungen Kräfte übertragen können. Man unterscheidet in Bauarten mit *zweiseitiger* oder *einseitiger Kolbenstange*. Zylinder mit zweiseitigen Kolbenstangen werden auch als Gleichlauf- oder Gleichflächenzylinder, solche mit einseitigen Kolbenstangen als Differentialzylinder bezeichnet.

4.2.1 Zylinder mit einseitiger Kolbenstange (Differenzialzylinder)

Zylinder mit einseitiger Kolbenstange nach **Bild 4.6** können in dreierlei Weise betrieben werden:
- Vorhub durch Beaufschlagung der Kolbenfläche A_1 (große Kraft)
- Rückhub durch Beaufschlagung der Kolbenringfläche A_2 (mittlere Kraft)
- Vorhub bei gleichzeitiger Beaufschlagung von A_1 u. A_2 (Eilgang, kleine Kraft)

4 Energiewandler für absätzige Bewegung (Hydrozylinder, Schwenkmotoren)

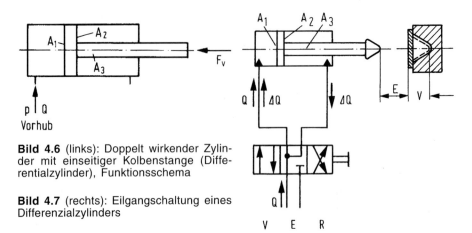

Bild 4.6 (links): Doppelt wirkender Zylinder mit einseitiger Kolbenstange (Differentialzylinder), Funktionsschema

Bild 4.7 (rechts): Eilgangschaltung eines Differenzialzylinders

Vorhub (große Kraft). Für Bild 4.6 gilt bei Beaufschlagung der Stirnfläche A_1 mit dem konstanten Druck p und dem konstantem Volumenstrom Q :

verlustlose Arbeitskraft oder Vorhubkraft

$$F_V = p \cdot A_1 \qquad (4.1)$$

verlustlose Kolbengeschwindigkeit

$$v_V = \frac{Q}{A_1} \qquad (4.2)$$

Die tatsächliche Kraft ist infolge der Reibungs- und Strömungsverluste etwas geringer, während die Kolbengeschwindigkeit wegen der guten Dichtheit normalerweise auch praktisch erreicht wird.

Rückhub (mittlere Kraft). Entsprechend der kleineren beaufschlagten Ringfläche A_2 wird für gleiche p und Q wie oben die Kraft kleiner und die Geschwindigkeit größer:

Verlustlose Rückhubkraft

$$F_R = p \cdot A_2 \qquad (4.3)$$

Verlustlose Rückhubgeschwindigkeit

$$v_R = \frac{Q}{A_2} \qquad (4.4)$$

Vorhub (Eilgang, kleine Kraft). Diese Funktion wird mit der Schaltung von **Bild 4.7** gezeigt. Die mittlere Ventilstellung dient zum raschen Heranführen des Pressstempels an das Werkstück, die linke zum Pressen mit großer Kraft, die rechte

4 Energiewandler für absätzige Bewegung (Hydrozylinder, Schwenkmotoren)

für den Rückhub. In der gezeigten Eilgang-Ventilstellung werden beide Seiten des doppelt wirkenden Zylinders gleichzeitig beaufschlagt. Dabei wird der Kolbenfläche A_1 nicht nur der Volumenstrom Q, sondern zusätzlich auch der von der Kolbenringfläche A_2 verdrängte Volumenstrom ΔQ zugeführt. Dadurch ergibt sich eine höhere Kolbengeschwindigkeit als beim normalen Arbeitshub:

$$v_E = \frac{Q}{A_1 - A_2} = \frac{Q}{A_3} \quad (>v_V) \tag{4.5}$$

Die dabei erzeugbare Vorschubkraft ist kleiner als beim Arbeitshub:

$$F_E = p \cdot (A_1 - A_2) = p \cdot A_3 \quad (<F_V) \tag{4.6}$$

Die Größe der Eilganggeschwindigkeit kann bei gegebenen Werten Q und p also durch die Wahl des Kolbenstangendurchmessers (Fläche A_3) beeinflusst werden. Meistens wird A_3 kleiner gewählt als A_2, so dass beim Eilgang die größten Kolbengeschwindigkeiten und kleinsten Kräfte vorliegen.

Zu beachten ist, dass die Reibungskräfte bei beidseitiger Beaufschlagung eines doppeltwirkenden Kolbens in der Regel größer sind als bei einseitiger Beaufschlagung (Abschläge bei Gl. 4.6, bei niedrig eingestelltem DBV auch bei Gl. 4.5).

Bild 4.8 zeigt eine typische praktische Ausführung mit Kolbenstange 1, Kolben 2 und Endlagendämpfung 3, 4, 5 (auch rechts vorhanden, Beschreibung s. Kap. 4.3.1). Statt der Verschraubung des Rohrstücks mit den Köpfen sind auch Verbindungen durch Zuganker verbreitet. Sie erlauben dünnwandige, einfache Rohrstücke (beliebt bei großen Zylindern).

Arbeitszylinder werden in sinnvoll gestuften Baureihen gebaut. **Tafel 4.1** zeigt beispielhaft ein entsprechendes Sortiment für Land- und Baumaschinen [4.6].

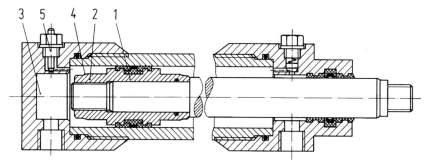

Bild 4.8: Doppelt wirkender Zylinder mit einseitiger Kolbenstange und beidseitiger Endlagendämpfung (Differenzialzylinder)

Tafel 4.1: Baukasten für doppelt wirkende Zylinder: 21 Kombinationen aus 7 Kolbenstangendurchmessern d_1 und 9 Kolbendurchmessern d_2. Maße in mm.

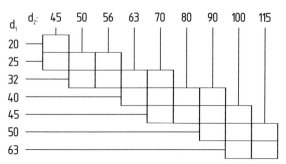

4.2.2 Zylinder mit zweiseitiger Kolbenstange (Gleichlaufzylinder)

Bei Zylindern mit zweiseitiger Kolbenstange und symmetrischem Aufbau entsprechend **Bild 4.9** können bei gleichen Zulaufströmen Q und Arbeitsdrücken p links und rechts die Kräfte und Geschwindigkeiten für Vorhub und Rückhub gleich groß gehalten werden, weil die Ringflächen A_1 und A_2 gleich groß sind. Derartige Zylinder werden daher z. B. gern als Stellglieder für schnelle Positions- oder Kraftregelungen eingesetzt [4.7] (in Sonderfällen mit fast reibungsfreier hydrostatischer Kolbenstangenlagerung). Ihr Vorteil der Symmetrie wird z. B. auch bei hydrostatischen Lenkungen von Arbeitsmaschinen ausgenutzt [4.8].

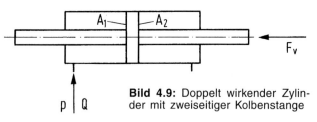

Bild 4.9: Doppelt wirkender Zylinder mit zweiseitiger Kolbenstange

4.3 Endlagendämpfung und Einbau von Hydrozylindern

4.3.1 Endlagendämpfung

Bei einfachen Zylindern und kleineren Kolbengeschwindigkeiten reichen in der Regel Anschlagringe oder steife Federn aus, um die Kolben und die angekoppelten Massen am Hubende abzufangen. Bei Kolbengeschwindigkeiten über etwa 0,1 m/s ist jedoch zur Begrenzung der Verzögerungen (Kräfte) eine so genannte Endlagendämpfung erforderlich, die meistens hydraulisch verwirklicht wird. Sie vermindert die kinetische Energie der bewegten Gesamtmasse dadurch, dass sie das vom Kolben verdrängte Ölvolumen bei Annäherung an die Endlage durch Spalte oder Drosseln zwingt. So ist z. B. der in Bild 4.8 gezeigte Kolben 1 mit dem Dämpfungskolben 2 versehen, der am

4 Energiewandler für absätzige Bewegung (Hydrozylinder, Schwenkmotoren)

Ende seines Hubes in die dafür vorgesehene Zylinderbohrung 3 eindringt. Dadurch entsteht zwischen dieser Bohrung und der Ringfläche 4 des Dämpfungskolbens 2 ein mit zunehmendem Hub enger werdender Ringspalt, der eine grobe Vordämpfung übernimmt. Die weitere Feindämpfung erfolgt dann in der Verstelldrossel 5, die mit immer enger werdendem Ringspalt wirksam wird. So wird der abfließende Ölstrom kontinuierlich kleiner, so dass die Kolbengeschwindigkeit sanft verringert wird.

Es gibt auch Endlagendämpfer mit Konstantdrosseln; sie können z. B. in Form einer Dreiecksnut am Ende des Dämpfungskolbens ausgebildet sein.

4.3.2 Einbau von Hydrozylindern

Hydrozylinder werden für zahlreiche Befestigungsarten angeboten, z. B. für Flanschbefestigung, Fußbefestigung, mit Zapfen für schwenkbare Aufhängung, mit gebohrten Köpfen für Zylinder- und Kolbenbefestigung. Auch kann anstelle des Zylindergehäuses die Kolbenstange festgelegt und das Zylindergehäuse beweglich angebracht werden. Die in **Bild 4.10** wiedergegebenen Einbaubeispiele zeigen die wichtigsten *Regeln*, die beim Einbau beachtet werden müssen:
a) Die Befestigungsschrauben nicht auf Zug beanspruchen,
b) Schwenkaugen von Kolben und Zylinder in eine Ebene legen
c) Dehnung des Zylinders durch Wärme oder Druck nicht behindern
d) Zylinder möglichst im Schwerpunkt aufhängen
e) Biegemomente bei Krafteinleitung vermeiden.

Darüber hinaus ist bei schlanken Zylindern die Knicksicherheit zu prüfen [4.10].

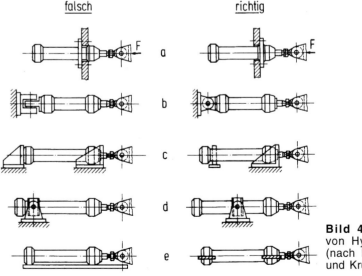

Bild 4.10: Einbau von Hydrozylindern (nach Bartholomäus und Krüger [4.9])

4.4 Schwenkmotoren

Für im Winkel begrenzte Drehbewegungen mit wechselnder Drehrichtung werden üblicherweise spezielle Schwenkmotoren verwendet. Sie arbeiten mit mechanischer Übersetzung oder mit direkter Beaufschlagung.

4.4.1 Schwenkmotoren mit mechanischer Übersetzung

Hydrozylinder mit Zahnstange und Ritzel. Der in **Bild 4.11** abgebildete Schwenkmotor besteht aus einem Zylinder mit Kolben, der mit einer Zahnstange versehen ist. Bei Beaufschlagung des Kolbens bewegt dieser über die Zahnstange das Ritzel.

Das verlustlos erzeugte Drehmoment ist mit p als Arbeitsdruck, mit A als Kolbenfläche und mit r als Teilkreisradius des Ritzels:

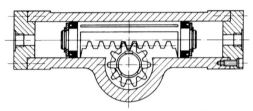

Bild 4.11: Schwenkmotor mit Kolben, Zahnstange und Ritzel (nach Pleiger)

$$M = p \cdot A \cdot r \qquad (4.7)$$

Da der Drehwinkel bei diesem Schwenkmotor nur von der Länge der Zahnstange abhängt, können hiermit auch Drehwinkel über 360° realisiert werden.

Schwenkmotor mit Drehkeilwelle. Der in **Bild 4.12** gezeigte Schwenkmotor mit Drehkeilwelle besteht aus den Gehäuseteilen 1, dem Hubkolben 2 und der Schwenkwelle 3. Mit dem Hubkolben fest verbunden sind die mit Steilgewinden versehenen Zapfen 4 (Rechtsgewinde) und 5 (Linksgewinde). Der Gewindezapfen 4 ist über ein Gegengewinde mit dem Gehäuse 1, der Zapfen 5 über ein Gegengewinde mit der Schwenkwelle 3 in Eingriff. Bei Druckbeaufschlagung der Kolbenfläche, z. B. über Anschluss A, schraubt sich der Kolben nach links und erfährt (vom Wellenende aus gesehen) eine Linksdrehung.

Diese Drehbewegung des Kolbens wird auf die axial festgelegte Schwenkwelle 3 übertragen. Infolge des gegenläufigen Steilgewindes des Zapfens 5 wird der Hub in eine Drehung gleicher Richtung wie zuvor umgewandelt, der sich die Kolbendre-

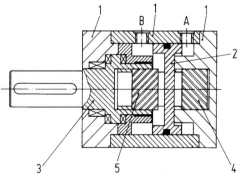

Bild 4.12: Schwenkmotor mit Kolben und Drehkeilwelle (nach Hausherr)

4 Energiewandler für absätzige Bewegung (Hydrozylinder, Schwenkmotoren)

hung additiv überlagert. Bei gleicher Steigung der Gewinde bei 4 und 5 ergibt sich für die Schwenkwelle 3 ein doppelt so großer Drehwinkel wie für den Kolben. Mit α als Keilwinkel, ρ als Reibungswinkel (Steilgewinde), r als Teilkreisradius und A als Kolbenfläche gilt für das Moment M in guter Näherung:

$$M = p \cdot A \cdot r \cdot \tan(\alpha - \rho) \tag{4.8}$$

4.4.2 Schwenkmotoren mit direkter Beaufschlagung

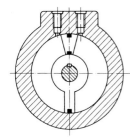

Bild 4.13: Drehflügel-Schwenkmotor

Als Schwenkmotoren mit direkter Beaufschlagung werden meistens Drehkolben-Zylinder ähnlich wie in **Bild 4.13** gezeigt verwendet. Es gibt ein- und mehrflügelige Motoren. Für das verlustlose Drehmoment M gilt mit A als Flügelfläche, r_m als mittlerem Radius der Flügelfläche und z als Anzahl der Flügel:

$$M = p \cdot A \cdot r_m \cdot z \tag{4.9}$$

Literaturverzeichnis zu Kapitel 4

[4.1] Feigel, H.J.: Dynamische Kenngrößen eines Differentialzylinders. O+P 31 (1987) H.2, S.138-148.

[4.2] Lang, T.: Mechatronik für mobile Arbeitsmaschinen am Beispiel eines Dreipunktkrafthebers. Diss. TU Braunschweig 2002. Forschungsberichte ILF Aachen: Shaker-Verlag 2002.

[4.3] -,-: O+P Konstruktions Jahrbuch 26 (2001/2002). Mainz: Vereinigte Fachverlage 2001 (erscheint jährlich aktualisiert mit wechselnden Inhalten).

[4.4] Flury, U.: Hydraulische Aufzüge. O+P 38 (1994) H. 10, S.614-616, 619 u. 620.

[4.5] Schwab, P.: Hydrozylinder. In: Grundlagen und Komponenten der Fluidtechnik Hydraulik. Der Hydrauliktrainer, Bd. 1, S. 123-144. Lohr: Mannesmann Rexroth AG 1991.

[4.6] Gilbert, J.T. und G.A. Stinson: A Hydraulic Cylinder Design for Optimal Durability and Manufacture. SAE Technical Paper Series No. 851404 (1985).

[4.7] Findeisen, D.: Gerätetechnische Verwirklichung von Schwingprüfmaschinen. Zwanglaufantriebe. Fortschritt-Ber. VDI-Z. Reihe 1, Nr. 116. Düsseldorf: VDI-Verlag 1984.

[4.8] Paul, M. und E. Wilks: Driven Front Axles for Agricultural Tractors. ASAE Lecture Series Tractor Design No. 14. St. Joseph, MI (USA): ASAE 1989.

[4.9] Bartholomäus, W. und H. Krüger: Hydrostatische Bauelemente. Konstruktion 13 (1961) H. 10, S.373-382.

[4.10] Schmausser, G. und K.J. Pittner: Zur Berechnung schlanker Arbeitszylinder. O+P 35 (1991) H. 10, S.767-770, 772, 774 u. 775.

5 Geräte zur Energiesteuerung und -regelung (Ventile)

Wie bereits in Kapitel 1.2 mit Bild 1.3 angesprochen, benötigt man zwischen Hydropumpe und Hydroverbrauchern außer den Leitungen und dem Zubehör Elemente zur Steuerung und/oder Regelung der hydrostatisch übertragenen Energie, d. h. die *Ventile*. Ihre Vielfalt wird nach DIN ISO 1219 [1.22] und gängiger Praxis in vier Gruppen eingeteilt, **Bild 5.1**.

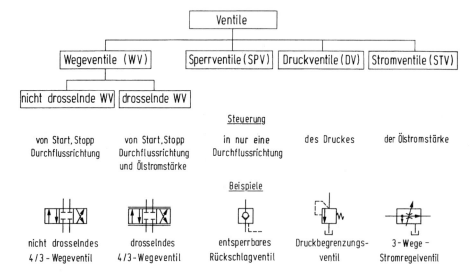

Bild 5.1: Systematische Einteilung der Elemente zur Energiesteuerung und –regelung nach Wirkprinzip

Angesichts der zunehmenden Automatisierung gewann neben dem Wirkprinzip der Ventile auch deren Betätigung immer größere Bedeutung mit einem klaren Trend in Richtung elektronischer Ansteuerung, zunächst analog – später auch digital.

Da viele Betätigungsarten (z. B. durch Handkraft, Öldruck, Luftdruck, Magnete, Piezoaktoren) im Prinzip auf alle vier Ventilgruppen anwendbar sind, wird eine klare *Trennung zwischen Betätigung und Ventilbauart* durchgeführt. Die Darstellungen konzentrieren sich aus didaktischen Gründen in Form von vereinfachenden Schemabildern auf das Wesentliche bei gewisser Toleranz bezüglich der Zeichnungsnormen.

Dem Signalfluss entsprechend wird das Kapitel über Betätigungen vorangestellt. Konkrete Anwendungen der Ventile findet man in den Kapiteln 7 und 8.

5 Geräte zur Energiesteuerung und -regelung (Ventile)

5.1 Betätigungsmittel für Ventile

5.1.1 Übersicht

Bild 5.2 zeigt die wichtigsten Betätigungsmittel (Schaltzeichen DIN ISO 1219).
Mechanische Betätigung. Handhebel, Pedale, Taster usw. (Bild 5.2 links) sind in ihrer Funktion allgemein bekannt. Sie haben den Nachteil, dass Fernsteuerungen aufwendig sind. Darüber hinaus sind die Stellkräfte begrenzt. So werden sie vorwiegend für einfache Steuerungen angewendet – für schnelle Regelungen scheiden sie z. B. wegen begrenzter Genauigkeit und Dynamik fast immer aus.
Druckbetätigung. Hydraulische (seltener pneumatische) Druckkräfte ermöglichen gegenüber Handbetätigung viel größere Stellkräfte bei besserer Dynamik und ggf. möglicher Fernübertragung. Man unterscheidet zwischen *direkter* und *indirekter* Druckbetätigung. Im ersten Fall handelt es sich um ein einstufiges Ventil, dessen Stellkolben direkt mit Druck beaufschlagt wird, im zweiten Fall um ein zweistufiges Ventil, dessen erste Stufe (Vorsteuerventil, VSTV) mit einem Hilfsölstrom eine kraftvolle Druckbeaufschlagung des Hauptventil-Steuerelements erzeugt. Große Kräfte in Verbindung mit kleinen Massen ergeben kurze Stellzeiten, d. h. gute Dynamik. Zur Betätigung des Vorsteuerventils reichen kleine Kräfte aus. Bei Hydraulikanlagen mit

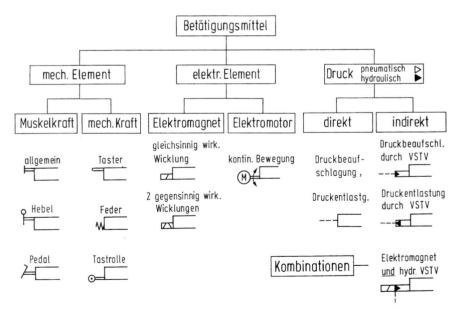

Bild 5.2: Betätigungsarten für Ventile und ihre Schaltzeichen. VSTV: Vorsteuerventil

hohen Drücken, großen Volumenströmen und hohen dynamischen Anforderungen empfiehlt es sich, vorgesteuerte Ventile zu verwenden. Sie sind allerdings aufwendiger und erfordern einen permanenten Hilfsvolumenstrom.

Elektrische Betätigungen. Hydraulische Energie wird zunehmend elektromechanisch gesteuert bzw. geregelt, z. B. durch Eingabe eines elektrischen Stroms in einen Elektromagneten [5.1, 5.2], dessen Anker einen Ventilschieber verstellt (Bild 5.2, Mitte).

Es gibt *schaltende* und *proportional wirkende* elektromechanische Wandler. Schaltend wirken Hubmagnete, die z. B. den Schieber eines nicht drosselnden Wegeventils in fest vorgegebene Schaltstellungen bringen. Zwischenstellungen gibt es nicht (daher spricht man auch von „schwarz-weiß-Schaltung"). Andererseits gibt es *proportional wirkende* Magnete, bei denen man die eingegebene elektrische Größe (oft Strom) entweder in einen proportionalen Weg oder in eine proportionale Kraft umwandelt. Zur Wegsteuerung von Schiebern werden auch kleine Elektromotoren, insbesondere *Schrittmotoren*, angewendet. Genauer und schneller als Proportionalmagnete arbeiten z. B. *Tauchspulen*, *Torque-Motoren* und *Piezo-Aktoren*. Eingegebene elektrische Signale werden hier in kleine proportionale Wege gewandelt, die ihrerseits über kleine Strömungswiderstände oder Vorsteuerventile Hilfsölströme steuern.

5.1.2 Schaltende elektromechanische Wandler

Gleichstrommagnete (12 und 24 V, häufig für 2/2-Wegeventile) sind sehr verbreitet. Sobald die Spule 1 des Magneten in **Bild 5.3** durch einen Strom erregt wird, werden die im Luftspalt 2 gegenüberliegenden Stirnflächen des Ankers 3 und des Polkerns 4 polarisiert. Die dadurch entstehende Anziehungskraft bewegt den Anker bei Verringerung des Luftspaltes 2 nach links gegen die Federkraft F bis zur Anlage an den Polkern 4; über die Führungsstange 5 wird der Ventilschieber betätigt. Der rechts aus dem Anker herausragende Stift dient zur Notbetätigung von Hand. Wird der elektrische Strom abgeschaltet, drückt z. B. eine Feder den Ventilschieber in seine Ausgangslage zurück.

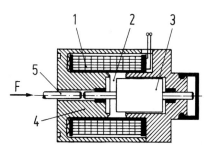

Bild 5.3: Gleichstrom-Hubmagnet (nach Bosch)

Die Stellkraft eines einfachen Gleichstrommagneten ist über dem Ankerhub nicht konstant, **Bild 5.4**. Der Ankerhub wird vom linken Anschlag ausgehend (Bild 5.3) gezählt. Grob betrachtet steigt die Magnetkraft bei verringertem Luftspalt an – der letzte steile Anstieg beruht auf dem Eintauchen des Magnetkerns in seine Aussparung

5 Geräte zur Energiesteuerung und -regelung (Ventile)

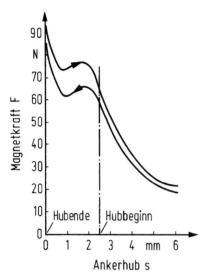

Bild 5.4: Magnetkraft-Hub-Kennlinie für einen Gleichstrommagneten (Bosch NG 6)

am Polkern (stark verringerter magnetischer Widerstand, Form beeinflusst Kraftverlauf).

Wechselstrommagnete (oft 220V, 50 Hz) gleichen in ihrer Wirkungsweise dem Gleichstrommagneten, schalten jedoch schneller, weil ihr Strom nach dem Anlegen der Spannung viel schneller ansteigt (bzw. nach dem Abschalten rascher abfällt) als beim einfachen Gleichspannungsmagneten. Dafür ist der Wechselstrommagnet nicht geräuschlos und im Betrieb nicht so unkompliziert. Beide Bauformen gibt es als so genannte „trockene" und „nasse" Ausführung. Nasse Magnete brauchen auf der Fluidseite nicht abgedichtet zu werden und weisen eine gewisse Dämpfung auf.

Der Gleichstrommagnet ist wegen seines unkomplizierteren Betriebsverhaltens und seiner Eignung für den Fahrzeugbau (12 und 24 V) besonders verbreitet.

Elektromagnete haben eine weitaus geringere Kraftdichte als druckbeaufschlagte Stellkolben. Sie können daher nur mäßige Arbeitswiderstände überwinden. Bei Direktbetätigung eines Ventilschiebers sind dieses z. B. Reibungs-, Strömungs- und Massenkräfte. Die Strömungskräfte treten wegen des geringen Kraftniveaus relativ stark hervor und sollten daher durch konstruktive Maßnahmen klein gehalten werden (s. Kap. 2.3.7), um den Magnetaufwand zu begrenzen. Beim Einsatz für die Betätigung von Vorsteuerventilen für schaltende Ventile ist die geringe Kraftdichte weniger bedeutsam.

5.1.3 Proportional wirkende elektromechanische Wandler

5.1.3.1 Geschichtliche Entwicklung

Schaltende Ventile sind ungeeignet für stufenlos wirkende Steuerungen und Regelungen. Da diese im Maschinen- und Fahrzeugbau immer wichtiger wurden, gewannen proportional wirkende Ventile in den letzten Jahrzehnten an Bedeutung. Sie bilden in elektrohydraulischen Systemen die Bindeglieder zwischen dem elektrischen Signalnetz und dem hydraulischen Leistungsteil. So kann man die Anlagen-Ausgangsgrößen *Kräfte, Drehmomente, Drehzahlen oder Geschwindigkeiten* stufenlos steuern oder regeln. Das geschieht mit speziellen Wege-, Strom- oder Druckventilen, deren Ausgangssignal (Fluidstrom oder -druck) dem Eingangssignal (z. B. elektrischer

Strom) proportional ist [5.3, 5.4]. Diese Entwicklung ging von den so genannten *Servo-Wegeventilen* [5.5] aus, die ursprünglich für die Luft- und Raumfahrt entwickelt worden waren. Sie arbeiten drosselnd, sind grundsätzlich vorgesteuert (Hilfsölstrom), haben sehr hohe Verstärkungen zwischen Eingangs- und Ausgangsleistung und sind für sehr hohe dynamische Anforderungen geeignet (siehe z. B. Einsatz für Hydropulsmaschinen). Leider sind sie teuer, benötigen eine sehr gute Filterung und verursachen hohe Energieverluste.

Der Wunsch, einfachere und billigere proportionalwirkende Ventile zu verwenden, die auch für raue Einsatzbedingungen geeignet sind, führte zunächst zur Entwicklung von entfeinerten „Industrie-Servoventilen" [5.4]. Auch diese arbeiten in der ersten Stufe mit so genannten *Torque-Motoren* als elektromechanische Wandler, seltener mit *Tauchspulen*. Das Bestreben nach weiterer Vereinfachung mit Zugeständnissen an Dynamik und Verstärkung führte zur Entwicklung der so genannten *Proportionalventile*. Diese werden von einem *Gleichstrommagneten* direkt so angesteuert, dass dessen Kraft oder Weg proportional zum eingegebenen elektrischen Signal ist. So wird über das Ventil ein diesem Signal (meist dem elektrischen Strom) proportionaler Volumenstrom oder Druck erzeugt.

Wegen der o. g. geringen Kraftdichte von Magneten wurden in letzter Zeit zusätzlich sogenannte *Piezo-Aktoren* entwickelt.

Die übliche Unterteilung proportional wirkender Ventile in Servoventile und Proportionalventile ist historisch so gewachsen. Die zugehörigen elektromechanischen Wandler werden im Folgenden behandelt.

5.1.3.2 Torque-Motoren

Torque-Motoren (0,02–4 W [5.6]) gibt es in verschiedenen Ausführungen, insbesondere hinsichtlich der Erzeugung des Magnetfeldes und der Aufhängung ihres Ankers [5.3]. Bei der Ausführung nach **Bild 5.5 a** ist der Anker 1 auf einer Biegefeder 2 so gelagert, dass er eine schwache Drehbewegung zwischen den Polen eines Permanentmagneten 3 ausführen kann. Werden die Spulen des Ankers von entgegengesetzten, aber gleich großen Strömen durchflossen, so heben sich die Magnetfelder der Spulen in der gezeichneten Neutralstellung des Ankers auf. Erst wenn eine Differenz zwischen den beiden Spulenströmen herrscht, ver-

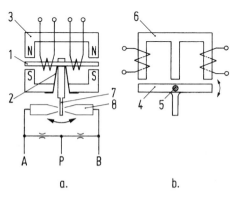

Bild 5.5: Torque-Motoren

dreht sich der Anker gegen die Kraft der Biegefeder. Bei der Ausführung nach **Bild 5.5 b** ist der Anker 4 an einer Drehfeder 5 befestigt und seine Drehung wird durch zwei gegeneinander wirkende Elektromagnete 6 bewirkt.

Torque-Motoren betätigen in der Regel die erste Stufe eines Servoventils über einen Düsen-Prallplatten-Verstärker, Bild 5.5a. Zwei Düsen 8 werden dabei von einem Hilfsölstrom (P) über konstante Drosseln mit Öl beschickt. Bei der gezeichneten Mittelstellung der am Anker befestigten Prallplatte 7 herrscht gleich großer Druck bei A und B, d. h. die Druckdifferenz zwischen beiden ist null. Wird der Anker durch Verändern des Stroms in einer Spule, z. B. entgegen dem Uhrzeigersinn, gedreht, so wird der Abstand der Prallplatte zur rechten Düse verringert und der zur linken Düse vergrößert. Dadurch wird der Strömungswiderstand zwischen Prallplatte und Düse auf der rechten Seite größer, links zusätzlich kleiner. Im rechten Ast strömt mehr Öl als links, was zu einem vergrößerten Druckabfall am rechten festen Widerstand und zu einem kleineren am linken führt. So entsteht zwischen A und B nach dem Prinzip der Wheatstone'schen Halbbrücke eine Druckdifferenz zur Ansteuerung der nächsten Ventilstufe.

5.1.3.3 Tauchspulen

Genutzt wird das von Lautsprechern her bekannte elektrodynamische Prinzip: bewegliche Spule im permanenten Magnetfeld (0,2–5 W [5.6]). **Bild 5.6** zeigt zwei mögliche Ausführungen. Im Fall a befindet sich im Gehäuse 1 ein Permanentmagnet 2 mit innerem Polschuh 3. Im Spalt zwischen dem inneren Polschuh 3 und dem äußeren Polschuh 4 hängt an einer Membran 5 die Tauchspule 6. Gibt man das Eingangssignal in die Tauchspule, so wird diese entsprechend der Richtung des eingegebenen Stroms bewegt. An der Membran 5 ist eine Prallplatte 7 befestigt, die zusammen mit der gezeichneten Düse einen verstellbaren hydraulischen Widerstand bildet. Dieser kann in einer geeigneten Schaltung zur Erzeugung eines Steuerdrucks genutzt werden. Wird der Abstand zwischen Düse und Prallplatte verkleinert, so vergrößert sich der Druck des Hilfsölstroms bei P; das Vorsteuerventil öffnet proportional zum Druck und die Ausgangsgröße „Ölförderstrom bei A" kann z. B. zur Betätigung eines

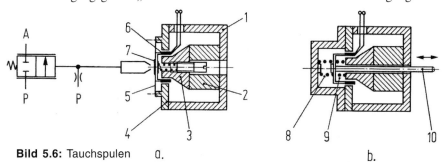

Bild 5.6: Tauchspulen a. b.

Hauptsteuerkolbens verwendet werden. Statt an einer Membran kann die Tauchspule auch an Federn 8 und 9 aufgehängt und mit einer Führungsstange 10 zur Betätigung eines kleinen Ventilschiebers, ausgerüstet sein (Bild 5.6b).

5.1.3.4 Proportionalmagnete

Im Gegensatz zu den reinen Schaltmagneten (Kap. 5.1.2) sind Proportionalmagnete (5–40 W [5.6]) in der Lage, die Ausgangsgröße „Kraft" etwa proportional zu dem ihnen eingegebenen Spulenstrom zu liefern. Mit Hilfe einer Feder ist auch eine Proportionalität zwischen elektrischem Strom und Stellweg möglich.

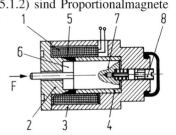

Bild 5.7 zeigt einen schematisiert dargestellten Proportionalmagneten. Sobald die Spule 1 des Magneten durch Eingabe eines Stromes erregt wird, wird im Polkern 2, im Gehäuse 3 und im Führungsrohr 4 ein Magnetfeld aufgebaut. Infolge der Tatsache, dass

Bild 5.7: Proportionalmagnet (nach Bosch)

Polkern 2 und Führungsrohr 4 durch den nicht magnetischen Ring 5 (schwarz angelegt) getrennt sind, kann das Magnetfeld vom Führungsrohr 4 nur über den Radialspalt zum Anker 7 und über den Luftspalt 6 zum Polkern 2 übertreten, so dass der Anker mit entsprechender Kraft angezogen wird. Die Magnetkraft-Hub-Kennlinie kann über die Ausbildung des Steuerkonus am Polkern, ihr Nullpunkt über die Justierschraube 8 verändert werden.

Die Anwendung des Prinzips kann auf drei charakteristische Arten erfolgen:
– Kraftgesteuerte Proportionalmagnete: Erzeugung einer *gesteuerten Kraft*
– Weggesteuerte Proportionalmagnete: Erzeugung eines *gesteuerten Weges*
– Lagegeregelte Proportionalmagnete: Erzeugung eines *geregelten Weges*

Kraftgesteuerte Proportionalmagnete. Hierzu zeigt **Bild 5.8** eine verbreitete Anwendung. Der Proportionalmagnet wird zur Erzeugung der Ankerkraft mit einem geregelten elektrischen Strom versorgt. Der Sollwert wird über das Potentiometer eingegeben, der Verstärker erzeugt einen dazu proportionalen Strom im geschlossenen Regelkreis. Die effektive Stromstärke wird zunehmend durch einen unterbrochenen (gepulsten) Strom erreicht (*Pulsweitenmodulation PWM*, wodurch als Nebenergebnis die Reibung von Ventilschiebern herabgesetzt wird [5.6]).

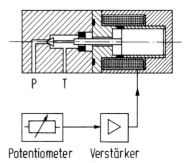

Bild 5.8: Kraftgesteuerter Proportionalmagnet

Die erzeugte Kraft wird nicht zurückgeführt (deswegen „gesteuerte Kraft"), bei guter Proportionalität zwischen elektrischem Strom und Ankerkraft arbeitet ein solches System aber relativ genau – insbesondere bei kleinen Wegen, wie sie bei Bild 5.8 vorliegen: Die auf das Sitzventil wirkende Magnetkraft kann über den elektrischen Strom verändert werden, ohne dass der Anker einen Hub ausführt. Der Anker wirkt auf das Ventil als „elektromagnetische unendlich lange Feder". Das System ist z. B. als Druckbegrenzungsventil mit ferngesteuertem Sollwert geeignet.

Weggesteuerte Proportionalmagnete entstehen auf der Basis kraftgesteuerter Systeme. Hinzugefügt wird eine Feder, die der Magnetanker beaufschlagt. Bei linearer Federkennung wird dessen Kraft in einen proportionalen Weg gewandelt. Die Proportionalkette wird sehr kostengünstig verlängert – jedoch verringern zusätzliche Störgrößen die Genauigkeit. Die Einführung linearer Federn in Verbindung mit bewegten Massen (z. B. Steuerschieber) führt zu schwingungsfähigen Systemen mit entsprechend begrenzter Dynamik [5.7].

Lagegeregelte Proportionalmagnete. Um die Nachteile der einfachen oben geschilderten Wegsteuerung zu vermeiden, wurden Systeme entsprechend **Bild 5.9** entwickelt, bei denen die elektrische Eingangsgröße im geschlossenen Regelkreis in Weg umgewandelt wird, um – wie hier gezeigt – den Schieber eines Wegeventils mit sehr hoher Genauigkeit zu positionieren. Eingangsgröße ist der Sollwert der Schieberposition in Form eines elektrischen Signals. Der Regler erzeugt daraus einen proportionalen elektrischen Strom, der innerhalb gewisser Hubgrenzen etwa proportional in Ankerkraft umgesetzt wird, **Bild 5.10** [5.8]. Der Wegeventilkolben wird gegen die Kraft seiner Feder durch den Anker nach links bewegt. Um Fehler der Proportionalkette

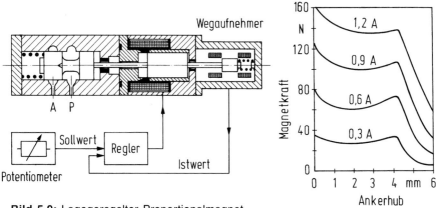

Bild 5.9: Lagegeregelter Proportionalmagnet
Bild 5.10 (rechts): Magnetkraft-Hub-Kennlinien eines lagegeregelten Proportionalmagneten (nach Heiser [5.10])

auszugleichen, wird die erreichte Istposition durch einen Wegaufnehmer gemessen und im Regler mit dem Sollwert verglichen. Bei Abweichungen wird die Position über eine Stromänderung korrigiert. Zur Positionsmessung dienen häufig – wie in Bild 5.9 dargestellt – induktive Aufnehmer. Diese bestehen typischerweise aus zwei getrennten Spulen und dazwischen liegendem Eisenkern. Für dessen Mittellage ist der induktive Widerstand beider Spulen gleich. Bewegt sich der Eisenkern, erhöht sich der induktive Widerstand einer Spule, während er in der zweiten Spule sinkt. Diesen gegensinnigen Effekt nutzt man z. B. in einer Wheatstone'schen Halbbrücke aus, um das Wegsignal zu gewinnen. Dabei verbessert die Doppelspule nicht nur den Messeffekt, sondern auch die Linearität des Signals über dem Weg. Proportionalmagnete haben eine sehr geringe Hysterese, da die bei hubgesteuerten Magneten vorhandenen reibungs- und systembedingten Einflüsse ausgeregelt werden.

5.1.3.5 Piezo-Aktoren

Piezo-Aktoren wurden in den letzten Jahren für verschiedene anspruchsvolle Anwendungen entwickelt, so z. B. für die Betätigung von Einspritzventilen für Dieselmotoren und vereinzelt auch zur Ansteuerung von Hydraulikventilen [5.2, 5.9–5.11]. Unter dem Piezo-Effekt versteht man an sich die Entstehung einer elektrischen Ladungsmenge bei Belastung eines Piezo-Kristalls. Entsprechende Druck- und Kraftaufnehmer zeichnen sich durch extreme Steifigkeit mit entsprechend sehr guten dynamischen Eigenschaften aus.

Bei Piezo-Aktoren dreht man diese Wirkungsweise um: Es wird unter relativ hoher Spannung [5.6] eine Ladungsmenge an den Piezokristall geführt; dieser erzeugt eine Kraft, die sehr groß sein kann, aber leider mit einem so kleinen Weg gekoppelt ist, dass dieser selbst für kleine Vorsteuerstufen nicht ausreicht. Um den Weg zu vergrößern, werden nach **Bild 5.11**

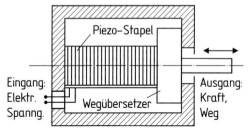

Bild 5.11: Piezo-Aktor (schematisch)

zahlreiche Piezo-Elemente in Reihe geschaltet (Piezo-Stapel). Da dieses immer noch nicht ausreicht, benutzt man z. B. zusätzliche mechanische oder hydrostatische Wegübersetzer (auch „Wegverstärker" WVS), deren Ausgangsgrößen „Kraft" und „Weg" auf ein kleines Vorsteuerventil wirken können.
In [5.2] wird die Entwicklung einer mechanischen Verstärkung durch das „Bimetallprinzip" (Hoerbiger) besprochen. Piezo-Aktoren haben bezüglich Kraftentwicklung und Dynamik ein hohes Potenzial. Ihre Anwendung steht insgesamt eher noch am Anfang.

5 Geräte zur Energiesteuerung und -regelung (Ventile)

5.2 Wegeventile (WV)

Wie in Bild 5.1 gezeigt, kann man die Wegeventile nach ihrer Funktion in *nicht drosselnde* und *drosselnde* Bauarten einteilen. Während die Erstgenannten nur Start, Stopp und Richtung des Volumenstroms steuern können, kann mit den Letztgenannten zusätzlich auch die Stärke des Volumenstroms stufenlos verändert werden.

5.2.1 Konstruktive Gestaltung des mechanischen Kernbereiches

Grundbauarten. Hinsichtlich ihres konstruktiven Aufbaus unterscheidet man *Schieberventile* und *Sitzventile*, wobei die Ersteren weiter in *Längsschieber-* und *Drehschieberventile* unterteilt werden.

Längsschieberventile. Die Anordnung von **Bild 5.12** zeigt als Beispiel ein 3/3-Wegeventil zur Beaufschlagung und Steuerung eines Arbeitszylinders. Der Längsschieber ist in der mittleren Ruhestellung geschlossen. Der Pumpenölstrom muss daher über das Druckbegrenzungsventil abfließen. Das ist wegen der hohen Energieverluste nur kurzzeitig zu tolerieren – ein druckloser Pumpenumlauf wäre besser. Der Arbeitszylinder ist durch das eingeschlossene Ölvolumen blockiert. Er selbst ist praktisch völlig dicht, nicht aber der Schieber in der Bohrung (Spaltverluste, s. Kap. 2.3.6). Spezielle „leckölfreie" Schieberventile arbeiten mit eingebauten Dichtungselementen [5.12], sind aber sehr teuer. Stellt man den Handhebel auf „Heben" (H), bewegt sich der Ventilschieber 1 nach links. Dadurch wird der Pumpenanschluss mit dem Zylinder verbunden, dessen Kolben fährt aus. Bei der Stellung „Senken" (S) wird der Ventilschieber nach rechts geschoben, der Hubzylinder kann jetzt nur durch eine äußere

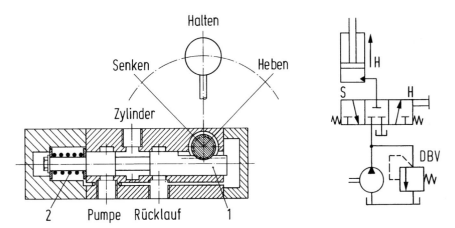

Bild 5.12: 3/3-Wege-Längsschieberventil mit Handbetätigung und Federzentrierung

Kraft (z. B. Hublast) zum Einfahren gebracht werden. Das verdrängte Ölvolumen fließt über das Wegeventil in den Ölbehälter zurück. Sobald man den Handhebel loslässt, bewegt sich der Schieber automatisch durch die Kraft der Druckfeder 2 in die Mittelstellung zurück. Bemerkenswert ist, dass durch die beiden Scheiben hier eine einzige Druckfeder genügt (wird häufig angewendet).

Drehschieberventile. Mit dem in **Bild 5.13** gezeigten Konzept kann man den Pumpenölstrom wahlweise mit den Anschlüssen A und B des doppelt wirkenden Zylinders verbinden; das dabei aus dem Zylinder jeweils herausgedrückte Volumen fließt über Bohrungen im Drehschieber in den Tank zurück. Drehschieberventile sind wegen des sehr schwierigen Ausgleichs von Druckfeldern für hohe Drücke kaum geeignet, während sie als Niederdruck-Vorsteuerventile (z. B. für Lastschaltgetriebe) interessant sein können. Dabei kann eine geschlossene Neutralstellung sinnvoll sein, wenn die Pumpe noch andere Verbraucher versorgt. Ansonsten wäre auch hier ein druckloser Umlauf besser.

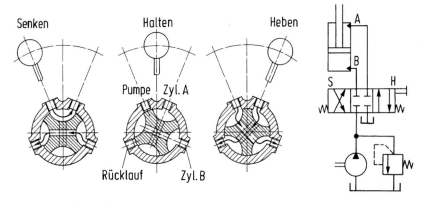

Bild 5.13: 4/3-Wege-Drehschieberventil mit Handbetätigung und Federzentrierung

Kombinationen zwischen Dreh- und Längsschieberprinzip. Diese erlauben komplexe Steuerungen mit nur einem Hebel, **Bild 5.14**. Die Funktion wird im Schaltplan zweckmäßig in zwei Schaltsymbole aufgelöst. Der untere Teil bestimmt die drei Funktionen „Heben", „Pumpe drucklos / Zylindervolumen blockiert" und „Senken", während der obere die drei Funktionen „Bewegen linker Zylinder", „Bewegen beider Zylinder" und „Bewegen rechter Zylinder" ermöglicht. Die Schaltkulisse veranschaulicht die insgesamt neun Hebelpositionen.

Sitzventile. Ihr Hauptvorteil besteht darin, dicht schließen zu können (z. B. bei einer Hebebühne). Ferner sind sie wenig schmutzanfällig und verschleißunempfindlich, dafür spezifisch teurer als Schieberventile, nicht so gut vorsteuerbar, eher schwingungs-

5 Geräte zur Energiesteuerung und -regelung (Ventile)

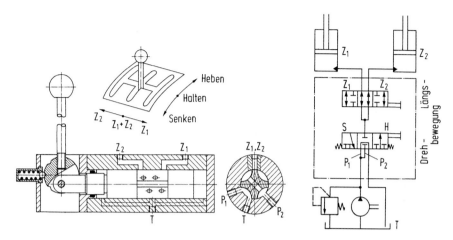

Bild 5.14: Kombiniertes Dreh-Längsschieberventil mit Einhandbetätigung für neun Funktionsstellungen

anfällig (Ventilkörper – Feder) und sie erfordern größere Betätigungskräfte. Insgesamt setzt man sie eher für kleine als für große Förderströme ein.

Bild 5.15 zeigt ein Sitzventil, bei dem der Volumenstrom durch Kugeln (alternativ Kegel) abgesperrt wird, die durch Federn bzw. zusätzlich durch Öldruck in ihre Sitze gedrückt werden. Für „Heben" wird das Rückschlagventil 1 durch Exzenter und Stößel gegen die Federkraft geöffnet. Beim „Senken" des Zylinderkolbens kann das Öl nur über das dann geöffnete Rückschlagventil 2 in den Behälter zurückfließen, weil das Rückschlagventil 3 durch Federkraft und Öldruck geschlossen gehalten wird.

Kombinationen zwischen Schieber- und Sitzventilen. Üblich ist die Integration von Sitzventilen in Längsschieberventile (z. B. für „Halten" in Bild 5.14). Der Schieber betätigt dabei z. B. über eine Rampe einen Stößel zum Öffnen eines Sitzventils.

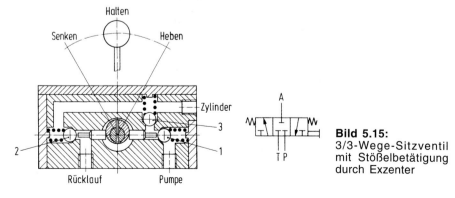

Bild 5.15: 3/3-Wege-Sitzventil mit Stößelbetätigung durch Exzenter

Offene Neutralstellungen bei Wegeventilen. Verwendet man einfache Kreisläufe mit *Konstantpumpen* (Bilder 5.12 bis 5.14), so bietet sich nach **Bild 5.16** meistens die *Umlaufstellung* oder „offene Neutralstellung" (engl. "open center") an: Der gerade nicht genutzte Förderstrom wird drucklos in den Tank zurückgeleitet. Soll zusätzlich auch der Verbraucher druckentlastet werden, etwa beim Gleiten einer Ladeschaufel auf dem welligen Erdboden, kommt die *Schwimmstellung* in Frage. Bei geschichteten Ventilen wendet man die *Durchflussstellung* an (viele Varianten).

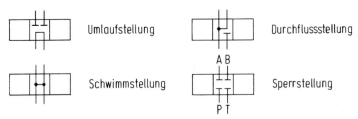

Bild 5.16: Häufige Neutralstellungen von Wegeventilen

Geschlossene Neutralstellung bei Wegeventilen. Diese sind vor allem für zwei Kreislaufsysteme typisch: für *Konstantdrucksysteme*, wie sie etwa für größere Flugzeugbordnetze üblich sind, und für *Load Sensing-Systeme*, wie sie bei mobilen Arbeitsmaschinen vorkommen. Erforderlich ist hier die *Sperrstellung* bzw. „geschlossene Neutralstellung" (engl. "closed center"). Diese ist einerseits hier funktionell notwendig – andererseits energetisch unkritisch, weil der bei diesen Systemen übliche Volumenstromerzeuger (meistens eine Verstellpumpe) automatisch auf Nullförderung geht, wenn das Wegeventil oder ggf. mehrere parallele Wegeventile geschlossen sind.
Schieberspiel und Betätigungskräfte. Das relative *Schieberspiel* (Gl. 2.65) liegt für übliche Wegeventile mit dichtenden Stegen (positive Überdeckung) bei etwa 0,2-0,5‰ und ist damit viel kleiner als z. B. bei Gleitlagern. Der Grund für diese Präzision: Der Leckölstrom steigt mit der dritten Potenz der Spaltweite, Gl. (2.55).

Die *Betätigungskräfte* bestimmen z. B. die Kosten eines Magneten. Statische Längskräfte infolge von Druckfeldern können in der Regel gut ausgeglichen werden. Schwieriger ist die Beherrschung der Reibung und der axialen Strömungskräfte (s. Kap. 2.3.7). Als Grundregel gilt, dass Strömungen mit hohen Geschwindigkeiten an Längsschiebern ggf. möglichst radial aus- und eintreten sollten. Durch geschickte Gestaltung lassen sich Kompensationen erreichen.

Die Schieberreibung kann stark ansteigen, wenn das Druckfeld in der Gleitfläche bei Exzentrizitäten vom gewünschten rotationssymmetrischen Verlauf abweicht und Querkräfte erzeugt. Feine Eindrehungen am Umfang wirken ausgleichend. Bei Magnetbetätigung kann auch eine bewusst erzeugte Schwingung (Dither-Signal [5.6]) die Reibung senken. In Sonderfällen kann der Schieber konisch gestaltet oder mit Kerben versehen werden, so dass er durch die von der Exzentrizität abhängigen Druckprofile der Leckölstrecke zentriert wird [5.13-5.15]. Notfalls kann man den Schieber auch durch Ausnutzung von Stömungskräften zur Rotation bringen [5.16].

Überdeckung bei Schieberventilen. Betrachtet wird das Verhältnis der Kolbenstegbreite zur Breite der Zylinderausdrehung, **Bild 5.17.** Man unterscheidet 3 Fälle. Die *positive Überdeckung* dient bei Wegeventilen einer möglichst guten Abdichtung zwischen Kammern unterschiedlicher Drücke. Um die Feinsteuereigenschaften zu verbessern, benutzt man häufig kleine Axialkerben an den Schiebersteegen, die kleine Ölströme ermöglichen, bevor der Querschnitt am vollen Umfang öffnet. Eine *Nullüberdeckung* mit linearer Kennlinie kann für drosselnde Ventile in schnellen Regelkreisen günstig sein, sie wird daher häufig in Servoventilen verwendet. Die *negative Überdeckung* hat für stark drosselnde Wegeventile hochdynamischer Stellglieder Bedeutung: Mit einem einzigen Schiebersteeg werden zwei hydraulische Widerstände gleichzeitig gegensinnig verändert. Diesen Effekt kann man z. B. ähnlich wie beim Torquemotor in einer Wheatstone'schen Halbbrücke zur Erzeugung eines kräftigen Drucksignals ausnutzen, **Bild 5.18**. Günstig ist ein konstanter Versorgungsölstrom.

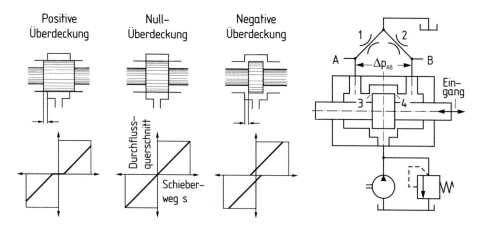

Bild 5.17 (links): Überdeckung bei Schieberventilen
Bild 5.18 (rechts): Anwendung der negativen Überdeckung für eine Brückenschaltung mit den Festwiderständen 1 und 2 und den gegensinnig verstellbaren Widerständen 3 und 4.

Eingangsgröße ist dabei der Schieberweg, Ausgangsgröße die Druckdifferenz zwischen A und B, die in der Schieber-Mittellage null ist. Die Anordnung kann als hochdynamische Vorsteuerstufe dienen. Bei Anordnung von zwei Stegen ist mit einem einzigen Schieber eine hydraulische Vollbrücke möglich [5.17], siehe Bild 5.23. Auch dafür sollte der Versorgungsölstrom möglichst konstant sein.

5.2.2 Nicht drosselnde Wegeventile einschließlich Ansteuerung

Nicht drosselnde Wegeventile erlauben nur feste Schaltstellungen (Gegensatz: Drosselnde Wegeventile mit Zwischenstellungen). Die Betätigung kann mechanisch, elektrisch oder durch Öldruck erfolgen. Durch das Prinzip der Vorsteuerung können mit kleinen Steuerleistungen große hydrostatische Leistungen geschaltet werden.

5.2.2.1 Direkt betätigte nicht drosselnde Wegeventile

An Stelle der in den Bildern 5.12 bis 5.15 gezeigten Handbetätigung wird in **Bild 5.19** ein nicht drosselndes Wegeventil mit Doppelmagnet-Betätigung und Federzentrierung gezeigt. Damit sind Fernschaltungen und Automatisierungen möglich. Eine Druckfeder hält den Ventilkolben in Mittelstellung, dabei fließt der von der

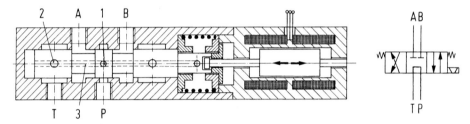

Bild 5.19: Direkt betätigtes, durch gegensinnig wirkende Hubmagnete geschaltetes nicht drosselndes 4/3-Wegeventil mit Federrückstellung

Pumpe gelieferte Ölstrom von P nach T über die Bohrungen 1, 2 und 3 „drucklos", d. h. verlustarm in den Ölbehälter zurück (s. Bild 5.16). Bei Erregung zieht der linke Magnet den Schieber nach links (Ölstrom P→B und A→T), der rechte nach rechts (Ölstrom P→A und B→3→T). In beiden Stellungen ist die Bohrung 1 abgedeckt.

5.2.2.2 Über Vorsteuerventil betätigte nicht drosselnde Wegeventile

Das erste Beispiel in **Bild 5.20** zeigt ein einfaches 3/3-Wegeventil, das durch ein externes handbetätigtes 4/3-Vorsteuerventil über Öldruck fernbetätigt wird. In Ruhestellung wird der Kolben des Hauptventils auch hier durch zwei Federn gehalten. Wird der Schieber des Vorsteuerventils nach links geschoben, so schiebt der rechts am Hauptsteuerkolben entstehende Öldruck den Schieber des Hauptventils nach links (Ölstrom P→A). Das von der linken Schieberseite verdrängte Öl kann über das Vorsteuerventil in den Ölbehälter zurückfließen.

Das in **Bild 5.21** abgebildete vorgesteuerte und elektromagnetisch geschaltete 4/3-Wegeventil hat die folgende Funktion: Der Vorsteuerschieber 1 wird durch Stoßmagnete 2 und 3 geschaltet. In Ruhestellung des Vorsteuerschiebers werden beide Seiten des Hauptsteuerschiebers 4 durch Pumpenöldruck und Druckfedern gleich hoch belastet. Wird der Vorsteuerschieber 1 nach links geschaltet, so wird die Verbin-

5 Geräte zur Energiesteuerung und -regelung (Ventile)

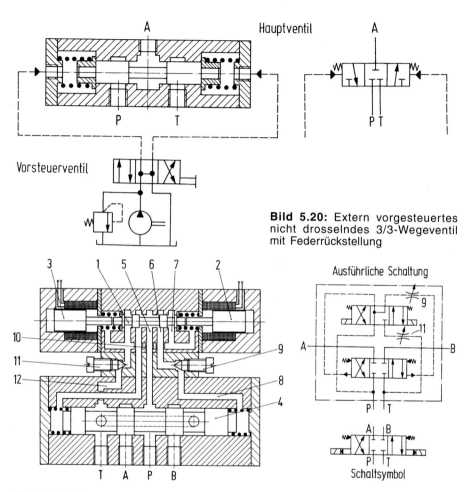

Bild 5.20: Extern vorgesteuertes nicht drosselndes 3/3-Wegeventil mit Federrückstellung

Bild 5.21: Nicht drosselndes Wegeventil mit magnetisch geschaltetem internen Vorsteuerventil (oberer Teil)

dung von Kanal 5 (Pumpe) zu Kanal 6 abgesperrt, während gleichzeitig 6 und 7 verbunden werden und die rechte Seite des Hauptsteuerkolbens 4 entlastet wird (Abfluss über 8, 9, 6, 7, 10, 11 und 12 in den Tank T). Die linke Hauptschieberseite bleibt unter Pumpendruck, der Hauptschieber bewegt sich nach rechts bis zum Anschlag und verbindet P mit B und A mit T. Die Drosseln 9 und 11 dämpfen die Bewegung des Hauptsteuerschiebers.

Bild 5.22 zeigt ein über zwei Vorsteuerventile 1 und 2 geschaltetes 4/3-Wegeventil. Jedes Vorsteuerventil wird durch einen Magneten geschaltet. Zwischen den beiden

5 Geräte zur Energiesteuerung und -regelung (Ventile)

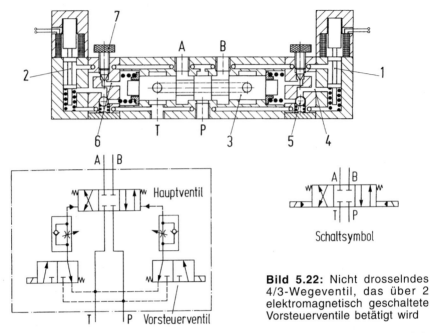

Bild 5.22: Nicht drosselndes 4/3-Wegeventil, das über 2 elektromagnetisch geschaltete Vorsteuerventile betätigt wird

Stegen liegt in der Neutralstellung der Pumpendruck an (ausgeglichen, keine Axialkräfte). Druckfedern halten den Hauptsteuerschieber 3 in Mittelstellung. Wird das Vorsteuerventil 1 betätigt und der Schieber nach unten gestoßen, so strömt Drucköl von P über den Querkanal, Bohrung 4 und Rückschlagventil 5 auf die rechte Seite des Hauptsteuerschiebers und verschiebt ihn nach links: Es werden P mit B und A mit T verbunden. Das Öl aus dem linken Druckraum strömt über Bohrung 6 und einstellbare Drossel 7 (Schieberdämpfung) über T in den Ölbehälter zurück.

5.2.3 Drosselnde Wegeventile

Drosselnde Wegeventile (auch „stetig verstellbare Wegeventile") erlauben außer den festen Schaltstellungen auch beliebige Zwischenpositionen bzw. Öffnungsquerschnitte des Schiebers. Sie beeinflussen dadurch stufenlos den Zusammenhang zwischen Durchflussstrom und Druckabfall und werden daher für vielfältige Steuerungen und Regelungen angewendet (einfaches Beispiel s. Bild 5.18). Vorteilhaft ist ihr gutes dynamisches Verhalten in Regelkreisen – von Nachteil sind die Drosselverluste. Die Betätigung kann mechanisch, elektrisch oder durch Öldruck erfolgen.

5.2.3.1 Mechanisch betätigte drosselnde Wegeventile

Die mechanische Betätigung drosselnder Wegeventile wird häufig dort verwendet, wo man von Hand feinfühlig steuern muss. Für kleine Kräfte genügen direktgesteuerte

5 Geräte zur Energiesteuerung und -regelung (Ventile)

Wegeventile, bei größeren Stellkräften bevorzugt man vorgesteuerte Konzepte, die ggf. auch eine Fernsteuerung erlauben (Relais-Effekt).

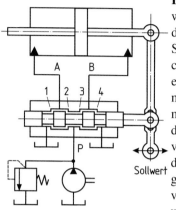

Bild 5.23: Drosselndes 3/3-Wegeventil als hydraulische Vollbrücke mit direkter mechanischer Ansteuerung und mechanischer Rückführung der Position eines eingespannten Hydraulikzylinders (oder alternativ eines Hauptsteuerschiebers)

Bild 5.23 zeigt die Positionssteuerung eines doppelt wirkenden hydraulisch eingespannten Arbeitszylinders mit Hilfe eines direkt gesteuerten drosselnden Schieberventils. Die schon in Kap. 5.2.1 angesprochene Nutzung von zwei Steuerstegen für vier Steuerkanten ergibt bei negativer Überdeckung die gemeinsam verstellbaren Widerstände 1 bis 4. Bewegt man den Schieber nach links, erhöhen sich die Widerstände 1 und 3, während sich gleichzeitig 2 und 4 verkleinern. Die gezeigte Anordnung ergibt damit die Schaltung einer hydraulischen Vollbrücke (Ausgang A–B). Diese elegante Möglichkeit wurde z. B. von W. Backé frühzeitig herausgestellt [5.17]. Sie wird häufig auch als Vorsteuerstufe mit hoher Signalverstärkung verwendet. In Bild 5.23 erkennt man ferner ein weiteres wichtiges Prinzip: die mechanische Rückführung der Ist-Zylinderposition auf den Ventilschieber. Wird der Sollwert nach links verändert, bewegt sich der Arbeitszylinder nach rechts und hebt schließlich die Schieberauslenkung (bei festgehaltenem Sollwert) prinzipiell auf [5.18]. Die genaue Endposition des Schiebers hängt von den angreifenden Zylinderkräften ab. Die in Bild 5.23 gezeigte Anordnung wurde z. B. von P.I.V. für die Regelung von Kettenwandlern benutzt [5.19].

Bild 5.24 zeigt ein handbetätigtes, vorgesteuertes 3/3-Wegeventil mit zwei Möglichkeiten der externen Vorsteuerung. Beide erzeugen bei Betätigung der Handhebel Druckdifferenzen zwischen X und Y, die auf die Schieberstirnflächen des Hauptventils wirken und über die Federn in Schieberwege bzw. variierte Öffnungsquerschnitte umgewandelt werden. Links erreicht man dieses durch zwei gegensinnig mit dem Hebel 6 betätigte Druckregelventile 2 und 3. Die geregelten Ablaufdrücke werden durch die Drosseln 4 und 5 gestützt.

Die zweite rechte Vorsteuerung arbeitet mit einem drosselnden 4/3-Wegeventil. Wird der Vorsteuerschieber bei 7 nach rechts geschoben, so strömt Öl von links nach rechts durch die Drossel 8 und danach über den drosselnden Vorsteuerschieber in den Tank zurück. Die Druckdifferenz zwischen X und Y entspricht dem Druckabfall an der Drossel 8, der wiederum vom Ölstrom und damit von der Position des Vorsteuerschiebers abhängt (der überschüssige Ölstrom läuft über das Druckbegrenzungsventil

134   5 Geräte zur Energiesteuerung und -regelung (Ventile)

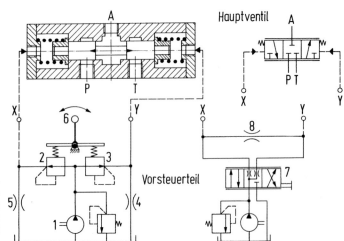

Bild 5.24: Drosselndes 3/3-Wegeventil mit zwei Möglichkeiten der handbetätigten Vorsteuerung

drosselnd ab). Der Hauptsteuerschieber wird auf diese Weise nach rechts bewegt. Er ist mit Kerben versehen, um ein feinfühliges Steuern zu ermöglichen.

5.2.3.2 Elektromechanisch betätigte Proportional-Wegeventile

Hierzu gehören die schon in Abschnitt 5.1.3 erwähnten *Servoventile, Industrie-Servoventile* und *Proportional-Wegeventile*.

Bezüglich der Abgrenzung existiert leider keine ganz eindeutige, allgemein übliche Definition. **Bild 5.25** verdeutlicht vereinfacht zwei typische Anwendungen. Beim Einsatz von Proportionalventilen kommen häufig interne Regelkreise zur Verbesserung der Proportionalkette zur Anwendung (z. B. Regelung des elektrischen Magnetstroms oder der Schieberposition), während man bei Servoventilen häufig den Ge-

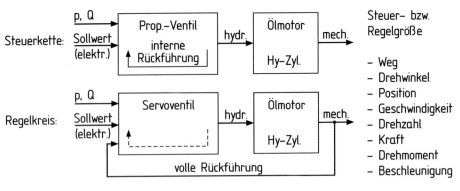

Bild 5.25: Typische Einsätze von Proportional- und Servoventilen

5 Geräte zur Energiesteuerung und -regelung (Ventile)

samtprozess regelt (z. B. bei der Bauteilprüfung Kräfte und Wege am Objekt mit Hilfe von Hydropulsmaschinen).

Rückführungen bei Regelkreisen. Darunter versteht man die in Bild 5.24 angedeutete *Messung des Istwerts* und dessen *Rückführung an den Regler*, der ihn mit dem *Sollwert* vergleicht und ggf. korrigierend eingreift (siehe auch Kap. 7). Folgende Rückführungen sind bei proportional wirkenden Wegeventilen und deren Einsatz von Bedeutung:

Rückführung des elektr. Stromes (Sensor): Stromregelung bei Hubmagneten
Rückführung der elektr. Ladung (Sensoren): Regelg. der Ladung bei Piezoaktoren
Barometrische Positionsrückführung (Feder): Regelung der Schieberposition
Mechanische Positionsrückführung (Kinematik): Regelung der Schieberposition
Elektronische Positionsrückführung (Sensor): Regelung der Schieberposition
Rückführung vom Verbraucher (Sensoren): Regelung mechanischer Größen

Die kostengünstige barometrische Rückführung ist auch bei Steuerketten wichtig.

Servoventile. „Servo" deutet an, dass ein kleines Eingangssignal ein großes Ausgangssignal bewirkt. Tatsächlich erreichen Servoventile sehr große Leistungsverstärkungen von etwa 10^4 bis 10^7. Durch die Beaufschlagung des Hauptsteuerschiebers mit hohen Drücken haben sie die beste Dynamik aller stetigen Wegeventile. Servoventile werden zwei- oder (seltener) dreistufig ausgeführt.

Bild 5.26 zeigt eine typische zweistufige Bauform. Die erste *Vorsteuerstufe* erzeugt mit einem Torquemotor 1 (Bild 5.5) nach dem Grundprinzip der hydraulischen Halbbrücke (Bild 5.18) durch Auslenkung der Prallplatte 2 den Stelldruck für die *Hauptsteuerstufe*. Dafür wird ein kleiner Teilölstrom vom druckbeladenen Zuführ-Ölstrom (P) abgezweigt und gelangt über Feinstfilter 3 zu den sehr kleinen festen Drosseln 4.

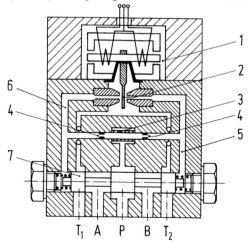
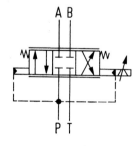

Bild 5.26: Zweistufiges Servoventil mit Düsen-Prallplatten-Verstärker und barometrischer Rückführung (Federn), interne Hilfsölversorgung

Ebenso wäre eine externe Versorgung möglich (besser aber aufwendiger). Die erzeugte Brücken-Druckdifferenz zwischen 5 und 6 wirkt auf die Stirnflächen des Hauptschiebers 7. Die barometrische Rückführung (Federn) sichert die gewünschte Proportionalität zwischen Druckdifferenz und Schieberauslenkung. Die Leistungsverstärkung beträgt in der ersten Stufe z. B. 100, in der Hauptstufe z. B. 1000, d. h. insgesamt 10^5. So könnte man z. B. mit 200 mW Eingangsleistung 20 kW hydrostatische Ausgangsleistung steuern.

Ein elektro-hydraulisches Servoventil mit Folgekolben-Rückführsystem zeigt **Bild 5.27**. Hierbei ist der Düsen-Prallplatten-Verstärker mit dem Hauptsteuerkolben kombiniert. Der Pumpenölstrom wird über die Längsbohrung im Hauptsteuerkolben 1 und die Drosseln 2 in die an seinen Enden angebrachten Düsen und gleichzeitig in die Druckräume 3 geführt, so dass der Hauptsteuerkolben in Ruhestellung in der gezeichneten Lage verbleibt.

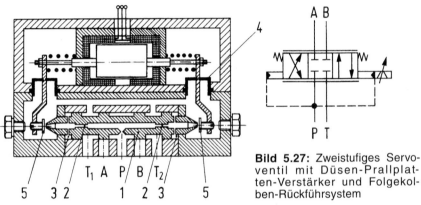

Bild 5.27: Zweistufiges Servoventil mit Düsen-Prallplatten-Verstärker und Folgekolben-Rückführsystem

Wird der Anker durch Signaleingabe nach rechts geschoben, so werden die an Biegefedern 4 schwenkbar aufgehängten Prallplatten 5 nach links bewegt. Dadurch wird der Abstand zwischen Prallplatte und Düse rechts kleiner und links größer, so dass sich der Widerstand rechts entsprechend vergrößert und gleichzeitig links verkleinert. Die beiden Widerstandsänderungen werden (ähnlich wie in Bild 5.18) in Verbindung mit den beiden Festwiderständen 2 in einer Halbbrücke genutzt. Die entstehende Druckdifferenz verstellt den Hauptsteuerkolben über die Ringflächen 3 nach links; der Ölstrom wird von P nach A freigegeben, B wird mit T verbunden. Der Steuerdruck verschiebt den Hauptsteuerschieber so lange, bis an beiden Prallplatten gleiche Spaltweiten erreicht sind und die Druckdifferenz verschwindet. Der Hauptsteuerkolben folgt hier also der Bewegung der beiden Prallplatten.

Proportional-Wegeventile. Proportionalventile werden entsprechend Bild 5.25 vorwiegend für Steuerketten eingesetzt. Sie haben geringere Druckverluste und sind we-

5 Geräte zur Energiesteuerung und -regelung (Ventile)

sentlich billiger und robuster bei Zugeständnissen an Genauigkeit, Dynamik und Eingangsleistungen (10 bis 100 W). Ein einfaches, einstufiges Proportionalventil mit interner Magnetstromregelung war bereits in Bild 5.10 gezeigt worden. Wenngleich man aus Kostengründen versucht, das Potenzial einstufiger Konzepte möglichst gut zu nutzen, werden schnelle und leistungsstarke Proportional-Wegeventile zweistufig ausgeführt, wie z. B. das in **Bild 5.28** schematisiert dargestellte 4/3-Proportional-Wegeventil mit Lageregelung. Es hat einen Hauptsteuerkolben 1 und einen Vorsteuerkolben 2, der durch die beiden Proportionalmagnete 3 und 4 betätigt wird. Bei Ansteuerung des rechten Magneten 3 verschiebt dieser den Vorsteuerkolben 2 nach links. Das Steueröl gelangt dadurch von P über die Gehäusebohrung 5, die Steuerkerbe 6 und die Gehäusebohrung 7 in den Federraum 8 und verschiebt den Hauptsteuerkolben 1 nach rechts. Dessen Stellung wird im induktiven Wegaufnehmer 9 erfasst und im Regler 10 mit dem Sollwert verglichen.

Ist der Sollwert erreicht, so wird der Magnet stromlos, und der Vorsteuerschieber 2 wird durch Federn zurückgestellt. Die Federräume 8 und 11 sind dann durch den Vorsteuerkolben 2 abgesperrt, und der Hauptsteuerkolben 1 bleibt in seiner Lage. Bei Lageabweichungen wird entsprechend nachgeregelt. Die Stellung des Vorsteuerkolbens wird durch einen unterlagerten Lageregelkreis geregelt.

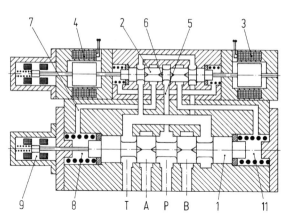

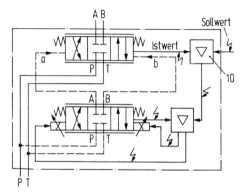

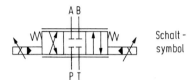

Bild 5.28: 2-stufiges 4/3-Proportional-Wegeventil mit Lageregelungen (links ausführlicher Schaltplan)

5.2.4 Betriebsverhalten von Wegeventilen

5.2.4.1 Druckabfall in Wegeventilen

Der Druckabfall oder Druckverlust eines Wegeventils ist die Druckdifferenz Δp zwischen Ventilein- und -ausgang. Er setzt sich im allgemeinsten Fall aus laminaren und turbulenten Anteilen zusammen [5.20, 5.21]. Für scharfkantige Steueröffnungen an Längsschiebern kann man für Reynolds-Zahlen über etwa 1000 mit Gl. (2.51) arbeiten und α mit etwa 0,7 einsetzen [5.21] (s. auch Kap. 2.3.5). Da Turbulenz vorherrscht, ergeben sich für Δp über Q für das Gesamtventil sehr oft Parabeln mit Exponenten um 2. Bild 5.29 zeigt als Beispiel typische Messwerte für die 4

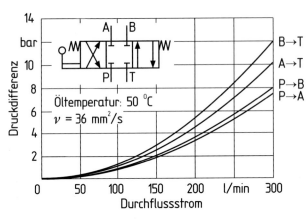

Bild 5.29: Druckabfall-Durchfluss-Kennlinien eines nicht drosselnden 4/3-Längsschieber-Wegeventils für volle Öffnung (Bosch-Rexroth, Nenngröße 16).

möglichen Pfade eines 4/3-Wegeventils. Die Abschätzung $\Delta p \sim Q^2$ trifft für alle 4 Kurven relativ genau zu. Für einen Dauerbetrieb mit nicht drosselnden Wegeventilen sollte man den rechten Teil des Kennfeldes möglichst meiden. Die Viskosität ist zu Bild 5.29 angegeben, hat aber bei ausgebildeter Turbulenz nur geringen Einfluss auf die Kennlinien. Diese werden z.B. nach ISO 4411 ermittelt.

Während für normale Wegeventile möglichst geringe Drosselverluste erwünscht sind, benötigt man beim Einsatz proportionalwirkender Wegeventile häufig bestimmte Strömungswiderstände, **Bild 5.30** [5.22]. Die Nenn-Druckabfälle sind bei Servoventilen am höchsten.

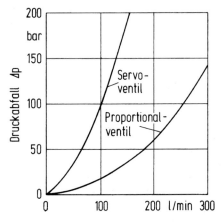

Bild 5.30: Durchfluss-Kennlinien eines Servo- und eines Proportionalventils von gleichem Nenndurchfluss bei voller Öffnung (nach Backé [5.22])

5 Geräte zur Energiesteuerung und -regelung (Ventile)

5.2.4.2 Statisches und dynamisches Verhalten von proportional wirkenden Wegeventilen

Das im Folgenden beschriebene statische und dynamische Verhalten proportional wirkender Wegeventile gilt grundsätzlich auch für proportional wirkende Druck- und Stromventile.

Statisches Verhalten. Das statische Verhalten eines Servo- oder Proportionalventils beschreibt den Zusammenhang zwischen Eingangsgröße und Ausgangsgröße des Ventils nach dem Einschwingen in den stationären Zustand. Es wird durch einige wichtige Begriffe und Kennlinien dargestellt (siehe auch [5.23]).

Die *Volumenstromverstärkung* gibt den prozentualen Zusammenhang zwischen Eingangssignal (elektr. Strom I) und Ausgangssignal (Ölvolumenstrom Q) an.

Die *Hysterese* ist die gesamte prozentuale Bandbreite des Eingangsstroms, innerhalb derer das Ausgangssignal unverändert bleibt. **Bild 5.31** zeigt ein Beispiel für lineare Durchflussverstärkung mit der größten Hysterese H bei Null. Idealisierte Kennlinien für positive und negative Überdeckung ergeben sich entsprechend nach Bild 5.17.

Abweichungen treten bei praktisch ausgeführten Ventilen vor allem bei hohen Volumenströmen auf, weil dann ein zunehmender Anteil des betrachteten Gesamt-Druckabfalls im Gehäuse verloren geht: Die erwarteten Volumenströme werden nicht mehr erreicht, das Absinken gegenüber dem linearen Verlauf ist progressiv („Gehäusesättigung" [5.23]).

Die *Ansprechempfindlichkeit* gibt den Anteil des elektrischen Eingangsstroms an, der aufgebracht werden muss, um nach einem Stillstand (z. B. des Hauptsteuerkolbens) eine Änderung des Ausgangsvolumenstroms zu erhalten, wenn das Signal in der gleichen Richtung verändert wird, in der es ursprünglich gegeben wurde.

Die *Umkehrspanne* gibt den Anteil des elektrischen Eingangsstroms an, der aufgebracht werden muss, um nach einem Stillstand eine Änderung des Ausgangsvolumenstroms zu erhalten, wenn das Signal in

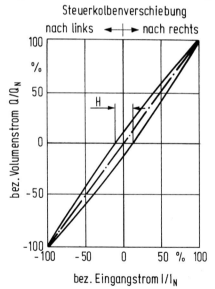

Bild 5.31: Durchfluss-Eingangsstrom-Kennlinie eines proportional wirkenden Wegeventils mit Nullüberdeckung (Bild 5.17) bei konstantem Druckabfall. Linearität idealisiert für Steuerkanten ohne Kerben o. Ä., Q_N Nenndurchfluss, I_N elektr. Nennstrom, H Hysterese

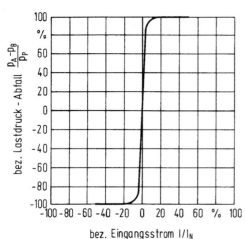

Bild 5.32: Druck-Eingangsstrom-Kennlinie für blockierten Verbraucheranschluss (Herion), I_N elektr. Nennstrom, p_A-p_B Druckdifferenz zwischen den Ventilausgängen, p_P Ventil-Versorgungsdruck

derjenigen Richtung verändert wird, die der ursprünglich eingestellten Richtung entgegengesetzt ist.

Die *Druckverstärkung* gibt den prozentualen Anstieg des Lastdruckes in Abhängigkeit vom steigenden Eingangssteuerstrom I bei blockiertem Verbraucheranschluss an, **Bild 5.32**. Wichtig ist die Steigung des geraden Teils der Kennlinie; diese „Druckverstärkung" wird in bar/mA angegeben. Es ist eine hohe Druckverstärkung erwünscht, um für das Anfahren von Servoventilen einen möglichst kleinen Eingangsstrom aufwenden zu müssen.

Der *Null-Volumenstrom* tritt in der neutralen Ventilposition infolge von Leckströmen oder negativer Überdeckung auf (Bild 5.17). Er ist wegen der Energieverluste unerwünscht, wird jedoch vor allem bei Servoventilen wegen regelungstechnischer Vorteile in Kauf genommen.

Mit der *Volumenstrom-Lastdruck-Kennlinie* kann man die Zusammenarbeit eines proportional wirkenden Ventils mit einem Verbraucher darstellen, **Bild 5.33**. Dieses Diagramm ist vor allem beim Anschluss an eine *Konstantdruckversorgung* (Druck p_P) bedeutsam. Aufgetragen ist der bezogene Ölstrom durch das Ventil unter Last („bezogener Lastdurchfluss") über dem bezogenen Lastdruckabfall für vier bezogene elektrische Eingangsströme. Die Ventildaten sind durch den

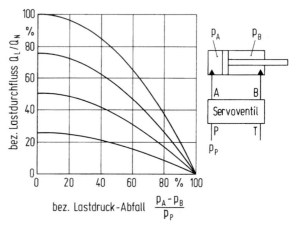

Bild 5.33: Durchfluss-Lastdruck-Kennlinien eines Servoventils (Herion). Q_N Nenndurchfluss, I_N elektrischer Nennstrom

5 Geräte zur Energiesteuerung und -regelung (Ventile)

elektrischen Nennstrom I_N (Eingang), den Nennvolumenstrom Q_N (Ausgang) und die Konstruktion vorgegeben. Man erkennt, dass der Volumenstrom umso mehr abfällt, je größer der Lastdruckabfall im Verhältnis zum Versorgungsdruck wird. Diese Erscheinung ist zu erwarten und mit Gl.(2.51) erklärbar. Der Lastdruckabfall wirkt als Störgröße. Um eine bessere Regelung des Verbrauchers zu erreichen, müsste dessen Istwert (z. B. Position) zurückgeführt werden (s. Bild 5.24).

Dynamisches Verhalten. Das dynamische Verhalten oder Zeitverhalten von Servo- oder Proportionalventilen ist entscheidend für die Beurteilung der Qualität der Ventile. Die Bewertung erfolgt durch Beobachtung des Ausgangswertes (Größe und Zeitverhalten) bei definierten dynamischen Eingangssignalen.

Zur Erstellung des sog. *Bode-Diagramms* arbeitet man mit vorgegebenen sinusförmigen Eingangssignalen und wertet nach dem jeweiligen Einschwingen des Ventils die Ausgangsgröße nach Betrag und Phasennacheilung aus. Zur Normierung dient der statische Zustand: Eingangs- und Ausgangsamplitude werden als Nennwerte auf 100% gesetzt. Wird die Eingangsfrequenz bei gleich gehaltener Amplitude erhöht, so erreicht jedes Ventil eine Grenze, ab der die Amplitude des Ausgangssignals abfällt, **Bild 5.34**. Aufgetragen ist das Verhältnis der normierten Ausgangs- zur normierten konstanten Eingangsamplitude (auch „Amplitudengang"). Die in dB angegebenen Verhältnisse werden mit Gl. (3.32) aus gemessenen Prozentwerten berechnet. Ein Amplitudenverhältnis von 71/100 entspricht z. B. 3 dB – ein solcher Abfall wird nach [5.23] häufig als Grenze für den Einsatz in Regelkreisen benutzt. In Bild 5.34 wird diese Grenze für 75 % Nenneingangsstrom bei etwa 190 Hz erreicht – es handelt sich um ein sehr schnelles Ventil. Geht man mit dem Eingangssignal auf den vollen Nennwert, erniedrigt sich die Grenzfrequenz.

Die zweite Kurve im Bode-Diagramm betrifft die linear aufgetragene

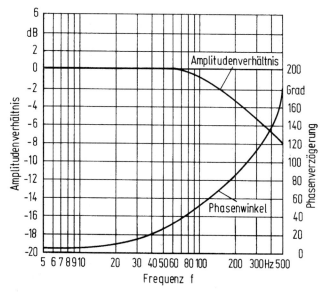

Bild 5.34: Bode-Diagramm für ein 2stufiges Servoventil (Herion) für 75 % Nenn-Eingangsstrom-Amplitude

Phasennacheilung („Phasengang"). Da mit steigender Frequenz die Zykluszeiten einer Sinusschwingung (360°) immer kürzer werden, steigt die Nacheilung in Phasenwinkel gemessen allein schon durch diesen Effekt stark an. Weitere Einflüsse (wie z. B. durch Trägheiten) kommen hinzu. Beide Kennlinien sind durch konstruktive Maßnahmen beeinflussbar. Grundsätzlich günstig sind kleine zu bewegende Massen (z. B. Schieber) und große an diesen Massen angreifende Stellkräfte.

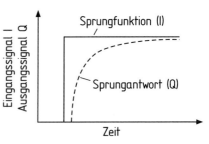

Bild 5.35: Sprungfunktion und Sprungantwort

Kräfte aus Drücken sind z. B. solchen aus Magneten überlegen. Hohe Grenzfrequenzen bedeuten „gute Dynamik". Diese benötigt man bei „schnellen Regelkreisen".

Um das Zeitverhalten eines Servo- oder Proportionalventils zu erfassen, wird an Stelle des Frequenzganges häufig auch die so genannte *Sprungfunktion* mit der *Sprungantwort* benutzt, **Bild 5.35**.

5.3 Sperrventile (SPV)

Sperrventile sperren den Volumenstrom in einer Richtung, lassen ihn in der entgegengesetzten Richtung durch. Damit entsprechen sie der Diode bei elektrischen Netzen. Sie arbeiten als dichte Sitzventile. Man unterscheidet in
– *einfache Rückschlagventile*
– *entsperrbare Rückschlagventile*
– *Drosselrückschlagventile.*

5.3.1 Einfache Rückschlagventile (RÜV)

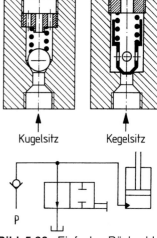

Bild 5.36: Einfache Rückschlagventile mit Anwendungsbeispiel

Bild 5.36 zeigt zwei federbelastete einfache Rückschlagventile. Die gezeigte Anwendung kommt dank des Rückschlagventils mit einem sehr einfachen Ventil zur Steuerung eines Arbeitszylinders aus. Wenn das 2/2-Wegeventil dicht schließen soll (etwa für einen Wagenheber), kann man z. B. ei-

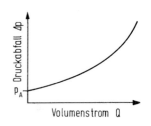

Bild 5.37: Druckabfall-Durchfluss-Kennlinie eines Rückschlagventils

nen Kugelhahn verwenden. Entsprechend der Federvorspannung beginnt die Kennlinie Δp (Q) nach **Bild 5.37** bei einem Druckabfall etwas über 0. Der Anstieg über Q ist progressiv, was auf turbulente Strömung hindeutet.

5.3.2 Entsperrbare Rückschlagventile (RÜV)

Bei dieser in **Bild 5.38** gezeigten Bauart (auch „Sperrblock") kann die Sperrwirkung durch eine hydrostatische Ansteuerung aufgehoben werden. Der Sperrkörper 1 wird dazu durch den Arbeitskolben 3 (Steuerdruck p_S) mit einem Stößel 2 angehoben. Ein

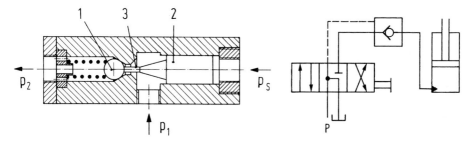

Bild 5.38: Entsperrbares Rückschlagventil mit Anwendungsbeispiel

solches Ventil wird z. B. verwendet, wenn bei Ruhestellung eines nicht ganz dichten Schieber-Wegeventils das Absinken eines unter Last stehenden Kolbens verhindert werden soll. Die Kombination eines Schieberventils mit einem Sperrblock ist oft kostengünstiger als ein Wege-Sitzventil.

5.3.3 Drosselrückschlagventile (DRÜV)

Drosselrückschlagventile bestehen aus einem einfachen RÜV und einer parallel geschalteten, meist verstellbaren Drossel, **Bild 5.39**. Der Ölstrom hat von p_1 nach p_2 freien Durchfluss, beim Rücklauf wird er jedoch über die Verstelldrossel 1 geführt. Man kann dadurch z. B. eine einstellbare Kolbenrücklaufgeschwindigkeit erreichen.

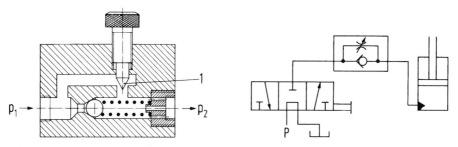

Bild 5.39: Drosselrückschlagventil mit Anwendungsbeispiel

5.4 Druckventile (DV)

Im Folgenden werden die wichtigsten Bauformen behandelt. Die Bezeichnungen entsprechen DIN-ISO 1219 (ältere Bezeichnungen in Klammern).
- *Druckbegrenzungsventile* (Überdruckventile, Sicherheitsventile)
- *Druckverhältnisventile* (Druckstufenventile).
- *Folgeventile* (Zuschaltventile)
- *Druckregel- oder Druckreduzierventile* (Druckminderventile)
- *Differenzdruckregelventile* (Druckgefälleventile)
- *Kombinierte Druckventile*

5.4.1 Druckbegrenzungsventile (DBV)

Druckbegrenzungsventile dienen vor allem dazu, Anlagen vor Überlastung zu schützen. Daneben werden sie auch zur Einstellung konstanter (meist kleiner) Steuerdrücke oder saugseitiger Vordrücke (z. B. bei hydrostatischen Getrieben) benutzt. Beim Ansprechen wird die hydrostatische Energie voll in Verlustwärme umgewandelt.

Man unterscheidet *direktgesteuerte* und *vorgesteuerte* Druckbegrenzungsventile.

Direktgesteuerte Druckbegrenzungsventile. Das links abgebildete DBV in **Bild 5.40** arbeitet mit einem Längsschieber. Sobald die hydrostatische Kraft (aus p_1) auf dessen Stirnfläche größer ist als die eingestellte Federkraft, bewegt sich der Kolben nach oben und gibt den Durchfluss (von p_1 nach p_0) in den Ölbehälter frei.

Ähnlich arbeitet das in **Bild 5.40** rechts gezeigte DBV mit Kegelsitz: Sobald der über die Feder 1 eingestellte Druck überschritten wird, hebt der über die Bohrungen 2 und

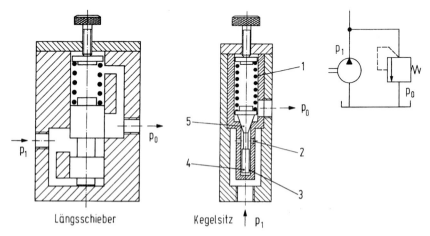

Bild 5.40: Direktgesteuerte Druckbegrenzungsventile

den Spalt 3 auf die Steuerfläche des Dämpfungskolbens 4 wirkende Druck p_1 den Sitzkegel 5 ab. Das Öl strömt bei p_0 in den Tank ab. Beide Bauarten neigen zum Schwingen (z. B. angeregt durch Förderstrom- und Druckpulsation) [5.24-5.27]. Dadurch können laute Geräusche entstehen. Für die Eigenfrequenz f der Mechanik gilt bei Vernachlässigung des Dämpfungseinflusses:

$$f = \frac{\omega}{2\pi} = \frac{1}{2\pi} \cdot \sqrt{\frac{c}{m}} \qquad (5.1)$$

oder (einfacher zu merken):

$$\omega = \sqrt{\frac{c}{m}} \qquad (5.2)$$

mit m als bewegte Masse und c als Federrate. Man wirkt den Schwingungen durch Dämpfungskräfte an der beweglichen Masse entgegen – links in Bild 5.40 durch die Scherreibung des Schiebers, rechts durch die Scherreibung des Dämpfungskolbens 4. Überwiegen die Dämpfungskräfte gegenüber den Massenkräften, kann die Eigenfrequenz z. B. nach [5.28] berechnet werden.

Vorgesteuerte Druckbegrenzungsventile. Bei größeren Drücken, vor allem aber bei größeren Volumenströmen (über 150 bis 200 l/min) ergeben sich für direktgesteuerte Druckbegrenzungsventile große Hübe und große Federkräfte, so dass sie unverhältnismäßig groß ausgeführt werden müssen. Daher verwendet man hier häufig vorgesteuerte DBV. Sie haben in der Regel eine flachere Druckabfall-Durchfluss-Kennlinie (s. Kap. 5.4.9), sind weniger schwingungsanfällig und können hydrostatisch ferngesteuert werden. Sie sind teurer als direktgesteuerte DBV.

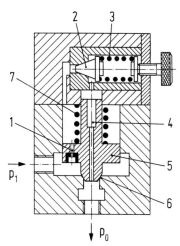

Bild 5.41: Vorgesteuertes Druckbegrenzungsventil

Bild 5.41 zeigt ein verbreitetes Konstruktionsprinzip. Der Eingangsdruck p_1 wirkt über die Drosselbohrung 1 auf den Sitzkegel 2 des Vorsteuerventils und öffnet dieses, sobald der über die Feder 3 eingestellte Druck überschritten wird (Abfluss über Kanal 4). Dieser Ölstrom bewirkt einen Druckabfall an der Drossel 1, wodurch der Druck auf der Oberseite des Hauptkolbens gegenüber p_1 entsprechend absinkt, was bei Überwindung der (schwachen) Feder 7 zum Anheben des Ventilkörpers 5 und zum Durchfluss bei 6 führt.

5.4.2 Druckverhältnisventile (DVV)

Druckverhältnisventile (früher als Druckstufenventile bezeichnet) haben die Aufgabe, den Eingangsdruck p_1 proportional zu einem aufgegebenen Steuerdruck zu halten, **Bild 5.42**.

Der Steuerdruck p_S wirkt auf die obere Fläche des Steuerkolbens gegen den auf die untere Fläche wirkenden Eingangsdruck p_1. Die Größe der beiden Flächen bestimmt das Proportionalitätsverhältnis, das sich über die Drosselung im Ablauf einstellt. Das Anwendungsbeispiel zeigt die Steuerung eines Pumpenausgangsdruckes. Bei anderen Schaltungen kann auch der Ausgangsdruck des DDV Steuerdruck sein.

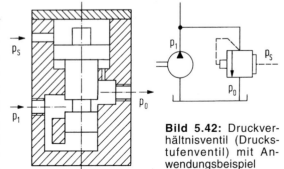

Bild 5.42: Druckverhältnisventil (Druckstufenventil) mit Anwendungsbeispiel

5.4.3 Folgeventile (FV)

Die Aufgabe der Folgeventile (früher: Zuschaltventile) ist es, einen Verbraucher erst dann hinzuzuschalten, wenn der Eingangsdruck p_1 einen Wert erreicht hat, der gleich oder größer ist als ein über die Feder einstellbarer Sollwert, **Bild 5.43**. Das FV ähnelt einem DBV, jedoch führt nicht eine Druckdifferenz, sondern nur der Eingangsdruck zum Öffnen. Der Gegendruck hat ganz bewusst keinen Einfluss – so kann man kleine Druckabfälle und damit geringe Verluste erreichen. Das Anwendungsbeispiel zeigt die Versorgung einer Lenkung (p_1) mit Priorität vor einem zweiten Verbraucher (p_2). Dieser wird erst dann zugeschaltet, wenn der Nenndruck der Lenkung erreicht ist (Vorrang aus Sicherheitsgründen).

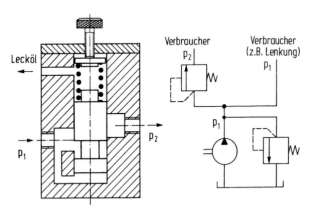

Bild 5.43: Folgeventil (Zuschaltventil) mit Anwendungsbeispiel

5.4.4 Druckregel- oder Druckreduzierventile (DRV)

Das Druckregelventil (auch Druckminderventil) hält den Ausgangsdruck p_2 unabhängig vom Eingangsdruck p_1 konstant. Aus physikalischen Gründen ist $p_2 < p_1$. Wie in **Bild 5.44** gezeigt, wirkt der Ausgangsdruck p_2 auf die untere Kolbenfläche gegen den eingestellten Federdruck. Steigt p_2 an, so wird die Durchflussöffnung gegen den Federdruck verkleinert und p_2 sinkt wieder auf den eingestellten Wert.

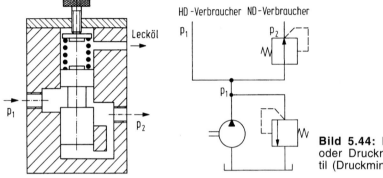

Bild 5.44: Druckregel- oder Druckreduzierventil (Druckminderventil)

5.4.5 Differenzdruckregelventile (DDRV)

Das Differenzdruckregelventil (früher: Druckgefälleventil) soll die Druckdifferenz zwischen Eingangsdruck p_1 und Ausgangsdruck p_2 konstant halten.

Nach **Bild 5.45** wirkt bei diesem Ventil p_1 auf die untere und p_2 auf die obere Seite des Kolbens. Die resultierende Kraft aus der Druckdifferenz steht mit der Federkraft im Gleichgewicht. Sinkt die Druckdifferenz, schiebt die Feder den Kolben nach unten und verkleinert die Durchflussöffnung, so dass sich $p_1 - p_2$ wieder vergrößert. Das Anwendungsbeispiel zeigt einen Ölmotor, dessen Abtriebsmoment nach Gl.(2.22) über die geregelte Druckdifferenz (*Druckwaage*) konstant gehalten wird.

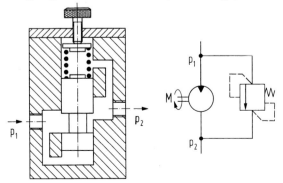

Bild 5.45: Differenzdruckregelventil (Druckgefälleventil) mit Anwendungsbeispiel

5.4.6 Kombinierte Druckventile

Schließventile (SV). Die Aufgabe des Schließventils (auch "Abschaltventil") besteht darin, eine normalerweise offene Durchfluss-Stellung zu schließen, wenn der Ausgangsdruck p_2 einen eingestellten Maximalwert überschreitet.

Bei der in **Bild 5.46** gezeigten Ausführung handelt es sich um die Kombination eines Druckregelventils mit einem Rückschlagventil. Normalerweise hält der Stößel 1 das Rückschlagventil 2 offen. Wenn p_2 den eingestellten Grenzwert überschreitet, wird die Feder so weit zusammengedrückt, dass das Rückschlagventil schließt. Das SV wird zum Schutz von Geräten, hier eines Manometers, eingesetzt.

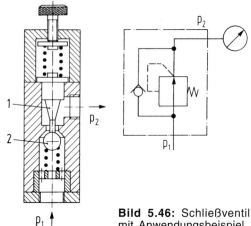

Bild 5.46: Schließventil mit Anwendungsbeispiel

Leerlaufventile (LV). Das Leerlaufventil soll den Pumpenölstrom vom Verbraucher abkoppeln und auf drucklosen Umlauf (Leerlauf) schalten, sobald ein eingestellter Verbraucherdruck p_2 erreicht ist. **Bild 5.47** zeigt dazu die Kombination eines Rückschlagventils 1 mit einem Druckbegrenzungsventil. Wenn der Verbraucherdruck p_2 den mit der Feder eingestellten Abschaltdruck erreicht, öffnet der Steuerkolben 2 das Kegelsitzventil 3, der Ölstrom wird entlastet und das Rückschlagventil 1 schließt. Um gute Abschaltphasen mit geringer Androsselung zu

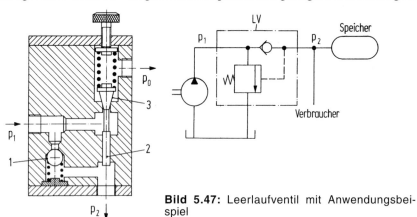

Bild 5.47: Leerlaufventil mit Anwendungsbeispiel

5 Geräte zur Energiesteuerung und -regelung (Ventile)

erreichen, muß das DBV eine Hysterese aufweisen. Die Anwendung zeigt die zyklische Aufladung eines Konstantdrucksystems.

Zweistufenventile (2-STV). Das in **Bild 5.48** gezeigte Zweistufenventil dient dazu, die Förderströme von zwei Eingängen (Q_1, Q_2) in Abhängigkeit von einem Ausgangsdruck p_3 nach folgender Bedingung zu steuern:

solange $p_3 < p_{\text{DBV 1}}$: $Q_3 = Q_1 + Q_2$

sobald $p_3 > p_{\text{DBV 1}}$: $Q_3 = Q_2$, $p_3 = p_2$, $p_1 = 0$

Damit wird erreicht, dass bei niedrigem Druck (ND) beide Ölströme (Pumpen) belastet werden, während bei Hochdruck (HD) nur der Eingang 2 (Pumpe 2) arbeitet und Eingang 1 drucklos fördert. Die Pumpen werden gut ausgenutzt, Drosselverluste verringert und die Gesamtleistung ändert sich weniger als bei Verwendung einer Pumpe.

Im Einzelnen arbeitet das Ventil wie folgt: Solange der Verbraucherdruck p_3 kleiner ist als der Einstellwert des ND-DBV 1, fördern HD- und ND-Pumpe gemeinsam über die Rückschlagventile 2 und 3 zum Verbraucher. Steigt der Verbraucherdruck p_3 an, so steigt auch p_2, wirkt über die Drosselbohrung 4 auf den Kolben 5 und öffnet den Durchgang zum Rücklauf (p_0), so dass der ND-Förderstrom drucklos zum Behälter zurückfließen kann. Das Rückschlagventil 2 schließt dann, das HD-DBV 7 sichert die HD-Pumpe ab. Bei Ausfall der HD-Pumpe fördert die ND-Pumpe auch über das Rückschlagventil 6 und über Drossel 4 auf die linke Seite des ND-DBV; damit ist auch die ND-Pumpe abgesichert.

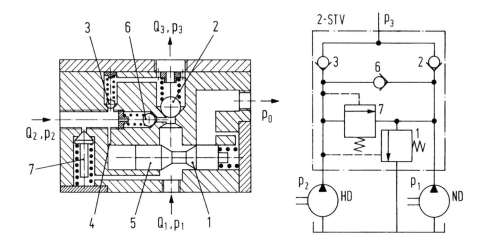

Bild 5.48: Zweistufenventil mit Anwendung auf zwei Pumpen

5.4.7 Proportional-Druckventile (PDV)

Druckventile, wie Druckbegrenzungsventile und Druckregelventile, können auch mit proportional wirkenden elektromagnetischen Wandlern ausgerüstet werden, die mit Direktsteuerung oder mit Vorsteuerung arbeiten. Sie werden als Proportional-Druckventile bezeichnet und mit *kraftgesteuerten* oder mit *lagegeregelten* Proportionalmagneten ausgerüstet. Zur Kraftsteuerung war mit Bild 5.8 schon ein gängiges Beispiel besprochen worden. **Bild 5.49** zeigt eine nicht so häufige lagegeregelte Betätigung. Der Lageregelkreis mit induktivem Positionsaufnehmer sorgt über Magnet 1 für eine kontrollierte Zusammendrückung der Feder 2. Daraus resultiert ein gesteuerter Öffnungsdruck. Die angewandte Elektrik und Elektronik ersetzt an sich nur die Einstellschraube für die Federvorspannung, ermöglicht aber eine elektrische Fernsteuerung mit variablen Sollwerten und ist erst damit für moderne Programm- und Prozesssteuerungen geeignet.

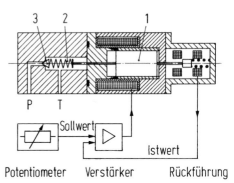

Bild 5.49: Druckbegrenzungsventil mit lagegeregeltem Proportionalmagneten

5.4.8 Betriebsverhalten von Druckventilen

Hier soll besonders das Betriebsverhalten von Druckbegrenzungsventilen betrachtet werden, und zwar das statische und das dynamische Verhalten.

Statisches Verhalten. Gefordert werden folgende Eigenschaften:
- *gleich bleibender Öffnungsdruck* über dem Volumenstrom
- *geringe Differenz zwischen Öffnungsdruck und Schließdruck*
- *geringe Leckölverluste* vor Erreichen des Öffnungsdruckes.

Das statische Verhalten wird durch die in **Bild 5.50** schematisiert dargestellten Kennlinien beschrieben. Das DBV öffnet, sobald der Öffnungsdruck p_0 erreicht ist, der Volumenstrom Q beginnt zu fließen. Steigt der Eingangsdruck weiter, drückt der Ventilkörper die Feder stärker zusammen, ihre Gegenkraft steigt an. Gleichzeitig wächst auch der Durchflussstrom infolge des vergrößerten Öffnungsquerschnitts. So steigt der Druck über dem

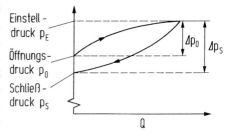

Bild 5.50: Statische Kennlinie eines direktgesteuerten Druckbegrenzungsventils

5 Geräte zur Energiesteuerung und -regelung (Ventile)

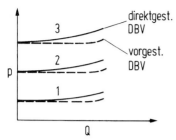

Bild 5.51: Kennlinienfeld ausgeführter Druckbegrenzungsventile (Bosch). 1, 2, und 3 sind eingestellte Druckstufen

Volumenstrom von p_0 bis zu einem Einstelldruck p_E an. Beim Schließen des DBV fällt der Druck unter p_0 auf den Schließdruck p_S ab. Dieser ist vor allem infolge mechanischer Reibung (z. B. an der Feder) kleiner als p_0. Dieser Effekt ist normalerweise nicht erwünscht. Er kann aber auch nützlich sein, wie Bild 5.47 zeigt.

Für praktisch ausgeführte DBV ergeben sich Kennlinienfelder ähnlich den in **Bild 5.51** gezeigten. Darin ist auch der günstigere Druckverlauf von vorgesteuerten Druckbegrenzungsventilen gegenüber den direktgesteuerten zu erkennen.

Dynamisches Verhalten. Gefordert werden
- möglichst kurze *Ansprechzeiten*
- möglichst *schwingungsarmes* Arbeiten.

Das dynamische Verhalten eines DBV ist nicht allein von der Bauart des Ventils, sondern auch von den Eigenschaften des Hydrauliksystems abhängig. Wie in Kap. 5.4.1 beschrieben, enthält das DBV ein schwingungsfähiges Feder-Masse-System. Dessen Bedämpfung reduziert die Schwingungen, verringert aber auch die Ansprechzeit. Diese ist ohne Berücksichtigung der Dämpfung umgekehrt proportional zur Eigenfrequenz. Nach Gl.(5.1) sind hinsichtlich des dynamischen Verhaltens kleine Massen und eine hohe Federsteifigkeit günstig, denn sie ergeben geringe Ansprechzeiten. Andererseits hat aber eine hohe Federsteifigkeit ein ungünstiges statisches Verhalten zur Folge, weil die beim Öffnen relativ steil ansteigende Federkraft sich in der Kennlinie abbildet, d. h. das Gleichdruckverhalten beeinträchtigt. Das dynamische Verhalten wird durch die in **Bild 5.52** gezeigte Übertragungsfunktion wiedergegeben; der Schaltplan zeigt die dafür benutzte Versuchseinrichtung.

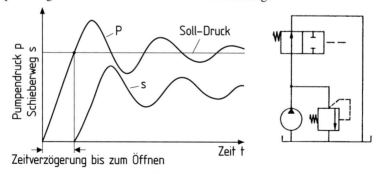

Bild 5.52: Dynamisches Verhalten (Übergangsfunktion) eines direktgesteuerten Druckbegrenzungsventils mit Versuchsanordnung (nach Brodowski [5.24])

Für die Beurteilung von Proportional-Druckventilen ist die Druck-Eingangsstrom-Kennlinie von Bedeutung, **Bild 5.53**, die als „dynamische Kennlinie" bezeichnet wird. Nach Zehner [2.29] lassen sich die statischen und dynamischen Kennlinien vorgesteuerter Druckventile nochmals verbessern, wenn man die Ist-Drücke elektronisch misst und in einem geschlossenen Regelkreis zurückführt.

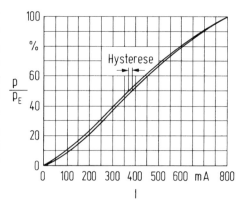

Bild 5.53: Beispiel für die Druck-Eingangsstrom-Kennlinie eines Proportional-Druckbegrenzungsventils (Herion)

5.5 Stromventile (STV)

Soll ein Verbraucher unter Verwendung einer Konstantpumpe mit einer bestimmten vorgegebenen Drehzahl bzw. Geschwindigkeit betrieben werden, so kann man den zugeführten Volumenstrom mit Hilfe von Stromventilen steuern oder regeln. Das ergibt meistens kostengünstigere Gesamtlösungen als bei Verwendung einer Verstellpumpe.

Nachteilig sind die hohen Energieverluste, insbesondere wenn der nicht benötigte, unter Lastdruck stehende Restölvolumenstrom in den Tank abgeführt werden muss. Stromventile können unterteilt werden in:
- *Drosselventile (konstant oder verstellbar)*
- *Stromregelventile (mit 2 oder 3 Anschlüssen)*
- *Stromteilerventile (mit verschiedenen Teilungsverhältnissen)*

5.5.1 Drosselventile (DROV)

Konstantdrosseln. Elementare Ausführungsformen für Konstantdrosseln arbeiten mit langen feinen Kanälen, Bohrungen oder Blenden, **Bild 5.54**. Die lange Drosselbohrung (links) ergibt bei kleinen Re-Zahlen laminare Strömung (Gl. 2.35 und 2.41). Dagegen herrscht bei Drosselblenden in der Regel Turbulenz (Gl. 2.51). Vorteilhaft ist hier der sehr geringe Viskositätseinfluss. Bei gleichen Durchmessern tritt infolge Strahleinschnürung kaum ein Unterschied zwischen den beiden gezeigten turbulenten

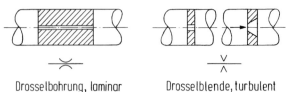

Bild 5.54: Laminare und turbulente Konstantdrosseln.

Drosseln auf. Eine kurze, zylindrische Drosselbohrung mit scharf gelassenen Kanten genügt daher oft. Für überschlägige Berechnungen vereinfacht sich Gl. (2.50) mit $\alpha = 0{,}707$ zu

$$\Delta p \approx \rho(Q/A)^2 \qquad (5.3)$$

Drosselventile. Verstellbare Drosseln werden in verschiedenen Ausführungen angeboten. **Bild 5.55** zeigt drei Bauarten und deren Anwendung für eine hydrostatische Bremse, wie sie z. B. für die Belastungsprüfung oder Wirkungsgradbestimmung von Getrieben verwendet wird (Schaltplan stark vereinfacht, siehe Beispiel in Kap. 9).

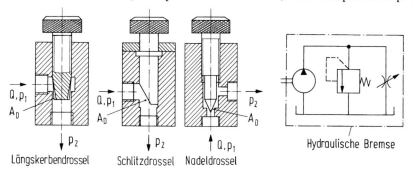

Bild 5.55: Verstellbare Drosselventile mit Anwendungsbeispiel Leistungsbremse

5.5.2 Stromregelventile (STRV)

2-Wege-Stromregelventile (2-W-STRV). 2-Wege-Stromregelventile sollen unabhängig von Druck und Viskosität einen konstanten Volumenstrom durchlassen. Wie **Bild 5.56** zeigt, wird diese Aufgabe mit Hilfe einer Messblende gelöst. Deren Druckabfall $p_1' - p_2$ verstellt den Durchflussquerschnitt der Verstelldrossel 2, bis Gleichge-

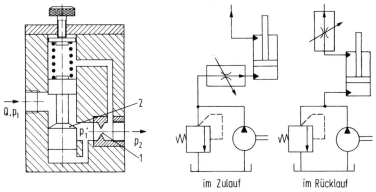

Bild 5.56: 2-Wege-Stromregelventil mit Anwendungsbeispielen

wicht am Schieber herrscht. Die Druckkraft von unten (p_1') ist dann gleich groß wie die Druckkraft von oben (p_2) plus der Federkraft (Prinzip der Druckwaage). Sinkt Q, so wird $p_1' - p_2$ kleiner, die Feder drückt den Schieber nach unten, der Querschnitt wird größer, Q steigt an. Die einstellbare Federkraft bestimmt den Sollwert.

Schaltet man dieses Stromregelventil ohne DBV unmittelbar hinter eine Konstantpumpe, so kann die Anlage zu Bruch gehen, da der angebotene Ölstrom größer ist als der Ventil-Durchlass. Um das zu verhindern, ist unbedingt ein Druckbegrenzungsventil nötig, über das der Überschussstrom (verlustbehaftet) abfließen kann, siehe rechts dargestellter Schaltplan. Grundsätzlich kann die Messblende am Ventileingang oder -ausgang (wie hier dargestellt) eingebaut sein. Der am Schieber entstehende Druckabfall $p_1 - p_1'$ tritt entsprechend vor oder hinter der Blende auf. Nach [5.30] sollte man 2-W-STRV so auswählen, dass die Messblende an dem Ventilanschluss mit den größeren Druckschwankungen liegt. Daher wird im Zufluss zu Verbrauchern meist ein 2-W-STRV mit in Strömungsrichtung nachgeordneter Messblende verwendet, während die umgekehrte Anordnung eher für Positionen im Rückfluss typisch ist.

3-Wege-Stromregelventile (3-W-STRV). Das 3-Wege-Stromregelventil arbeitet grundsätzlich ähnlich wie das 2-W-STRV, **Bild 5.57**. Auch hier wird der Ölstrom über eine Blende 1 gemessen und der entsprechende Druckabfall auf eine federbelastete *Druckwaage* gegeben. Der entscheidende Unterschied besteht darin, dass der Überschussstrom (Reststrom) bei 2 über einen internen Bypass abgezweigt wird und am Anschluss 3 austritt. Das Anwendungsbeispiel zeigt ein 3-W-STRV zur Regelung der Arbeitsgeschwindigkeit eines Hydrozylinders (Ausfahren langsamer als Einfahren). Der Reststrom Q_0 fließt hier in den Tank. Der Leistungsverlust $P_V = Q_0 \cdot p_1$ kann durch „Reststromnutzung" verringert werden (Bild 8.8).

Das 3-W-STRV kann wegen des variablen Eingangsölstroms grundsätzlich nur im Zulauf des Verbrauchers eingesetzt werden.

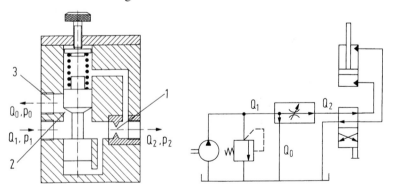

Bild 5.57: 3-Wege-Stromregelventil mit Anwendungsbeipiel

5 Geräte zur Energiesteuerung und -regelung (Ventile)

5.5.3 Stromteilventile (STTV)

Stromteilventile haben die Aufgabe, unabhängig vom Druck einen Eingangsförderstrom in zwei Teilförderströme aufzuteilen, die in einem vorbestimmten Verhältnis zueinander stehen.

Der Eingangsölstrom Q teilt sich nach **Bild 5.58** über die Blenden 1 und 2 auf. Der „schwimmende" Schieber 3 der Druckwaage stellt die Querschnitte an den unteren Steuerkanten so ein, dass an beiden Stirnflächen gleicher Druck herrscht. Sinkt z. B. Q_1 im Verhältnis zu Q_2 etwas ab, wird der Druckabfall an der Blende 1 kleiner als an 2. Der Schieber 3 bewegt sich nach rechts, so dass Q_1 wieder anwächst. Gleiche Drücke links und rechts am Schieber bedeuten genau gleiche Druckabfälle an den

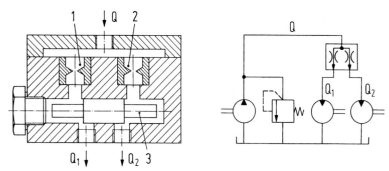

Bild 5.58: Stromteilventil mit Anwendungsbeispiel

beiden Drosseln. Modelliert man damit das Verhältnis der Teilförderströme nach Gl.(2.51), kürzt sich alles heraus bis auf die Blenden-Querschnittsflächen. Deren Verhältnis bestimmt daher das Verhältnis der Teilströme Q_1 und Q_2. Der Schieber kann über die Drosselung an seinen Steuerkanten auch unterschiedliche Lastdrücke bewältigen. Das Beispiel zeigt den Antrieb von 2 Ölmotoren, deren Drehzahlverhältnis auf den Wert „konstant" gesteuert wird.

5.5.4 Proportional-Stromventile (PSTV)

Mit Hilfe von Proportionalmagneten können Stromventile, z. B. 2- oder 3-W-STRV, mit verstellbaren Messblenden verwirklicht werden. Als Messblenden werden dabei Schieberventile benutzt, die durch kraftgesteuerte Proportionalmagnete mit barometrischer Rückführung (s. Kap.5.1.3.4) oder (genauer) durch lagegeregelte Proportionalmagnete angesteuert werden.

Bild 5.59 zeigt ein 2-Wege-Stromregelventil, bei dem die Messdrossel 1 durch einen kraftgesteuerten Proportionalmagneten 2 in Verbindung mit einer Feder verstellt wird. So entsteht der Druckabfall $p_1 - p_2'$, der auf die nachgeordnete Druckwaage 3

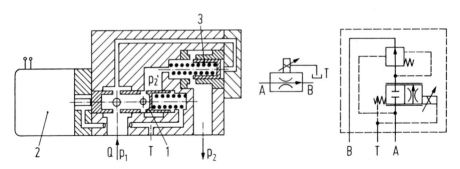

Bild 5.59: 2-Wege-Proportional-Stromregelventil (nach Hoerbiger)

wirkt. Deren innerer hülsenartiger Schieber wird von links sowohl mit p_2' als auch mit der Federkraft und von rechts durch p_1 beaufschlagt. Steigt Q an, so sinkt p_2' und p_1 verschiebt den Schieber der Druckwaage 3 nach links, so dass Q wieder abfällt. Wird der Öffnungsquerschnitt der Messdrossel durch den Proportionalmagneten vergrößert, verringert sich $p_1 - p_2'$, die Druckwaage wird weiter geöffnet, Q steigt an und damit auch $p_1 - p_2'$, bis ein neues Gleichgewicht erreicht ist.

5.5.5 Betriebsverhalten von Stromventilen

Grundsätzlich ist auch bei Stromventilen zwischen *statischem* und *dynamischem* Betriebsverhalten zu unterscheiden [5.31].

Betriebsverhalten konstanter und verstellbarer Drosseln. Bei *konstanten* Drosseln interessiert vor allem die Funktion der Kennlinie des Druckabfalls Δp über dem Volumenstrom Q. Wie in Kap. 2.3.5 bezüglich Strömungsmechanik dargelegt und in Bild 5.54 bezüglich Geometrie veranschaulicht, gibt es zwei typische Fälle:
- *Laminare* Strömung: $\Delta p \sim \eta \cdot Q$ (lineare Funktion wie z. B. bei Gl. 2.39)
- *Turbulente* Strömung: $\Delta p \sim Q^2$ (etwa quadr. Funktion wie z. B. bei Gl. 2.51)

Der Vorteil der exakten Linearität $\Delta p \sim Q$ der *laminaren* Drosseln wird leider durch den zusätzlichen linearen Einfluss der dynamischen Viskosität getrübt, die bekanntlich stark von der Temperatur abhängt. Im Gegensatz dazu sind die Kennlinien Δp (Q) für *turbulente* Drosseln von der Viskosität weitgehend unabhängig (günstig), jedoch dafür nicht linear (meistens ungünstig).

Verstellbare Drosseln (Drosselventile) arbeiten meistens mit Turbulenz, siehe **Bild 5.60 links**.

Betriebsverhalten von 2- und 3-Wege-Stromregelventilen. Die *statische* Kennlinie Q (Δp) von Stromregelventilen verläuft im Gegensatz zu den Kennlinien von Drosselventilen der Aufgabe gemäß in einem weiten Bereich horizontal, **Bild 5.60 rechts**.

5 Geräte zur Energiesteuerung und -regelung (Ventile)   157

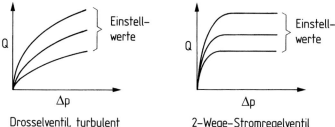

Bild 5.60: Typische statische Kennfelder für Drossel- und Stromregelventile

Drosselventil, turbulent   2-Wege-Stromregelventil

(schematisch für ein einfaches Ventil) und **Bild 5.61** (aus Messungen nach [5.32]). Eine Kennfeldlücke tritt bei hohen Volumenströmen und kleinen Druckabfällen auf, kleinere Abweichungen von der Q-Konstanz sind in Bild 5.61 bei hohen Ölströmen sichtbar. Noch bessere Kennfelder lassen sich durch aufwendigere Ventilkonzepte mit Volumenstromsensor und Kraftrückführung erreichen [5.32]. Dieses ist z. B. bei Gleichlaufsteuerungen wichtig.

Beim *dynamischen* Verhalten ist vor allem der Zeitverzug der Schieberbewegung bei rascher Änderung des Zulaufstromes von Bedeutung. Er kann durch Aufgabe einer Sprungfunktion und Beobachtung der Sprungantwort erfasst werden (Bild 5.35). Das hat nicht nur für rasche Änderungen des Zulaufstromes beim laufenden Betrieb Bedeutung, sondern ebenso bei Lastdrucksprüngen [5.32] oder auch beim schnellen Einschalten des Ölstromes. Entsprechend Bild 5.56 und 5.57 ist der Schieber für diesen Zustand (d. h. ohne Blendendruckabfall) in Ruhestellung voll für den Ausgangsvolumenstrom geöffnet. Wird der Volumenstrom z. B. von null aus rasch erhöht, ent-

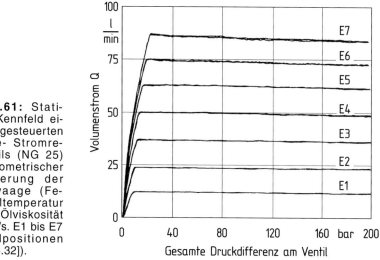

Bild 5.61: Statisches Kennfeld eines vorgesteuerten 2-Wege- Stromregelventils (NG 25) mit barometrischer Ansteuerung der Druckwaage (Feder). Öltemperatur 50 °C, Ölviskosität 32 mm²/s. E1 bis E7 Einstellpositionen (nach [5.32]).

steht wegen der Zeitverzögerung kurzzeitig ein zu hoher Volumenstrom zum Verbraucher (Anfahrsprung). Dieser kann durch gezielte Begrenzung des Schieberwegs auf die Bandbreite der Regelgröße vermindert werden. Will man das Ansprechverhalten grundlegend verbessern, kommen auch hier z. B. Ventilkonzepte mit Volumenstromsensor und Kraftrückführung [5.32] in Frage. Neben den Grundfunktionen interessiert heute auch die Geräuschabstrahlung [5.33].

Schaltungstechnische Gesichtspunkte. Beim Einsatz von *Drosselventilen* zur Steuerung von Verbrauchern hat man neben den systembedingten Verlusten meistens auch noch den Nachteil der Lastabhängigkeit des Arbeitsprozesses, **Bild 5.62**. Die Geschwindigkeit des Arbeitszylinders ist bei konstantem Pumpendruck p_1 (DBV) von der Druckdifferenz $p_1 - p_2$ (Drossel) abhängig. Steigt die Zylinderkraft F und damit der Lastdruck p_2, fließt ein größerer Teil des Pumpenstroms über das DBV ab. Den Einfluss des Lastdruckes könnte man durch eine Geschwindigkeitsregelung kompensieren. Dazu würde man einen Zylinder mit einem Weg- oder Geschwindigkeitssensor einsetzen und die verstellbare Drossel als Stellglied benutzen.

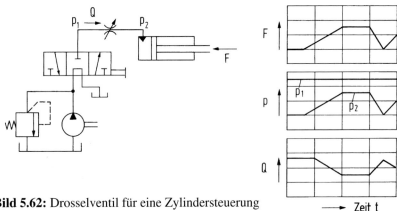

Bild 5.62: Drosselventil für eine Zylindersteuerung

Auch der Einsatz von *Stromventilen* ist grundsätzlich mit Verlusten verbunden – insbesondere, wenn größere Überschuss-Ölströme vom Arbeitsdruck ausgehend unter Drosselwirkung in den Tank abgeführt werden. Eine solche Situation besteht z. B. bei vielen hydrostatischen Hilfskraftlenkungen, die durch eine Konstantpumpe versorgt werden. Die Lenkung benötigt einen etwa konstanten Ölstrom, die Pumpe liefert aber einen etwa drehzahlproportionalen Ölstrom. Dieser muss bereits für die Motorleerlaufdrehzahl ausreichen – entsprechend groß legt man die Pumpe aus. Daher schließt man die Lenkhydraulik über ein 3-Wege-Stromregelventil an. Wird nun mit höheren Motordrehzahlen gefahren (beim PKW bis zum etwa achtfachen Wert), so verlässt der weitaus größte Teil des Pumpenvolumenstromes am Auslass des Stromregelventils unter voller Drosselung, d. h. ungenutzt, die Arbeitsleitung. Um dieses zu verhindern, wird die Störgröße Motordrehzahl z. B. durch eine Verstellpume oder eine stufenlos angetriebene Konstantpumpe ausgeregelt [5.34]. Weitere schaltungstechnische Möglichkeiten werden in [5.35] beschrieben. Bei Traktoren bekannt wurde das Prinzip der sog. Reststromnutzung [5.36], bei der man den Auslass-Ölstrom des 3-Wege-Stromregelventils energiesparend für weitere Verbraucher nutzt.

5.6 2-Wege-Einbauventile (2-W-EBV)

2-Wege-Einbauventile sind einfach aufgebaute Komponenten, mit denen man flexibel komplexe Schaltungen erstellen kann [5.37-5.40]. Es handelt sich um zylindrische „Patronen" (engl. "cartridge"), die in dazu passende Bohrungen mit zwei Arbeitsanschlüssen gesteckt werden, **Bild 5.63**, und bei relativ großen Volumenströmen (NW 16 bis 100) für Funktionen aller 4 Ventilarten eingesetzt werden. Neben den Arbeitsanschlüssen werden sie grundsätzlich über einen Steueranschluss hydrostatisch angesteuert.

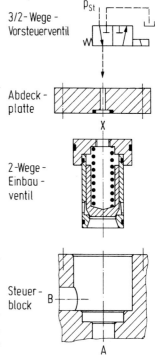

Folgende Motive stehen hinter ihrer Entwicklung:
- *Verkettung über Gehäusekanäle*:
  Keine Verschraubungen, geringe Verluste
- *Baukastenprinzip*:
  Viele Funktionen mit einfachen Komponenten
- *Hydrostatische Ansteuerung*:
  Schnelle Fernschaltungen
- *Große Förderströme*:
  Vermeidung großer Spezialventile
- *Genormte Maße*:
  Unterstützung des Baukastenprinzips

Maße für Einbauventile waren lange Zeit in DIN 24342 (mit Beiblatt 1) genormt, 1989 kam ISO 7368 heraus, daraus entstand 1994 die Norm DIN ISO 7368 [5.41], zu der es ein wichtiges Beiblatt gibt [5.42]. Neben Einbauventilen gibt es mit ähnlicher Philosophie auch die sog. *Einschraubventile*, die in ISO 7789 für 2, 3 und 4 Anschlüsse genormt sind, aber nach [5.40] bisher keine große Verbreitung fanden.

Das Grundelement des 2-Wege-Einbauventils besteht nach Bild 5.63 aus einer Hülse, die ein- oder zweiteilig sein kann, außen zur Stufenbohrung über O-Ringe

Bild 5.63: Beispiel für ein 2-Wege-Einbauventil mit zugehöriger (genormter) Steuerblockaufnahme, Abdeckplatte(Anschlüsse genormt) und Vorsteuerventil

abgedichtet ist und innen den Ventilkörper führt. Der obere Abschlussdeckel enthält den Steuerölanschluss X, der beispielhaft über das 3/2-Wege-Vorsteuerventil beaufschlagt wird. Die gestufte Aufnahmebohrung ist in DIN ISO 7368 für folgende Nenndurchmesser (= Durchmesser bei A und B) genormt: 16; 25; 31,5; 40; 50; 63; 80; 100 mm. Weiterhin sind in DIN ISO 7368 die Anschlussmaße für die Abschlussdeckel festgelegt. In der überarbeiteten ISO 7368 wird der Nenndurchmesser 31,5 in 32 geändert (zusammen mit einigen geometrischen Detailverfeinerungen). Bild 5.63 repräsentiert insgesamt ein ferngesteuertes 2/2-Wegeventil, das bei aufgebrachtem Steuerdruck dicht ist und bei Steuerdruckentlastung öffnet.

2-W-EBV werden für verschiedene Grundfunktionen als Sitz- und Schieberventile hergestellt, wie die Beispiele in **Bild 5.64** zeigen. Das Sitzventil a besteht aus dem fest montierten Ventilkörper (Hülse) 1, dem beweglichen Ventilkörper 2, dem Ventilring 3 und der Druckfeder 4 und den beiden O-Ringen 5. Das Ventil kann sowohl von A nach B als auch von B nach A durchströmt werden. In beiden Fällen kann es durch den Steuerdruck am Anschluss X zugehalten werden. Sitzventil a hat je nach Ausführung im Anschluss A einen Öffnungsdruck von 0,2 bis 4 bar. Für die genauen Funktionen sind die Verhältnisse der Wirkflächen bei A, B (Ringfläche) und X sowie die Federkraft bedeutsam. Die in Bild 5.64 gezeigte Bauform b hat zwischen A und X ein Flächenverhältnis von 1:1 und kann durch den Einbau der Drossel als Hauptstufe für ein vorgesteuertes DBV dienen. Die Ausführungen c und d zeigen zwei Schieber-Einbauventile, von denen das eine (c) in der Ruhestellung geöffnet, das andere (d) in Ruhestellung geschlossen ist. Mit Hilfe von 2-W-EBV kann man die Einzelfunktionen komplexer Ventile auflösen und unter Verwendung mehrerer Einbauventile und relativ kleiner Vorsteuerventile die Funktion von Wege-, Sperr-, Druck- und Stromventi-

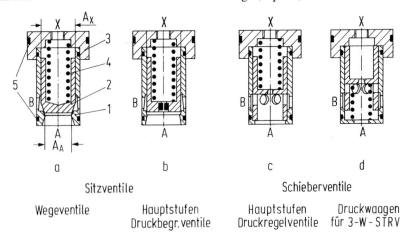

Bild 5.64: Bauformen für 2-Wege-Einbauventile (nach Bosch)

len verwirklichen. Die folgenden Schaltpläne zeigen einige Beispiele. Die Sinnbilder für die EBV wurden [5.42] entnommen.

Anwendung von 2-W-EBV auf Wegeventile. Die Funktion eines einfachen Wegeventils war bereits mit Bild 5.63 für externen Steuerdruck (lastunabhängig) vorgestellt worden. Der Steuerdruck kann (einfacher) auch vom Systemdruck abgezweigt werden, **Bild 5.65**. Er ist dann allerdings lastabhängig.

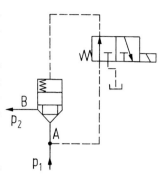

Bild 5.66 beschreibt den Einsatz von 2-W-EBV für die Steuerung eines Differentialzylinders [5.37, 5.39]. Die miteinander verknüpften Einbauventile können als ferngesteuerte 2/2-Wegeventile (durch Steuerdruck geschlossen) oder bei stufenlos veränderten Steuerdrücken als ferngesteuerte Widerstände zur Beeinflussung von Volumenströmen aufgefasst werden. Da dieses der

Bild 5.65: 2-Wege-Einbauventil mit 3/2Wege-Vorsteuerventil und lastabhängigem Steuerdruck. Symbol des 2-W-EBV nach DIN ISO 7368, Beiblatt 1 [5.42]

allgemeinere Fall ist, wurden die Einbauventile hier mit R (Widerstand) bezeichnet. Die Anschlüsse A und B des Arbeitszylinders werden durch die folgenden vier 2-W-EBV kontrolliert:

Zulauf A: R_{e1} Zulauf B: R_{e2} Ablauf A: R_{a1} Ablauf B: R_{a2}.

Soll der Differenzialzylinder nach rechts bewegt werden, so muss das 4/3-Wege-Vorsteuerventil durch den Schaltmagneten nach links geschoben werden. Dadurch werden die Federräume der 2-W-EBV R_{e1} und R_{a2} entlastet. Das Einlassventil R_{e1} schaltet

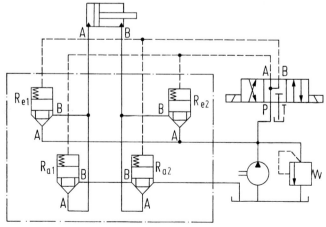

Bild 5.66: Steuerung eines Differenzialzylinders mit 2-Wege-Einbauventilen (Bosch)

auf Durchfluss, so dass die große Fläche des Zylinders mit Druck beaufschlagt wird. Das Auslassventil R_{a2} schaltet ebenfalls auf Durchfluss, so dass das Öl aus dem rechten Ringraum des Zylinders abfließen kann. Der Zylinder beginnt sich so nach rechts zu bewegen. Besonders günstige Betriebsverhältnisse ergeben sich, wenn man jedes der vier 2-W-EBV durch ein eigenes Vorsteuerventil ansteuert [5.43].

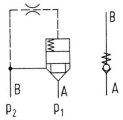

Bild 5.67: 2-Wege-Einbauventil als Rückschlagventil.

Sperrventil. Die Anordnung von **Bild 5.67** zeigt ein 2-W-EBV als Rückschlagventil. Der Durchfluss wird von A nach B freigegeben, wenn die Druckkraft $p_1 - p_2$ am Anschluss A größer ist als die Federkraft.

Vorgesteuertes Druckbegrenzungsventil. Das vorgesteuerte DBV in **Bild 5.68** besteht aus einem als 2-Wege-Einbauventil ausgebildeten Hauptventil und einem kleinen DBV als Vorsteuerventil. Die Kolbenrückseite des Hauptventils mit der Fläche A_F ist über eine Drosselbohrung mit dem Druckanschluss verbunden. Bei geschlossenem Vorsteuerventil fließt kein Ölstrom durch die Drossel, daher sind die Drücke und Kräfte auf die Flächen A_A und A_F gleich, die Feder hält den Ventilsitz geschlossen. Steigt der Zulaufdruck bei p über den an der Feder des DBV eingestellten Wert an, so öffnet dieses, und der Druck über der Kolbenfläche A_F sinkt infolge des Druckabfalls an der nun durchströmten Drossel. Der Hauptkolben wird gegen die Feder verschoben und gibt den Durchfluss zum Tank frei.

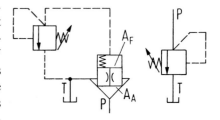

Bild 5.68: Vorgesteuertes Druckbegrenzungsventil, bestehend aus 2-Wege-Einbauventil und Vorsteuerventil. Symbol des EBV nach [5.41]

Stromventil. Das in **Bild 5.69** dargestellte 3-Wege-Stromregelventil besteht aus zwei 2-Wege-Einbauventilen, von denen eines als Messdrossel, das andere als Druckwaage arbeitet. Beide sind parallel geschaltet. Der Druckabfall an der Messdrossel, deren Öffnungsquerschnitt durch Hubbegrenzung einstellbar ist, regelt den Durchflussquerschnitt der Druckwaage. Die

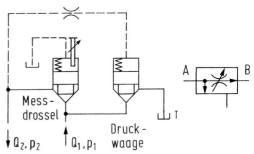

Bild 5.69: 3-Wege-Stromregelventil aus zwei 2-Wege-Einbauventilen. Symbole nach [5.41]

Druckdifferenz $p_1 - p_2$ wirkt gegen die Feder der Druckwaage und verschiebt deren Kolben so lange, bis Gleichgewicht zwischen beiden herrscht. Der nicht benötigte Restölstrom fließt über die Druckwaage zum Tank. Sinkt Q_2, so wird $p_1 - p_2$ kleiner und die Druckwaage verringert den Durchflussquerschnitt zum Tank so weit, bis der Sollwert von Q_2 erreicht ist.

Wird der Öffnungsquerschnitt der Messdrossel über die verstellbare Hubbegrenzung vergrößert, so fließt bei gleicher Druckdifferenz $p_1 - p_2$ ein größerer Ölstrom durch die Messdrossel, d. h. weniger über die Druckwaage in den Tank.

Kombinationen. Als Beispiel zeigt **Bild 5.70** eine Kombination aus Wegeventil und vorgesteuertem Druckbegrenzungsventil, um die Funktionen „Druckbegrenzung" und „druckloser Umlauf" ferngesteuert darzustellen. Das 2-Wege-Einbauventil arbeitet ei-

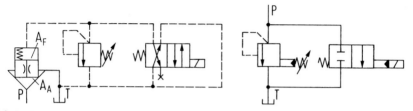

Bild 5.70: Kombination eines 2-Wege-Einbauventils mit einem Wege- und einem Druckbegrenzungsventil

nerseits entsprechend Bild 5.68 als vorgesteuertes DBV - dazu ist das Wegeventil geschlossen (gezeigte Stellung). Wird das WV geschaltet, so wird die Steuerölleitung über der Kolbenfläche A_F mit dem Tank verbunden und dadurch drucklos gemacht. Der Kolben bewegt sich gegen die Federkraft und gibt den Durchfluss zum Tank frei. Lohnende weitere Beispiele für Funktionen und Schaltungen findet man in [5.43].

5.7 Ventilanschlüsse und Verknüpfungsarten

Ventile können auf die unterschiedlichste Art miteinander und mit den Geräten der Hydraulikanlage verbunden werden, zahlreiche Schnittstellen sind heute genormt.

Einzelventile werden in der Mobilhydraulik häufig noch über Rohre und Schläuche angeschlossen, **Bild 5.71 links**, eleganter über Anschlussplatten, **Bild 5.71 rechts**.

Anschlussplatten. Sie ermöglichen ein bequemes Auswechseln der Ventile, ohne dass Rohre voneinander getrennt werden müssen. Das Ventil wird mit Hilfe von Schrauben 1 mit der gelochten Anschlussplatte 2 verbunden, so dass die Bohrungen des Ventils genau auf die Bohrungen der Platte treffen. Die Abdichtung erfolgt über O-Ringe 3, die in Ausdrehungen am Ventil eingelegt werden. Die Bohrungen der

Platte sind als sogenannte „Lochbilder" genormt. Es ergibt sich folgende Übersicht (Originaltitel vereinfacht):
- DIN 24340 Teil 2: Lochbilder und Anschlussplatten für 4- und 5-Wegeventile
- ISO 4401: „Mounting surfaces" für 4-Wegeventile (ähnlich DIN 24340)
- ISO 5781: „Mounting surfaces" für Druckventile (ohne DBV)
- ISO 6263: „Mounting surfaces" für Stromventile
- ISO 6264: „Mounting surfaces" für Druckbegrenzungsventile
- ISO 10 372: Anschlussplatten für 4- und 5-Wege-Servoventile

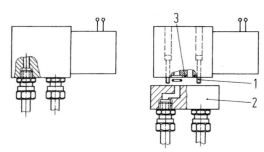

Bild 5.71: Rohr- und Plattenanschluss von Hydraulikventilen

Bild 5.72 zeigt beispielhaft Lochbilder für 4-Wegeventile nach DIN 24340. Insgesamt bietet diese Norm Lochbilder und Anschlussplatten für 4-Wegeventile in den Nenngrößen 4, 6, 8, 10, 16, 25 und 32 an (Form A) – weitere für 5-Wege-Ventile (Form B). Der Charakter der Lochbilder ist bei NG 4, 6, 8 und 10 unterschiedlich, bei NG 16, 25 und 32 sehr ähnlich.

Verknüpfung mehrerer Ventile.
Will man mehrere Ventile zu einer kompakten rohrarmen Steuereinheit mit gemeinsamen Kanälen für Versorgungsdruck (P) und Tank (T) verknüpfen, ergeben sich folgende Möglichkeiten:
Steuerblöcke
Ventilblöcke
Höhenverkettung
Längsverkettung

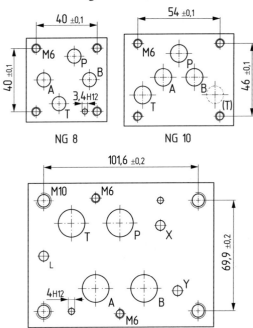

Bild 5.72: Lochbilder (maßstabsgerecht) für die Montage von 4-Wegeventilen, Beispiele aus DIN 24340

5 Geräte zur Energiesteuerung und -regelung (Ventile)

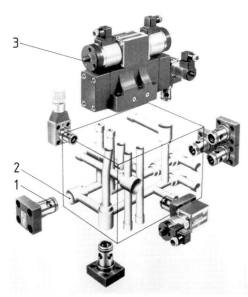

Bild 5.73: Steuerblock für die Aufnahme von acht 2-Wege-Einbauventilen und einem Vorsteuerventil (Bosch)

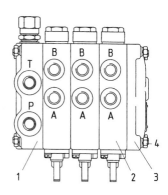

Bild 5.74: Wegeventilblock, Aufbau und ein möglicher Schaltplan des Baukastens (Bosch- Rexroth [5.44])

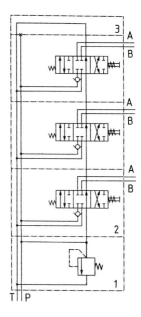

Steuerblöcke. Es handelt sich um quaderförmige Stahlblöcke (oft für hohe Förderströme in der stationären Hydraulik), deren Außenflächen mit Ventilen bestückt werden. **Bild 5.73** zeigt ein Beispiel, bei dem acht 2-Wege-Einbauventile 1 in genormte Bohrungen 2 eingeschoben werden, die man durch Deckel verschließt. Einige von ihnen werden durch das Vorsteuerventil 3 angesteuert. Der Block enthält alle nötigen Verbindungen als Bohrungen. Nur Zu- und Ablauf und eventuelle externe Steuerleitungen werden durch Rohrverschraubungen angeschlossen. Steuerblöcke benötigen einen gewissen Planungsaufwand, sie stellen aber eine sehr kompakte Lösung auch für komplexe Steueraufgaben dar, und sie bieten erhebliche Vorteile im Hinblick auf den Montage- und Reparaturaufwand. *Ventilblöcke.* Vor allem in der Mobilhydraulik werden häufig mehrere Verbraucher von einer einzigen Pumpe versorgt [5.44] und von der Kabine aus geschaltet. Daher ist es hier seit längerem üblich, mit Ventilblöcken zu arbeiten, **Bild 5.74.** Die im Baukastensystem entwickelten Wegeventile werden plattenförmig mit je 2 Anschlussflächen ausgebildet. Mehrere Wegeventile 1 werden zu einem Block mit Anschlussplatte 2 und Endplatte 3 verschraubt (Zuganker 4). Im einem Baukastensystem hat man Ventilvarianten für vielfältige Grundschaltungen entwickelt, z. B. für offene oder geschlossene Systeme, Parallel- oder Reihenschaltung, mit oder ohne Integration von Sperrventilen u. a. [5.44]. Der hier gezeigte Schaltplan gilt für eine einfache Arbeitshydraulik einer mobilen Arbeitsmaschine mit Versorgung durch eine Konstantpumpe (meistens Zahnradpumpe). Jedes Wegeventil ist mit der Druck- (P) und der Rücklaufleitung (T) verbunden (Parallelschaltung). Werden zwei Ventile zugleich betätigt, schließt der höhere Lastdruck das zugeordnete Rückschlagventil, zuerst wird daher der Verbraucher mit dem geringeren Lastdruck versorgt (Gegensatz: Reihen- oder Sperrschaltung, selten [5.44]). Bei Neutralstellung aller Ventile fördert die Pumpe im „drucklosen Umlauf". Da sich die Durchflusswiderstände aller Ventile addieren, liegen Praxiswerte betriebswarm häufig im Bereich von 10 bis 20 bar. Rechnet man die Zu- und Ableitungen der Pumpe dazu, ergeben sich eher 20 bis 30 bar Umlaufdruck.

Höhen- und Längsverkettung. Unter Längsverkettung versteht man den horizontalen blockartigen Zusammenbau von plattenförmigen Ventilen, Zwischenelementen und Endplatten. Bei der Höhenverkettung [5.45] baut man ähnliche Elemente turmartig auf. Beide Verkettungsarten können auch kombiniert werden. **Bild 5.75** zeigt das Foto einer Höhenverkettung. Über der Grundplatte 1 sind die Ventile 2 bis 5 aufgebaut – ganz oben das ferngeschaltete Wegeventil. Die Grundplatte hat die Anschlüsse P, A, B, T. Die gezeigte Kombination ist Teil eines größeren Ventilsystems aus mehreren längsverketten Türmen.

Die für Verkettungen angebotenen Bauelemente ermöglichen den Aufbau komplexer Steuerungen zu verrohrungsfreien, sehr kompakten Blöcken. Das Baukastenprinzip ermöglicht auch eine schnelle Veränderung bzw. Anpassung von Funktionen und einen einfachen Austausch defekter Bauteile.

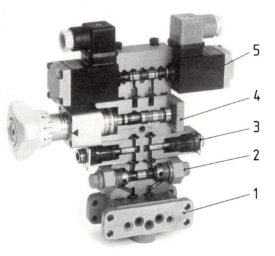

Bild 5.75: Höhenverkettung von Ventilen, aufgebaut auf einer Anschlussplatte für Längsverkettung (Rexroth)

5 Geräte zur Energiesteuerung und -regelung (Ventile)

Literaturverzeichnis zu Kapitel 5

[5.1]   Kallenbach, E., R. Eick und P. Quendt: Elektromagnete. Stuttgart: B.G. Teubner 1994. (darin 235 weitere Lit.).

[5.2]   Richl, H.: Trends bei der Entwicklung von Hydraulik-Ventilmagneten. Teil I und II. O+P 35 (1991) H. 8, S. 613-619 und H. 10, S. 776-778, 780 u. 782.

[5.3]   Backé, W.: Elektrohydraulik. Industrie-Anzeiger 99 (1977) H. 43, S. 764-767

[5.4]   Backé, W.: Entwicklungstendenzen in der Ölhydraulik. O+P 19 (1975) H. 4, S. 237-249.

[5.5]   Murrenhoff, H.: Servohydraulik. Umdruck zur Vorlesung an der RWTH Aachen, 7. Auflage. Aachen: Verlag Mainz 1997.

[5.6]   Kötter, W.: Proportionale elektrohydraulische Ansteuerung von Mobilwegeventilen. O+P 33 (1989) H. 11, S. 862-867.

[5.7]   Lu, Y.H.: Statisches und dynamisches Verhalten von Proportionalmagneten. O+P 26 (1981) H. 5, S. 403-407.

[5.8]   Heiser, J.: Proportionalventile mit lagegeregeltem Magnetstellglied. Bosch Techn. Berichte (1977) H. 1, S. 34-43

[5.9]   Herakovic, N.: FEM-Analyse und Simulation – der Weg zur Entwicklung hochdynamischer Piezoaktuatoren für Stetigventile. O+P 40 (1996) H. 7, S. 476-480.

[5.10] Kasper, R., J. Schröder und A. Wagner: Schnellschaltendes Hydraulikventil mit piezoelektrischem Stellantrieb. O+P 41 (1997) H. 9, S. 694-698.

[5.11] Linden, D.: Hydraulisches Piezoservoventil NG 10. O+P 43 (1999) H. 7, S. 538-543.

[5.12] Geis, H. und J. Oppolzer: Wegeventile. In: Grundlagen und Komponenten der Fluidtechnik Hydraulik. Der Hydraulik Trainer, Bd. 1 (2. Aufl.), S. 189-211. Lohr a. Main: Mannesmann Rexroth AG 1991.

[5.13] Thoma, H.: Hydraulic motor and pump. USA Patent 2 155 455 vom 25.4.1939.

[5.14] Thoma, H.: Entlastungsvorrichtung für die Kolben hydraulischer Getriebe. Schweiz. Patent 378631 vom 15.6.1964.

[5.15] Raimondi, A.A. und J. Boyd: Fluid centering of pistons. Trans. Amer. Soc. Mech. Engrs. (ASME) Series E, J. of appl. Mech. 31 (1964) H. 3, S. 390-396.

[5.16] Ebinger, G.: Ventilkolben und damit ausgestattetes Ventil. Offenlegungsschrift DE 199 51 417 A 1. Anm. 26.10.1999 (LuK)

[5.17] Backé, W.: Systematik der hydraulischen Widerstandsschaltungen in Ventilen und Regelkreisen. Mainz: Krauskopf-Verlag 1974.

[5.18] Thoma, J.: Ölhydraulik. München: Carl Hanser Verlag 1970.

[5.19] Sauer, G.: Grundlagen und Betriebsverhalten eines Zugketten-Umschlingungsgetriebes. Fortschritt-Ber. VDI Reihe 12, Nr. 293. Düsseldorf: VDI-Verlag 1996.

[5.20] Weule, H.H.: Eine Durchflußgleichung für den laminar-turbulenten Strömungsbereich. O+P 18 (1974) H. 1, S. 57-67.

[5.21] Beitler, G.: Durchflußwiderstände von Wegeventilen. O+P 25 (1981) H. 11, S. 840-843.

[5.22] Backé, W.: Konstruktive und schaltungstechnische Maßnahmen zur Energieeinsparung. O+P 26 (1982) H. 10, S. 695-707.

[5.23] Kretz, D.: Einstieg in die Servoventil-Technik. In: Proportional- und Servoventiltechnik. Der Hydraulik Trainer Bd. 2. Lohr: Mannesmann Rexroth AG 1999.

[5.24] Brodowski, W.: Beitrag zur Klärung des stationären und dynamischen Verhaltens direktwirkender Druckbegrenzungsventile. Diss. RWTH Aachen 1973.

[5.25] Scheffel, G.: Einfluß des hydraulischen Schwingungsdämpfers auf das dynamische Verhalten eines Druckbegrenzungsventils. O+P 22 (1978) H. 10, S. 583-586.

[5.26] Wobben, D.: Statisches und dynamisches Verhalten vorgesteuerter Druckbegrenzungsventile unter besonderer Berücksichtigung der Strömungskräfte. Diss. RWTH Aachen 1978.

[5.27] Kühnel, M.: Zur Berechnung und Gestaltung direkt- und vorgesteuerter Druckbegrenzungsventile. Diss. TH Dresden 1983.

[5.28] Murrenhoff, H.: Grundlagen der Fluidtechnik. Teil 1: Hydraulik. Umdruck zur Vorlesung. 2. Auflage. Aachen: Verlag Mainz 1998.

[5.29] Zehner, F.: Vorgesteuerte Druckventile mit direkter hydr.-mechanischer und elektrischer Druckmessung. Diss. RWTH Aachen, 1987.

[5.30] Findeisen, D. und F. Findeisen: Ölhydraulik. 4. Auflage. Berlin, Heidelberg: Springer-Verlag 1994.

[5.31] Ströhl, H.: Vergleichende Betrachtungen über das stationäre und dynamische Verhalten von hydraulischen Druck- und Stromregelventilen. Diss. TU Dresden 1974.

[5.32] Lu, J.H. und R.M. Trudzinski: Betriebsverhalten vorgesteuerter 2-Wege-Stromregelventile unterschiedlicher Bauform. O+P 25 (1981) H. 9, S. 703, 704, 707, 708. (siehe auch Diss. Trudzinski RWTH Aachen 1980)

[5.33] Schmid, G.: Geräuschverhalten von Strom- und Druckventilen. Diss. Univ. Stuttgart 1979.

[5.34] Koberger, M.: Hydrostatische Ölversorgungssysteme für stufenlose Kettenwandlergetriebe. Fortschritt-Ber. VDI Reihe 12, H. 413. Düsseldorf: VDI-Verlag 2000.

[5.35] Ströhl, H.: Erhöhung der Energieökonomie bei Hydraulikantrieben mit Stromregelventilen durch geeignete Kreislaufgestaltung. Habilitation TH Magdeburg 1980.

[5.36] Garbers, H. und H.H. Harms: Überlegungen zu zukünftigen Hydrauliksystemen in Ackerschleppern. Grundlagen der Landtechnik 30 (1980) H. 6, S. 199-205.

[5.37] Feldmann, D.G.: Systematik des Aufbaus von Steuerungen mit 2-Wege-Einbauventilen. O+P 22 (1978) H. 6, S. 337-341.

[5.38] Overgahr, H., gen. Willebrand: Hydraulische Steuerungen mit 2-Wege-Einbauventilen. Systematik, Entwurf und Untersuchung des Systemverhaltens. Diss. RWTH Aachen 1980.

[5.39] Scheffel, G.: Steuerungen mit 2-Wege-Einbauventilen. O+P 25 (1981) H. 8, S. 607-610.

[5.40] Backé, W. und W. Bork (Leitung): O+P Gesprächsrunde: Anwendung von Einbau- und Einschraubventilen in der Hydraulik. O+P 45 (2001) H. 8, S. 534-550.

[5.41] -.-: Fluidtechnik. 2-Wege-Einbauventile. Einbaumaße. DIN ISO 7368 (Febr. 1994). Berlin: Beuth Verlag 1994.

[5.42] -.-: Fluidtechnik. 2-Wege-Einbauventile. Einbaumaße. Symbole und Anwendungshinweise. Beiblatt 1 zu DIN ISO 7368. Normentwurf (Juni 1991). Berlin: Beuth Verlag 1991.

[5.43] Schmitt, A. und A. Lang: Technik der 2-Wege-Einbauventile. Der Hydraulik Trainer Bd. 4. Lohr: Mannesmann Rexroth AG 1989.

[5.44] Noack, S.: Hydraulik in mobilen Arbeitsmaschinen. 2. Aufl., herausgegeben von der Bosch Rexroth AG, Lohr. Ditzingen: OMEGON Fachliteratur

[5.45] Jacobs, M.: Kompakte Bauweise von hydraulischen Steuerungen in Höhenverkettung. O+P 27 (1983) H. 8, S. 558-560.

6 Elemente und Geräte zur Energieübertragung

6.1 Verbindungselemente

Arten, Anforderungen. Sofern man die hydraulischen Komponenten nicht durch direkte Verkettung verbindet, benutzt man *Rohrleitungen* und *Schläuche* zur Signal- und Energieübertragung. Beide benötigen spezielle *Hydraulikarmaturen*, die zu den Rohr- bzw. Schlauchmaßen passen müssen. Alle Verbindungselemente müssen den vorgesehenen Betriebsdrücken zuverlässig standhalten können, dicht bleiben und leicht montierbar bzw. demontierbar sein (Druckverluste siehe Kap. 3.3.3 und 3.3.4).

Mittlere Strömungsgeschwindigkeiten. Für Hydraulikrohrleitungen, Schläuche und Armaturen kann man als Kompromiss zwischen Konstruktionsaufwand (Investition) und Energieeffizienz (Betriebskosten) etwa die folgenden Faustwerte zugrunde legen:

Druckleitungen: 100 bis 150 bar: 4,5 m/s; 150 bis 200 bar: 5,0 m/s
200 bis 300 bar: 5,5 m/s; über 300 bar: 6,0 m/s

Rücklaufleitungen: .... 2,0 bis 3,0 m/s

Saugleitungen (je nach Pumpe und Rohrlänge): .... 0,5 bis 1,5 m/s

Für einen vorgegebenen Volumenstrom Q und eine mittlere Geschwindigkeit v erhält man den erforderlichen Innendurchmesser d nach der Größengleichung

$$d\,[mm] = 4{,}607 \cdot \sqrt{Q\,[1/\min]/v\,[m/s]} \qquad (6.1)$$

6.1.1 Rohr- und Schlauchleitungen

Nahtlos gezogene Rohre, technische Daten. Seit 1932 gab es für die Daten nahtlos gezogener Präzisionsstahlrohre die Norm DIN 2391. Später wurde ISO 3304 entwickelt. Die letzten Fassungen DIN 2391-1 (Maße) und DIN 2391-2 (Technische Lieferbedingungen) wurden 2003 durch DIN EN 10305-1 ersetzt [6.1]. Darin werden Maße, Toleranzen, Prüfverfahren und folgende Standardwerkstoffe genormt: E215 (früher St 30), E235 (St 35) und E355 (St 52). Die Zahlen hinter dem E sind Faustwerte für die Fließgrenze in N/mm^2. Für Hydraulik- und Pneumatik-Druckleitungen existiert der spezielle Normentwurf DIN EN 10305-4 [6.2], wiederum für die Werkstoffe E215/235/355, jedoch mit eingeschränkter Vielfalt der Abmessungen.

Gerade Rohrleitungen, Festigkeitsberechnung. Für eine überschlägige Berechnung der Spannung in Umfangsrichtung (einachsig) kann die „Kesselformel" dienen, **Bild 6.1**. Die tatsächliche Spannung ist örtlich leicht mehrachsig.

Um dieses abschätzend zu berücksichtigen, kann man das Druckfeld z. B. statt mit dem Innendurchmesser d mit dem mittleren Durchmesser (D+d)/2 ansetzen:

$$\sigma = \frac{p}{2} \cdot \left(\frac{D+d}{D-d}\right) \quad (6.2)$$

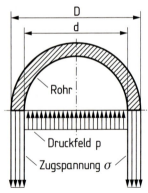

Bild 6.1: Grundvorstellung zur Kesselformel

Mehrere Berechnungsverfahren [6.3] bauen auf der Kesselformel auf. DIN 2413 wurde 2002 durch DIN EN 13480-3 [6.4] ersetzt, die jedoch nicht speziell für die Ölhydraulik, sondern für allgemeine metallische Rohrleitungen geschaffen wurde und mit der sog. Lame-Gleichung arbeitet. Für $D/d < 1{,}7$ gilt z.B.:

$$\sigma = \frac{p \cdot D}{D-d} - \frac{p}{2} \quad (6.3)$$

International berechnet man Hydraulikrohre auch nach ISO 10763 (bzw. DIN ISO 10763) [6.5]. Die Nenndrücke betragen hier ¼ der *Berstdrücke* unter Abdeckung dynamischer Belastungen mit gewisser Sicherheit. Die Berstdrücke rechnet man mit der Werkstoff-Zugfestigkeit σ_B bzw. R_m (ISO-Bezeichnung) wie folgt:

$$p = \sigma_B \cdot \left(\ln \frac{D}{d}\right) = R_m \cdot \left(\ln \frac{D}{d}\right) \quad (6.4)$$

Eine Tabelle in [6.5] enthält daraus abgeleitete Nenndrücke (25%) für 360 N/mm² Zugfestigkeit (NBK, grade R37, entspricht etwa 235 N/mm² Streckgrenze). Die Norm erlaubt Absprachen, um das Verhältnis 4:1 bei geringer Dynamik auch zu unterschreiten.

Für stark dynamische Belastungen ist auch eine Absicherung nach DIN 2445-2 [6.6] möglich. Für die Nenndrücke 100, 160, 250, 315, 400 und 500 bar sind dort für 2 Lastfälle Rohrabmessungen für 1.0255 NBK (St 37.4) festgelegt. Eine umfassende Festigkeitsberechnung von Hydraulikrohren für 3 Lastfälle ist mit einer neuen DIN 2413 in Arbeit (2006). Führende Lieferanten [6.7] gehen 2006 noch von der alten DIN 2413 aus, **Tafel 6.1**.

Rohrkrümmer und Schweißteile, Festigkeitsberechnung. Ausführliche Berechnungsgrundlagen findet man z. B. in DIN EN 13480-3 [6.4] sowie im neuen Entwurf von DIN 2413.

Schlauchleitungen. Sie werden in zwei typischen Fällen angewendet:
- bei *Relativbewegungen* zwischen hydrostatischen Teilsystemen (z. B. Bagger)
- bei *häufigem An- und Abkoppeln* hydrostatischer Teilsysteme (z. B. Schlauch am landw. Gerät mit Stecker für Traktor-Steckdose)

Ähnlich wie bei Luftreifen entsteht die Druckfestigkeit durch hochfeste Bewehrungen, die im synthetischen Gummi eingebettet sind. Für den unteren Druckbereich

6 Elemente und Geräte zur Energieübertragung

Tafel 6.1: Zulässige Drücke [bar] nahtloser Präzisionsstahlrohre DIN 2391C nach Parker Hannifin [6.7] für Ermeto-Rohre St 37.4 DIN 1630 NBK, Streckgrenze 235 N/mm^2.
a „statisch" (DIN 2413-I), b „schwellend" (DIN 2413-III). Temperatur -40 bis +120 °C

Außen- Ø D_A [mm]	Wanddicke [mm]												
	1		1,5		2		2,5		3		4		5
	a	b	a	b	a	b	a	b	a	b	a	b	a	b
6	389	374	549	528	692	665								
8	333	289	431	414	549	528	658	632						
10	282	249	373	358	478	460	576	553	666	641				
12	235	210	353	305	409	393	495	476	576	553				
14	201	182	302	265	403	343	434	417	507	487				
15	188	171	282	249	376	323	409	393	478	460				
16	176	160	264	234	353	305	386	372	452	435				
18	157	143	235	210	313	274	392	335	409	393				
20			212	191	282	249	353	305	373	358	478	460		
22			192	174	256	228	320	280	385	329				
25					226	202	282	249	338	294	394	379	478	460
28					201	182	252	224	302	265	403	343	434	417
30					188	171	235	210	282	249	376	323	409	393
35					161	147	201	182	242	216	322	281	403	343
38							186	168	223	200	297	261	371	319
42					134	124			201	182	269	238		

setzt man Textilfasern (DIN EN 854) ein, für hohe Drücke benutzt man Stahlgeflechteinlagen (DIN EN 853, DIN EN 857) und Drahtspiraleinlagen (DIN EN 856). In DIN 20066 [6.8] findet man eine gute Übersicht über zulässige dynamische Betriebsdrücke sowie Rohr-Zuordnungen, Armaturen, Einbauregeln und weitere Normen. Die zulässigen Drücke fallen bei allen Bauarten stark mit dem Durchmesser ab. Höchste Werte erreichen die Bauarten 4SH und R13 mit Drahtspirale (DIN EN 856). Während eine hohe Steifigkeit für dynamisch anspruchsvolle Aufgaben vorteilhaft ist, werden weiche „Dehnschläuche" gegen störende Schwingungen (Geräusche) eingesetzt (s. Bild 3.43). Allerdings nehmen auch übliche Standardschläuche mehr Dehnvolumen auf als Rohrleitungen, **Bild 6.2**. Schlauchleitungen sind infolge genormter dynamischer Prüfverfahren (DIN EN ISO 6803) bei fachgerechter Montage (Armaturen, Gesamtanordnung) zuverlässige Standardkomponenten.

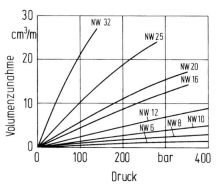

Bild 6.2: Volumenzunahme von Hydraulikschläuchen (Ermeto). NW= Nennweite

Bild 6.3 zeigt Beispiele für falschen und richtigen Einbau mit folgenden Regeln:
- a. Schlauch nicht einspannen und nicht verdrehen
- b. Genügend Schlauchlänge für einen offenen Bogen vorsehen
- c. Statt scharfer Schlauchbögen Stahlrohrkrümmer einsetzen
- d. Bei häufiger Bewegung genügend Spielraum einplanen

DIN 20066 enthält weitere Beispiele. Da die Einbindung der Armatur eine potenzielle Schwachstelle ist, prüft man Schläuche mit kompletten Armaturen. Zur Reduzierung des Restrisikos enthält [6.9] sicherheitstechnische Empfehlungen (siehe auch DIN EN 982). Weitere Normen findet man in [6.10].

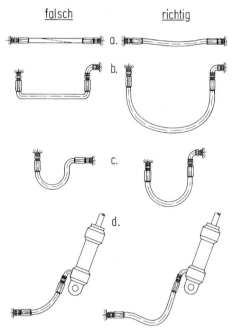

Bild 6.3: Einbaubeispiele für Hydraulikschläuche, angelehnt an DIN 20066

6.1.2 Rohr- und Schlauchverbindungen

Rohrverbindungen (auch „Rohrarmaturen"). Sie werden in großer Vielfalt für drei Druckstufen LL (sehr leicht), L (leicht) und S (schwer) angeboten [6.11]. In der Regel verwendet man lösbare Konzepte mit Überwurfmuttern, bei sehr großen Rohren Flanschverbindungen. Anfangs herrschte die einfache *Schneidringverschraubung* (mit einer Schneidkante) nach den frühen Normen DIN 3861, 3859 und 2353 vor. Heute ist die Vielfalt erheblich größer – siehe z. B. ISO 8434 (5 Teile) [6.12].

Bild 6.4 zeigt ein modernes Schneidring-Prinzip: Das Rohr wird zuerst rechtwinklig abgedreht. Am Stutzen 1 werden mit der Überwurfmutter 2 die scharfen Kanten des gehärteten Schneidrings 3 durch Anziehen in das weiche Rohr 4 gedrückt. Der Werkstoffaufwurf führt zu einer sehr guten statischen Abdichtung, mehrfaches Lösen und Wiederanziehen ist möglich. Alle Schneidringverschraubungen erfordern eine sehr sorgfältige Kontrolle des Anziehmomentes (oder -winkels). Dynamische Biegebelastungen auf das Rohr können wegen der geringen Abstützbasis und des Zustandes „an der Fließgrenze" zu Undichtigkeiten führen (Prüfverfahren [6.13]). Die in Bild 6.4 gezeigte Version [6.7-6.11] ist dynamisch deutlich besser als die früher verbreitete

6 Elemente und Geräte zur Energieübertragung

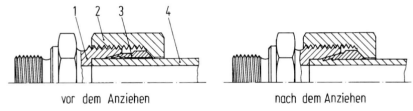

Bild 6.4: Schneidringverschraubung mit zwei Schneidkanten (Ermeto [6.7])

Verschraubung mit einer Schneidkante. Sowohl die Montagefreundlichkeit als auch die Schwingungsfestigkeit konnte man bei vielen modernen Lösungen durch *Trennung der Rohrhalte- und Dichtfunktion* nochmals verbessern. Als erstes Beispiel dafür kann die noch relativ neue WALFORM Verschraubung WD von Walterscheid [6.11] gelten, **Bild 6.5** links. Stutzen und Überwurfmutter sind Normteile, das Rohr wird mit einer (aufwendigen) Vorrichtung kalt verformt und mit eingelegter Weichdichtung montiert. Die Kosten sollen nach [6.11] nur 9% höher sein als für Zweikanten-Schneidringsyteme.

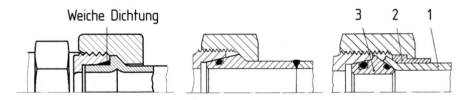

Bild 6.5: WALFORM Verschraubung WD mit Weichdichtung (Walterscheid, links), Schweißnippelverschraubung (Ermeto, mittig), Bördel-Verschraubung mit O-Ring (Walterscheid, rechts)

Als weitere moderne Lösung gelten die Schweißnippelverschraubung nach Bild 6.5 Mitte und die Bördelverschraubung nach Bild 6.5 rechts. Beide arbeiten mit O-Ringen, sind allerdings 40% teurer als das Konzept nach Bild 6.4 [6.11]. Zusätzlich fallen Schweißkosten an.

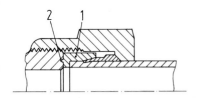

Das gebördelte Rohr 1 in Bild 6.5 rechts (Vorrichtung) wird zwischen Druckring 2 und Zwischenring 3 eingeklemmt. Die „Schneid-

Bild 6.6: Schneidring-Stoßverschraubung (Ermeto)

ring-Stoßverschraubung" nach **Bild 6.6** arbeitet mit einem zusätzlichen Druckring 1, dessen gehärtete Dichtkante 2 in die Gegenfläche eindringt. Das Rohr kann dadurch ohne axiale Verschiebung aus- und eingebaut werden.

Schlauchverbindungen. Der Schlauch wird zwischen einer Tülle 1 und einer Fassung 2 durch Einschrauben der Tülle eingeklemmt, **Bild 6.7**. Das erfordert viel Erfahrung. Lösbare Schlauchleitungen werden häufig mit Schnellverschluss-Kupplungen ausgestattet, die im Prinzip aus zwei Rückschlagventilen bestehen (Stecker und Steckdose), **Bild 6.8**. Beim Zusammenstecken drücken sich die Kegel über die Stirnflächen 1 und 2 gegenseitig gegen Federkraft auf, die Durchflussquerschnitte werden freigeben. Abgedichtet wird über einen O-Ring. Zum Entkuppeln verschiebt man die Muffe gegen die Federkraft, so dass die Sperrkugeln beim

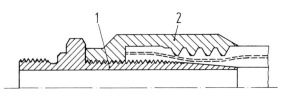

Bild 6.7: Schlauchverbindung

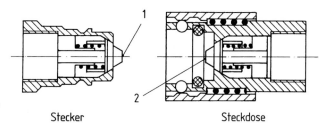

Bild 6.8: Schnellverschluss-Kupplung   Stecker   Steckdose

Ziehen in die Nut verdrängt werden können. Legt man die Hülse fest und gestaltet den Steckdosenanschluss axial flexibel, ergibt sich eine automatische *Abreißfunktion*.

6.2 Dichtungen

Einteilung, Anforderungen. Dichtungen sind in der Hydraulik kleine, unscheinbare Komponenten mit großer Wirkung, insbesondere bei Fehlfunktionen. Bei den *Berührungsdichtungen* (Gegensatz: berührungslose D.) unterscheidet man in *statische* (ruhende) und *dynamische* (bewegte) Dichtungen mit folgenden *Anforderungen:*
- möglichst gute *Dichtwirkung* (Leckölverluste, Umweltbelastung)
- möglichst geringe *Reibungskräfte* bei dynamischen Dichtungen (Energieverluste, Störung von Steuerketten und Regelkreisen, Restkräfte im Leerlauf)
- gute mechanische *Dauerhaltbarkeit* (Produktlebensdauer)
- gute *Verträglichkeit mit gängigen Druckflüssigkeiten* (Funktionssicherheit)
- geringer *Platzbedarf* und *Einbauaufwand* (Wirtschaftlichkeit)
- geringe *Herstellkosten* (Wirtschaftlichkeit)
- *thermische Beständigkeit*

6.2.1 Statische Dichtungen

Statische Dichtungen sind ruhende Dichtungen, das heißt solche, an denen kein Gleiten stattfindet. Flachdichtungen aus organischen oder metallischen Werkstoffen werden z. T. noch als Deckelabdichtungen verwendet. Die wichtigste statische Dichtung ist jedoch der O-Ring [6.14], der raumsparend und kostengünstig einzusetzen ist. O-Ringe und ihr Einbau (Maße) sind national in DIN 3771 (5 Teile) und global in ISO 3601 (6 Teile) genormt (teilweise in Bearbeitung). Angegeben werden Innen- und Schnurdurchmesser. O-Ringe weisen eine sehr geringe Oberflächenrauigkeit und relativ enge Toleranzen auf (z. B. 3,00 mm Ringdicke +/- 0,10 mm). Es gibt sie in fein gestuften Abmessungen (auch korrespondierend zu Zollmaßen). Nach [6.15] werden z. B. für 20 mm Innendurchmesser die Ringdicken 1,00; 1,30; 2,00; 2,50; 3,00; 3,50; 4,00; 4,50; 5,00; 6,00 angeboten – jeweils in mehreren Werkstoffen, deren Härte mit dem Druck steigt. Das Maß der Aufnahme muss im Interesse einer guten „Anfangsdichtheit" eine kleine definierte O-Ring-Vorspannung erzeugen (O-Ring ca 20% zusammengedrückt). Das ist in **Bild 6.9** a und b die radiale und bei c und d die axiale Nuttiefe bzw. Ausdrehung. Bei a und b sind Anfasungen (15°) wichtig, um den O-Ring beim Fügen nicht zu beschädigen. Beispiele für b findet man in Bild 5.63 und 5.73. Lösung d ist kostengünstig und z. B. bei Ventilverkettungen oder Plattenanschlüssen verbreitet (Bilder 5.63, 5.71, 5.72 und 5.75). Damit der O-Ring bei d nicht herausfällt, macht man den Durchmesser der Ausdrehung z. B. 2–3% kleiner als den Nenn-Außendurchmesser des O-Rings. Die Gegenfläche ist möglichst so zu bearbeiten, dass Feindrehriefen oder Schleifspuren nicht quer, sondern möglichst parallel zur O-Ring-Dichtlinie verlaufen. Die Spaltweite auf der druckabgewandten Seite muss sehr klein sein, damit der O-Ring nicht „extrudiert" wird. Faustwert für Härte 90 Shore A (rel. hart) und 400 bar: 0,03-0,04 mm [6.16]. Ggf. verwendet man Stützringe (z. B. aus PTFE bis 0,3 mm Spaltweite für 400 bar [6.15]).

6.2.2 Dynamische Dichtungen

Anforderungen. Bei kleineren Drücken und kleinen Bewegungsgeschwindigkeiten und eher niedriger Bewegungshäufigkeit (z. B. Hobby-Wagenheber) kann der O-Ring als dynamische Dichtung verwendet werden. Es sind besonders kleine Gleitflä-

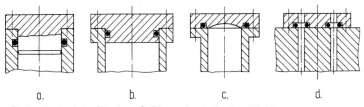

Bild 6.9: Einbaubeispiele für den O-Ring als statische Dichtung

chen-Rauigkeiten erforderlich – nach [6.15] $R_{max}<2$ μm. Die Vorspannung wird geringer gewählt als bei statischer Abdichtung.
Höhere Anforderungen an die Dichtstelle verlangen aufwendigere Lösungen [6.16]. Wirtschaftlich bedeutend sind vor allem Kolben- und Stangendichtungen. Man betrachtet sie zweckmäßig als *Dichtsystem* mit folgenden drei Teilfunktionen:
- *Dichten* (Druckgefälle Öl/Öl oder Öl/Luft)
- *Führen* (Kolben-Zylinder, Stange-Zylinderkopf)
- *Abstreifen* (Schmutz bei Kolbenstangen)

Bauarten. Bei der Mantelringdichtung in **Bild 6.10** wird ein O-Ring als Federelement zum Vorspannen des eigentlichen Dichtelements eingesetzt. Die Führung wird ohne zusätzliche Elemente durch den Kolben übernommen. Das ist auch bei der in Bildmitte gezeigten Nutringdichtung der Fall. Nutringe haben eine besonders gute

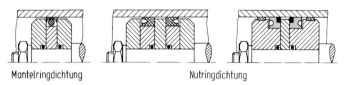

Mantelringdichtung   Nutringdichtung

Bild 6.10: Dynamische Dichtungen für Kolben

Dichtwirkung dadurch, dass die Dichtlippen druckabhängig an die Gleitfläche angepresst werden. Durch die geringe Vorspannung ist die Reibung unbelastet sehr klein [6.17] (kleine Rückstellkräfte). Für hohe Drücke wird die Extrusionsgefahr z. B. durch einen anvulkanisierten Stützring vermieden [6.16], siehe rechtes Beispiel. Hier wurden ferner zur Führung spezielle Gleitringe eingebaut.

Die in **Bild 6.11** dargestellte Dachmanschettendichtung wird typisch für Kolbenstangen oder Plungerzylinder für sehr harte Einsatzbedingungen verwendet. Die Dachmanschetten werden axial vorgespannt. Zusätzliche Elemente sorgen für Führen und Abstreifen. Der Manschettensatz hat wegen der großen Anzahl von Dichtkanten eine gute Dichtwirkung und lässt sich leicht nachstellen oder austauschen. Nachteilig ist die große Reibung – insbesondere bei kleinen Drücken.

Werkstoffe. Als typischen Werkstoff verwendet man für Nutringe und Abstreifer Nitrilkautschuk (Kurzzeichen NBR) und Polyurethane, insbesondere Polyether-Urethan-Kautschuk (AU) [6.18]. „Bio-Öle" stellen z. T. spezielle Anforderungen [6.16, 6.19]. Für einfache Führungselemente genügt oft Polyamid (PA), für hohe Ansprüche (hohe Temperaturen, geringe Reibung) setzt man Polytetrafluorethylen ein (PTFE, Handelsname z. B. „Teflon"), das chemisch extrem stabil ist (Sonderflüssigkeiten).

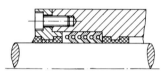

Bild 6.11: Dichtsystem mit Dachmanschettensatz, vorwiegend für Kolbenstangen

6.2.3 Betriebsverhalten von Dichtungen

Reibungsverhalten. Statische und dynamische elastische Dichtungen sind im Ruhezustand gewöhnlich völlig dicht. Bei dynamischen Dichtungen entsteht durch die Bewegung ein hydrodynamischer Ölfilm mit (sehr kleinem) Leckölstrom. Der Ölfilm ist erwünscht, weil er die Flächen trennt (s. Kap. 2.4). Da die zu erwartende Ölfilmdicke bei Hochdruckdichtungen in der Größenordnung von nur 0,1 μm liegt, muss die Gegenfläche der Dichtung sehr glatt sein, in [6.20] wird z. B. für Zylinderrohre innen eine Rautiefe $R_0 < 0{,}05$-$0{,}3$ μm verlangt. Ob sich ein trennender Ölfilm ausbildet, lässt sich durch Messung der Reibungskraft feststellen, **Bild 6.12** [6.17]. Das Auftreten von *Stribeck*-Kurven beweist das Aufschwimmen der Dichtung ab einer gewissen Gleitgeschwindigkeit (s. Kap. 2.4 und weitere Messergebnisse in [6.21]). Die Öltemperatur wurde in Bild 6.12 konstant gehalten, die örtliche Viskosität im Spalt war vermutlich trotzdem über der Gleitgeschwindigkeit leicht absinkend, was die rechten Stribeck-Äste etwas „herabbiegt". Nutringdichtungen können durch Einlaufen und Druckprofiländerungen besonders geringe Reibungskräfte erreichen [6.21]. Der so genannte *Stick-Slip-Effekt* tritt beim Anfahren und bei kleinen Gleitgeschwindigkeiten auf. Er entsteht dadurch, dass die Haftreibung zwischen Kolben und Zylinder größer ist als die sich unmittelbar anschließende Gleitreibung. Der Kolben muss zunächst mit dem für die Überwindung der Haftreibung notwendigen höheren Druck beaufschlagt werden. Dadurch wird er nach dem „Losbrechen" durch die Federwirkung der Ölsäule kurzzeitig stark beschleunigt; damit sinkt der Druck ab, der Kolben bleibt stehen, so dass die Haftreibungskraft erneut überwunden werden muss usw. Werden bei doppelt wirkenden Zylindern beide Kolbenseiten (z. B. bei Eilgangschaltung, Bild 4.7) gleichzeitig druckbeaufschlagt, kann die Reibung gegenüber einseitiger Belastung erheblich ansteigen.

Schleppdruck. Bei der Gestaltung von Kolben und Kolbenstangen muss verhindert werden, dass Öl in einem längeren Spalt in Bewegungsrichtung mitgeschleppt wird und gegen die Abdichtung einen Schleppdruck aufbaut, der sich dem normalen Arbeitsdruck überlagert. Ggf. müssen Entlastungskanäle vorgesehen werden.

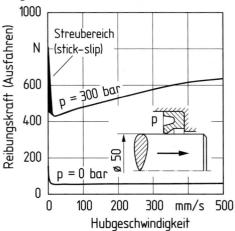

Bild 6.12: Gemessene Reibungskräfte an einer Polyurethan-Nutringdichtung für ausfahrende Kolbenstange. Öl HLP 46 bei 30 °C. Dichtring neu. Nach [6.17]

6.3 Ölbehälter

6.3.1 Anforderungen

Ölbehälter haben folgende Aufgaben zu erfüllen:
- *Druckflüssigkeit aufnehmen*.
- Vorrat halten für *Wärmespeicherung*
- Vorrat halten für *Schräglagen* (z. B. 20° bei Traktoren)
- ggf. Vorrat halten für *entnehmbares Ölvolumen* (große Zylinder)
- *Wärme* aus dem Öl abführen an die Umgebung
- *Schmutz, Wasser* und *Luftblasen* abscheiden
- *Öl beruhigen* (für möglichst laminares Wiederansaugen)
- teilweise: *Pumpenaggregat und Ventile usw. aufnehmen* unter Öl.

Für eine erste Abschätzung des erforderlichen Behältervolumens geht man von der in 1 Minute geförderten Ölmenge aus und multipliziert diese mit folgenden Faktoren, die gleichzeitig die Tank-Verweilzeiten in Minuten darstellen:
- Mobilhydraulik: 0,5 bis 1,5 (PKW und Flugzeuge z. T. weit unter 0,5)
- Stationäre Anlagen 2 bis 5 (steigend mit Einschaltdauer und Verlustgrad)

Zusätzlich sollte man 15% des Ölvolumens als Luftraum vorsehen [6.22].

Hinsichtlich der konstruktiven Gestaltung unterscheidet man *offene* und *geschlossene* Behälter. „Offen" heißt: mit Umgebungsdruck belüftet. Während geschlossene Behälter für kleine Ölvolumina (z. T. bei Straßenfahrzeugen, generell im Flugzeugbau) verwendet werden, herrschen bei sonstigen Hydraulikanlagen offene Behälter vor.

6.3.2 Offene Ölbehälter

Grundsätzlich sollte der Behälter so groß wie möglich gewählt werden, damit für die Wärmeabfuhr und für das Abscheiden von Schmutz, Wasser und Luft genügend Verweilzeit zur Verfügung steht (siehe o. g. Empfehlungen).

Wichtig für die Kühlung sind vor allem die Seitenwandflächen. Daher ist es günstiger, in die Höhe und nicht etwa in die Breite zu bauen. Das Beispiel in **Bild 6.13** zeigt im Schnittbild die Saugleitung 1 mit einem groben Saugfilter sowie die Rücklaufleitung 2, die Be-/Entlüftung 3 (mit Grobfilter) und den Öl-Einfüllstutzen 4 (mit Grobfilter). Das Ende des zur Wand hin abgeschrägten Rücklaufrohres 2 sollte mindestens 200 mm unter dem minimalen Ölspiegel liegen. Zwischen Ölein- und -auslass befindet sich das Beruhigungsblech 5, das einen langen u-förmigen Weg des Fluids bei kleiner Strömungsgeschwindigkeit erzwingt und so die Abscheidung von Schmutz, Wasser und Luft unterstützt. Zulässige Wassergehalte sollten wegen Hydrolysegefahr (Bioöle) und Wälzlagerschädigung ≤ 100ppm sein.

6 Elemente und Geräte zur Energieübertragung

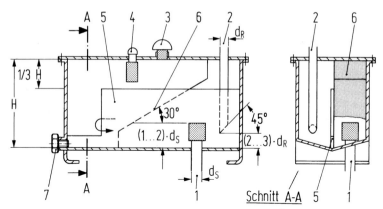

Bild 6.13: Beispiel für die Anordnung der Elemente eines Ölbehälters

Zur Abscheidung der Luftbläschen dient ein Luftleitsieb 6 mit ca. 0,3 mm Maschenweite und ca. 30° Neigung [6.22]. Dessen Strömungswiderstand erzeugt gewisse Höhenunterschiede. Ein Ölablassstutzen 7 ist vorzusehen. Die Durchmesser von Saug- und Rücklaufleitung ergeben sich aus Abschnitt 6.1. Große Ölbehälter haben einen aufgeschweißten Deckel und ein Mannloch.

6.3.3 Geschlossene Ölbehälter

Geschlossene Ölbehälter haben den Vorteil, dass hier das Öl im Behälter völlig von der Außenluft abgetrennt wird, so dass kein Schmutz oder Wasser und auch weniger Luft aus der Umgebung vom Öl aufgenommen werden kann.

Dieses erreicht man z. B. über ein Luft- oder Gaspolster, das am besten über eine elastische Kunststoffblase auf das Öl wirkt, **Bild 6.14**. Durch Füllen der Blase mit Luft oder Stickstoff kann im Ölvolumen ein Vordruck erzeugt werden, der Wärmedehnungen des Öls ausgleicht, Luftausscheidungen unterdrückt und höhere Druckverluste in der Saugleitung und der Pumpensaugseite zulässt. Hohe Vordrücke ermöglichen hohe Pumpendrehzahlen und höhere Strömungsgeschwindigkeiten im Saugrohr als nach Kap. 6.1 für Umgebungsdruck empfohlen. Dieses bedeutet hohe Leistungsdichte. Die Behälter müssen auf die Druckbelastung ausgelegt sein.

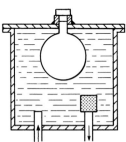

Bild 6.14: Geschlossener zylindrischer Ölbehälter mit leichter Vorspannung der Druckflüssigkeit durch eine flexible Gasblase (Füllventil).

Ein besonders gutes Beispiel dafür ist der Flugzeugbau. Hier wendet man das Prinzip allerdings etwas anders an. Üblich sind zylindrische Ölbehälter, die mit einem Stufenkolben arbeiten, **Bild 6.15** [6.23]. Der kleinere Kolben wird auf seiner Ringfläche durch Anschluss 1 mit Arbeitsdruck beaufschlagt und er belastet über die Ringfläche des großen Kolbens sowie seine eigene Gesamtfläche die Niederdruckseite, siehe Anschluss 2 und Räume 3 und 4. Eine Gasfüllung in der Kammer 5 wird über den Füllstutzen 5 eingebracht und ermöglicht eine Grundvorspannung und einen Arbeitsspielraum, z. B. für ausgefahrene Zylinder.

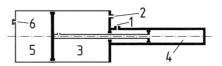

Bild 6.15: Ölbehälter für Flugzeuge mit Vorspannung durch Arbeitsdruck [6.23]

Wärmeabfuhr. Die Berechnung der Wärmeabfuhr am Behälter wird nicht hier, sondern in größerem Zusammenhang in Abschnitt 8.2.3 erläutert.

6.4 Filter

6.4.1 Verschmutzungsbewertung, Filterfeinheit, Anforderungen

Eine Übersicht über „Filtration in hydraulischen Systemen" findet man in [6.24].

Art und Bedeutung der Kontamination. Feststoff-Schmutzteilchen sind nach [6.25] die bedeutendste Ursache für Fehlfunktionen in Hydraulikanlagen. Nach Baćké [6.26] stieg der Verschleiß von Verdrängermaschinen bei kontrolliert erhöhter Feststoff-Verschmutzung vor allem bei Flügelzellen- und Außenzahnradmaschinen stark an, weniger bei Schrägachsen- und Innenzahnradmaschinen. Schmutzteilchen können durch Rückstände aus dem Fertigungsprozess, wie Gusssand, Späne, Schleifstaub, Schweißrückstände, durch Staub- oder Rostteilchen und durch Verschleiß oder Abrasion in die Anlage gelangen, wo sie durch Verschleiß weitere Teilchen erzeugen und selbst z. T. kleiner „gemahlen" werden. Ebenso können sie auch zur Verstopfung von Drosselbohrungen, zum Verklemmen von Ventilkolben und zum Abschleifen von Material (Abrasion, Erosion, z. B. bei Ventilen und Steuerböden) führen. Fluidverschmutzung reduziert ferner die Ermüdungslebensdauer von Wälzlagern (hoher Kostenanteil bei Schrägachsen-Axialkolbenmaschinen, Kap. 3.1.1). Das Spülen einer Anlage nach Montage kann daher sehr sinnvoll sein [6.27].

Messung der Kontamination. Die Feststoffverschmutzung kann mit käuflichen Zählgeräten nach Größe und Häufigkeit automatisch bestimmt werden. Eine anschauliche Grundlage der Auswertemethodik ist das Verschmutzungsdiagramm nach E.C. Fitch [6.28], **Bild 6.16** (nach [6.29]). Aufgetragen ist die Summenhäufigkeit der Anzahl Teilchen je cm^3 (log) über der Teilchengröße in μm (log log). Eingetragene Summenhäufigkeiten (auch „Schmutzkollektive") ergeben in diesem Netz grob betrachtet Geraden, siehe die beiden fetten Linien für Filterzu- und -ablauf. Ablesebeispiel für

6 Elemente und Geräte zur Energieübertragung

Linie „Filterzulauf" bei 10 μm : Etwa 1,5·10⁴ Teilchen ≥ 10 μm sind in jedem cm³ vorhanden. Die vertikale Differenz der fetten Kurven kennzeichnet die Filterwirkung. Zur Beurteilung der Schmutztoleranz einer Komponente kann deren Toleranzprofil in das gleiche Diagramm eingetragen werden, wie es hier für eine Pumpe für 1000 h Lebensdauer geschah. In der Realität muss für die fetten Linien zusätzlich das Zeitverhalten der Verschmutzung berücksichtigt werden. Wenn Bild 6.16 z. B. ein Beharrungszustand wäre, müsste der Filter unbedingt an der Pumpensaugseite angeordnet sein (Schaltplan). Die dünnen Kurven im Diagramm kennzeichnen die Gesamtverschmutzung als Masse in mg je dm³ für charakteristische Schmutzmischungen (Teilchendichten).

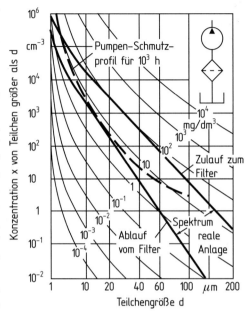

Bild 6.16: Verschmutzungsprofile eines Hydrauliköls mit Toleranzprofil einer Pumpe [6.29]

Um ein Gefühl für Filterfeinheiten zu bekommen, werden zum Vergleich Spalthöhen bei hydrostatischen Komponenten (belastet, einschließlich Verkantung) für Schwimmreibung (s. Kap. 2.4) wie folgend abgeschätzt:

Kolbenmaschinen: - Kolben/Zylinder 0,5 bis 40 μm

- Steuerboden 0,5 bis 5 μm (Dichtsteg)

Zahnradmaschinen   - Kopfspalt 0,5 bis 5 μm (spaltkompensiert)

- Seitenspalt 1 bis 5 μm (spaltkompensiert)

Flügelzellenmaschinen - Kopfspalt 0,5 bis 5 μm

- Seitenspalt (nicht kompensiert) 5 bis 15 μm

Wegeventile   - Kolben/Zylinder 2 bis 25 μm

Kleine Steuerdüsen   - ⌀ 100 bis 500 μm

Filterfeinheit und ß-Wert. Die geometrische Filterfeinheit kann bei gleich großen Durchlassöffnungen am Filterelement (Oberflächenfilter, s. u.) durch die *Maschenweite*, bei ungleich großen Durchlässen (Tiefenfilter, s. u.) durch die *statistische Verteilung der Porengrößen* angegeben werden. Entsprechende Daten sind für die Filterwirkung von Oberflächenfiltern („Siebe") ein guter Anhalt, während sie für die Wirkung von Tiefenfiltern („Faserhaufwerke") nicht so brauchbar sind und daher hier auch kaum benutzt werden. Als praxisnäher hat sich die direkte Messung der Filterwirkung mit dem genormten sog. *Multipass-Test* („Multi-pass method" ISO 4572 und 16889) herausgestellt. Im Prinzip wird die Verschmutzung vor und nach dem Filter gemessen (Teilchengrößen und -anzahl) und die Abscheidung für bestimmte Betriebsbedingungen und Teilchengrößen begutachtet. Dazu dient der sog. *β-Wert*. Er kennzeichnet das Verhältnis aller im Filterzulauf ermittelten Teilchen ab einer betrachteten Korngröße zu der korrespondierenden Teilchenzahl im Filterablauf, durchgeführt mit einer künstlich verschmutzten Testflüssigkeit. Beispiel: β_{10} = 75 bedeutet: 75mal mehr Teilchen ≥ 10 μm im Filterzulauf als im Ablauf. Je größer die betrachtete Grenz-Partikelgröße ist, desto größer sind gewöhnlich auch die *β*-Werte [6.24]. Dieser Trend ist auch aus Bild 6.16 erkennbar. Diejenige Partikelgröße, bei der der *β*-Wert im Test ≥75 ist, darf als absolute Filterfeinheit angegeben werden [6.24].

Reinheitsklassen nach ISO. In der früheren ISO 4406 waren Reinheitsklassen mit Hilfe von zwei Kennzahlen definiert worden: Die erste codierte die Konzentration von Teilchen ≥5 μm und die zweite ≥15 μm. Eine Kennzahl 11/8 stand z. B. für ein extrem sauberes Öl (Luft- und Raumfahrt), 16/13 für eine gute durchschnittliche Sauberkeit (Mobilhydraulik). Die neue ISO 4406 (1999) [6.30] arbeitet mit drei Stufen: ≥4, ≥6 und ≥14 μm (c), wobei die Stufen ≥6 und ≥14 μm wegen modifizierter Messmethodik (c) etwa den alten Stufen ≥5 bzw. 15 μm entsprechen [6.24]. Die alten Beispiele 11/8 und 16/13 sind daher etwa gleichwertig zu „neu" 14/11/8 und 19/16/13.

Allgemeine Anforderungen an Filter. Im Vordergrund stehen die *Abscheideleistung*, die *Schmutz-Aufnahmekapazität*, der *Druckverlust* (neu bis voll verschmutzt), die *Robustheit* gegenüber dynamischen Differenzdruckschwankungen und die *Reinigungsmöglichkeit* bzw. der *einfache Austausch* vollgesetzter Wegwerfpatronen.

6.4.2 Filterelemente

Die meisten Filterelemente werden in Form von Filtereinsätzen hergestellt, die dann meist auswechselbar in entsprechende Gehäuse eingesetzt werden. Bei den Einsätzen unterscheidet man, wie schon erwähnt, zwischen *Oberflächenfiltern* und *Tiefenfiltern*.

Oberflächenfilter. Es handelt sich um Filtereinsätze mit konstanten Poren-, Maschen- oder Spaltweiten und Abscheidung „an der Oberfläche". Beispiele:

Spaltfilter (Filterfeinheit 25 bis 500 μm) bestehen aus einer größeren Zahl von Blechscheiben, die lamellenartig mit Distanzstücken übereinander geschichtet sind. Die Schmutzteilchen setzen sich an der Außenfläche ab und können ohne Betriebsunterbrechung oder Ausbau mit einem drehbaren Spalträumer abgestreift werden.

Siebfilter (Filterfeinheit 5 bis 100 μm) bestehen meist aus einem Drahtgeflechtgewebe. Um größere Oberflächen zu erreichen, werden diese – wie auch die später aufgeführten Zellulosewerkstoffe – stern- oder scheibenförmig gefaltet. Die Filterelemente sind teuer, können jedoch nach Herausnahme gereinigt werden.

Tiefenfilter. Diese in der Hydraulik besonders verbreiteten Filtereinsätze haben eine Struktur wie ein „Faserhaufwerk", d. h. es gibt keine einheitlichen Maschenweiten oder Poren. Tiefenfiltereinsätze bestehen als Wegwerfelemente meist aus zusammengepressten Faserstoffen auf Zellulose-, Kunststoff-, Glas- oder Metallbasis (auch in mehreren Schichten). Filter aus Sintermetall sind im Prinzip auch Tiefenfilter, haben jedoch durch zusammengepresste Kügelchen etwa gleicher Größe eine weitaus geringere Porengrößen-Bandbreite als Faserstoff-Einsätze. Bei mittleren Filterfeinheiten von 1 bis 50 μm sind sie auch besonders robust. Man verwendet sie für sehr kleine Förderströme – z. B. für den Hilfsölstrom von Düse-Prallplatte-Systemen in Servoventilen (Bild 5.26).

Magnetfilter. Stahlabriebteilchen können durch Permanentmagnete erfasst werden, die man im Ölbehälter an Stellen geringer Strömungsgeschwindigkeit einbaut.

6.4.3 Filteranordnung, Filterbauarten, Betriebsverhalten

Filter können in der Saugleitung, auf der Niederdruckseite, der Hochdruckseite, im Rücklauf oder in einem getrennten Kreislauf eingesetzt werden. Die vorgesehene Einsatzart hat dabei Einfluss auf das Filter-Gesamtkonzept.

Anordnungen. Einige Standardanordnungen zeigt **Bild 6.17**.

Saugfilter. Zum Schutz der Pumpe vor groben Verunreinigungen setzt man relativ grobe Filter (um 50 bis 100 μm) mit Drahtgeflecht-Sieben ein (sog. „Schutzfilter"). Soll der Filter als „Arbeitsfilter" (auch „Systemfilter") zur Einhaltung einer Öl-Reinheitsklasse beitragen, sind wesentlich engere Maschenweiten notwendig und prinzipiell auch möglich, erfordern aber wegen des sehr kleinen zulässigen Druckabfalls (Gefahr von Luftblasen) auf der Saugseite sehr große Filterflächen.

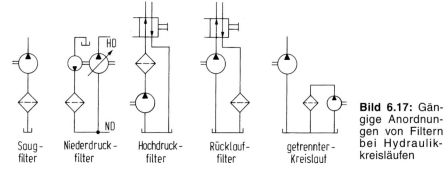

Bild 6.17: Gängige Anordnungen von Filtern bei Hydraulikkreisläufen

Saug-filter | Niederdruck-filter | Hochdruck-filter | Rücklauf-filter | getrennter Kreislauf

Niederdruck-Filter. Sie werden, wie in Bild 6.17 gezeigt, z. B. hinter Niederdruckpumpen eingesetzt, die ihren Förderstrom einem Rücklaufstrom derart zuspeisen, dass die Hochdruckpumpe mit einem saugseitigen Vordruck (von z. B. 5 bis 30 bar) arbeitet, den man teilweise auch für Steuerfunktionen nutzt (dann 15 bis 30 bar). Dieses Prinzip wird z. B. in geschlossenen Hydraulikkreisläufen hydrostatischer Getriebe eingesetzt. Da nur ein Teilförderstrom gefiltert wird, können entstehende Abriebteilchen mehrmals die Anlage durchlaufen, bevor sie abgeschieden werden.

Hochdruck-Filter. Sie erfassen auch den in der Pumpe entstehenden Abrieb und werden daher bei sehr empfindlichen Folgegeräten, wie z. B. Servoventilen, eingesetzt. Die Filterfeinheit von Hochdruckfiltern kann ganz auf die zu schützenden Geräte abgestimmt werden.

Rücklauffilter. Die sehr verbreiteten Rücklauffilter werden im ablaufenden meist drucklosen Hauptstrom oder (weniger wirksam) im Rücklauf-Nebenstrom eingesetzt. Die Schmutzteilchen werden leider erst abgeschieden, nachdem sie alle Geräte einer Anlage durchlaufen haben. Diesen Nachteil kann man z. B. durch Spülen/Filtern abschwächen.

Filter in getrenntem Kreislauf. Dieses System wird vielfach für größere Anlagen verwendet; die Filter können dann zwar relativ klein ausgeführt werden, benötigen aber eine eigene Pumpe und erfassen immer nur einen Teil des Ölstroms.

Bauarten kompletter Filter. Die **Bilder 6.18** und **6.19** zeigen je ein *Niederdruck-* und ein *Hochdruck-Filter.* In beiden Fällen werden die Schmutzteilchen des Zulaufs außen abgeschieden. Bei dem abgebildeten Niederdruckfilter wird die Anschraubpatrone komplett mit Blechgehäuse ausgetauscht. Andere Bauarten (für höhere Drücke) arbeiten mit Gussgehäusen und inneren Austauschpatronen. Hochdruckfilter sind bezüglich Gehäuse und Differenzdruckfestigkeit nochmals erheblich aufwendiger und teurer. Beide Filtergehäuse haben Druckventile, die bei zu großem Druckabfall einen Bypass öffnen, z. T auch mit Verschmutzungsanzeige. Da die Filterung beim Ansprechen reduziert ist (Teilstrom), wird der Druckabfall moderner Filter zunehmend über

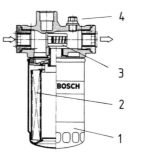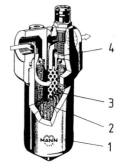

Bild 6.18 (links): Niederdruckfilter (Bosch). 1 Anschraubpatrone, 2 Vlies zwischen Lochblechen, 3 Umgehungsventil, 4 Kopfteil

Bild 6.19 (rechts): Hochdruckfilter 350 bar (Mann & Hummel). 1 druckfestes Gehäuse, 2 Vlieseinsatz, 3 stützendes Lochblech, 4 Umgehungsventil und Verschmutzungsanzeige

elektrische Fernanzeigen überwacht, was wegen des möglichen „Filteraustauschs bei Bedarf" auch Betriebskosten spart.

Betriebsverhalten von Filtern. Für das Verständnis besonders wichtig sind die beiden in **Bild 6.20** skizzierten Betriebsdiagramme, an denen man typische Unterschiede zwischen *Oberflächenfilter* (1) und *Tiefenfilter* (2) erkennen kann. Das Oberflächenfilter hat anfangs einen kleineren Druckverlust (links), dieser steigt dann aber wegen der nur zweidimensionalen Schmutz-Aufnahmekapazität steil an (Tiefenfilter dreidi-

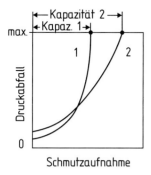
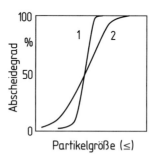

Bild 6.20: Druckverlust und Abscheidegrad von Filtern. 1 Oberflächenfilter („Sieb"), 2 Tiefenfilter („Faserhaufwerk")

mensional). Dafür hat das Oberflächenfilter eine wesentlich steilere und damit bessere Abscheidekennlinie (rechts). Es sind auch Kombinationen möglich. Weitere Hinweise findet man in [6.31].

6.5 Hydrospeicher

6.5.1 Aufgaben und Anforderungen

Hydrospeicher haben grundsätzlich die Aufgabe, ein bestimmtes Ölvolumen aus der Hydraulikanlage unter Druck aufzunehmen und es bei Bedarf unter Druckabsenkung der Anlage wieder zuzuführen [6.32]. Damit arbeiten sie ähnlich wie eine elektrische Kapazität. Im Detail kann ihr Einsatz folgende Motive haben:

- Bereitstellung eines Ölvolumenstroms für *kurzzeitigen Spitzenbedarf* (dadurch u. U. Verwendung einer kleineren Pumpe möglich)
- Ausgleich von *Leckölverlusten* und von *Volumenänderungen* infolge von Temperatur- oder Druckschwankungen (z. B. bei vorgespannten Behältern)
- Einsatz als *passive Feder* in abgeschlossenen Systemen (Hydropneumatische Fahrzeugfederungen, Steinsicherungen bei Pflügen usw.)
- Bereitstellung von *Energie für Notfälle* (z. B. bei Flugzeughydrauliken)
- *Dämpfung* von Förderstrom- und Druckschwankungen (nur bedingt zu empfehlen, siehe Abschnitt 3.8.3.).

Als Anforderungen sind zu nennen: hohe mögliche *Förderströme (Dynamik)*, kleines *Bauvolumen*, hohe *Zuverlässigkeit*, Erfüllung gängiger *Vorschriften* (TÜV) – insbesondere der europäischen „Druckgeräterichtlinie" 97/23/EG. Bei der Verwendung von Speichern in Hydraulikanlagen müssen auch andere Elemente besonders sicher sein. Bei Rohr- oder Schlauchbrüchen treten ggf. Ölstrahlen mit sehr hoher Energiebeladung aus. Gängige Sicherheitsvorschriften sind zu beachten.

6.5.2 Speicherbauarten und Faustwerte

Arbeitsprinzip am Beispiel. Vor der Behandlung der Bauarten sei das Arbeitsprinzip an dem besonders verbreiteten Membranspeicher demonstriert, **Bild 6.21**. Der geschweißte Druckbehälter 1 ist mit einer gewölbten gummielastischen Kunststoffmembran 2 (z. B. aus Perbunan) ausgerüstet, die unten einen Ventilteller 3 trägt. Dieser Teller verschließt bei völliger Entleerung des Speichers (links fast erreicht) die Bohrung des Druckmittelanschlusses 4 und schützt die Membran gegen diese Bohrung. Der obere Raum ist mit Stickstoff gefüllt, der vor allem im Interesse einer möglichst großen speicherbaren Energiemenge vorgespannt wird (Ventil). Steigt der Druck in der Hydraulikanlage, wird das Gas verdichtet, der Speicher ist gefüllt (rechts).

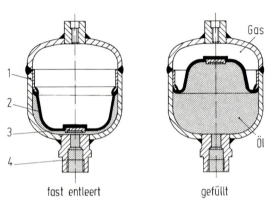

Bild 6.21: Geschweißter Membranspeicher (HYDAC) in zwei Betriebszuständen

Bauarten und Faustwerte. Man unterscheidet *Blasenspeicher, Membranspeicher* und *Kolbenspeicher*, **Bild 6.22**. Stickstoffgas wird auf den Druck p_0 vorgespannt und wirkt bei allen drei Bauarten über ein trennendes druckübertragendes Element (Blase, Membran, Kolben) auf die Fluid-Seite. Die bei Kolbenspeichern sehr vereinzelt üblichen Tellerfederpakete erreichen bei Hochdruck nach [6.33] nur Speicher-Energiedichten um 10 %, bezogen auf Stickstoffspeicher. Ein weiterer Vorteil von Stickstoff besteht darin, dass der gasseitige Anschluss in Sonderfällen nicht nur zum Laden, sondern auch permanent an eine Stickstoff-Druckflasche angeschlossen werden kann [6.32].

Das *charakteristische Druckverhältnis* ist bei der Speicheranwendung das Verhältnis des maximalen Arbeitsdruckes in der Anlage p_2 zum Gas-Vorspanndruck p_0.

6 Elemente und Geräte zur Energieübertragung

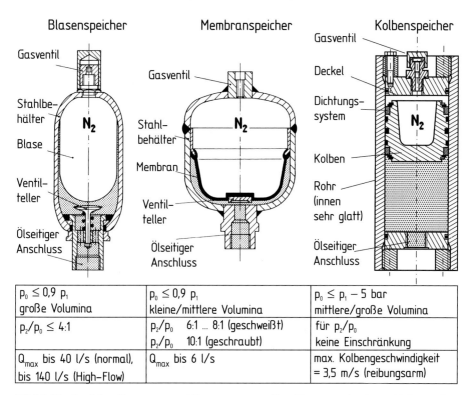

Bild 6.22: Speicher-Bauarten und Faustwerte. p_0 Gas-Vorspanndruck, p_1 kleinster Betriebsdruck, p_2 größter Betriebsdruck bei geladenem Speicher

Für größere Volumina sind *Blasenspeicher* erforderlich, Bild 6.22 links. Im Druckmittelanschluss ist ein Tellerventil montiert, das bei völliger Entladung des Speichers durch die vorgespannte Speicherblase gegen Federdruck schließt.

Der *Membranspeicher* (Mitte) verkraftet größere Druckverhältnisse, weil mit der Membran (im Gegensatz zur Blase) sehr kleine Gasvolumina möglich sind. Die geschweißte Bauart ist wegen der niedrigen Herstellkosten sehr verbreitet.

Bei *Kolbenspeichern* (rechts) werden Gas und Flüssigkeit durch einen frei im Zylinder beweglichen „fliegenden Kolben" voneinander getrennt. Das Druckverhältnis ist hier nicht durch die Verformung von Blase oder Membran eingeschränkt, so dass ggf. auch Werte über 10:1 möglich sind. Da der Kolben gegen den oberen Anschlag gefahren werden kann, ist der Kolbenspeicher die geeignetste Bauart für angeschlossene Gasflaschen (s. o.). Sein Hubvolumen ist dann gleich seinem Speichervolumen. Seine Dynamik steht dagegen etwas hinter den beiden anderen Bauarten zurück. Ein kleiner

Nachteil besteht ferner in der Reibung der Kolbendichtung. Die diesbezügliche Störgröße „Zylinderaufweitung durch Druck" lässt sich durch einen Kunstgriff ausschalten, der in der Flugzeughydraulik angewendet wird [6.23], **Bild 6.23**. Das Arbeitsprinzip ist identisch mit dem von Bild 6.22, jedoch gleitet der Kolben 1 in einem

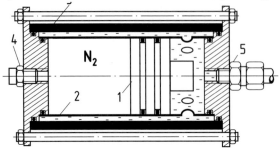

Bild 6.23: Kolbenspeicher mit druckentlastetem Zylinder für Flugzeug-Hydrauliksysteme. (frei skizziert in Anlehnung an Hinweise in [6.23] und [6.32])

dünnwandigen Zylinder 2, der völlig druckentlastet ist, weil er auch „außen" von Drucköl beaufschlagt wird. Den Druck nimmt der äußere Zylinder 3 auf, der große Dehnungen aufweisen darf, so dass man konsequent leicht bauen kann (z. B. mit CFK-Rohr und Zugankern). Gasventil 4 und Verschraubung 5 bilden die Anschlüsse.

6.5.3 Berechnung von Speichern

In **Bild 6.24** sind am Beispiel des Membranspeichers die drei Arbeitszustände eines Speichers mit den gebräuchlichen Bezeichnungen dargestellt.

Das gesamte *verfügbare Ölvolumen* entspricht der Gasvolumenänderung ΔV von b nach c, das heißt der Differenz zwischen dem Gasvolumen V_1 (p_1) und V_2 (p_2):

$$\Delta V = V_1 - V_2 \qquad (6.5)$$

Das Betriebsverhalten zwischen diesen Punkten wird durch die Zustandsänderungen des Stickstoffgases (p-V-Diagramm) bestimmt. Unter der vereinfachenden Voraussetzung, dass Stickstoff ein ideales Gas und Öl inkompressibel sein möge, können die Zustandsänderungen durch die folgende bekannte Gleichung beschrieben werden:

$$p \cdot V^n = const. \qquad (6.5)$$

Darin kann der Polytropenexponent n einen Wert zwischen 1 und 1,4 annehmen. Die Extremfälle bedeuten:

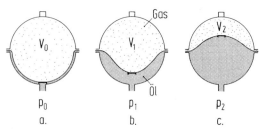

Bild 6.24: Arbeitszustände eines Membranspeichers: a. entleert, b. minimale Ölfüllung, c. maximale Ölfüllung

6 Elemente und Geräte zur Energieübertragung

$n = 1,0$: *isotherme Zustandsänderung.* Die Auf- bzw. Entladung geschieht unendlich langsam, ein voller Temperaturausgleich zwischen Gas und Umgebung findet statt.

$n = \kappa = 1,4$: *adiabate Zustandsänderung.* Die Auf- bzw. Entladung läuft in unendlich kurzer Zeit ab, es ist keinerlei Temperaturausgleich möglich.

Praktische Fälle liegen zwischen diesen beiden Extremen, jedoch eher in der Nähe des *adiabaten* Falles, insbesondere bei Entladung.

Es gilt für ΔV:

isotherm: $$\Delta V_{\text{isoth.}} = V_1 \cdot \left(1 - \frac{p_1}{p_2}\right) \tag{6.6}$$

adiabat: $$\Delta V_{\text{ad.}} = V_1 \cdot \left(1 - \frac{p_1}{p_2}\right)^{\frac{1}{\kappa}} \tag{6.7}$$

Bei rein adiabater Kompression erhöht sich die absolute Temperatur des Gases von T_1 auf T_2 wie folgt:

$$T_2 = T_1 \left(\frac{p_2}{p_1}\right)^{\frac{\kappa-1}{\kappa}} = T_1 \left(\frac{V_1}{V_2}\right)^{\kappa-1} \tag{6.8}$$

Aufgrund von Erfahrungen legt man meist die adiabate Zustandsänderung zu Grunde, obwohl in manchen Fällen die Aufladung eher isotherm (langsam) abläuft.

In der Praxis nutzt man für die Berechnung von Hydraulikspeichern Diagramme, die auf o. g. Gleichungen basieren, **Bild 6.25**. Damit kann entweder aus den vorgegebenen Minimal- und Maximaldrücken der Anlage p_1 und p_2 das im Speicher verfügbare Ölvolumen $\Delta V = V_1 - V_2$ ermittelt werden, oder umgekehrt. In Bild 6.25 ist ein Beispiel für $p_0 = 40$ bar für adiabate Zustandsänderung eingetragen.

Speicherauslegungen werden auch im Internet angeboten: http://www.hydac.com.

6.5.4 Sicherheitsbestimmungen

Hydraulikspeicher mit pneumatischer Druckerzeugung unterliegen den Unfallverhütungsvorschriften für Druckbehälter. Maßgeblich ist in Europa die EG-Richtlinie 97/23/EG (29.5.1997, ab 1.6.2002 bindend). Dort werden „Druckgeräte" nach folgenden drei Kriterien in vier Kategorien I bis IV eingeteilt: Betriebsdruck, Volumen und Art des Fluids. Der Hersteller von Druckgeräten muss jedes Gerät vor dem Inverkehrbringen einem „Konformitätsbewertungsverfahren" unterziehen. Gegebenenfalls kann auch der TÜV Auskunft geben.

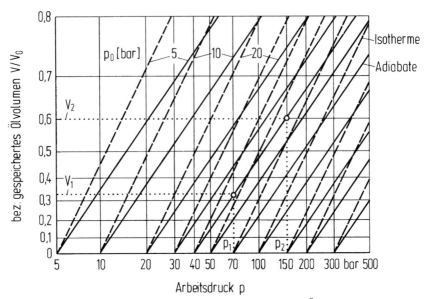

Bild 6.25: Arbeitsdiagramm zur Ermittlung des verfügbaren Ölvolumens oder der verfügbaren Drücke eines Hydrospeichers

6.6 Wärmetauscher

Wärmetauscher sind in der Hydraulik Geräte, die gezielt Wärme zuführen (heizen) oder entziehen (kühlen). Sie sorgen dafür, dass die für eine Hydraulikanlage vorgesehene *Betriebstemperatur* und *Betriebsviskosität des Fluids* eingehalten wird. Gängige Temperaturen liegen stationär bei 40 bis 60 °C, bei mobilen Systemen eher bei 60 bis 80 °C [6.34, 6.35]. Je höher bei vorgegebenen Verlusten die zulässige Temperatur gewählt wird, desto geringer wird der Kühlungsaufwand. Die Ölwahl stimmt man bezüglich Viskosität so auf die Auslegungstemperatur ab, dass man optimale Funktionen und Wirkungsgrade erreicht. Höhere Temperaturen als 80 °C sollte man möglichst vermeiden, da sie Sondermaßnahmen wie z. B. besondere Dichtungswerkstoffe oder kürzere Ölwechselintervalle erfordern (insbesondere bei pflanzenölbasierten Fluiden, s. Kap. 2.1.2 und [6.34]).

6.6.1 Heizer (Vorwärmer)

Der Einsatz von Heizgeräten wird erforderlich, wenn die Starttemperaturen so niedrig sind (z. B. bei Winterbetrieb in kalten Ländern), dass die Pumpen infolge zu hoher Viskosität nicht mehr selbst ansaugen können. Ebenso kann Vorwärmen bei hochgenauen Werkzeugmaschinen sinnvoll sein. Nach dem Anwärmen der Anlage wird das

6 Elemente und Geräte zur Energieübertragung

Heizgerät meistens abgeschaltet, weil die Energieverluste für eine ausreichende Betriebstemperatur sorgen. Als Wärmequellen kommen Heißluft, Warmwasser, Dampf und elektrische Energie in Frage. Am häufigsten werden elektrische Heizkörper, ähnlich den bekannten Haushaltstauchsiedern, eingesetzt, jedoch mit geringerer flächenbezogener Heizleistung. Diese darf bei Mineralöl wegen des mäßigen Wärmeübergangs etwa 20 kW/m^2 nicht überschreiten (gegenüber 70 bis 90 kW/m^2 bei Wasser). Andernfalls ist durch örtliche Ölüberhitzung beschleunigte Ölalterung zu erwarten.

6.6.2 Kühler

Wärmeanfall und Wärmeabfuhr in hydraulischen Anlagen. Der Wärmeanfall entspricht den Energieverlusten der Anlage. Reichen zur Abfuhr der Ölbehälter die Rohrleitungen und die übrigen Anlagenkomponenten nicht aus, so ist ein Kühler erforderlich. Zum Grundverständnis sei ein wichtiges *Modellgesetz* erwähnt: Die Leistung einer Anlage steigt etwa mit der 3. Potenz des Vergrößerungsmaßstabes – damit näherungsweise auch die Verluste. Die für die Wärmeabfuhr maßgebliche Oberfläche aller Elemente steigt dagegen nur quadratisch. Dieses bedeutet, dass kleine Anlagen oft ohne Kühler auskommen, große aber eher nicht. Wenn man stark kühlen muss, belastet das die Wirtschaftlichkeit meist auf vierfache Weise:
- große Kühler sind *teuer* (Investitionskosten)
- hohe Verluste bedingen eine *große Pumpe* (Investitionskosten)
- hohe Verluste erfordern *mehr Eingangsenergie* (Betriebskosten)
- hohe Verluste bedingen *viel Kühlmittel* (Betriebskosten)

In wenigen Fällen nutzt man die anfallende Wärmeenergie, so z. B. bei Hydrauliksystemen von Großflugzeugen zur Vorwärmung des Kraftstoffs für die Triebwerke.

Diese Gesichtspunkte zeigen, dass es sich lohnt, den Anlagenwirkungsgrad gezielt zu optimieren und eine nützliche Wärmeverwendung anzustreben.

Der Verlustgrad (Verluste/Eingangsleistung) beträgt für Nennleistung
- für Anlagen, die nahezu keine Ausgangsleistung haben (z. B. Hydropulsmaschinen zur dynamischen Belastung von Werkstoffproben) nahe 100%
- für Anlagen mit Drosselsteuerungen etwa 30 bis 50%
- für energetisch gut ausgelegte Anlagen mit rein volumetrischen (statt drosselnden) Steuerungen (z. B. hydrostatische Fahrantriebe) etwa 20%.

Für den Kühler ist nur ein Teil dieser Werte anzusetzen. Bei Teillast sind die Verlustgrade meist noch höher, die absoluten Verlustleistungen aber geringer, so dass die getroffene Kühlerauslegung auch hier ausreicht.

Kühler-Bauarten. Man teilt die Konzepte ein in:
- Öl-Luft-Kühler und
- Öl-Wasser-Kühler

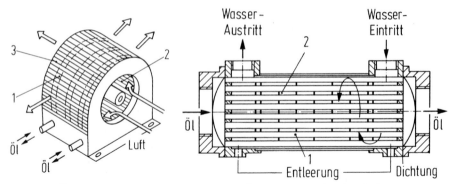

Bild 6.26: Öl-Luft-Kühler (Behr)   **Bild 6.27:** Öl-Wasser-Kühler (Funke)

Beim *Öl-Luft-Kühler* nach **Bild 6.26** fließt das Öl durch berippte Rohre 1, die durch einen Radialventilator 2 von innen nach außen mit Kühlluft beaufschlagt werden, die an den Luftleitblechen 3 austritt. Es gibt auch Öl-Luft-Kühler, die im Aufbau den Wasserkühlern von Verbrennungsmotoren ähneln und wie dort von einem Axialgebläse belüftet werden.

Öl-Luft-Kühler werden vor allem in der Mobil-Hydraulik (Fahrhydraulik, Arbeitshydraulik) eingesetzt und dort, wo kaltes Wasser nicht zur Verfügung steht. Der Einbau erfolgt meist in der Rücklaufleitung (niedrige Drücke, hohe Temperaturen). Öl-Luft-Kühler sind erheblich teurer als Öl-Wasser-Kühler [6.35].

Öl-Wasser-Kühler setzt man demgegenüber vorwiegend bei stationären Anlagen ein. **Bild 6.27** zeigt eine typische Ausführung. Das Öl strömt darin von links nach rechts durch ein Rohrbündel 1, das von Wasser umspült wird, und gibt dabei Wärme an das Wasser ab. Querschotten 2 sorgen für einen verlängerten Weg des Wassers – günstig für den Wärmeübergang. Das Wasser läuft auf der kühleren Ölaustrittsseite zu und auf der wärmeren Öleintrittsseite ab (Gegenstromkühlung).

Öl-Wasser-Kühler haben hohe Kühlleistungen bei geringen Durchflusswiderständen. Auch sie werden meist in den Ölrücklauf eingebaut. Beide Kühlerarten müssen auf die maximalen Rücklaufdrücke ausgelegt werden.

6.7 Schalt- und Messgeräte, Sensoren

Aus der Vielzahl der Schalter, Messgeräte und Sensoren können hier nur einige stellvertretend beschrieben werden. Elektrische und elektronische Systeme nehmen gegenüber klassischen mechanischen Geräten an Bedeutung zu.

Druckschalter. Die Aufgabe der hydraulisch betätigten elektrischen Druckschalter besteht darin, entweder einen elektrischen Stromkreis ein- und auszuschalten oder –

6 Elemente und Geräte zur Energieübertragung

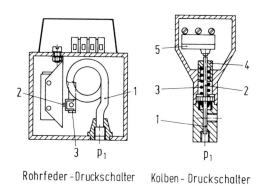

Rohrfeder-Druckschalter   Kolben-Druckschalter

Bild 6.28: Druckschalter (nach Rexroth)

in Verbindung mit akustischen oder optischen Signalgebern – den Druck in einer Anlage zu überwachen. Beim *Rohrfeder-Druckschalter* nach **Bild 6.28** (links) wird die Rohrfeder 1 (Bourdon-Feder) innen mit Öldruck beaufschlagt. Durch die Materialdehnung vergrößert sich ihr Krümmungsradius, so dass der Schalter 2 über den mit dem Rohr verbundenen Schalthebel 3 betätigt wird.

Der in Bild 6.28 rechts abgebildete *Kolben-Druckschalter* arbeitet mit einem Kolben 1, einem Stößel 2 und einer Druckfeder 3, die über eine Stellschraube 4 einstellbar ist. Der Öldruck betätigt gegen die vorgespannte Druckfeder den Schalter 5.

Rohrfeder-Manometer. Dieses bekannteste Druck-Messgerät arbeitet mit einer Bourdon-Feder, **Bild 6.29** links. Es misst den Druck mechanisch und zeigt ihn gleichzeitig an, sinnvoll vor allem für visuelle Drucküberwachungen in Hydraulikanlagen. Es wird in mehreren Genauigkeitsklassen angeboten. Seine Neigung zu Resonanzen mit Gefahr der Zerstörung kann man durch eine feine Laminardrossel im Anschluss (z. B. Gewindestück in genauer Bohrung) beseitigen.

Drucksensoren. Diese gibt es in sehr vielfältiger Form für alle praktisch wichtigen Drücke auf der Basis verschiedenster physikalischer Effekte, beispielsweise mit aufgedampften *Dehnungsmessstreifen* [6.36] an einem druckbeaufschlagten Verformungselement aus hochfestem Stahl (große Dehnung günstig). Druckdifferenzen sollte man nicht mit zwei separaten Aufnehmern, sondern genauer mit speziellen Differenzdrucksensoren messen.

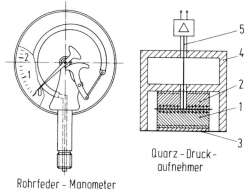

Rohrfeder - Manometer

Bild 6.29: Druckmessgerät und Drucksensor

Für hochdynamische Messungen (z. B. zur Erfassung von Druckpulsationen) eignen sich *Quarz-Druckaufnehmer* [6.37] am besten, Bild 6.29 rechts. Sie bestehen im Prinzip aus zwei Quarzblöcken 1 und 2 als Piezomaterial, die so aufeinander angeordnet sind, dass bei Druck an ihrer Berührungsfläche gleiche Polaritäten entstehen. Die anderen beiden Flächen sind über das elektrisch leitende Gehäuse miteinander verbunden, die untere Fläche ist mit einer Abschlussmembran 3 abgedeckt. Den einen Pol bildet das Gehäuse 4, den anderen ein mit der Berührungsfläche der Quarze verbundener Draht 5. Ein auf die Membran und damit auf die Quarze ausgeübter Druck erzeugt eine sehr kleine proportionale elektrische Ladung (Ladungsverstärker). Sie fließt leider auch bei bester Isolation langsam ab (Drift des Signals gegen null). Hohe Genauigkeiten erreicht man daher bei kurzen Zeiten zwischen Nullpunktabgleich und Messung sowie bei der Messung von Druckamplituden. Da Quarz-Druckaufnehmer extrem steif sind, haben sie eine sehr hohe Eigenfrequenz und können hochfrequente Drucksignale besser messen als jedes andere Prinzip.

Steckbare Anschlüsse für Druckmessungen. Dafür gibt es käufliche Messschläuche (z. B. 5 mm Außendurchmesser) mit Steckern, **Bild 6.30**. In der Rohrleitung wird ein T-Stück vorgesehen, an das die „Steckdose" angeschraubt wird. Sie enthält ein Rückschlagventil, eine Radialdichtung und die Aufnahme für den sichernden Steck- bügel. Durch die kleinen Abmessungen ist ein Kuppeln unter Druck möglich.

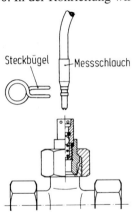

Volumenstromsensoren. Neben der schon in Abschnitt 2.3.5 behandelten Blendenmessung haben sich für die Volumenstrom-Messung Messturbinen und Ovalradzähler besonders bewährt, **Bild 6.31**. Die *Messturbine* wird vom Volumenstrom in Rotation versetzt. Ihre Drehzahl, die z. B. außerhalb des Messkörpers induktiv gemessen werden kann, ist ein Maß für den Volumenstrom. Da die Messturbine keine Leistung abgibt, ist die Proportionalität relativ gut. Der *Ovalradzähler* arbeitet dagegen als Verdrängermaschine, und zwar als „unbelasteter Ölmotor", d. h. ohne nennenswerten Leckölstrom. Aus der z. B. induktiv gemessenen Drehzahl der verzahnten Ovalräder ergibt sich der Volumenstrom. *Zahnrad-Messmotoren* arbeiten ebenfalls nach dem Verdrängerprinzip, d. h. auch hier ist die Drehzahl relativ genau ein Maß für

Bild 6.30: Messanschluss

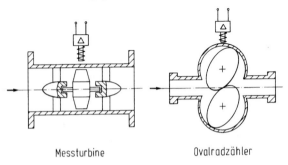

Bild 6.31: Volumenstromsensoren

6 Elemente und Geräte zur Energieübertragung

den Volumenstrom. Für besondere Einsatzfälle haben sich auch *Hitzdraht-Anemometer* bewährt.

Temperatur-Messgeräte. Neben klassischen druckgeschützten Einbauthermometern für stationäre Anlagen werden elektrische Temperatursensoren in der gesamten Hydraulik eingesetzt. Besonders verbreitet sind einbaufertige sog. *NTC-Widerstände* (Negative Temperature Coefficient). Sie sind stark nicht linear, man erhält jedoch bei logarithmischer Skalierung des ohmschen Widerstands über der linearen Temperatur fast Geraden.

Völlig anders wirken *Thermo-Elemente*: Zwei Drähte unterschiedlicher Metalle (oder Legierungen) werden durch die Messort-Lötstelle 1 verbunden, **Bild 6.32**. Die beiden Anschluss-Lötstellen werden in der Vorrichtung 2 auf einer konstanten Vergleichstemperatur gehalten (hochgenauer Temperaturregler oder 0 °C durch Eiswasser). Verbindungen aus elektrisch gut leitendem gleichen Material (z. B. Kupfer) führen zur Anschlussstelle (EMK) des Anzeigegerätes (z. B. Digitalvoltmeter). Besonders hohe und fast lineare Thermo-Spannungen liefert die Kombination Eisen-Konstantan (Fe/CuNi), der Faustwert für Temperaturen von Hydraulikfluiden gegen Eiswasser beträgt 0.053 mV/K. Einzelheiten sind in DIN EN 60584-1 [6.38] genormt. Die Messung von Temperaturdifferenzen ist mit Thermo-Elementen besonders einfach. Die beste erreichbare Genauigkeit beträgt in der Hydraulik bei Eichung etwa +/- 0,5 K.

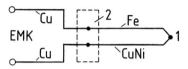

Bild 6.32: Grundschaltung für Thermo-Elemente mit Lötstellen (nach [6.37])

Beide Temperaturaufnehmer sind im Handel einbaufertig für Hydraulikanlagen verfügbar und für Fernüberwachungen gut geeignet. Für wissenschaftliche Zwecke arbeiten sie wegen der Schutzhülsen oft zu träge und benötigen viel Platz. Diese Nachteile kann man durch direkten Kontakt der eigentlichen (kostengünstigen) Elemente mit dem Drucköl oder durch direkte isolierte Einbettung abschwächen,

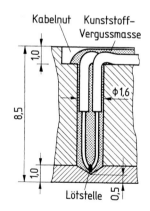

Bild 6.33: Thermo-Element Eisen-Konstantan zum Messen der Temperatur an einer geschmierten Gleitfläche [6.39]

Bild 6.33. Die hier gezeigte Temperaturmessung hat sich z. B. für die physikalische Analyse geschmierter Gleitstellen bezüglich der örtlichen Viskosität bewährt (örtliche Viskosität s. Kap. 2.4).

Literaturverzeichnis zu Kapitel 6

[6.1] -.-: Präzisionsstahlrohre. Technische Lieferbedingungen. Teil 1: Nahtlos kaltgezogene Rohre. DIN EN 10305-1 (Febr. 2003).

[6.2] -.-: Wie vor, Teil 4: Nahtlos kaltgezogene Rohre für Hydraulik- und Pneumatik-Druckleitungen. DIN EN 10305-4 (Dez. 1998).

[6.3] Fiala, O., R. Köhnlechner und G. Ordelheide: Berechnung und Dimensionierung von Rohrleitungen in der Hydraulik. O+P 27 (1983) H. 5, S.335-341 (darin 22 weitere Lit.).

[6.4] -.-: Metallische industrielle Rohrleitungen. Teil 3: Konstruktion und Berechnung. DIN EN 13480-3 (Aug. 2002).

[6.5] -.-: Hydraulic fluid power – Plain-end, seamless and welded precision steel tubes – Dimensions and nominal working pressures. ISO 10763 (1994). Siehe auch DIN ISO 10763 (2003).

[6.6] -.-: Nahtlose Stahlrohre für schwellende Beanspruchungen. Teil 2: Präzisionsstahlrohre für hydraulische Anlagen, 100 bis 500 bar. DIN 2445-2 (Sept. 2000) und Beiblatt.

[6.7] -.-: Handbuch Ermeto Original Verschraubungstechnik. Katalog 4100-1/DE. Bielefeld: Parker Hannifin Corp. März 2003 und nachfolgende Ausgabe.

[6.8] -.-: Fluidtechnik. Schlauchleitungen. Maße, Anforderungen. DIN 20066 (Okt. 2002).

[6.9] Gorgs, K.J. und W. Kleinbreuer: Hydraulik-Schlauchleitungen – Sicherung der Umgebung bei Versagen und Verwendungsdauer. O+P 41 (1997) H. 11/12, S. 814-817.

[6.10] -.-: O+P Konstruktions Jahrbuch 26 (2001/2002). Mainz: Vereinigte Fachverlage 2001 (erscheint jährlich aktualisiert mit wechselnden Schwerpunkten).

[6.11] Schinke, B.: Rohrverbindungssysteme Hydraulik. Übersicht – Vergleich – Innovationen. O+P 45 (2001) H. 3, S. 156, 159, 160 und 162.

[6.12] -.-: Metallic tube connections for fluid power and general use. ISO 8434-1 bis -5 (1994/95).

[6.13] Konrad, M. und T. Funk: Produktprüfungen für schneidende Rohrverbindungen. O+P 29 (1985) H. 10, S. 729, 730, 732, 734, 736, 738, 740 (darin 27 weitere Lit.).

[6.14] Richter, B.: Der O-Ring als Dichtelement. VDI-Z. 129 (1987) H. 7, S. 148-151.

[6.15] -.-: O-Ringe und statische Dichtungen. Teil 1 und 2. Firmenschrift der Freudenberg Dichtungs- und Schwingungstechnik KG. 6. Auflage. Weinheim: 1999.

[6.16] Goerres, M. und R. Jansen: Dichtungen in der Fluidtechnik. In: O+P Konstruktions Jahrbuch 27 (2002/2003), S. 38-50. Mainz: Vereinigte Fachverlage 2002 (erscheint jährlich aktualisiert mit wechselnden Schwerpunkten).

[6.17] Tao, J., H.-J. Timmermann und J. Plog: Untersuchungen über das Reibungsverhalten von Polyurethan-Nutringen. O+P 35 (1991) H. 8, S. 620-625 (siehe auch Diss. J. Tao RWTH Aachen 1991).

[6.18] -.-: Allgemeine Technische Daten und Werkstoffe. Firmenschrift der Freudenberg Dichtungs- und Schwingungstechnik KG. 6. Auflage. Weinheim, 1999.

[6.19] Streit, G.: Dichtungselastomere für den Einsatz in umweltverträglichen Medien. O+P 45 (2001) H. 3, S. 168-170, 174,177-179 (darin 33 weitere Lit.).

[6.20] -.-: Merkel Hydraulik (dyn. Dichtungen). Teil 1 bis 4. Firmenschrift der Freudenberg Dichtungs- und Schwingungstechnik KG. 6. Auflage. Weinheim, 1999.

[6.21] Gessat, J. Reibungsverhalten von Hydraulikdichtungen und Führungselementen. O+P 41 (1997) H. 10, S. 743-746.

6 Elemente und Geräte zur Energieübertragung

[6.22] Stuhrmann, K.: Gestalten von Ölbehältern. O+P 21 (1977) H. 4, S. 284-286.

[6.23] Kahrs, M.: Moderne Geräte für hydraulische Energieversorgungssysteme von Flugzeugen. O+P 24 (1980) H. 5, S. 367-369.

[6.24] Meindorf, T. und D. van Berber: Filtration in hydraulischen Systemen (darin 27 weitere Lit.). Wie [6.16], S. 22-37.

[6.25] Mager: Analytische Betrachtung der Feststoffverschmutzung in hydraulischen Systemen. O+P 42 (1998) H. 5, S. 325-331.

[6.26] Backé, W.: Verschleißempfindlichkeit von hydraulischen Verdrängereinheiten durch Feststoffverschmutzung. O+P 33 (1989) H. 6, S. 510-514 u. 517-521 (mit Hinweisen auf Diss. Wimmer 1987 u. Diss. Lawrence 1989 – beide RWTH Aachen).

[6.27] Aretz, H.: Richtiges Spülen senkt die Kosten. fluid 14 (1980) H. 6, S.30-35.

[6.28] Fitch, E.C.: An Encyclopedia of Fluid Contamination Control for Hydraulic Systems. 2. Auflage. Stillwater/OK (USA): FES Inc. 1981.

[6.29] Böinghoff, O.: Ursachen und Folgen der Verschmutzung von Hydraulikflüssigkeiten. Grundlagen der Landtechnik 24 (1974) H. 2, S.46-50.

[6.30] -.-: Hydraulic fluid power – Fluids – Method for coding level of contamination by solid particles. ISO 4406 (1999).

[6.31] Dahmann, P.: Untersuchungen zur Wirksamkeit von Filtern in hydraulischen Anlagen. Diss. RWTH Aachen 1992.

[6.32] Boldt, T. und F. Vollmer: Auswahl und Betrieb von Hydrospeichern. Wie [6.16], S. 51, 52, 54, 56-60.

[6.33] Hahmann, W.: Der Energieinhalt von Federspeichern und Gasspeichern im Vergleich. O+P 44 (2000) H. 7, S. 435-438.

[6.34] Römer, A.: Hydrauliköle auf pflanzlicher Basis für Traktoren. Diss. TU Braunschweig 2000. Forsch.-Berichte ILF. Aachen: Shaker Verlag 2000.

[6.35] Hantke, P. und M. Deeken: Die Wärmebilanz einer Hydraulikanlage. Wie [6.16], S.61, 62, 64, u. 66-69.

[6.36] Hoffmann, K.: Eine Einführung in die Technik des Messens mit Dehnungsmeßstreifen. Darmstadt: Herausgeber: Hottinger Baldwin Messtechnik GmbH 1987.

[6.37] Schöne, A.: Meßtechnik. Berlin, Heidelberg: Springer-Verlag 1994.

[6.38] -.-: Thermopaare. Teil 1: Grundwerte der Thermospannungen. DIN EN 60584-1 (Okt. 1996). Siehe auch IEC 584-1 (1995).

[6.39] Renius, K.Th.: Untersuchungen zur Reibung zwischen Kolben und Zylinder bei Schrägscheiben-Axialkolbenmaschinen. VDI-Forschungsheft 561. Düsseldorf: VDI-Verlag 1974.

7 Steuerung und Regelung hydrostatischer Antriebe

7.1 Bedeutung, Begriffe, Vorteile

Bedeutung. Steuerungen und vor allem Regelungen haben im Maschinenbau (incl. Fahrzeugtechnik) aus folgenden Motiven erheblich zugenommen:
- Verbesserung der *Qualität der Arbeitsprozesse*
- Steigerung von *Komfort* und *Sicherheit* für die beteiligten Menschen
- Erhöhung der *Energie-Effizienz*
- Bessere *Schonung der Umwelt*
- Einsparung von *Betriebskosten* durch *Automatisierungen*

Mechatronik. Darunter versteht man die Kombination von Mechanik (incl. Fluidtechnik), Elektrik und Elektronik (analog und digital) [7.1].

Unterschiede zwischen Steuern und Regeln. Beide haben das Ziel, *eine Ausgangsgröße in einem System oder Teilsystem möglichst genau auf einen vorgegebenen Wert zu bringen,* der konstant oder zeitlich variabel sein kann. Beim *Regelkreis* wird die Ausgangsgröße mit dem *Sollwert (Führungsgröße)* verglichen und ggf. korrigiert, bei der *Steuerkette* existiert diese *Rückführung* nicht (s. Bild 5.25) [7.2, 7.3].

Bild 7.1 zeigt als modernes Beispiel eine energetisch günstige Steuerung oder Regelung der Abtriebsdrehzahl eines Ölmotors über einen BUS (**B**inary **U**nit **S**ystem). Das *Sollwert*-Signal kommt aus der BUS-Leitung, eine z. B. bei Straßenfahrzeugen und mobilen Arbeitsmaschinen zunehmend angewendete Methode. Der Sollwert wird im

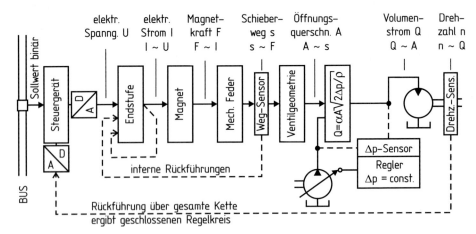

Bild 7.1: „Steuerkette" und „Regelkreis" am Beispiel „Load Sensing"

7 Steuerung und Regelung hydrostatischer Antriebe

Falle einer *Steuerkette* (ohne die große Rückführung) über alle Stationen mit Hilfe eines Schieberventils, einer Ölversorgung und eines Ölmotors in eine etwa proportionale Drehzahl gewandelt. In den ersten Stufen wird ein dem Sollwert etwa proportionaler Ventilschieber-Öffnungsquerschnitt A erzeugt. Proportionalität $Q \sim A$ ist nach Kap. 5.2.4.1 und Gl. (2.51) nur möglich, wenn der Ventildruckabfall Δp konstant gehalten wird. Das geschieht über die Verstellpumpe (sog. LS-, *Load Sensing*-Prinzip). Der so gesteuerte Volumenstrom erzeugt nach Gl. (3.22) schließlich die gesteuerte Ölmotor-Drehzahl. Diese ist nun mit kumulierten Fehlern behaftet, weil viele *Störgrößen* (z. B. nicht lineare Magnetkennlinien, Spiele, Toleranzen, Lastdrücke, Temperaturen/Viskositäten, Antriebsdrehzahlen, Lecköl, Reibung, usw.) die Proportionalität verfälschen. Da der Istwert bei einer *Steuerkette* nicht kontrolliert wird, werden am Ende der Kette auftretende Fehler nicht korrigiert.

Will man die Genauigkeit verbessern, kann man das in einem ersten Schritt (Beibehaltung der Steuerkette) durch interne (*unterlegte*) Regler über eine oder mehrere Stationen erreichen (s. Bild 5.25). Beispiele anhand von Bild 7.1: Stromregler, Wegregler, Δp-Regler. Letzterer schaltet z. B. die Einflüsse wechselnder Lastdrücke und Pumpenantriebsdrehzahlen auf die Proportionalität am Wegeventil aus. Auch *Störgrößen-Aufschaltungen* verbessern die Proportionalität (s. u. Bild 7.13).

Sind die Proportionalitätsfehler immer noch zu groß, kann man zu einem sog. *geschlossenen Regelkreis* übergehen, bei dem das Endergebnis „Drehzahl" über einen zusätzlichen Sensor gemessen und zum Steuergerät *zurückgeführt* wird, um Korrekturen zu ermöglichen.

Da die Eingangssignale eine sehr geringe Energiebeladung haben, sind von links nach rechts große *Verstärkungsfaktoren* erforderlich. Die größten Beiträge liefern im vorliegenden Beispiel der Stromregler und das Wegeventil.

Vorteile hydraulischer Steuerungen und Regelungen, Simulation. Trotz beachtlicher Fortschritte der Elektrotechnik (s. Kap. 1.3) bleibt die Hydraulik bezüglich Regelung und Steuerung in vielen Fällen anderen Systemen überlegen, und zwar wegen folgender Vorzüge:

- *sehr große Stellkräfte* bzw. *-momente*
- *kleine Massen* bzw. *Rotationsträgheiten*
- *große Verstärkungsfaktoren*

Große Kraftdichten und kleine Massenwirkungen führen zu hoher Dynamik der Stellglieder und damit zu „schnellen" mechatronischen Systemen. Große Verstärkungsfaktoren proportional wirkender Ventile (s. Kap. 5.2.3.2) unterstützen diese Eigenschaft. Zur Optimierung der Systeme wendet man zunehmend rechnergestützte Simulationsmethoden an [7.3-7.6].

Einordnung der Hydraulik in Gesamtsysteme. Hydraulikanlagen sind heute meist Teil eines größeren mechatronischen Gesamtsystems. Der früher direkte Informationsaustausch zwischen den Teilsystemen wird zunehmend über BUS-Systeme abgewickelt [7.6]. Diese sparen Leitungsaufwand und ermöglichen eine elegante Mehrfachnutzung von Regelkreis-Sensorsignalen für andere Aufgaben wie z. B. *Daten-Dokumentation* für ein übergeordnetes *Betriebsmanagement*, Erstellung von *Lastkollektiven*, *Ferndiagnosen* [7.7], *Wartung nach Bedarf* und anderes.

7.2 Übertragungsverhalten von Elementen und Systemen

Das Übertragungsverhalten eines Systems charakterisiert dessen dynamische Reaktion (Verlauf der Ausgangsgröße) auf eine Änderung der Eingangsgröße. Es lässt sich aus dem Verhalten der Einzelelemente zusammensetzen. Bei Regelkreisen ergibt sich die Aufgabe, zeitlich veränderliche Sollwerte und Störgrößen auszuregeln. Wenn z. B. in Bild 7.1 eine rasche Drehmomenterhöhung am Ölmotor auftritt, wird dessen Drehzahl infolge des höheren Leckstromes einbrechen. Beim Regelkreis erfasst der Drehzahlsensor diese Abweichung und veranlasst über das Steuergerät eine Korrektur. Ähnlich läuft die Reaktion bei Sollwertänderungen ab. Wie schnell und auf welche Weise (z. B. mit oder ohne Überschwingen) dieses geschieht, hängt vom Übertragungsverhalten aller Zwischenglieder (inklusive Regler) ab. Dieses wird u.a. durch Sprungantworten erfasst, **Bild 7.2**. Gezeigt werden vier Standardfälle [7.8]. Die ersten vier sind die wichtigsten *elementaren Glieder*, aus denen sich weitere aufbauen lassen [7.8]. Die Struktur von Bild 7.1 besteht z. B. weitgehend aus proportionalen Gliedern. Typische I-Glieder sind z.B. durch Wegeventile angesteuerte Arbeitskolben: Verstellvolumen = Integral des Volumenstroms. Genormte Formelzeichen für Wirkungspläne findet man in [7.9].

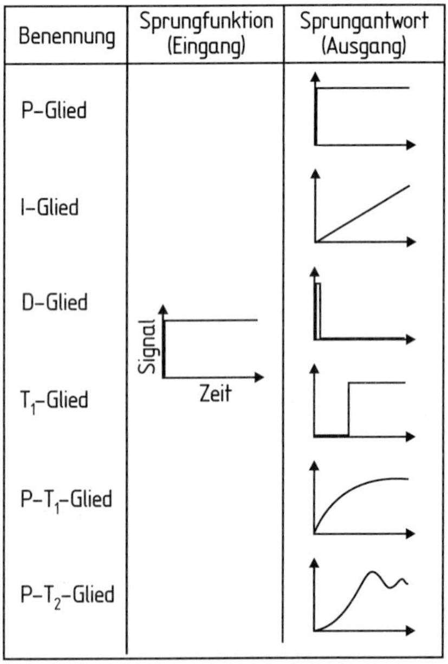

Benennung	Sprungfunktion (Eingang)	Sprungantwort (Ausgang)
P-Glied		
I-Glied		
D-Glied		
T_1-Glied		
P-T_1-Glied		
P-T_2-Glied		

Bild 7.2: Übertragungsverhalten von Elementen und Systemen bei Steuerketten und Regelkreisen: Vier Standardfälle

7.3 Methoden zur Veränderung des Volumenstroms

Die folgenden vier Methoden werden besprochen:
1. *Geschaltete parallele Konstantpumpen*
2. *Konstantpumpen mit Drosselsteuerungen*
3. *Konstantpumpen mit stufenlos verstellbarem Antrieb*
4. *Verstellpumpen*

7.3.1 Geschaltete parallele Konstantpumpen

Geschaltete Konstantpumpen ermöglichen eine gestufte Anpassung des Förderstroms, nach [7.10] z. B. druckabhängig. **Bild 7.3** zeigt ein Beispiel mit drei Pumpen. Sie arbeiten bei niedrigem Druck gemeinsam. Überschreitet der Druck z. B. 50 bar, öffnet das ND-DBV, das benachbarte Rückschlagventil schließt und die linke ND-Pumpe geht auf drucklosen Umlauf. Nun fördern die MD- und HD-Pumpe gemeinsam bis zu einem Druck von z. B. 100 bar. Bei dessen Überschreitung wird auch die MD-Pumpe abgekoppelt und es fördert nur noch die HD-Pumpe, z. B. bis zu ei-

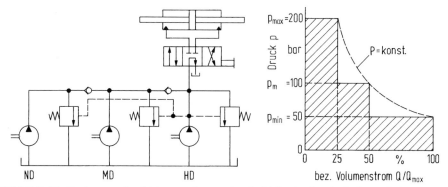

Bild 7.3: Veränderung des Volumenstroms druckabhängig durch drei parallel geschaltete Konstantpumpen

nem DBV-Einstelldruck von 200 bar. Wählt man die Hubvolumina von ND:MD:HD wie 2:1:1, ergibt sich eine Volumenstromstaffelung von 4:2:1. Diese führt bei den genannten Druckstufen 50/100/200 bar nach Gl. (1.2) zu einer annähernd konstanten Leistungsaufnahme, Bild 7.3 rechts

7.3.2 Konstantpumpen mit Drosselsteuerungen

Will man den Volumenstrom einer Konstantpumpe stufenlos verstellen, kann dieses mit Hilfe von drosselnden Wegeventilen oder Stromventilen erfolgen. Grundsätzlich ist dabei zwischen einer Position auf der *Saugseite* oder der *Druckseite* zu unterscheiden. Druckseitig drosselnde Ventile wurden in Bild 5.23 oder 5.24 schon gezeigt.

Unmittelbar am Druckstutzen einer Konstantpumpe wäre eine Drossel unzulässig, weil sie den Volumenstrom nur im Rahmen der Pumpenleckströme beeinflussen könnte und bei starkem Zudrehen die Pumpe wegen unkontrollierter Drücke zerstören würde. Anders auf der Saugseite: Hier ist eine Drosselung möglich.

Druckseitige Drosselsteuerungen. Alle Lösungen sind einfach und dynamisch meist gut [7.11], jedoch energetisch ungünstiger als Verdrängersteuerungen. Die beiden Grundschaltpläne von **Bild 7.4** arbeiten mit unterschiedlichen Drosselanordnungen. Links wurde die *Drossel im Hauptstrom* in Verbindung mit einem parallelen Druckbegrenzungsventil angeordnet. Der Volumenstrom Q_2 wird beim Zudrehen der Drossel dadurch verringert, dass ein Teil von Q_1 über das DBV abfließt. Rechts liegt die *Drossel im Nebenstrom* und reduziert dadurch den am Ölmotor ankommenden Volumenstrom.

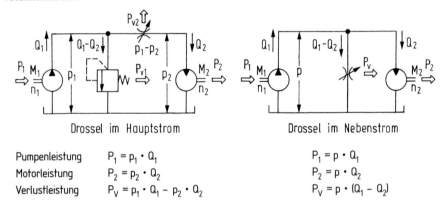

	Drossel im Hauptstrom	Drossel im Nebenstrom
Pumpenleistung	$P_1 = p_1 \cdot Q_1$	$P_1 = p \cdot Q_1$
Motorleistung	$P_2 = p_2 \cdot Q_2$	$P_2 = p \cdot Q_2$
Verlustleistung	$P_V = p_1 \cdot Q_1 - p_2 \cdot Q_2$	$P_V = p \cdot (Q_1 - Q_2)$

Bild 7.4: Konstantpumpen mit druckseitigen Drosselsteuerungen, 2 Fälle (Pumpe und Motor verlustlos angenommen)

Bei beiden Schaltplänen sind die Abtriebsdrehzahlen für konstante Drosselstellungen vom Abtriebsmoment abhängig. Will man dieses verhindern, ersetzt man die Drosseln durch 2-Wege-Stromregelventile. Unter den Schaltplänen sind charakteristische Leistungen vermerkt. Die linke Schaltung ist danach nur zu empfehlen, wenn der Lastdruck p_2 wenig unter dem Einstelldruck p_1 des DBV liegt und die gewünschten Abtriebsdrehzahlen wenig schwanken (Feinsteuerungen, kleines $Q_1 - Q_2$ möglich). Energetisch günstiger ist die rechte Schaltung. Sollen mehrere Verbraucher mit gesteuerten voneinander unabhängigen Ölströmen versorgt werden, empfiehlt sich die linke Schaltung unter Verwendung von 2-Wege-Stromregelventilen.

Saugseitige Drosselsteuerungen. Wird eine Drossel auf der Saugseite der Konstantpumpe vorgesehen, lässt sich der Pumpen-Volumenstrom über eine Teilfüllung der Verdrängerkammern verstellen. Solche Lösungen werden bei mäßigen Drücken angewendet [7.12]. Besonders einfach ist eine saugseitige feste Drossel zur Begrenzung des Volumenstroms bei hohen Antriebsdrehzahlen. Die Füllung wird ab einer gewissen Drehzahl kontinuierlich gerade um so viel kleiner, dass der Volumenstrom etwa konstant bleibt [7.13] – z. B. günstig für eine Lenkhydraulik, weil man bei hohen Antriebsdrehzahlen Energie einspart. Nachteilig ist der erhöhte Geräuschpegel.

7.3.3 Konstantpumpen mit stufenlos verstellbarem Antrieb

Vor allem elektrische Antriebe [7.14] bieten hier interessante Lösungen (s. Kap. 1.3.3). Meist setzt man Steuerketten ein, **Bild 7.5** – oben ohne und unten mit Drehzahlrückführung. Durch die hervorragenden Wirkungsgrade moderner Leistungselektroniken und die annehmbaren Wirkungsgrade moderner Elektromotoren sind für 42V-Systeme mit Zahnradpumpen System-Bestwerte um 60 bis 70% möglich, bei höheren Spannungen 65 bis 75%. [7.15]. Weiteres Verlustsenkungspotenzial besteht vor allem noch in höheren Spannungen und besseren Elektromotoren. Diese Art der Volumenstromverstellung ist besonders für Hydraulikanlagen in Straßenfahrzeugen interessant [7.16]. Aus Kostengründen setzt man überwiegend Asynchronmotoren (mit „Vektorregelung") ein. Oberwellen aus der Leistungselektronik können Abschirmungen erfordern. Synchronmaschinen haben noch geringere Verluste, sind aber teurer.

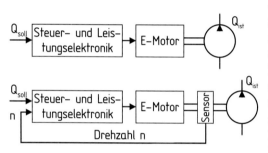

Bild 7.5: Konstantpumpen mit stufenlos verstellbarem Elektroantrieb

7.3.4 Verstellpumpen

Im Hubvolumen verstellbare Hydraulikpumpen eignen sich hervorragend zur Veränderung des Volumenstroms. Da ihre Verstellung keine systembedingten Drosselverluste erfordert, sind sie vor allem für höhere Leistungen geeignet und beliebt. Wie in Kap. 3 (Tafel 3.1) dargelegt, sind traditionell die folgenden Bauarten verstellbar erhältlich:
- Axialkolbenmaschinen
- Radialkolbenmaschinen
- Einhubige Flügelzellenmaschinen

Da die Steuerung und Regelung mit Verstellpumpen im Maschinenbau große Bedeutung erlangt hat, folgen hierzu zwei spezielle Kapitel.

7.4 Steuerung mit Verstellpumpen

7.4.1 Grundlagen

Die Aussagen von **Bild 7.6** knüpfen an Bild 7.1 an. Die Eingangsgröße s (Weg, Druck, Spannung, digitales Signal usw.) bewirkt über die Verstellvorrichtung die proportionale Ausgangsgröße V_1 (Hubvolumen). Daraus ergibt sich bei konstanter Drehzahl bei verlustloser Betrachtung der porportionale Pumpenvolumenstrom Q.

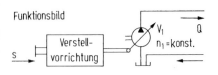

In Wirklichkeit treten *Störgrößen* auf, insbesondere *Drehzahlveränderungen* Δn und ein nicht konstanter volumetrischer Wirkungsgrad η_{Vol}. Dieser variiert vor allem infolge unterschiedlicher Lastdrücke und Ölviskositäten (Gl. 2.54 bis 2.56) siehe auch Bild 3.33. Weitere Störgrößen können sein:

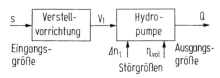

Bild 7.6: Steuerung des Förderstroms einer Verstellpumpe

Spiele, Elastizitäten, Reibung, Wärmedehnungen usw. Sie alle verfälschen die Proportionalität. Eine Verringerung der Fehler ist durch *Störgrößenaufschaltung* möglich.

7.4.2 Steuerungsarten

Übersicht. Nach der Art der Steuer-Energie unterscheidet man in
- mechanisch (Handkraft)
- pneumatisch
- elektrisch
- kombiniert
- hydrostatisch

Bei hydrostatischer Steuerenergie unterscheidet man weiter zweckmäßig nach der Art der Bewegungserzeugung in
- volumenabhängige Steuerungen
- druckabhängige Steuerungen
- Mischformen

Mechanische und elektrische Steuerungen.
Die Betätigung durch Handkraft mit Untersetzung ist rückläufig, während die Betätigung durch einen Elektromotor mit Untersetzung nach **Bild 7.7** oder mit hydraulischer Vorsteuerstufe eine moderne Lösung darstellt, [7.17].

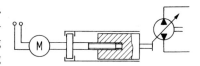

Bild 7.7: Elektrische Steuerung von Verstellpumpen

7 Steuerung und Regelung hydrostatischer Antriebe

Volumenabhängige hydraulische Steuerungen. Hierzu zeigt **Bild 7.8** das Grundprinzip, wobei der Sollwert hier von Hand eingegeben wird. Der Pumpendruck wirkt über das Wechselventil ständig auf die Ringfläche des Stellkolbens. Mit dem drosselnden 3/3-Wegeventil kann der Pumpendruck auch auf die linke größere Vollfläche geleitet werden, wenn man den Ventilschieber nach rechts bewegt. Der Stellkolben wird dadurch auch nach rechts verfahren und nimmt gleichzeitig das Ventilgehäuse so

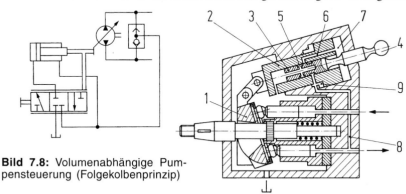

Bild 7.8: Volumenabhängige Pumpensteuerung (Folgekolbenprinzip)

lange mit, bis kein Öl mehr zufließt. Da das Ventilgehäuse dem Stellkolben nachfolgt, bis die Auslenkung des Schiebers kompensiert ist, spricht man vom *Folgekolbenprinzip*. Die Konstruktion zeigt eine praktische Ausführung für eine Schrägscheibenpumpe.

Der Winkel der Schrägscheibe 1 wird durch den Verstellkolben 2 kontrolliert. Verstellungen werden durch den Ventilschieber 3 über den mechanischen Anschluss 4 eingeleitet. Verschiebt man den Schieber 3 nach rechts, bis die Radialnut bzw. Bohrung 5 mit der Kolbenbohrung 6 verbunden ist, kann das Öl von Zylinderraum 7 drucklos abfließen, während gleichzeitig Drucköl über Leitung 8 zum Ringraum 9 des Zylinders gelangt und diesen nach rechts bewegt. Sobald sein Weg der Auslenkung des Steuerschiebers vollständig gefolgt ist, wird die relative Verschiebung zueinander kompensiert, es herrscht ein neues Gleichgewicht. Die volumenabhängige Steuerung nach dem Folgekolbenprinzip hat den Nachteil, dass das Steuerventil direkt am Verstellkolben angeordnet werden muss, was Fernverstellungen erschwert.

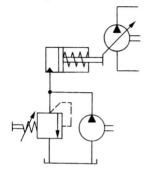

Druckabhängige hydraulische Steuerungen. Hier verschieben Druckkräfte den Verstellkolben gegen Federkraft so lange, bis Gleichgewicht herrscht, **Bild 7.9**. Dieses Prinzip ist gut für Fernsteuerungen geeignet. Bei

Bild 7.9: Druckabhängige Pumpensteuerung

Schrägscheiben-Axialkolbenmaschinen hat es den Nachteil, dass die Proportionalität zwischen Öldruck und Ausschwenkung durch nicht voll symmetrische Kräfte der Kolben-Gleitschuh-Elemente auf die Schrägscheibe gestört werden kann.

Kombinierte Steuerungen. Elegante, wenn auch aufwendigere Steuereinrichtungen erhält man, wenn man Vorsteuerstufen vorsieht, die wiederum auf verschiedenste Weise angesteuert werden können.

Bild 7.10 zeigt als Beispiel die Kombination einer *druckabhängigen Vorsteuerung* mit einer *volumenabhängigen* Pumpenverstellung. Der kleine Hilfsölstrom wird über die beiden gekoppelt verstellbaren einfachen Druckbegrenzungsventile (mit bewusst nicht idealen Kennlinien) aufgeteilt, so dass über die nachgeordneten Drosseln unterschiedliche Steuerdrücke am Vorsteuerkolben entstehen. Das drosselnde Wegeventil und der Verstellkolben arbeiten auch hier nach dem Folgeprinzip.

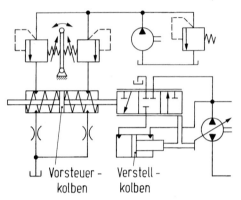

Bild 7.10: Kombination aus druckabhängiger Vorsteuerung und volumenabhängiger Pumpensteuerung. Verstellung mit Arbeitsdruck

Diese Lösung ist im Gegensatz zu der einfachen Drucksteuerung nach Bild 7.9 unempfindlich gegenüber Reaktionskräften aus dem Verstellmechanismus der Pumpe. Man erreicht große Verstärkungen und kann die Pumpe durch Drucksignale auch gut fernsteuern.

Eine Lösung ohne Folgeprinzip zeigt **Bild 7.11**. Der Sollwert der Pumpenverstellung wird einem Verstärker zugeführt, dessen elektrische Ausgänge ein Magnetventil betätigen, das über die Druckbeeinflussung in der linken Stellzylinderkammer die Pumpenverstellung bewirkt. Die Istposition des Stellzylinders wird induktiv gemessen und im Regelverstärker mit dem Sollwert verglichen, um ggf. zu korrigieren. Durch diesen unterlegten Lageregelkreis benötigt man das Folgeprinzip hier nicht. Es ist auch keine permanente Hilfsenergie mit Hilfspumpe vorzusehen. Wird nicht verstellt, fließt kein Öl. Nachteilig ist die Abhängigkeit der Verstelldynamik vom Pumpenarbeitsdruck.

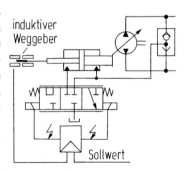

Bild 7.11: Elektrohydraulische Pumpenverstellung mit Lageregelkreis unter Benutzung des Arbeitsdrucks

7 Steuerung und Regelung hydrostatischer Antriebe

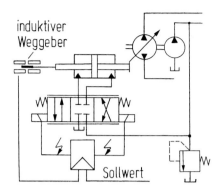

Bild 7.12: Elektrohydraulische Pumpenverstellung bei geschlossenen Kreisläufen

In geschlossenen Kreisläufen – insbesondere bei hydrostatischen Getrieben – wird meist der sog. Speisedruck (z. B. konstant 25 bar) zum Verstellen der Pumpe (und ggf. des Hydromotors) eingesetzt, **Bild 7.12**. Das elektrisch angesteuerte 4/3-Wege-Pumpenverstellventil gibt den Speisedruck bei einer Sollwertänderung auf die linke oder rechte Stellzylinderkammer, bis der neue Istwert (Signal des induktiven Wegaufnehmers) dem neuen Sollwert entspricht.

Die Nutzung des Speisedruckes ist bei geschlossenen Kreisläufen sehr verbreitet (oft in Verbindung mit Folgesteuerungen). Die Stellzylinder sind dabei oft federzentriert (z. B. für definierte Stillstandsposition).

Volumenstromsteuerung mit Störgrößenausgleich. Zuweilen ist die Erzeugung eines gesteuerten Volumenstroms allein über die Pumpenverstellung zu ungenau, weil Störgrößen die Proportionalitätskette verfälschen, insbesondere schwankende *Antriebsdrehzahlen* (z. B. eines Fahrzeug-Verbrennungsmotors), daneben auch *Drücke* und *Temperaturen* bzw. *Viskositäten*. Der Übergang zu einer Regelung erfordert einen Volumenstromsensor (siehe Kap. 7.5.2.2), der in kostengünstiger Form (Blende) deutliche Zusatzverluste erzeugt. Das Problem tritt z. B. bei Lenkhydrauliken oder Mitteldruck-Getriebesteuerungen auf.

Eine interessante Lösung wurde von Koberger für eine Flügelzellenpumpe vorgelegt [7.15], **Bild 7.13**. Der Volumenstrom der Pumpe wird als Polynom in Abhängigkeit von *Drehzahl, Exzentrizität, Druck* und *Temperatur* im Speicher der Elektronik abgelegt. Bei Anforderung eines bestimmten Volumenstroms werden die Störgrößen gemessen, anhand des Polynoms eine Soll-Exzentrizität ermittelt und im Lageregelkreis an der Pumpe realisiert. Das System arbeitet sehr genau, die Wirkungsgrade sind vor allem bei niedrigen Drücken deutlich besser als bei Stromregelungen mit Messblende [7.15].

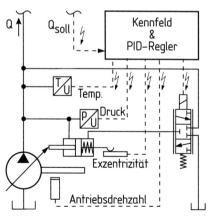

Bild 7.13: Volumenstromsteuerung einer Flügelzellenpumpe mit Störgrößenausgleich [7.15]

Steuerung der Leistung. Dieses Prinzip firmiert landläufig auch unter den Begriffen „Leistungsregelung" oder „Leistungsbegrenzung". Gemeint ist in der Hydraulik die automatische Anpassung des Pumpenhubvolumens an den Lastdruck zur Übertragung einer konstanten Leistung. Damit soll z. B. eine gute (und damit produktive) Auslastung des Antriebsmotors erreicht werden. Dieses Ziel hat z. B. für solche Arbeitsmaschinen Bedeutung, bei denen die gesamte Motorleistung in hydrostatische Leistung gewandelt wird – etwa Hydraulikbagger. Geht man von einer konstanten Leistung P aus (z. B. der Nennleistung), entspricht Gl. (1.2) einer Hyperbel $p \cdot Q$ = const. Auf diesem Algorithmus bauen praktische Leistungssteuerungen auf.

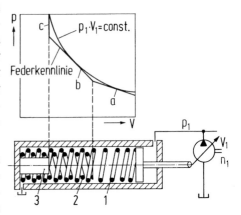

Die einfachste Umsetzung besteht nach **Bild 7.14** in einer mechanischen Kopplung des Arbeitsdruckes mit der Pumpenverstellung über mehrere stufenweise wirksame Federn [7.18]. Ist der Lastdruck klein, wird der Stellkolben nur wenig gegen die erste Feder 1 nach links

Bild 7.14: Erzeugung der Leistungshyperbel durch Federn und Anschlag [7.18] bei konstanter Drehzahl n_1

verschoben, die Pumpe bleibt weit ausgeschwenkt (Kennlinie a). Bei mittleren Drücken erreicht der Stellkolben die Feder 2, deren Kraft sich addiert (Parallelschaltung, Kennlinie b), das Hubvolumen hat sich verringert. Steigt der Arbeitsdruck weiter, wird im Stellzylinder schließlich der Anschlag erreicht, das nun kleine Hubvolumen bleibt auch bei weiterer Drucksteigerung konstant (Kennlinie c, DBV notwendig). Die in das Diagramm eingetragene Hyperbel wird durch dieses einfache Prinzip relativ gut angenähert.

Eine lückenlose Annäherung ist aufwändiger. Sie wird z. B. über einen Druckstift erreicht, der ein federbelastetes Vorsteuerventil über einen Winkelhebel betätigt, dessen wirksamer Hebelarm an die Pumpenverstellung gekoppelt ist [7.19].

In Erdbaumaschinen (insbes. Baggern) wird häufig die Summen-Leistungssteuerung angewendet, bei der mehrere von einem Verbrennungsmotor angetriebene Verstellpumpen mehrere Kreisläufe versorgen [7.19, 7.20]. Es sind verschiedene Steuerungen mit synchron verstellten Pumpen üblich, um selbst bei ungleichen Arbeitsdrücken die Leistungshyperbel anzunähern (s. Kap. 9.3).

Neben mechanischen Systemen werden auch elektronische Leistungssteuerungen angewendet, nach [7.21] z. B. mit Rückführung der Pumpenausschwenkung.

7.5 Regelung mit Verstellpumpen

7.5.1 Grundlagen

Das *Regeln* wird in DIN 19226 [7.2] wie folgt beschrieben (s. Bild 7.1):
Das Regeln, die Regelung ist ein Vorgang, bei dem fortlaufend eine Größe, die Regelgröße (die zu regelnde Größe) erfasst, mit einer anderen Größe, der Führungsgröße, verglichen und im Sinne einer Angleichung an die Führungsgröße beeinflusst wird. Kennzeichen für das Regeln ist der geschlossene Wirkungsablauf, bei dem die Regelgröße im Wirkungsweg des Regelkreises fortlaufend sich selbst beeinflusst.

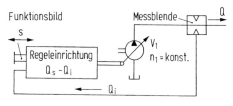

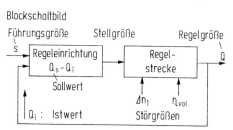

Bild 7.15: Regelung des Förderstroms einer Verstellpumpe

Bild 7.15 zeigt eine typische Struktur für eine Förderstrom-*Regelung* analog zur Förderstrom-*Steuerung* in Bild 7.6. Die *Regelgröße* (Istwert Volumenstrom Q_i) wird über einen *Sensor* (Messblende) gemessen und zum *Regler* zurückgeführt. Bei Abweichungen von der Führungsgröße s (Sollwert) infolge von *Störgrößen* (Drehzahl, Leckströme) wird die *Regelgröße* (Istwert) über die *Stellgröße* (Verstellsignal) korrigiert. Als *Regelstrecke* bezeichnet man denjenigen Bereich des Regelkreises, in dem Störgrößen angreifen können.

7.5.2 Regelungsarten

Man unterscheidet im Wesentlichen in folgende drei Arten
- *Druckregelungen*
- *Volumenstromregelungen*
- *Kombinierte Regelungen*

7.5.2.1 Druckregelungen

Netzdruckregelungen. Druckregelungen mit Verstellpumpen dienen z. B. dem Aufbau von Konstantdrucknetzen, wie sie bei Großflugzeugen und Kampfflugzeugen [7.22, 7.23] sowie bei großen Labornetzen üblich sind, über längere Zeit auch in erheblicher Stückzahl von einem Traktorhersteller angewendet worden sind [7.24]. Das in **Bild 7.16** links gezeigte Prinzip ist sehr einfach: Der Druck wird am Pumpenausgang gemessen, im Stellzylinder in Kraft gewandelt und diese mit dem Sollwert (Fe-

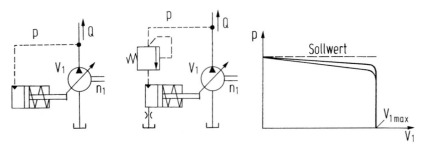

Bild 7.16: Druckregelung mit einer Verstellpumpe, direkt wirkend mit Proportionalverhalten. p Regelgröße, V1 Stellgröße. Links Einfachlösung, mittig verbesserte Lösung mit DBV, rechts Kennlinien (untere: Einfachlösung)

derkraft) verglichen. Die Pumpenverstellung durch Druck entspricht regelungstechnisch einem *globalen* (d. h. überwiegenden) *Proportionalverhalten.* Sinkt der Druck z. B. durch Einschalten eines Verbrauchers ab, wird die Pumpe über den Stellzylinder so lange auf größeres Hubvolumen verstellt, bis der Solldruck wieder erreicht ist. Bei der einfachen Lösung mit Druckfeder bildet sich deren Kennlinie ab, Bild 7.16 rechts, unterer Verlauf (bleibende Sollwertabweichung).

Die Kennlinie der einfachen direkten Druckregelung lässt sich durch Hinzufügen eines kleinen Druckbegrenzungsventils etwas verbessern, Bild 7.16 mittig. Ist der Druck zu niedrig, bleibt das DBV geschlossen, die Stellkolbenfeder drückt das Öl über die kleine Drossel heraus und bewirkt eine Vergrößerung des Hubvolumens, bis das DBV wieder anspricht und der Druckabfall an der Drossel ein neues Gleichgewicht schafft (Bild 7.15 rechts, obere Kennlinie).

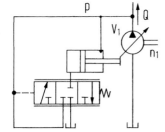

Will man die Kennlinie nochmals verbessern, geht man zu einer indirekten Verstellung mit Integralverhalten nach **Bild 7.17** über. Die Regelgröße steht nun mit der Feder eines drosselnden 3/3-Wegeventils im Gleichgewicht, und zwar unabhängig von der Verstellkolbenposition. Fällt der Druck z. B. durch eine reduzierte Antriebsdrehzahl ab, wandert der Wegeventilschieber nach links und entlastet die große Stellkolbenfläche, der Arbeitsdruck verschiebt den Stellkolben auf die Ringfläche wirkend nach links, das Hubvolumen wird vergrößert. Diese Druckregelung gilt nach [7.19] als etwas schwingungsanfällig.

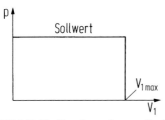

Bild 7.17: Druckregelung mit einer Verstellpumpe, Druck indirekt wirkend über 3/3 - Wegeventil und volumetrische Verstellung (globales Integralverhalten)

7 Steuerung und Regelung hydrostatischer Antriebe

Druckgeregelte Pumpen sind mit elektrischen Gleichspannungsgeneratoren vergleichbar, wobei die elektrische Erregung der Pumpenverstellung entspricht (s. Kap. 1.3.2). Es können im Rahmen des maximalen Pumpenvolumenstroms (bei Speicheranwendung auch darüber hinausgehend) beliebig viele Verbraucher ohne gegenseitige Beeinflussung angeschlossen werden. Ebenso ist unter bestimmten Bedingungen (z. B. in Verbindung mit Speichern) die Rückspeisung von Bremsenergie (*Rekuperation*) möglich. Ist kein Verbraucher eingeschaltet, geht die Pumpe auf so genannten *Nullhub*. Tatsächlich schwenkt sie etwas aus, um alle Leckströme zu decken.

Differenzdruckregelung. Diese Regelung hält den Druckabfall an einem Ventil durch Pumpenverstellung konstant. Wie schon in Bild 7.1 gezeigt wurde, kann das z. B. für die Proportionalität eines Wegeventils von großem Vorteil sein. Die entsprechende Pumpenverstellung in **Bild 7.18** besteht aus einem Stellzylinder und einem Vorsteuerventil. Dieses hält die Druckdifferenz $p_1 - p_2$ unabhängig von der Drosselstellung, der Pumpendrehzahl und dem Lastdruck konstant. Modelliert man die Drosselströmung nach Gl. (2.51) als Blendenströmung, so erkennt man, dass fast alle Größen konstant sind (α näherungsweise konstant). Nur die Querschnittsfläche A_D ist variabel. Durch den Kunstgriff der Δp-Regelung kann man deswegen über das Öffnen oder Schließen der Drossel (A_D) oder eines drosselnden Wegeventils den Volumenstrom der Pumpe einstellen. Dieses sehr bedeutende Prinzip heißt auch *Load Sensing*, ein etwas unglücklicher Begriff, der ja mit Lastregelung nichts zu tun hat.

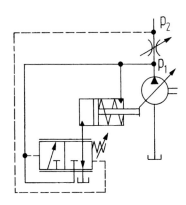

Bild 7.18: Differenzdruck-Regelung (Load Sensing)

Häufig kombiniert man die Differenzdruckregelung mit einer Maximaldruck-Regelung, um ein verlustbehaftetes Abblasen über ein Druckbegrenzungsventil durch Zurückschwenken der Pumpe zu vermeiden (s. u. Bild 7.21). *Load Sensing* hat bei einfachen (kostengünstigen) Ausführungen meistens den Nachteil relativ träger Sprungantworten (von z.B. mehreren 100ms).

Maximaldruck-Regelung. Diese arbeiten im Prinzip ähnlich wie allgemeine Druckregelungen, sprechen jedoch nur bei Erreichen eines eingestellten maximalen Pumpendruckes an. Sie werden bei Verstellpumpen zum Schutz der Anlage an Stelle von Druckbegrenzungsventilen eingesetzt, um das verlustreiche Abblasen mit eventuellen Überhitzungen elegant zu umgehen. Man spricht auch von *aktiver Druckabschneidung*, die inzwischen sehr verbreitet ist, z. B. bei hydrostatischen Mobilantrieben.

7.5.2.2 Volumenstromregelungen

Die Volumenstromregelung ist vor allem dann interessant, wenn ein konstanter bzw. etwa konstanter Ölstrom (wie z. B. bei Hydrolenkungen) gefordert wird, die Antriebsdrehzahl der Pumpe jedoch schwankt (z. B. beim Antrieb durch Verbrennungsmotoren in Kraftfahrzeugen und Arbeitsmaschinen).

Einfache Stromregelung. Bei der in **Bild 7.19** skizzierten direkt gesteuerten proportional wirkenden Stromregelung wird der Sollwert am Stromregelventil eingestellt. Fördert die Pumpe zu viel, erzeugt der abgezweigte Ölstrom an der Drossel hinter dem Stellzylinder einen Druckabfall, der den Stellkolben im Zylinder gegen die Federkraft verschiebt, so dass die Pumpe im Hubvolumen zurückgenommen wird.

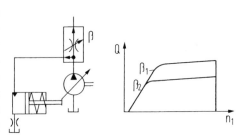

Bild 7.19: Volumenstromregelung mit Proportionalverhalten [7.19]

Fördert die Pumpe zu wenig, geht der abgezweigte Ölstrom gegen Null, der Druckabfall an der Drossel hinter dem Zylinder verschwindet und die Feder stellt die Pumpe auf größeres Hubvolumen. Es treten systembedingte Verluste auf.

Volumenstromregelung mit Vorsteuer-Wegeventil. Auch dabei dient häufig eine Messblende zur Kontrolle des Istwerts. **Bild 7.20** zeigt eine rein mechanisch integral wirkende Stromregelung einer Schrägscheiben-Axialkolbenpumpe. Im Regler 1 befindet sich der axial verschiebbare (schwarz dargestellte) Messkolben 2, der an seinem rechten Ende die Messblende 3 trägt. Die Druckdifferenz $p_1 - p_2$ ist entspre-

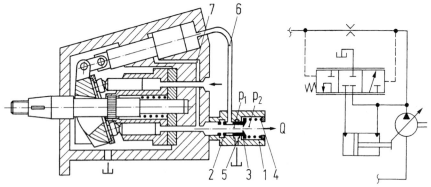

Bild 7.20: Volumenstromregelung einer Schrägscheiben-Axialkolbenpumpe mit Vorsteuer-Wegeventil (integrales Verhalten) [7.18]

7 Steuerung und Regelung hydrostatischer Antriebe

chend Gl. (2.51) ein Maß für den Ölstrom. Die daraus resultierende Kraft steht mit der Feder 4 im Gleichgewicht. Ist der Volumenstrom bzw. Druckabfall zu groß, wird der Messkolben nach rechts verschoben, die rechte Seite des Pumpen-Stellkolbens wird über Leitung 6 und die Außennut des Messkolbens zum Tank 5 entlastet. Gleichzeitig gelangt der Arbeitsdruck über Leitung 7 auf die Stellkolben-Ringfläche, wodurch der Pumpenschwenkwinkel reduziert wird. Wird umgekehrt die Druckdifferenz zu klein, bewegt die Feder den Messkolben nach links, Arbeitsdruck gelangt über die beiden Nuten und Leitung 6 auf die rechte Stellkolbenseite. Da die Kraft auf die Vollfläche größer ist als auf die Ringfläche, schwenkt die Pumpe aus.

Regelgröße ist genau genommen die Druckdifferenz, nur bei störgrößenfreier Zuordnung indirekt der Ölstrom. Durch die Blende ist die Störgröße Viskosität nach Gl. (2.51) vernachlässigbar. Die weitere Störgröße „Reibung" (Schieber, Feder) ist auch nicht bedeutend. Daher spricht man üblicherweise von „Regelung". Will man die kleinen Unsicherheiten beseitigen, ist eine Rückführung des Volumenstroms, d. h. dessen korrekte Messung notwendig (s. Kap. 6.7).

Maximalvolumenstrom-Regelung. Diese kann sinnvoll sein, wenn zeitweise sehr hohe Antriebsdrehzahlen auftreten und dann ein volles Ausschwenken der Pumpe verhindert werden soll.

7.5.2.3 Leistungsregelungen

Die meisten in der Praxis vorkommenden „Leistungsregelungen" sind Steuerungen (s. Kap. 7.4.1). Echte Regelungen sind möglich, wenn man zwischen Antriebsmotor und Hydraulik Drehmoment und Drehzahl misst und nach dem Produkt beider regelt. Da dieses den Aufwand vergrößert – gleichzeitig aber die Praxis meist keine so genaue Leistungskonstanz fordert – sind echte Leistungsregelungen selten. Steuerungen, die in der Qualität einer Regelung nahe kommen, erreicht man z. B. durch Rückführungen des Schwenkwinkels und der Steuerventil-Position [7.21].

7.5.2.4 Kombinierte Regelungen

Grundsätze. Eine gleichzeitige Regelung des Druckes und des Volumenstromes durch eine einzige Verstellpumpe ist streng genommen physikalisch nicht möglich:
– *Druckregelung: Volumenstrom ergibt sich verbraucherabhängig,*
– *Stromregelung: Pumpendruck ergibt sich verbraucherabhängig.*
Will man beides gemeinsam regeln, sind zusätzlich zu den Pumpenventilen weitere Ventile notwendig – im ersten Fall Stromventile, im zweiten Druckventile. Unabhängig hiervon kann man jedoch einer Druck,- Strom- oder Leistungsregelung einen zweiten Regler überlagern, der Maximalwerte für Druck oder Strom begrenzt. Strombegrenzungen ergeben sich meist automatisch aus der maximalen Pumpenausschwenkung (Anschlag), Druckbegrenzungen nicht. Daher sollen zwei Beispiele für überlagerte Druckbegrenzungsregler besprochen werden.

Kombination von Differenzdruckregelung und Maximaldruckregelung. Diese Kombination ist heute bei *Load Sensing*-Kreisläufen sehr verbreitet, insbesondere in der Mobiltechnik. Die Verstellpumpe wird durch zwei 3/2-Wege-Ventile und den Stellzylinder kontrolliert, **Bild 7.21**. Das untere Ventil hält die Druckdifferenz $p_1 - p_2$ unabhängig von der Drosselstellung, der Pumpendrehzahl und dem Arbeitsdruck konstant, das obere sorgt für ein Zurückschwenken der Pumpe, wenn der an der Feder eingestellte Maximaldruck überschritten wird.

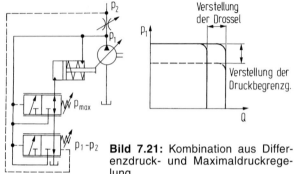

Bild 7.21: Kombination aus Differenzdruck- und Maximaldruckregelung

Kombination aus Leistungsregelung und Maximaldruckregelung. Wird bei einer Leistungssteuerung oder Leistungsregelung der Volumenstrom sehr klein, besteht nach Gl. (1.2) die Gefahr eines unkontrolliert hohen Druckes. Daher bietet es sich an, eine Maximaldruckregelung zu überlagern.

7.6 Steuerung und Regelung mit Verstellmotoren

Der Einsatz von Verstellmotoren ist weniger häufig als derjenige von Verstellpumpen. Drei typische Beispiele sollen herausgegriffen werden.

Steuerung oder Regelung der Abtriebsdrehzahl am Konstantstromnetz. Beaufschlagt man einen verstellbaren Hydromotor mit einem konstanten Ölstrom, so lässt sich dessen Abtriebsdrehzahl über die Verstellung des Hubvolumens steuern. Die Konstantpumpe erzeugt in **Bild 7.22** bei konstanter Antriebsdrehzahl (etwa durch einen Asynchron-Elektromotor) einen etwa konstanten Ölstrom, der dem Ölmotor „eingeprägt" zugeführt wird. Verstellt man den Hydromotor auf kleineres Hubvolumen, steigt dessen Drehzahl und umgekehrt. Eine Variante dieses Prinzips kommt in vielen stufenlosen hydrostatischen Getrieben vor, soweit sie mit Primär- und Sekundärverstellung arbeiten (s. Kap. 8). Während mit der Pumpenverstellung von null angefahren, reversiert und bis zu einer gewissen Geschwindigkeit beschleunigt wird, dient das Rückschwenken des verstellbaren Hydromotors häufig zur weiteren Geschwindigkeitssteigerung bzw. zur Geschwindigkeitssteuerung im

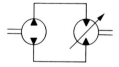

Bild 7.22: Steuerung der Abtriebsdrehzahl eines verstellbaren Hydromotors bei eingeprägtem Volumenstrom

oberen Bereich. Misst man die erzeugte Drehzahl, sind bei entsprechender Rückführung auch Regelungen möglich.

Regelung der Abtriebsdrehzahl am Konstantdrucknetz. Im Gegensatz zum vorigen Beispiel kann ein verstellbarer Hydromotor an einem Netz mit „eingeprägtem" Druck im Dauerbetrieb kaum gesteuert werden, weil sich ohne Regelung keine stabilen Betriebspunkte einstellen. Der Motor bleibt entweder stehen oder geht durch. Das Grundprinzip ist aber trotzdem sehr interessant, weil eine drosselfreie Anpassung von Lastmomenten an den konstanten vorgegebenen Druck und sogar eine drosselfreie Energierückspeisung möglich ist. **Bild 7.23** demonstriert das inzwischen entwickelte typische Regelungsprinzip: Die Arbeitsmaschine setzt dem Hydromotor ein gewisses Last-Drehmoment M entgegen. Dieses erfordert im Idealfall nach Gl. (2.22) für den vorgegebenen Netzdruck p ein ganz bestimmtes Hubvolumen V, real mit Verlusten nach Gl. (3.23) etwas mehr. Ist das eingestellte Hubvolumen zu groß, beschleunigt der Ölmotor – ist es zu klein, bleibt er stehen. Die Kontrolle der Drehzahl

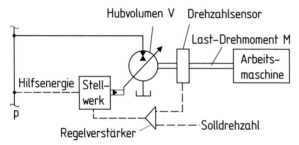

Bild 7.23: Regelung der Abtriebsdrehzahl eines verstellbaren Hydromotors bei eingeprägtem Arbeitsdruck bzw. Netzdruck

ist das Schlüsselproblem. Eine manuelle Steuerung gelingt nur bei sehr großen Rotationsträgheiten. Daher verwendet man meist – wie hier gezeigt – eine Drehzahlregelung [7.25-7.32].

Der Drehzahlsensor erfasst den Istwert, der Regelverstärker vergleicht ihn mit dem Sollwert und löst ggf. eine Angleichung über die Verstellung des Hubvolumens V aus. Die Steuerenergie wird dem Drucknetz entnommen. Soll die Arbeitsmaschine abgebremst werden, kann die Bremsenergie in das Drucknetz zurückgespeist werden. Gutes Regelverhalten ist vor allem bei dynamischen Sollwertvorgaben nicht ganz einfach zu realisieren. Probleme können z. B. bei kleinen Schwenkwinkeln oder sehr kleinen Drehträgheiten auftreten. Obwohl die Sekundärregelung eine auffällige Analogie zur Regelung von Elektromotoren am Gleichspannungsnetz darstellt, ist sie noch eine relativ junge Methode. In [7.29] werden erste Patente von Pearson und Burret um 1962 sowie die in Deutschland bekannten historischen Anmeldungen von Nikolaus ab 1977 genannt. Ab 1979 wurde das Prinzip bei Rexroth vor allem von Kordak in Zusammenarbeit mit Nikolaus weiterentwickelt [7.30]. Durch Backé angeregt [7.28] entstanden auch an der RWTH Aachen hierzu grundlegende Arbeiten [7.27, 7.31, 7.32]. Neuerdings versucht man bei Großflugzeugen, bei den dort seit längerem vorhandenen Konstantdrucknetzen von drosselnden Regelungen (mit Ventilen) auf drosselfreie volumetrische Sekundärregelungen umzustellen, siehe Kap. 9.5.

Regelung des Druckes durch einen Verstellmotor. Möchte man zur besseren Auslastung eines Hydrauliksystems, z. B. eines Konstantstromsystems, den Arbeitsdruck trotz schwankender Lastmomente konstant halten, ist dieses entsprechend Gl. (2.22) über eine Motorverstellung möglich, **Bild 7.24**. Der Motor wird bei steigendem Lastmoment auf größeres und bei fallendem auf kleineres Hubvolumen verstellt. Bei konstantem Zulauf-Ölstrom wird allerdings seine Drehzahl verändert. In vielen Fällen ist das weniger störend, etwa beim Heben einer Last, wenn die Hubgeschwindigkeit mit steigender Last automatisch abnimmt und der antreibende Elektromotor gut ausgenutzt wird.

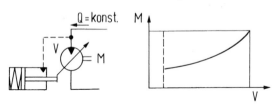

Bild 7.24: Druckregelung mit Hilfe eines Verstellmotors

Literaturverzeichnis zu Kapitel 7

[7.1] Lang, T.: Mechatronik für mobile Arbeitsmaschinen am Beispiel eines Dreipunktkrafthebers. Diss. TU Braunschweig 2002. Forschungsberichte ILF. Aachen: Skaker-Verlag 2002.

[7.2] -.-: Leittechnik. Regelungstechnik und Steuerungstechnik, DIN 19226, Teil 1 bis 5 (Febr. 1994) und Teil 6 (Entwurf 1997) u. Beiblatt 1 (Stichwortverz. deutsch-engl., Sept. 1997).

[7.3] Lutz, H. und W. Wendt: Taschenbuch der Regelungstechnik. 4. Aufl. Frankfurt/M.:Verlag Harri Deutsch, 2000.

[7.4] Helduser, S.: Simulation in der Fluidtechnik. O+P 46 (2002) H. 1, S. 27-36 (darin 24 weitere Lit.).

[7.5] Westenthanner, U.: Hydrostatische Anpress- und Übersetzungsregelung für stufenlose Kettenwandlergetriebe. Diss. TU München 2000. Fortschritt-Ber. VDI Reihe 12, H.442. Düsseldorf: VDI-Verlag 2000.

[7.6] Müller, U.: Bussysteme in der Fluidtechnik. O+P 44 (2000) H. 6, S. 360-367.

[7.7] Feuser, A.: Elektrohydraulische Antriebstechnik in stationären und mobilen Arbeitsmaschinen. O+P 44 (2000) H. 10, S. 612-623.

[7.8] Föllinger, O.: Regelungstechnik. 8. Auflage. Heidelberg: Hüthig 1994.

[7.9] -.-: Formelzeichen. Teil 10: Formelzeichen für die Regelungs- und Steuerungstechnik. DIN 1304-10 (Entwurf Sept. 2002).

[7.10] Panzer, P. und G. Beitler: Arbeitsbuch der Ölhydraulik. Mainz: Krauskopf-Verlag 1965 (siehe insbes. S. 106/107).

[7.11] Böinghoff, O. und D. Hoffmann: Merkmale der Geschwindigkeitssteuerung in hydrostatischen Anlagen. O+P 19 (1975) H. 8, S. 605-607.

7 Steuerung und Regelung hydrostatischer Antriebe 217

[7.12] Welschof, B.: Saugdrosselung – eine Phasenanschnittsteuerung in der Hydraulik. O+P 36 (1992) H. 7, S. 463-468 (siehe auch Diss. RWTH Aachen 1992).

[7.13] Overdiek, G.: Volumenstromregelkonzepte für hydraulische Nebenaggregatsantriebe im Kfz. O+P 34 (1990) H. 12, S. 824-826 und 828, 829.

[7.14] Kahrs, M.: Elektromotor-angetriebene Hydroversorgungseinheiten für Anwendungen im Kraftfahrzeug. ATZ 89 (1987) H. 6, S. 325-328.

[7.15] Koberger, M.: Hydrostatische Ölversorgungssysteme für stufenlose Kettenwandlergetriebe. Diss. TU München 1999. Fortschritt-Ber. VDI Reihe 12, Nr. 413. Düsseldorf: VDI-Verlag 2000

[7.16] Kahrs, M.: Hydroversorgungs-Systeme für verschiedene Funktionen im PKW. O+P 34 (1990) H. 12, S. 819-823.

[7.17] Becker, M.: Schrittmotor als Aktuator für elektrisch proportionale Wegeventile. In: VDI-Berichte 1503, S. 409-412. Düsseldorf: VDI-Verlag 1999.

[7.18] Böinghoff, O. und H.J. van der Kolk: Grundlagen und Systematik der Steuerung und Regelung verstellbarer Verdrängermaschinen. O+P 16 (1972) H. 5, S. 193-200.

[7.19] Böinghoff, O.: Steuerungen und Regelungen für verstellbare Verdrängermaschinen. O+P 18 (1974) H. 1, S. 49-56 (darin 44 weitere Lit.).

[7.20] Brückle, F.: Pumpenregelungen an Mehrkreissystemen. O+P 26 (1982) H. 2, S. 85-93.

[7.21] Khalil, M.K.B. et al.: Implementation of single feedback control loop for constant power regulated swash plate axial piston pumps. Intern. J. of Fluid Power 3 (2002) H. 3, S. 27-36.

[7.22] Steib, D.: Hydraulik-/Flugsteuerungssystem des Mehrzweck-Kampfflugzeuges TORNADO. O+P 25 (1981) H. 1, S. 19-24.

[7.23] Besing, W.: Hydraulische Systeme in modernen zivilen Transportflugzeugen. O+P 37 (1993) H. 3, S. 174-179.

[7.24] Matthies, H.J.: Entwicklungslinien auf dem Gebiet der Schlepperhydraulik. Grundlagen der Landtechnik 24 (1974) H. 1, S. 31-40.

[7.25] Kordak, R.: Neuartige Antriebskonzeption mit sekundärgeregelten hydraulischen Maschinen. O+P 25 (1981) H. 5, S. 527-531.

[7.26] Nikolaus, H. Dynamik sekundärgeregelter Hydroeinheiten am eingeprägten Drucknetz. O+P 26 (1982) H. 2, S. 74-76 u. 79-82.

[7.27] Murrenhoff, H.: Regelung von verstellbaren Verdrängereinheiten am Konstant-Drucknetz. Diss. RWTH Aachen 1983.

[7.28] Backé, W.: Elektro-hydraulische Regelung von Verdrängereinheiten. O+P 31 (1987) H. 10, S. 770-782.

[7.29] Kordak, R.: Der sekundärgeregelte hydrostatische Antrieb in mobilen Arbeitsgeräten. O+P 39 (1995) H. 11/12, S. 808-812 und 815, 816.

[7.30] Kordak, R.: Hydrostatische Antriebe mit Sekundärregelung. Der Hydraulik Trainer Bd. 6., 2. Aufl. Lohr a. Main: Mannesmann Rexroth 1996 (1. Aufl. 1989).

[7.31] Haas, H.-J.: Sekundär geregelte hydrostatische Antriebe im Drehzahl- und Drehwinkelregelkreis. Diss RWTH Aachen 1989 (siehe auch O+P 34 (1990) H. 9, S. 594-599).

[7.32] Dluzik, K.: Entwicklung und Untersuchung energiesparender Schaltungskonzepte für Zylinderantriebe am Drucknetz. Diss. RWTH Aachen 1989 (siehe auch O+P 33 (1989) H. 5, S. 444-450).

8 Planung und Betrieb hydraulischer Anlagen

Dieser Abschnitt widmet sich grundsätzlichen Fragen der Anwendung der bisher behandelten Grundlagen auf ganze Hydrauliksysteme. Zum Wärmehaushalt werden die physikalischen Grundlagen erst hier eingebracht, da sie jeweils auf ein ganzes System anzuwenden sind. Entsprechend stehen folgende Themenbereiche im Mittelpunkt, die sowohl für das Verständnis vorhandener als auch für die Entwicklung neuer Anlagen für die Praxis von Bedeutung sind:
- *Grundschaltpläne*
- *Planung und Berechnung von Anlagen*
- *Betriebsverhalten von Anlagen*

8.1 Grundschaltpläne

Ähnlich wie in der Elektrotechnik gibt es auch in der Ölhydraulik einige Grundregeln und Grundanordnungen für Schaltpläne.

8.1.1 Elementare Grundfragen der Schaltungstechnik

Parallelschaltung oder Reihenschaltung. Diese Frage stellt sich bei mehreren Verbrauchern. **Bild 8.1** zeigt eine *Parallelschaltung* von zwei Ölmotoren 1 und 2 oder zwei Arbeitszylindern 1 und 2, die mit Hilfe des 4/3-Wegeventils in zwei Richtungen bewegt werden können. Charakteristisch ist für Parallelschaltung die Vorgabe „glei-

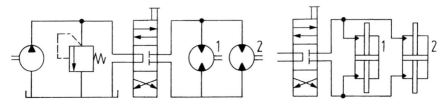

Bild 8.1: Parallelschaltung von zwei Verbrauchern, offener Kreislauf

cher Druck an beiden Verbrauchern", während der Volumenstrom sich aufteilen kann. Der Gesamtstrom ergibt sich somit aus der Summe der Einzelströme. Da sich der Druck bei der vorliegenden einfachen Schaltung allein aus der mechanischen Belastung der Verbraucher ergibt, ist bei zwei Verbrauchern von zwei Lastdrücken auszugehen. Dabei ist nun der jeweils geringere aus physikalischen Gründen maßgebend. Wenn daher die beiden Verbraucher kinematisch unabhängig voneinander sind, wird nur derjenige Verbraucher in Bewegung gesetzt, der den niedrigeren Lastdruck erzeugt, der andere bleibt stehen. Dieses meist nicht akzeptable Verhalten kann man

8 Planung und Betrieb hydraulischer Anlagen

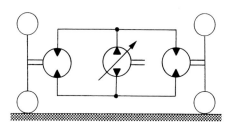

Bild 8.2: Parallele Radantriebe. Kinematische Kopplung über Bodenkontakt mit „kostenloser Differenzialwirkung" (Hydraulikkreis vereinfacht)

durch verschiedene Maßnahmen beseitigen, z. B. durch das Vorschalten von Stromregelventilen oder von Stromteilventilen. Das Problem tritt nicht auf, wenn die Verbraucher kinematisch gekoppelt sind wie z. B. bei hydrostatischen Einzelradantrieben, **Bild 8.2**. Der Freiheitsgrad der Volumenstromaufteilung wird hier durch den kraftschlüssigen Bodenkontakt belegt und hat dabei noch den Vorteil eines „kostenlosen Differenzialgetriebes". Verliert allerdings ein Rad den Kontakt, hat auch das andere kein Drehmoment. Man bräuchte wie beim mechanischen Differenzialgetriebe eine Sperre. Kinematische Kopplungen sind auch bei Arbeitszylindern möglich, z. B. bei Radladern über eine steife, kräftig gelagerte Ladeschwinge.

Bei der *Reihenschaltung* von Verbrauchern ergibt sich ein grundsätzlich anderes physikalisches Verhalten, **Bild 8.3**. Prinzipiell sind hier die Volumenströme in den Verbrauchern 1 und 2 gleich (bzw. bei Berücksichtigung von Leckströmen fast gleich), während sich die Drücke lastabhängig einstellen und addieren. Dadurch kann man bei

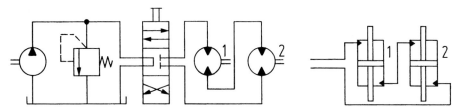

Bild 8.3: Reihenschaltung von zwei Verbrauchern, offener Kreislauf

den Ölmotoren ein von den Belastungen fast unabhängiges und damit fast konstantes Drehzahlverhältnis erzwingen. Bei Arbeitszylindern ist der Synchronisierungseffekt noch besser, weil diese praktisch dicht ausführbar sind. Im vorliegenden Fall mit zwei gleich großen symmetrischen Zylindern hätte man daher eine sehr gut arbeitende hydrostatisch erzwungene Parallelführung.

Offener oder geschlossener Kreislauf. Mit den Bildern 8.1 bis 8.3 wurden bereits *offene Kreisläufe* gezeigt, bei denen der Rückstrom in den Tank gelangt und von hier durch die Pumpe neu angesaugt wird. Bei *geschlossenen Kreisläufen* wird das Rücklauföl von den Verbrauchern der Pumpe wieder direkt zugeführt, wobei wegen der *Leckverluste* meist eine Zuspeisung erforderlich ist (Ausnahme: vorgespannter

Tank wie z. B. bei Flugzeughydrauliken). Geschlossene Kreisläufe sind damit aufwändiger, haben aber insgesamt folgende nutzbare Vorteile (nicht immer alle zugleich):
- Durch den erzeugten Vordruck auf der jeweiligen Niederdruckseite entstehen besonders günstige Betriebsbedingungen für die Pumpe: *weniger Luftblasen* und gute *Pumpenfüllung* auch bei hohen Drehzahlen (Grenzdrehzahlen daher höher als beim Selbstansaugen).
- Druck- und Saugseite sind vertauschbar, die Strömungsrichtung umkehrbar, *Bremsen* und *Reversieren* mit dem Antrieb ist möglich.
- Das in den Kreislauf mit Vordruck eingespeiste Fluid kann *frisch gefiltert und gekühlt* werden.
- Der Speisedruck (z. B. 20 bar) kann für *Stellfunktionen* (wie z. B. Pumpenverstellung oder Schaltfunktionen) mitgenutzt werden.

Mindestens der erste Vorteil sollte immer vorhanden sein wie z. B. bei der Hydraulik großer Flugzeuge. Die Nutzung aller dieser Vorteile geschieht z. B. in modernen Fahrantrieben mobiler Arbeitsmaschinen.

Als erstes Beispiel für die *schaltungstechnischen Unterschiede zwischen offenem und geschlossenem Kreislauf* zeigt **Bild 8.4** ein sehr einfaches hydrostatisches Getriebe. Die Verstellpumpe wird in beiden Fällen nur in einer Richtung ausgeschwenkt. Der Konstantmotor kann in diesem Fall (ohne Wegeventil) nur eine Drehrichtung erzeugen. Bremsen ist bei der Version „offener Kreislauf" (links) nicht möglich, weil die

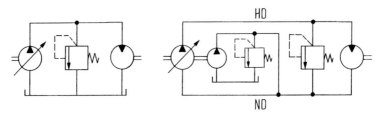

Bild 8.4: Offener (links) und geschlossener Kreislauf (r.) für konstante Stromrichtung

Niederdruckseite (Tank) nicht Hochdruckseite werden kann. Bremsen ist aber auch bei dem rechts gezeigten geschlossenen Kreislauf nicht vorgesehen, weil die ND-Speiseleitung nur auf die untere und das HD-DBV nur auf die obere Leitung wirkt. Die kleine Konstantpumpe speist nur die Lecköverluste nach, der Überschuss wird über das ND-DBV gedrosselt abgeführt. Der geschlossene Kreislauf bietet daher hier nur den Vorteil günstigerer Betriebsbedingungen für die Pumpe und ist daher z. B. für einen Fahrantrieb ungeeignet. Der Vorteil für die Pumpe kann allerdings erheblich sein und den Mehraufwand rechtfertigen (z. B. bei einem stationären Antrieb mit großen Temperaturschwankungen oder bei einer Flugzeughydraulik).

8 Planung und Betrieb hydraulischer Anlagen

In dem weiteren Beispiel nach **Bild 8.5** kann die Stromrichtung verändert werden. Das erfordert beim offenen Kreislauf (links) ein Wegeventil, während man es beim geschlossenen Kreislauf (rechts) durch das „Durchschwenken" der Pumpe erreichen kann. Die kleine Konstantpumpe speist dabei über die Rückschlagventile in die jeweilige Niederdruckleitung und es ist für jede Leitung ein HD-DBV vorhanden. Dieses erlaubt ein Vertauschen von HD und ND im Betrieb, wie es beim Abbremsen des Ölmotors (Pumpe schwenkt rasch zurück) oder beim Antreiben mit durchgeschwenkter Pumpe (Motor läuft rückwärts) auftritt. Die Speisepumpe deckt auch hier nur die Leckströme.

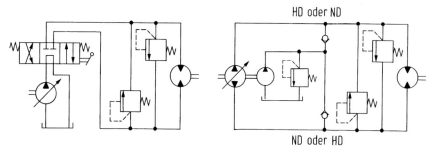

Bild 8.5: Offener und geschlossener Kreislauf für zwei Stromrichtungen

Der geschlossene (rechte) Kreislauf ist für Antreiben, Verzögern und Reversieren gut geeignet – etwa für einen sehr einfachen Fahrantrieb kleiner Leistung. Der offene (linke) Kreislauf hat demgegenüber auch hier den Nachteil, dass die Pumpe „selbstsaugend" sein muss (mit den entsprechenden Einschränkungen) und dass ein rascher Wechsel der HD-Leitung auf ND (bzw. umgekehrt) eine automatische Ventilumschaltung erfordern würde – ein eher unangemessener Aufwand.

Primärverstellung, Sekundärverstellung, kombinierte Verstellung. Bei den Bildern 8.2, 8.4, 8.5 wurde eine *Primärverstellung* angewendet. Nach **Bild 8.6** gibt es insgesamt vier charakteristische Anordnungen. Verstellt man den Ölmotor, spricht man von *Sekundärverstellung*. Bei stufenlosen hydrostatischen Getrieben mit Ver-

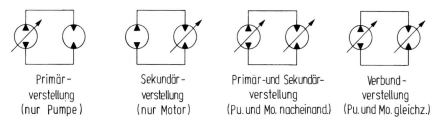

Bild 8.6: Primär- und Sekundärverstellung

stellpumpe und -motor(en) handelt es sich um *Primär- und Sekundärverstellung.* Diese kann mit steigender Ölmotordrehzahl *nacheinander* oder *kombiniert* erfolgen.
Volumenstrombeeinflussung durch Drosselung oder Verdrängung. Grundlagen hierzu wurden in Kap. 7.3 besprochen. Eingriffe durch Drosselung (z. B. mit stetigen Wegeventilen) ergeben niedrige Investitionskosten und gute Dynamik, jedoch systembedingte Verluste. Strombeeinflussungen durch Verstellen von Verdrängermaschinen sind energetisch günstiger, aber in der Anschaffung teurer und oft dynamisch nicht so leistungsfähig. Üblich sind auch Kombinationen: Man nutzt z. B. die gute Dynamik eines drosselnden Vorsteuerventils und die großen Kräfte eines hydraulischen Stellzylinders, um die relativ großen Trägheiten bei der Verstellung einer Schrägachsenpumpe zu überwinden (Bild 7.11).

Arbeitsdruck aus der Verbraucherlast oder unabhängig gesteuert. In vielen Fällen ergibt sich bei hydrostatischen Antrieben der Druck (bzw. die Druckdifferenz) am Verbraucher „rückwärts" aus dessen Last („Lastdruck") – wie z. B. beim Heben einer Last, beim Fahren einer Arbeitsmaschine, beim Antrieb eines Lüfters, beim Spalten von Holzscheiten, beim Kippen einer Ladepritsche, beim hydrostatischen Lenken usw. In anderen Fällen muss der Druck am Verbraucher gezielt gesteuert oder geregelt werden, wie z. B. bei der Belastung von Proben in Zerreißmaschinen, beim Bremsen mit ABS, an den Ringkolbenflächen der Reibungselemente automatischer Getriebe, bei der Erzeugung der Anpressung in Kettenwandlern, der Einspannung von Werkstücken, der Erzeugung von Stempelkräften usw. Diesen zwei Kategorien entsprechend ergeben sich unterschiedliche Schaltpläne.

8.1.2 Grundordnung der Kreislaufsysteme

Nach Harms [8.1] lassen sich Kreislaufsysteme zweckmäßig mit Hilfe der folgenden „eingeprägten" Größen charakterisieren (mit Beispielen):
1. *eingeprägter Volumenstrom* (Hebebühne)
2. *eingeprägter Druck* (große Flugzeuge)
3. *eingeprägter Differenzdruck* (Traktoren, Baumaschinen)
4. *eingeprägte Leistung* (Hydraulikbagger)
5. *eingeprägte Pumpendrehzahl* (Straßenfahrzeuge, E.-Antrieb)

Dabei können *Konstantpumpen* oder *Verstellpumpen* verwendet werden (s. Kap. 7.3) und die Steuerung/Regelung kann durch Ventile *(Widerstandssteuerung)* und/oder durch Verdrängung *(Verdrängersteuerung)* erfolgen (s. Kap. 7.3).

Die drei ersten Kreislaufarten sind besonders bedeutsam [8.2] und z. B. für Traktoren [8.3, 8.4] Grundlage einer ISO-Normung [8.5].

Kreisläufe mit eingeprägtem Volumenstrom und Konstantpumpe. Anlagen nach diesem Prinzip sind besonders verbreitet, **Bild 8.7.** Zur Betätigung des Arbeitszylin-

8 Planung und Betrieb hydraulischer Anlagen

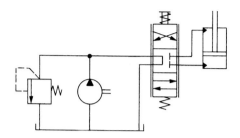

Bild 8.7: Einfaches Kreislaufsystem mit eingeprägtem Volumenstrom

ders, beispielsweise an einer Ladeplattform, erzeugt die Konstantpumpe einen Volumenstrom, der nicht vom Verbraucher vorgegeben wird, sondern sich aus Antriebsdrehzahl und Hubvolumen ergibt und damit *eingeprägt* ist. Bei konstanter Antriebsdrehzahl (z. B. durch Asynchron-Elektromotor) ist auch der Volumenstrom etwa konstant, weshalb man Systeme dieser Art bisher oft als *Konstantstromsysteme* einstufte. Diese Bezeichnung trifft aber z. B. nicht zu, wenn die Konstantpumpe in einem Fahrzeug durch einen Verbrennungsmotor mit wechselnden Drehzahlen angetrieben wird. Der Volumenstrom kann jedoch auch dabei als „eingeprägt" betrachtet werden, weshalb dieser Begriff besser passt. Will man mit der Schaltung von Bild 8.7 die Arbeitsgeschwindigkeit des Zylinders steuern, ist dieses nur über das drosselnde Wegeventil möglich (Widerstandssteuerung, Überschuss-Strom gelangt gedrosselt in den Tank, siehe auch Beispiele in Bild 7.4). Das DBV dient der Absicherung. Um die Drosselverluste bei dieser Kreislaufart zu vermindern, bietet sich u. U. eine „Reststromnutzung" an [8.6]. In [8.7] werden Anwendungsbeispiele in der Landtechnik beschrieben. Große Stückzahlen erreichte ein System in der Traktorenbaureihe „Farmer 300" von Fendt, **Bild 8.8** (vereinfacht). Eine Konstantpumpe versorgt die hydrostatische Lenkung über ein 3-Wege-Stromregelventil. Die Pumpe muss dafür

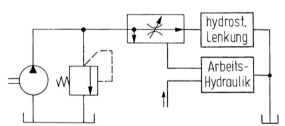

Bild 8.8: Reststromnutzung bei eingeprägtem Volumenstrom

relativ groß bemessen sein, weil sie den vollen Arbeitsstrom aus Sicherheitsgründen bereits im Leerlauf liefern muss. Der bei höheren Drehzahlen am Stromregler abgezweigte Überschussstrom (bei Traktoren bis etwa zum 3fachen des Lenkungsstromes) wird der Arbeitshydraulik zugespeist. Diese kann dadurch z. B. schneller arbeiten und gleichzeitig werden die Drosselverluste des Stromregelventils verringert.

Kreisläufe mit eingeprägtem Volumenstrom und Verstellpumpe. Wie aus dem vorigen Beispiel ersichtlich, benötigen manche Verbraucher für ihre Funktion einen etwa konstanten Volumenstrom. Setzt man in diesen Fällen eine im Volumenstrom geregelte Verstellpumpe ein (Bild 7.20), kann man z. B. Drehzahlschwankungen eines Verbrennungsmotors ausgleichen. Diese „Verdrängersteuerung" ist energetisch günstiger als die o. g. Kombination von Konstantpumpe und Stromregelventil.

Kreisläufe mit eingeprägtem Druck und Konstantpumpe. Erzeugt wird in Analogie zum elektrischen Gleichspannungsnetz ein konstanter Netzdruck (elektrisch: Spannung), der im Prinzip unabhängig vom aufgenommenen Volumenstrom des bzw. der Verbraucher ist, solange der verfügbare Maximalstrom nicht überschritten wird. Darüber hinaus ist im Prinzip auch eine Volumenstrom-Rückspeisung (Rekuperation) möglich, z. B. zur Nutzung der Bremsenergie eines Fahrzeugs [8.8] oder der Verzögerungsenergie eines Verbrauchers mit großen Drehmassen.

Der Netzdruck kann mit Konstantpumpe(n) oder Verstellpumpe(n) oder mit Kombinationen erzeugt werden. Beim Einsatz einer *Konstantpumpe* benötigt man einen *Speicher* sowie ein so genanntes *Leerlaufventil* (auch: *Speicher-Ladeventil*), **Bild 8.9**. In beiden Schaltplänen wird der Druck nicht kontinuierlich konstant gehalten, sondern bewegt sich zwischen einem unteren und einem oberen Grenzwert (z. B. 190 und 210 bar). Wird z. B. im linken System der obere Druck erreicht, schaltet das Leerlaufventil die Pumpe auf drucklosen Umlauf, das Drucknetz ist über das integrierte Rückschlagventil abgekoppelt. Sinkt der Druck durch eingeschaltete Verbraucher und entsprechende Speicherentladung bis auf den unteren Grenzwert, schließt das DBV und die Pumpe lädt den Speicher erneut auf. Im rechten Fall wird der Netzdruck gemessen und einem Steuergerät zugeführt, das das 3/2-Wegeventil ansteuert. In der gezeigten Stellung lädt die Pumpe den Speicher gerade auf. Ist der obere Druck-Grenzwert erreicht, schal-

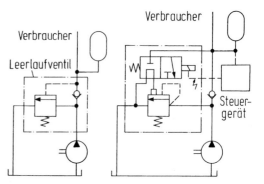

Bild 8.9: Kreisläufe mit eingeprägtem Druck und Konstantpumpe

tet das Wegeventil, der Systemdruck öffnet das DBV, die Pumpe fördert drucklos und das Drucknetz ist abgekoppelt, bis der Vorgang von neuem beginnt. Besonderheiten beim Anschluss von Verbrauchern an Konstantdrucknetzen werden bei der nächsten, sehr ähnlichen Kreislaufart besprochen.

Kreisläufe mit eingeprägtem Druck und Verstellpumpe. Kreisläufe dieser Art arbeiten im Gegensatz zu den zuvor genannten mit stetiger Druckregelung. Diese wurde bereits mit Bild 7.16 und 7.17 erläutert. Speicher können zur Deckung kurzzeitiger hoher Volumenströme und/oder zur Aufnahme von Rekuperationsenergie eingesetzt

8 Planung und Betrieb hydraulischer Anlagen

werden, **Bild 8.10**. Das 2-Wege-Stromregelventil ist vor allem bei mehreren Verbrauchern sinnvoll, um die Bewegungsgeschwindigkeiten (Zylinder) bzw. Drehzahlen (Ölmotoren) zu begrenzen und eine voneinander unabhängige Versorgung zu erreichen. In den Stromreglern wird jeweils die Differenz zwischen Lastdruck und Netzdruck durch Drosselung in Wärme umgesetzt. Diesen Systemnachteil kann man durch eine verbraucherseitige Verstellung des Schluckvolumens beseitigen. Die entsprechende Regelung eines Verstellmotors („Sekundärregelung") wurde bereits in Bild 7.23 besprochen. Arbeitszylinder sind nicht verstellbar. Die Anpassung kann aber durch Zwischenschalten eines hydrostatischen Transformators gelöst werden. Dieser besteht in **Bild 8.11** aus der Kombination von Verstellmotor und Konstantpumpe, wodurch der konstante Netzdruck drosselfrei auf den variablen Lastdruck transformiert wird. Die Konstantpumpe kann ebenso als Konstantmotor an das Drucknetz angeschlossen werden. Um den Aufwand von zwei Verdrängermaschinen zu reduzieren, wurde von Achten für Konstantdrucknetze eine spezielle Transformator-Verdrängermaschine vorgeschlagen [8.9, 8.10]. Es handelt sich um eine nicht verstellbare Axialkolbenmaschine mit einem verdrehbaren Steuerboden, der drei Steuernieren aufweist: für den Netzdruck, den Tank und den Verbraucher. Wird auf einen niedrigeren Lastdruck transformiert, besteht der Zulauf zu den Transformatorzylindern aus zwei Teilphasen: einem antreibenden Füllen durch den Netzdruck und einem Selbstansaugen aus dem Tank. Der Ausgangsdruck ist daher kleiner, der Volumenstrom größer – verglichen mit den Netz-Eingangsgrößen.

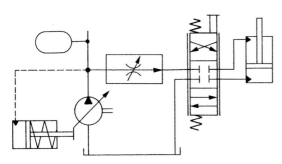

Bild 8.10: Kreislauf mit eingeprägtem Druck und Verstellpumpe

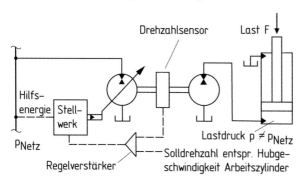

Bild 8.11: Drosselfreier Betrieb eines Arbeitszylinders am Konstantdrucknetz

Kreisläufe mit eingeprägtem Differenzdruck und Konstantpumpe. Der eingeprägte Differenzdruck bezieht sich auf den Druckabfall an den Steuerventilen für den bzw. die Verbraucher. Ist dieser konstant, so erreicht man nach Gl. (2.51) eine Proportionalität zwischen Ventil-Öffnungsquerschnitt und Durchflussstrom (vergleiche mit Bild 7.1 rechts). Dieses unter „Load Sensing" bekannte Prinzip kann am besten mit Verstellpumpen realisiert werden – aus Kostengründen sind aber auch einfache Lösungen mit Konstantpumpe [8.11] üblich, **Bild 8.12**. Die Konstantpumpe fördert über eine Druckwaage zu einem stetig arbeitenden 5/3-Wege-Ventil (Load-Sensing-Ventil, LS-Ventil), das verbraucherseitig einen speziellen Anschluss aufweist, der den Lastdruck zur linken Seite der Druckwaage leitet. Auf deren rechter Seite greift der Druck an, der vor dem LS-Ventil herrscht. So wirkt der Druckabfall Δp des LS-Ventils auf die Druckwaage, die ihn in der linken und rechten Arbeitsstellung des LS-Ventils konstant hält. Der Überschussstrom (bzw. bei nicht betätigtem LS-Ventil der ganze Volumenstrom) kann für andere Verbraucher genutzt werden. Schaltungen nach Bild 8.12 sind energetisch ähnlich einzustufen wie die in Bild 8.8 gezeigte mit 3-Wege-Stromregelventil und Reststromnutzung. Das LS-Prinzip bietet jedoch infolge

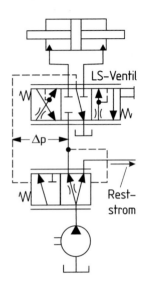

Bild 8.12: Kreislauf mit eingeprägtem Differenzdruck und Konstantpumpe (einfaches Load Sensing, in Anlehnung an [8.11])

der o. g. Proportionalität besonders gute Steuereigenschaften und wird daher z. B. bei Traktoren für Lenkungen [8.11] sowie für einfache Arbeitshydraulik-Systeme angewendet [8.12].

Kreisläufe mit eingeprägtem Differenzdruck und Verstellpumpe. Üblich ist bei der Arbeitshydraulik vieler mobiler Arbeitsmaschinen heute eine Kombination von *Differenzdruckregelung (Load Sensing)* und *Maximaldruckregelung* (auch „Druckabschneidung") entsprechend **Bild 8.13** (siehe auch Bild 7.18). Verwendet wird das prinzipiell gleiche LS-Ventil wie in Bild 8.12 besprochen. In allen drei Stellungen des LS-Ventils wirkt der Differenzdruck Δp auf die untere Druckwaage, mit der über den Arbeitsdruck die Pumpenausschwenkung verstellt wird (Stellkolben nach rechts bedeutet Zurückschwenken). Üblich sind Δp –Werte um 15 bis 25 bar. Sie verursachen leider systembedingte Drosselverluste. Kleine Werte sind daher energetisch günstig, erschweren aber die Regelung. Große Werte erhöhen die Verluste, erleichtern aber die Regelung und erlauben kleine Ventile. Ohne systembedingte Verluste arbeitet die in-

8 Planung und Betrieb hydraulischer Anlagen

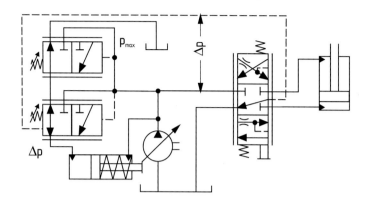

Bild 8.13: Kreislauf mit eingeprägtem Differenzdruck, Druckabschneidung und Verstellpumpe (klassisches Load Sensing)

tegrierte Druckabschneidung: Ein zu großer Pumpendruck gibt über das p_{max}-Ventil Arbeitsdruck auf den Stellzylinder, die Pumpe schwenkt zurück, energetisch ungünstiges Abblasen über ein DBV wird vermieden.

Das Prinzip war für Traktoren erstmals 1973 von Allis Chalmers (USA) eingesetzt worden [8.13] und erreichte ab 1987 einen Durchbruch, angeführt durch Traktoren von Case-IH [8.2, 8.4]. Es setzte sich mit wissenschaftlicher Unterstützung [8.2, 8.6, 8.14] auch bei vielen anderen Arbeitsmaschinen durch - insbesondere bei Baumaschinen. Um den Zielkonflikt zwischen Δp–Verlusten und Regelqualität zu mildern, arbeitet man an mechatronischen Load-Sensing-Systemen mit Drucksensoren, digitalem Kreislaufmanagement und elektrohydraulischen Ventilen [8.15].

Kreisläufe mit eingeprägter Leistung. Eine oder mehrere Pumpen werden so gesteuert oder geregelt, dass die insgesamt erzeugte hydrostatische Leistung konstant ist. Damit ist auch die Leistung des Antriebsmotors etwa konstant (gute Ausnutzung, keine Überlastung). Grundprinzip ist die Bewegung des Betriebspunktes auf einer Hyperbel $\Sigma p \cdot Q = const$. Einzelheiten wurden hierzu schon in Kap. 7.4.2 behandelt (s. Bild 7.14).

Kreisläufe mit eingeprägter Pumpendrehzahl. Darunter versteht man Kreisläufe, bei denen die Pumpendrehzahl durch einen drehzahlvariablen Antriebsmotor gezielt gesteuert oder geregelt wird. Ist dieses ein Elektromotor (siehe Kap. 7.3.3), so hat man als Vorteil die mögliche Verwendung kostengünstiger Konstantpumpen.

Es gibt eingeprägte Pumpendrehzahlen aber auch bei Verstellpumpen bzw. bei Kombinationen mit Konstantpumpen, z. B. bei einem Antrieb mit einem Verbrennungsmotor, dessen Drehzahl je nach Leistungsanforderung im verbrauchsgünstigen Bereich gehalten wird (siehe auch „automotive" Steuerungen [8.16]).

8.1.3 Systemvergleich für drei Kreislaufsysteme

Bild 8.14 zeigt nach Harms [8.2] und Backé [8.17] die jeweilige *Nutzleistung* und die *Verlustleistung* im p-Q-Diagramm (Flächen ≙ Leistungen).

Eingeprägter Volumenstrom mit Konstantpumpe. Die Verlustleistung ergibt sich aus dem Arbeitsdruck und dem auf Tankdruck gedrosselten Überschussstrom (siehe z. B. Bild 7.4 rechts). Die Energiebilanz kann durch Reststromnutzung verbessert werden (siehe Bilder 8.8 und 8.12).

Eingeprägter Druck mit Verstellpumpe. Die Pumpe passt sich über die Druckregelung an den entnommenen Volumenstrom an (Bild 8.10). Es entsteht daher kein systembedingter Überschussstrom. Der Netzdruck liegt jedoch meist über dem Lastdruck, so dass die Differenz weggedrosselt werden muss. Die Energiebilanz lässt sich durch „Sekundärregelung" (Bild 7.23) und Netzdruckanpassungen verbessern.

Eingeprägte Druckdifferenz mit Verstellpumpe. Über die Δp-Regelung und die Öffnung am LS-Ventil erzeugt die Pumpe nur den wirklich benötigten Volumenstrom, d. h. es entsteht kein systembedingter Überschussstrom. Der Volumenstrom wird jedoch um Δp gedrosselt, was zu einem systembedingten Energieverlust von $\Delta p \cdot Q$ führt (Δp klein halten, s. Kap. 8.1.2).

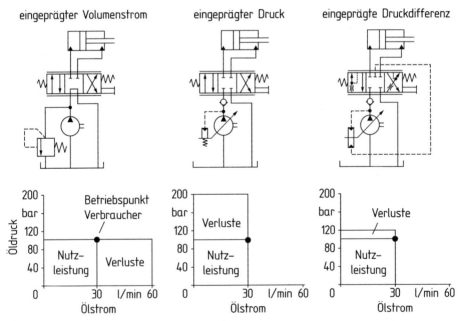

Bild 8.14: Energetischer Systemvergleich von drei bedeutenden Kreislaufarten

8 Planung und Betrieb hydraulischer Anlagen

8.1.4 Weitere Grundschaltpläne

8.1.4.1 Grundschaltpläne für einzelne Verbraucher

Die folgenden weiteren Grundschaltpläne betreffen die Gruppen:
- *Einfache Schaltungen* für einen Verbraucher
- *Prinzip der automatischen Entrastung* von Wegeventilen
- Schaltungen mit *Sperrblöcken* für Arbeitszylinder
- *Eilgangschaltungen* mit *Differenzialzylindern*
- Weitere *Eilgangschaltungen*
- Grundschaltplan für *stufenlose hydrostatische Getriebe*

Einfache Schaltungen für einen Verbraucher. Als Beispiel zeigt **Bild 8.15** zwei einfache Steuerungen für einen *einfach wirkenden Arbeitszylinder*. Links kann das 3/2-Wege-Ventil den Zylinder ausfahren (H) und am Anschlag halten (DBV spricht an, Verluste), Zwischenpositionen sind nicht möglich. Der Zylinder kann nur infolge von Lastwirkung einfahren (S), die Pumpe fördert dabei drucklos. Die rechte Schaltung bietet durch das 3/3-Wege-Ventil die zusätzliche Funktion des Festhaltens des Zylinderkolbens in beliebigen Zwischenstellungen. Wenn das Wegeventil ein Schieberventil ist, erzeugt der Lastdruck Leckströme am Ventil, ggf. benutzt man *Sperrblöcke* (s. u.).

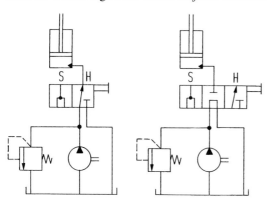

Bild 8.15: Steuerung eines einfach wirkenden Arbeitszylinders, zwei Varianten. H Heben, S Senken

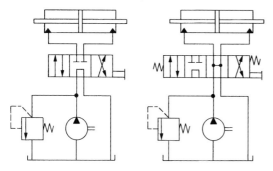

Bild 8.16: Steuerung eines doppelt wirkenden Arbeitszylinders, zwei Varianten

Bei *doppelt wirkenden Arbeitszylindern* können Lasten in beiden Richtungen angreifen und entsprechende Wege erzeugt werden. Häufig werden hier 4/3-Wege-Ventile eingesetzt, **Bild 8.16**.

Die Mittelstellung arbeitet links mit blockiertem Zylindervolumen und drucklosem Pumpenumlauf

(4/3-Wege-Ventil), rechts mit zusätzlicher Schwimmstellung (4/4-Wege-Ventil), und Federzentrierung. Eine solche Schaltung erlaubt z. B. bei einem Traktorkraftheber die Funktionen *„Heben"*, *„Drücken"*, *„Schwimmstellung"* (Gerät führt sich selbst) und *„Position halten"* (Zyl. blockiert). Das DBV spricht beim Erreichen der Zylinderanschläge an.

Prinzip der automatischen Entrastung von Wegeventilen. Will man das zuvor erwähnte Ansprechen des DBV bei Endpositionen von Arbeitszylindern vermeiden, bietet sich bei handbetätigten Wegeventilen das Prinzip der *automatischen Entrastung* an, **Bild 8.17.** Erreicht der Kolben eine der Endstellungen, steigt der Druck an (sanft bei einer guten Endlagendämpfung, s. Bild 4.8). Dieser Druckanstieg wirkt auf das Vorsteuerventil, das den Arbeitsdruck auf den Entrastungszylinder gibt, das Wegeventil springt durch die Federzentrierung in die Mittelstellung.

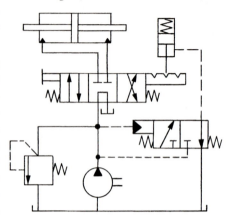

Bild 8.17: Prinzip der automatischen Entrastung bei handbetätigten Wegeventilen für die Steuerung von Arbeitszylindern

Schaltungen mit Sperrblöcken für Arbeitszylinder. Schieberventile sind kostengünstig und in vielfältigen Ausführungen lieferbar – leider aber nicht dicht. Soll ein Arbeitszylinder (der in üblicher Ausführung praktisch dicht ist) trotz Schieberventil seine Position über längere Zeit beibehalten (z. B. „Ladeschaufel oben"), kann dieses durch einen *Sperrblock* realisiert werden, **Bild 8.18.** Zwei entsperrbare Rückschlagventile (Kap. 5.3.2) stützen den Lastdruck des Zylinders in beiden Richtungen dicht ab. In Neutralposition ist das Schieberventil drucklos. Soll der Zylinder gegen eine Last bewegt werden, schaltet das 4/3-Wege-Ventil, der entstehende Pumpendruck öffnet sowohl das Rückschlag-

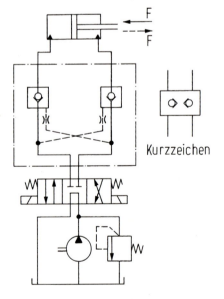

Bild 8.18: Vermeidung von Ventil-Leckströmen durch einen Sperrblock

8 Planung und Betrieb hydraulischer Anlagen

ventil im Zulauf als auch über eine Steuerleitung im Ablauf. Da die beiden Rückschlagventile zweckmäßig zusammengebaut werden, spricht man von einem Sperrblock. Diese oder ähnliche Anordnungen sind sehr verbreitet.

Eilgangschaltungen mit Differenzialzylindern. Dieses Prinzip wurde bereits in Kap. 4.2.1 (einfaches Beispiel, Bild 4.6) behandelt.

Bild 8.19 zeigt links eine weitere Einfachlösung (Bezeichnungen wie in Bild 4.6). Will man sowohl im Eilgang als auch „normal" ausfahren, kann dazu die rechte Schaltung dienen. Das untere Wegeventil schaltet elektrohydraulisch die Bewegungsrichtung, das obere die Geschwindigkeit beim Ausfahren des Zylinders. Das erfolgt zuerst im Eilgang (Kästchen „A od. E" und „E"). Stößt der Stempel nach dem Eilgangweg E auf Widerstand, steigt der Druck und schaltet das obere Ventil automatisch auf „A". Der langsame Arbeitshub A erfolgt mit großer Kraft. Am Ende schaltet das Wegeventil auf Rückhub R.

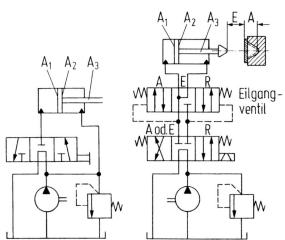

Bild 8.19: Eilgangschaltungen mit Hilfe von Differenzialzylindern, links „einfach" (ähnlich Bild 4.7), rechts mit automatischem zweiphasigen Zylinderhub

Weitere Eilgangschaltungen. Bei Gleichlaufzylindern lässt sich das zuvor gezeigte Prinzip der Eilgangschaltung nicht anwenden. In diesen Fällen kann z. B. ein *Niederdruck-Speicher (ND)* eingesetzt werden, **Bild 8.20.** In der gezeigten Position des elektrisch geschalteten 6/3-Wege-Ventils lädt die Pumpe den Speicher auf, bis das ND-DBV anspricht. Eine Schaltung des Wegeventils nach links bedeutet Eilgang des Zylinderkolbens nach

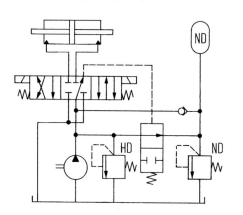

Bild 8.20: Eilgangschaltung mit Niederdruck-Speicher

links, weil nun Pumpe und Speicher gemeinsam einen großen Ölstrom liefern. Dabei wird die Steuerleitung des 2/2-Wege-Ventils mit dem Tank verbunden, es schließt durch Federkraft. Stößt der Arbeitszylinder auf Widerstand, erhöht sich der Pumpendruck, das Rückschlagventil schließt, die Arbeitsphase beginnt. Die dritte Wegeventilstellung dient zum Zurückfahren.

Eilgangschaltungen mit zwei Konstantpumpen beruhen auf dem Prinzip mehrerer geschalteter Pumpen, s. Kap. 7.3.1 (Bild 7.3), **Bild 8.21**. Im linken Beispiel fördern bei ND beide Pumpen. Erhöht sich der Arbeitswiderstand, schaltet das DBV automatisch die ND-Pumpe auf drucklosen Umlauf. Die HD-Pumpe fördert nun weniger mit höherem möglichen Druck. Beim rechten Schaltplan wird die ND-Pumpe über ein Vorsteuerventil abgekoppelt. Dieses schaltet auf Entlastung, wenn das ND-DBV öffnet (Drossel-Druckabfall).

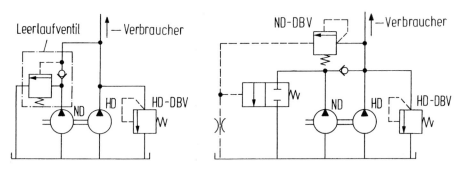

Bild 8.21: Eilgangschaltung mit Hilfe von zwei Konstantpumpen – links direkt, rechts mit Vorsteuerventil

Grundschaltplan für stufenlose hydrostatische Getriebe. Derartige Getriebe führte man vor allem als Fahrantriebe in der Mobilhydraulik ein [8.18-8.26]. Für ihre Kreisläufe hat sich ein gewisses Grundkonzept herausgebildet (auch bei mehreren Ölmotoren ähnlich), **Bild 8.22**. Eine Verstellpumpe 1 fördert im geschlossenen Kreislauf zu einem konstanten oder verstellbaren Ölmotor 2. Damit ist ein *stufenloses Anfahren* von null und ebenso ein *Reversieren* des Abtriebs über Durchschwenken der Pumpe möglich mit Erreichen der höchsten Abtriebsdrehzahl bei maximalem Pumpenschwenkwinkel. Ist zusätzlich der Motor verstellbar (gut für den Wirkungsgrad), bleibt er meist während der Pumpenverstellung auf maximalem Schwenkwinkel und wird erst zur weiteren Steigerung der Abtriebsdrehzahl bei voller Pumpenausschwenkung im Schluckvolumen zurückgenommen.

Weiterhin zeigt der Schaltplan typische Hilfseinrichtungen: Die kleine Konstantpumpe 3 mit dem DBV 4 erzeugt den sog. *Speisestrom*. Das Speiseprinzip ist für die folgenden Funktionen notwendig:

8 Planung und Betrieb hydraulischer Anlagen 233

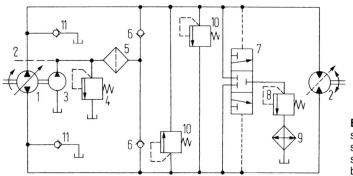

Bild 8.22: Grundschaltplan eines stufenlosen hydrostatischen Getriebes

- *Ersatz der Leckströme:* Einspeisung in ND über Filter 5 und RÜV 6
- *Hydrostatische Hilfsenergie* für Aggregateverstellung (Leitung 2)
- *Filterung* (Filter 5)
- *Kühlung* (Kühler 9)
- *Saugseitiger Vordruck* (DBV 8, z. B. 20 bar)

Das Spülventil 7 schleust den überschüssigen Spülstrom automatisch aus der Niederdruckleitung. Die DBVs 10 dienen der Hochdruckabsicherung. Da bei deren Ansprechen u. U. die gesamte Antriebsleistung in Wärme übergeht, besteht nach kurzer Zeit Überhitzungsgefahr. Diese kann durch das Prinzip der aktiven *Druckabschneidung* (Pumpenrückschwenkung statt DBV) verhindert werden (s. Kap. 7.5.2.1). Die Ventile 11 ermöglichen ggf. ein Not-Ansaugen.

8.1.4.2 Grundschaltpläne für mehrere Verbraucher

In bisherigen Kapiteln kamen bereits Beispiele hierzu vor, siehe z. B. die Bilder 5.74, 8.1, 8.2, 8.3, 8.8 und 8.9. Die folgenden Schaltungen für mehrere Verbraucher sind Beispiele aus den Gruppen:
- Schaltungen mit *Konstantpumpe(n)*
- *Load-Sensing*-Schaltungen
- *Gleichlaufschaltungen*
- *Folgeschaltungen*

Schaltungen mit Konstantpumpe für mehrere Arbeitszylinder. Das erste Beispiel zeigt in **Bild 8.23** die Steuerung von drei *gleichen Arbeitszylindern mit Reihenschaltung*. Sie können jeder einzeln angesteuert werden. Beim gleichzeitigen Betätigen von zwei oder drei Wegeventilen entstehen keine Drosselverluste, aber jeder Zylinder erhält nur einen anteiligen Druck und alle können sich nur gleich schnell bewegen.

Das zweite Beispiel zeigt in **Bild 8.24** die Steuerung von drei *gleichen Arbeitszylindern mit Parallelschaltung*. Auch hier kann jeder einzeln angesteuert werden. Betätigt man zwei oder drei Wegeventile, teilen sich die Volumenströme auf, der Eingangs-Arbeitsdruck ist an allen Ventilen gleich. Wegen meist unterschiedlicher Lastdrücke sind drosselnde Wegeventile für die Anpassung notwendig, allerdings von Hand kaum zumutbar. Besser wäre der parallele Betrieb mit einer Load-Sensing-Schaltung (folgendes Bild 8.25) oder mit lagegeregelten Arbeitszylindern (folgendes Bild 8.28).

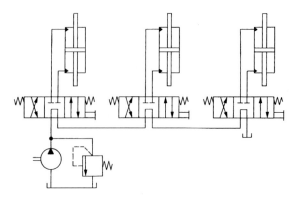

Bild 8.23: Reihenschaltung von drei Arbeitszylindern

Load-Sensing für mehrere Verbraucher, Standardschaltung. Sollen mehrere Verbraucher gleichzeitig ohne gegenseitige Beeinflussung einschaltbar sein, ist bei LS-Systemen ein Schaltplan nach **Bild 8.25** üblich. Der linke untere Teil mit

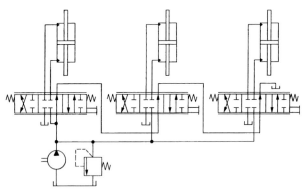

Bild 8.24: Parallelschaltung von drei Arbeitszylindern

der Δp -Regelung und der Druckabschneidung ist gleich wie in Bild 8.13, ebenso das zweimal vorhandene 5/3-Wege-Ventil. Das zusätzliche Wechselventil meldet der Pumpe den jeweils höchsten Lastdruck. Die zusätzlichen Druckwaagen vor den Wegeventilen kompensieren unterschiedliche Lastdrücke. Ist z. B. der rechte Lastdruck der größere und damit maßgebliche, ist die rechte Druckwaage völlig offen. Soll gleichzeitig der linke Verbraucher versorgt werden und hat dieser einen geringeren Lastdruck, muss die Differenz der Lastdrücke durch Drosselung erzeugt werden, da auch hier der Pumpendruck anliegt. Dieses erreicht man mit der linken Druckwaage, die an Stelle der abgekoppelten Pumpenregelung (Wechselventil) die Δp -Regelung für das linke 5/3-Wege-Ventil durch Drosselung übernimmt. Weil die Δp-Werte an beiden Wegeventilen gleich groß sind, ergibt sich aus der Druckbilanz, dass die linke Druckwaage gerade die Lastdruckdifferenz erzeugt.

8 Planung und Betrieb hydraulischer Anlagen

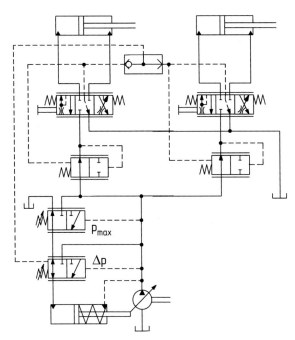

Bild 8.25: Load-Sensing-Schaltung mit zwei Verbrauchern [8.1]

Load-Sensing für mehrere Verbraucher, LUDV-Schaltung. LS-Systeme in Standardschaltung verlieren ihre guten Steuereigenschaften, wenn der gesamte durch Ventilquerschnitte nach Gl. (2.51) angeforderte Volumenstrom größer als der maximale Pumpenförderstrom wird. Der Verbraucher mit dem höchsten Lastdruck kann dann stehen bleiben. Um diesen Nachteil abzumildern, wurden LS-Systeme mit *Druckwaagen* entwickelt, die den Wegeventilen nachgeordnet sind (aber nicht deren Druckabfall direkt regeln, sondern anders arbeiten). Wenn die Pumpe überfordert wird, werden alle Verbraucher im Verhältnis der vorgegebenen Sollwerte langsamer (LUDV= Lastdruckunabhängige Durchflussverteilung, Bosch Rexroth). Schaltpläne siehe [8.1] und [8.28].

Elektronisches Load-Sensing für mehrere Verbraucher. Dabei werden die Lastdrücke und der Pumpendruck elektronisch gemessen und die Pumpe durch ein einziges Proportionalventil elektrisch verstellt. Auch die Wegeventile der Verbraucher werden elektrisch angesteuert [8.15]. Eingespart werden die Wechselventile, das Maximaldruckregelventil und die Druckwaagen, weil deren Funktionen durch das elektronische Kreislaufmanagement mit erledigt werden. Trotzdem steigt der Gesamtaufwand. Da jedoch Steuerung und Regelung besser und flexibler werden und die eingeprägten Verluste eher sinken, erscheint das Prinzip zukunftsträchtig.

Gleichlaufschaltungen für Arbeitszylinder. Übliche Arbeitszylinder arbeiten praktisch dicht (s. Kap. 6.2.3). Daher kann man für Gleichlauf z. B. mehrere Gleichlaufzylinder (s. Kap. 4.2.2) in Reihe schalten, was allerdings wegen der Druckaufteilung zu relativ großen Zylinderdurchmessern führt. Bei Differenzialzylindern ist das Prinzip nur dann möglich, wenn die Ringfläche A_1 des ersten Zylinders der vollen Fläche A_2 des zweiten entspricht.

Dieses Prinzip ist in **Bild 8.26** dargestellt. Weitere Möglichkeiten des Gleichlaufes werden in **Bild 8.27** für doppelt wirkende Zylinder gezeigt, links mit *mechanischer Kopplung*, günstig bei etwa mittigen Arbeitskräften (Pressen, Prüfmaschinen), rechts mit zwei genau gleich eingestellten *2-Wege-Stromregelventilen*, die über jeweils 4 Rückschlagventile sowohl beim Aus- als auch beim Einfahren in Pfeilrichtung durchströmt werden (sog. Graetz-Gleichrichterschaltung, siehe Elektrotechnik). Da Stromregler niemals absolut exakt arbeiten (s. Bild 5.61), dient das 2/2-Wegeventil zur Nullpunktsynchronisierung am unteren Kolbenanschlag.

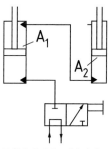

Bild 8.26: Gleichlauf bei zwei Differenzialzylindern, sofern $A_1 = A_2$

Gleichlauf kann auch *mechatronisch* erzeugt werden. Als erste Möglichkeit sei auf das elektronische Load-Sensing verwiesen (s. o.). Auch hier ist ein Nullpunktabgleich notwendig (s. o.).

Als besonders elegante Möglichkeit einer Gleichlaufschaltung kann der Einsatz von Lageregelkreisen gelten, **Bild 8.28**. Die Istposition der Abeitszylinder wird dabei durch integrierte Sensoren gemessen und mit einem gemeinsamen Sollwert verglichen.

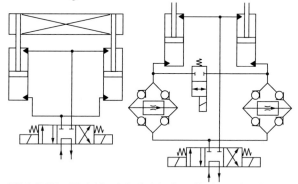

Bild 8.27: Gleichlauf bei Arbeitszylindern durch mechanische starre Kopplung (links) und Stromregelventile (links)

Bei Abweichungen verstellt der Regler die drosselnden 6/3-Wege-Ventile individuell. Dadurch werden unterschiedliche Lastdrücke automatisch ausgeglichen. Ein Nullpunktabgleich ist nicht erforderlich. Da neben dem Gleichlauf auch Position, Geschwindigkeit und Beschleunigung regelbar sind, gelten derartige Lösungen als zukunftsträchtig.

Folgeschaltungen für Folgesteuerungen mehrerer Verbraucher. Hierzu gibt es eine ganze Reihe sequenziell arbeitender Strukturen:
- *wegabhängig*, mechanisch-hydraulisch (einfache Wegeventile)
- *wegabhängig*, elektrohydraulisch (Endschalter, Sensoren)
- *druckabhängig*, mechanisch-hydraulisch (Druck-Folgeventile)
- *druckabhängig*, elektro-hydraulisch (Druckschalter, Sensoren)
- *zeitabhängig*, elektro-hydraulisch (Steuer-Elektronik)

8 Planung und Betrieb hydraulischer Anlagen

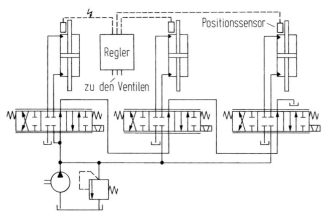

Bild 8.28: Gleichlauf durch Lageregelung der Zylinderkolben

Als Beispiele werden in **Bild 8.29** in Anlehnung an [8.27] zwei Grundschaltungen gezeigt, wie sie z. B. für eine Spannvorrichtung benötigt werden. Arbeitszylinder I fährt zuerst aus und gibt ab einer bestimmten Position die Ölzufuhr zu Zylinder II frei. Links geschieht das *wegabhängig mechanisch-hydraulisch*: Ein an der Kolbenstange mitfahrender Nocken betätigt den Stößel eines 2/2-Wege-Ventils, das den zweiten Zylinder in Gang setzt. Beim Zurückfahren sind beide durch das Rückschlagventil permanent parallel geschaltet. Im rechten Grundschaltplan arbeitet die Folgesteuerung *druckabhängig elektro-hydraulisch*. Sobald die erste Zylinderkolbenstange spannt, steigt der Arbeitsdruck und schaltet über den Druckschalter das rechte 4/3-Wege-Ventil, das den Ölstrom zu Zylinder II freigibt.

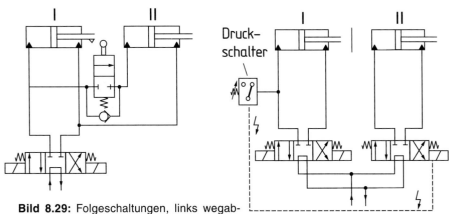

Bild 8.29: Folgeschaltungen, links wegabhängig mechanisch – rechts druckabhängig elektro-hydraulisch

8.2 Planung und Berechnung von Anlagen

8.2.1 Konzept- und Entwurfsphase

Je komplexer die Anlage, desto mehr lohnt sich ein systematisches Vorgehen bei ihrer Planung, Entwicklung und Produktion. Von Bienert wurde hierzu schon 1962 ein immer noch hilfreicher Leitfaden (mit Checkliste und Beispiel) vorgelegt [8.47]. Weitere spezielle Planungshilfen findet man z. B. in [8.48].

Die *Konzept- und Entwurfsphase* beginnt mit der Erstellung der *Anforderungsliste* (auch *Pflichtenheft* oder *Lastenheft*) [8.49], **Tafel 8.1**. Hat man eine Anlage für ähnliche Anforderungen schon einmal ausgeführt, erleichtert dieses die Entwicklung. Andernfalls werden *alternative Konzepte* erarbeitet (Skizzen, Schaltpläne, digitale 3D-Studien, EDV-Simulationen) und bewertet. *Simulationen* gewinnen dabei als Werkzeug des Entwicklers an Bedeutung (besser, schneller, umfassender, billiger). Damit können nicht nur die Energieflüsse (und Energieverluste), sondern auch die Steuer- und Regelvorgänge abgebildet werden, insbesondere, wenn man das Modell mit realen Betriebsdaten füttert. Als Beispiel seien alternative Hydraulikkonzepte für Kettenwandlergetriebe genannt, die von Westenthanner [8.50] generiert und für vorgegebene Fahrzyklen (Pkw, Traktor) mit einem Modell auf Basis MATLAB/SIMULINK energetisch bewertet wurden.

Weitere Planungsschritte gehen vom *Arbeitsprozess* (Abtrieb) aus, legen die *Leistungsflüsse* und *Arbeitsdrücke* fest, bestimmen die *Anlagenkomponenten* (incl. der Regelungen, Steuerungen und Signalflüsse) und wählen die Art des *Antriebs* (soweit nicht vorgegeben). Abstimmungen erfordern Iterationen (Pfeile in Tafel 8.1 in beiden Richtungen). Danach wird die Anlage grob entworfen und der Hydraulikschaltplan erstellt. Deckt das Ergebnis die Anforderungen ab, kann die Vorplanungsphase durch Erstellen eines Angebots (z. B. Einzelkunde) oder eines Entwicklungsauftrages der Geschäftsleitung (z. B. Serienprodukt für den Markt) abgeschlossen werden.

Meist ist der erste Durchgang negativ, oft wegen überschrittener Zielkosten. Der Planungsprozess wird iterativ. Zuerst wird man mit Hilfe weiter verfeinerter Auslegungen nach Einsparungen innerhalb des Konzepts suchen. Gelingt dieses nicht, müssen nochmals alternative Konzepte generiert und bewertet werden. *Ist das Ergebnis immer noch nicht befriedigend, kann es auch an einem „zu strengen" Pflichtenheft liegen.* Ggf. ist dessen erneute Diskussion mit den verantwortlichen Vertriebsleuten bzw. dem Kunden notwendig. Kompromisse sind z. B. oft bei Toleranzen von Lastenheft-Daten erzielbar.

Beim Prinzip des *target costing* ermittelt man aus vorgegebenen Gesamt-Zielkosten und aus einer geschätzten Anlagen-Kostenstruktur Einzel-Zielkosten für Komponenten, was unter Anderem die Verhandlungen mit Zulieferern sehr erleichtert.

8 Planung und Betrieb hydraulischer Anlagen

Tafel 8.1: Konzept- und Entwurfsphase für eine Hydraulikanlage

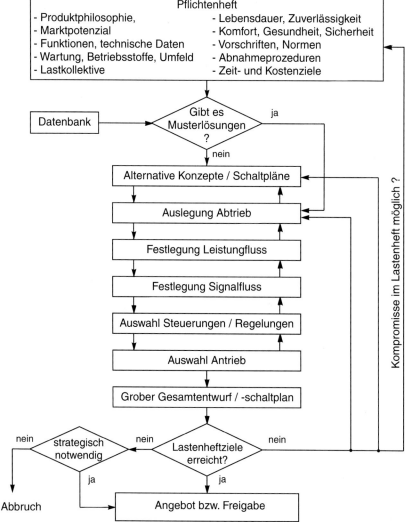

8.2.2 Typische Arbeitsdrücke der Ölhydraulik.

Die Arbeitsdrücke bestimmen ganz wesentlich das Konzept einer Anlage, **Tafel 8.2**. Hohe Werte strebt man vor allem an, um hohe Kraft- bzw. Leistungsdichten zu erreichen (kompakte Bauweise, Leichtbau, Investitionskosten).

8 Planung und Betrieb hydraulischer Anlagen

Tafel 8.2: Maximale Dauerdrücke, Anhaltswerte

- Speise- und Steuerdrücke, Getriebeschaltungen: 10–30 bar
- Steuerung von Kettenwandlern: 50–80 bar
- Kraftfahrzeuglenkungen, Kraftfahrzeugbremsen, Vorschubantriebe u. Kopiervorrichtungen bei Werkzeugmaschinen: 50–150 bar
- Arbeitshydraulik mobiler Arbeitsmaschinen, Schiffbau: 150–250 bar
- Bordhydraulik großer Zivilflugzeuge: konst. ≥ 210 bar (3000 psi)
- Bordhydraulik bei Militärflugzeugen: konst. ≥ 280 bar (4000 psi)
- Hydrostatische Fahrantriebe mobiler Arbeitsmaschinen: 280–420 bar
- Spannvorrichtungen, Streben (Bergbau), Pressen: z. T. über 420 bar.

Die Arbeitsdrücke konnten im Laufe der Jahrzehnte vor allem durch verbesserte Pumpen und Ölmotoren deutlich angehoben werden. Dieser Trend flachte in den letzten Jahren deutlich ab (aktuelle Werte s. Tafel 3.2).

Typische Grenzen weiterer Steigerungen der Drücke: Geräusche, Wirkungsgrade (Kompressionsverluste, Reibung), Bauteilfestigkeiten, Platz für ausreichend große Wälzlager, Vorschriften, fehlendes oder teures Zubehör (z. B. große Schläuche).

8.2.3 Funktionsdiagramme und Grobauslegung

Funktionsdiagramme mit tabellarischer Beschreibung dienen zur *Abbildung des Arbeitsprozesses*, der durch die Hydraulikanlage realisiert werden soll. Solche Diagramme visualisieren den zeitlichen Ablauf der *Bewegungen* und die dabei aufzuwendenden *Kräfte* bzw. *Momente*. In [8.47] und [8.48] wird jeweils ein Planungsbeispiel mit Funktionsdiagramm ausführlich besprochen.

Funktionsdiagramme können Bestandteil des Pflichtenhefts sein, z. B. bei Hydraulikanwendungen für Produktionsprozesse. Daraus stammen auch die beiden folgenden einfachen Beispiele.

Hydraulischer Vorschubantrieb für eine waagerechte Bohrspindel. Gegeben sind folgende technische Daten

- Masse der Einheit . . . . m = 200 kg
- Beschleunigungskraft bei 1,5 m/s² . . . . . . F_1 = 300 N
- Gesamte Reibungskraft . . . . F_2 = 200 N
- Vorschubkraft beim Bohren . . . . F_V = 20000 N
- Eilganggeschwindigkeit vorwärts . . . . v_E = 0,2 m/s
- Vorschubgeschwindigkeit beim Bohren . . . v_A = 0,01 m/s
- Eilganggeschwindigkeit rückwärts . . . . . . v_R = 0,3 m/s

Bild 8.30 zeigt die Umsetzung in die Funktionsdiagramme „Hub" und „Kraft" über der Zeit mit vier charakteristischen Funktionsphasen.

8 Planung und Betrieb hydraulischer Anlagen

Eine *Grobauslegung der Hydraulik* kann wie folgt aussehen:
1. Wahl des *Nenn-Betriebsdruckes:* $p_{max} = 100$ bar $= 100 \cdot 10^5$ N/m²
2. Berechnung der erforderlichen *Kolbenfläche* A_K: Aus der höchsten aufzubringenden Kraft von 20 200 N (Funktionsdiagramm) ergibt sich eine Wirkfläche $A_K = 20\,200/10^7$ m² $= 2{,}02 \cdot 10^{-3}$ m².
3. Berechnung und Wahl des *Kolbendurchmessers* d_K. Aus Pos. 2 resultiert ein Kolbendurchmesser

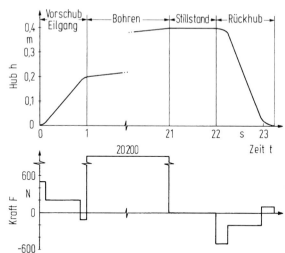

Bild 8.30: Funktionsdiagramme Bohrspindel

$d_K = 5{,}07 \cdot 10^{-2}$ m $= 50{,}7$ mm. Gewählt wird ein Arbeitszylinder mit 56 mm Kolbendurchmesser.
4. Berechnung des *maximalen Förderstroms* Q_{max}: Die größte Geschwindigkeit wird für Eilgang rückwärts gefordert. Setzt man einen Differenzialzylinder ein, so kann der Kolbenstangendurchmesser so gewählt werden, dass die beim Rückhub beaufschlagte Ringfläche etwa 2/3 der vollen Fläche beträgt. Damit wird der Eilgang vorwärts für den maximalen Förderstrom maßgebend. Es gilt:
$Q_{max} = A_K \cdot v_E = 2{,}46 \cdot 10^{-3}$ m² $\cdot 0{,}2$ m/s $\cong 0{,}5 \cdot 10^{-3}$ m³/s.
5. Berechnung des *Hubvolumens* V der Pumpe: Wird eine Antriebsdrehzahl von $n = 1500$/min $= 25$ s⁻¹ angenommen (z. B. Drehstrommotor), so gilt für V:
$V = Q_{max} / n = 0{,}5 \cdot 10^{-3}/25$ m³ $= 20 \cdot 10^{-6}$ m³ $= 20$ cm³. Geht man für den Eilgang vorwärts (geringer Druck) von einem volumetrischen Wirkungsgrad von 95% aus, ist eine Pumpe mit $20/0{,}95 \cong 21$ cm³ Hubvolumen zu wählen.

Antrieb für eine hydraulische Presse zum Biegen von Flacheisen. Entsprechend **Tafel 8.3** besteht ein Arbeitsspiel aus fünf einzelnen Takten. Dabei geschieht die Verformung in zwei Schritten: Vorbiegen und Prägen mit zuerst mäßiger und dann großer Kraft, für die ein Arbeitsdruck von 200 bar angesetzt wird. Für die Realisierung sollen zwei Möglichkeiten betrachtet werden: Der Einsatz einer Konstantpumpe ähnlich Bild 8.19 und eine Lösung entsprechend Bild 8.21 mit zwei geschalteten Konstantpumpen (siehe auch Bild 7.3), in beiden Fällen mit 1500/min $= 25$ s⁻¹ Antriebsdrehzahl. Senken des Stempels und Vorbiegen erfolgt nach Tafel 8.3 gleich schnell, d. h. mit vollem Ölstrom (bei niedrigem Druck). Der Rückhub ist schneller (Eilgang),

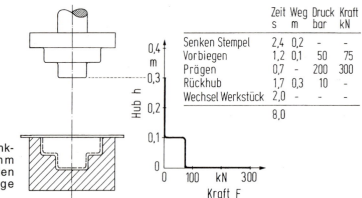

Tafel 8.3: Funktionsdiagramm und Grunddaten für zweistufige Presse

kann jedoch mit dem gleichen Ölstrom mit einem Differenzialzylinder realisiert werden. Dagegen erfordert der Einzeltakt „Prägen" einen sehr geringen Ölstrom bei jedoch maximalem Druck. Die Einpumpenlösung verbraucht nach **Tafel 8.4** etwa doppelt so viel Energie wie das Konzept mit Doppelzahnradpumpe. Die Entscheidung für das „richtige" Konzept erfordert eine ganzheitliche *Wirtschaftlichkeitsberechnung*. Das sparsame Konzept ist nämlich aufwändiger, so dass die höheren *Investitionskosten* (Kapitaldienst) und die eventuell etwas höheren *Wartungs- und Reparaturkosten* gegen die ersparten Energiekosten (*Betriebskosten*) aufzuwiegen sind.

Tafel 8.4: Bewertung des Energieverbrauchs für zwei Lösungen zu Tafel 8.3.

Einzelzahnradpumpe	Doppelzahnradpumpe
$V_1 = 50 \cdot 10^{-6}$ m³	ND-Pumpe: $V_1 = 45 \cdot 10^{-6}$ m³ HD-Pumpe: $V_2 = 5 \cdot 10^{-6}$ m³
Während der gesamten Taktzeit fließt der volle Ölstrom $Q = 1{,}25 \cdot 10^{-3}$ m³/s. Beim Prägen strömt der größte Teil des Öles durch das DBV ab. Leerlaufverluste beim Wechseln des Werkstückes.	Beide Pumpen arbeiten beim Senken, Biegen und Rückhub. Beim Prägen arbeitet nur die kleine HD-Pumpe (große ND-Pumpe drucklos). Leerlaufverluste beider Pumpen beim Wechseln des Werkstückes und der ND-Pumpe beim Prägevorgang.
Je Arbeitstakt erforderliche Energie	
Senken 0 kWs Vorbiegen 7,5 kWs Prägen 17,5 kWs Rückhub 2,13 kWs Leerlaufverluste 0,5 kWs 27,63 kWs	0 kWs 7,5 kWs 1,75 kWs 2,13 kWs 1,0 kWs 12,38 kWs

8 Planung und Betrieb hydraulischer Anlagen

8.3 Wärmetechnische Auslegung

8.3.1 Thermodynamische Grundlagen

Energiebilanz. Nach dem *ersten Hauptsatz der Thermodynamik* müssen die im Hydrauliksystem entstehenden Energieverluste (volumetrische Verluste und Reibungsverluste, s. Kap. 3.8.1) als *Wärme* auftreten.

Ist W die dem Hydrauliksystem *zugeführte Arbeit*,
 U *die innere Energie* der Anlage,
 $Q_{wä}$ die von der Anlage *abgegebene Wärmeenergie*,

so gilt:

$$dW = dU + dQ_{wä} \quad \text{(Einheit zweckmäßig Ws oder kWs)} \tag{8.1}$$

oder zeitbezogen (Leistungen):

$$\frac{dW}{dt} = \frac{dU}{dt} + \frac{dQ_{wä}}{dt} \quad \text{(Einheit zweckmäßig W oder kW)} \tag{8.2}$$

dW/dt ist die Differenz zwischen der zugeführten Leistung P_1 und der abgegebenen mechanischen Nutzleistung P_2, d. h. es gilt:

$$dW/dt = P_1 - P_2 = P_V = (1 - \eta_{ges}) \cdot P_1 \tag{8.3}$$

Bei praktischen Anlagen können (entspr. Kap. 6.6.2) bei Nennleistung für η_{ges} und gängige Betriebszustände etwa folgende Faustwerte gelten:
1. sehr gute hydrostatische Getriebe mit Leistungsverzweigung: 80–90% (bei sehr kleinen hydrostatischen Anteilen auch bis 95%)
2. sehr gute hydrostatische Kompaktgetriebe: 75–83%
3. einfache hydrostatische Getriebe sowie sehr gute Arbeitshydrauliken mit Verstellpumpen ohne Drosselsteuerung der Leistung: 70–80%
4. Energetisch günstige Anlagen mit Konstantpumpen: 70–80%
5. Einfache Anlagen mit Drosselsteuerungen der Leistung: 50–70%
6. Anlagen für Hydropulsmaschinen: Wirkungsgrad nahe null.

Änderung der inneren Energie. Wenn Öl erwärmt wird, erhöht die zugeführte Leistung die innere Energie:

$$\frac{dU}{dt} = Q \cdot \rho \cdot c_p \cdot \Delta \vartheta \tag{8.4}$$

mit Q als Volumenstrom, ρ als Dichte, c_p als spezifische Wärme und $\Delta \vartheta$ als Temperaturerhöhung infolge der Energiezufuhr.

Von der Anlage abgegebener Wärmestrom. Der Transport der vor allem im Öl anfallenden Wärme kann auf dem Weg nach außen je nach Situation auf vier Arten erfolgen, durch:
- *Strahlung* (an allen Außenflächen heißer Bauteile)
- *Konvektion* und *Wärmeübergang* (z. B. Öl-Rohr oder Rohr-Luft)
- *Wärmeleitung* (z. B. in der Rohrwand oder im Pumpengehäuse)

Strahlung ist der nicht stoffgebundene Wärmetransport durch elektromagnetische Wellen. Der Wärmestrom steigt mit der vierten Potenz der absoluten Temperatur. Bei Hydraulikanlagen kann man ihn wegen der relativ geringen Temperaturen vernachlässigen oder pauschal abschätzen.

Konvektion kennzeichnet den Wärmeaustausch innerhalb eines strömenden Mediums, der damit oft gekoppelte *Wärmeübergang* bezieht sich auf den Wärmetransport zwischen Fluid und festem Stoff oder umgekehrt. Es gilt nach Newton:

$$\frac{dQ_{wä}}{dt} = \alpha \cdot A \cdot \Delta\vartheta \tag{8.5}$$

mit α als Wärmeübergangskoeffizient (Erfahrungswert), A als wärmeabgebende oder -aufnehmende Fläche und $\Delta\vartheta$ als Temperaturdifferenz. α steigt degressiv mit der Strömungsgeschwindigkeit des Fluids.

Wärmeleitung kennzeichnet den Wärmetransport innerhalb eines Stoffes, ohne dass sich die Stoffteilchen zueinander bewegen. Für den Wärmestrom gilt:

$$\frac{dQ_{wä}}{dt} = -\lambda \cdot A \cdot \frac{d\vartheta}{dx} \tag{8.6}$$

mit λ als Wärmeleitkoeffizient (fester Stoffwert), $d\vartheta/dx$ als Temperaturgefälle in Wärmestromrichtung x und A als Querschnittsfläche des leitenden Stoffes.

Konvektion, *Wärmeübergang* und *Wärmeleitung* kommen bei Hydraulikanlagen häufig kombiniert vor, insbesondere beim *Wärmedurchgang durch eine Wandung* (z. B. Öl-Tankwand-Luft), **Bild 8.31**. Der Wärmestrom beträgt:

$$\frac{dQ_{wä}}{dt} = k \cdot A \cdot \Delta\vartheta \tag{8.7}$$

Die *Wärmedurchgangszahl* k fasst dabei die drei Einzelprozesse „Wärmeübergang 1 (α_1)", „Wärmeleitung (s, λ)" und Wärmeübergang 2 (α_2)" wie folgt zusammen:

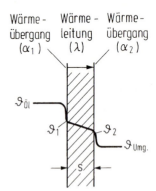

Bild 8.31: Wärmedurchgang durch eine Wand

8 Planung und Betrieb hydraulischer Anlagen

$$k = \frac{1}{\frac{1}{\alpha_1} + \frac{s}{\lambda} + \frac{1}{\alpha_2}} \qquad (8.8)$$

Stoffdaten und Faustwerte. Drei *wichtige Stoffwerte* werden für die Anwendung der o. g. Gleichungen in **Tafel 8.5** mitgeteilt.

Da für Gl. (8.8) Werte für α und λ häufig schwer zu ermitteln sind, sollen im Folgenden für die *Wärmedurchgangszahl* k und den Wärmepfad Öl-Eisenwerkstoff-Luft (Wasser) einige *Faustwerte in $kW/(m^2 \cdot K)$* genannt werden:

- Schlechte Luftzirkulation   7 bis $10 \cdot 10^{-3}$
- frei durch Luft umströmter Behälter   10 bis $15 \cdot 10^{-3}$
- Behälter in künstlichem Luftstrom   15 bis $30 \cdot 10^{-3}$
- Wasserkühler (beide Fluide zwangsbewegt)   150 bis $200 \cdot 10^{-3}$

Tafel 8.5: Faustwerte zur wärmetechnischen Berechnung der Hydraulikanlage (20 °C)

	Wärmeleit-koeffizient λ [kW/(m·K)]	Spez. Wärme-kapazität c [kJ/kg·K]	Dichte ρ [kg/m³]
Mineralöl	$0{,}126 \cdot 10^{-3}$	1,88	900
Wasser	$0{,}598 \cdot 10^{-3}$	4,18	1000
Stahl/Eisen	$(15 \ldots 58) \cdot 10^{-3}$	0,47	7860
Kupfer	$(350 \ldots 390) \cdot 10^{-3}$	0,39	8960
Aluminium	$210 \cdot 10^{-3}$	0,92	2700

8.3.2 Erwärmungsverlauf

Wärmespeichervermögen. Fasst man alle speichernden Massen m_i und die zugehörigen spezifischen Wärmekapazitäten c_i einer Anlage zusammen, ergibt sich das *gesamte Speichervermögen C* als Summe aller Einzelprodukte:

$$C = \sum m_i \cdot c_i = m_{\text{Öl}} \cdot c_{\text{Öl}} + m_{\text{M}} \cdot c_{\text{M}} \qquad (8.9)$$

mit $m_{\text{Öl}}$ Masse des Öls, m_{M} Masse aller erwärmten Werkstoffe, $c_{\text{Öl}}$ spezif. Wärmekapazität des Öls und c_{M} spezifische Wärmekapazität der Werkstoffe.

Wärmeabgabevermögen. Fasst man alle wärmeabgebenden Flächen A_i und die zugehörigen Wärmedurchgangszahlen k_i der Anlage zusammen, ergibt sich das *gesamte Wärmeabgabevermögen S* als Summe aller Einzelprodukte:

$$S = \sum k_i \cdot A_i \qquad (8.10)$$

Beim *Anfahren* einer Anlage ist $\Delta\vartheta = 0$, es wird die Verlustleistung P_V im ersten Moment voll im Öl und in den Werkstoffen der Komponenten gespeichert, der *Gradient des Temperaturanstieges* ist daher hier am größten. Fährt man eine Anlage mit konstanter Leistung hoch, steigen die Temperaturen degressiv an, weil durch die entstehende Temperaturdifferenz zur Umgebung zunehmend Wärme dorthin abgeführt wird. Wenn *thermisches Gleichgewicht* herrscht, ist die *Beharrungstemperatur* erreicht. Berechnungen gehen von der folgenden *Leistungsbilanz* aus:

$$P_v = (m_{Öl} \cdot c_{Öl} + m_M \cdot c_M) \cdot \frac{d(\Delta\vartheta)}{dt} + k \cdot A \cdot \Delta\vartheta \quad (8.11)$$

Zur Lösung dieser Differenzialgleichung wird die Randbedingung genutzt, dass beim Starten der Anlage, d. h. zur Zeit $t = 0$ die Temperaturdifferenz zur Umgebung $\Delta\vartheta$ ($t=0$) null ist. Damit erhält man:

$$\Delta\vartheta = \vartheta_{Öl} - \vartheta_{Umg} = \frac{P_v}{k \cdot A} \cdot \left(1 - e^{-\frac{t}{\tau}}\right) \quad (8.12)$$

Darin ist die sogenannte *Zeitkonstante* τ eine für den Erwärmungsvorgang charakteristische Größe. Sie gibt z. B. die Zeit an, nach der die Differenz zwischen Umgebungstemperatur $\Delta\vartheta_{Umg}$ und Beharrungstemperatur $\Delta\vartheta_{Öl,max}$ 63% ihres Maximalwertes erreicht. Für die Zeitkonstante τ gilt dabei:

$$\tau = \frac{C}{S} = \frac{V_{Öl} \cdot \rho_{Öl} \cdot c_{Öl} + m_M \cdot c_M}{k \cdot A} \quad (8.13)$$

Vernachlässigt man das Wärmespeichervermögen der festen Werkstoffe gegenüber dem des Öls (gut möglich bei stationären Anlagen mit großen Tankinhalten), so gilt vereinfacht:

$$\tau = \frac{V_{Öl} \cdot \rho_{Öl} \cdot c_{Öl}}{k \cdot A} \quad (8.14)$$

Bild 8.32 zeigt die oben erörterten Zusammenhänge. Nach unendlich langer Zeit gilt:

$$\vartheta_{max} = \frac{P_v}{k \cdot A} \quad (8.15)$$

Die Betriebstemperatur nähert sich daher bei konstanter Anlagenleistung asymptotisch der Beharrungstemperatur. In der Praxis verändern sich die übertragenen Leistungen meistens

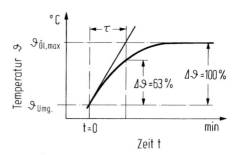

Bild 8.32: Temperaturverlauf, Zeitkonstante τ

8 Planung und Betrieb hydraulischer Anlagen

während des Betriebes. Bei ausreichendem Speichervolumen des Öls kann man mit Durchschnittsleistungen arbeiten.

8.3.3 Berechnungsbeispiel

Ermittlung des Temperaturverlaufs zur Erstellung eines Diagramms. Hierzu werden die Gleichungen (8.3) und (8.12) herangezogen. Dabei gilt für die Zeitkonstante τ mit den Daten von **Tafel 8.6**:

$$\frac{1}{\tau} = \frac{k \cdot A}{V_{\text{Öl}} \cdot \rho_{\text{Öl}} \cdot c_{\text{Öl}} + m_M \cdot c_M} = \frac{14 \cdot 10^{-3} \cdot 2}{20 \cdot 10^{-3} \cdot 900 \cdot 1{,}88 + 10 \cdot 0{,}47} s^{-1}$$

$$\frac{1}{\tau} = \frac{28 \cdot 10^{-3}}{33{,}84 + 4{,}70} = 7{,}30 \cdot 10^{-4} s^{-1}$$

$$\tau = \frac{1}{7{,}30 \cdot 10^{-4}} = 1372{,}9 \text{ s} \stackrel{\wedge}{=} 22{,}88 \text{ min}$$

Weiter sind:		Anlage A	Anlage B
P_v:		$(1-0{,}75) \cdot 4 =$ 1 kW	2 kW
$\dfrac{P_v}{k \cdot A} = \Delta \vartheta_{\max}$:		$\dfrac{1}{14 \cdot 10^{-3} \cdot 2} =$ 35,71 °C	71,42 °C
$\vartheta_{\text{Öl,max}} = \vartheta_{\text{Umg}} + \Delta\vartheta_{\max}$:		20 + 35,71 = 55,71 °C	91,42 °C

Damit wird:

für Anlage A: $\Delta\vartheta = 35{,}71 \cdot \left(1 - e^{-7{,}3 \cdot 10^{-4} \cdot t}\right)$ °C

für Anlage B: $\Delta\vartheta = 71{,}42 \cdot \left(1 - e^{-7{,}3 \cdot 10^{-4} \cdot t}\right)$ °C

Tafel 8.6: Gegebene Anlage und Stoffdaten (Berechnungsbeispiel)

– Antriebsleistung	Anlage A:	P =	4	kW
	Anlage B:	P =	8	kW
– Ölvolumen		$V_{\text{Öl}}$ =	$20 \cdot 10^{-3}$	m³
– Dichte des Öls		$\rho_{\text{Öl}}$ =	900	kg/m³
– Wärmekapazität des Öls		$c_{\text{Öl}}$ =	1,88	J/(kg · K)
– Masse der erwärmten Anlagenbauteile		m_M =	10	kg
– Wärmekapazität der Anlagenbauteile		c_M =	0,47	kJ/(kg · K)
– Oberfläche der Anlage (incl. Ölbehälter)		A =	2	m²
– Wärmedurchgangszahl		k =	$14 \cdot 10^{-3}$	kW/(m²·K)
– Umgebungstemperatur		ϑ_{Umg} =	20	°C
– Gesamtwirkungsgrad		η_{ges} =	0,75	–

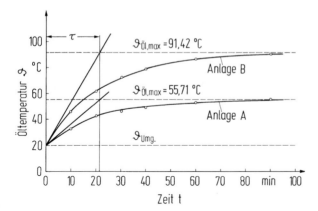

Bild 8.33: Temperaturverläufe für das Berechnungsbeispiel

Diese Temperaturverläufe wurden in **Bild 8.33** dargestellt. Für Anlage A ist bei üblichen Anforderungen der Praxis kein Kühler erforderlich. Bei Anlage B wird die für manche Dichtungswerkstoffe empfohlene Grenze von 80 °C überschritten. Ebenso wären manche Bio-Öle nicht einsetzbar. Daher käme man nur in Verbindung mit Sondermaßnahmen ohne Kühler aus. Bei Verwendung von Standardkomponenten benötigte man einen Kühler.

Auswahl des Ölkühlers für Anlage B. Die Verlustleistung muss teilweise von der Anlage, teilweise vom Kühler ($P_{Kühl}$) aufgenommen werden. Somit ist sie:

$$P_{Kühl} = P_v - P_{Anl}$$
$$= (1 - \eta_{ges}) \cdot P - k \cdot A \cdot \Delta\vartheta; \quad \Delta\vartheta = \vartheta_{Betr} - \vartheta_{Umg}$$
$$= (1 - 0{,}75) \cdot 8 - 14 \cdot 10^{-3} \cdot 2 \cdot (60 - 20) \, \text{kW}$$

$$P_{Kühl} = 2 - 1{,}12 = 0{,}88 \, \text{kW}$$

Bezüglich der Kühlerbauarten sei auf Kap. 6.6.2 verwiesen.

Ölkühler werden in der Regel von speziellen Herstellern bezogen; diese benötigen zusätzlich zu den bisher genannten und berechneten Daten vor allem:
– *Ölvolumenstrom* durch den Kühler
– *Art des Kühlmediums*
– *Temperatur des Kühlmediums* (ggf. der Umgebungsluft)
– *Betriebstemperatur* des Öls
– *Maximaler Betriebsdruck des Kühlers* ölseitig (ggf. wasserseitig)

Im Einzelfall sollte man die Erfahrungen der Kühlerhersteller nutzen. Beispielhafte Leistungsdiagramme für Kühler findet man z. B. in [8.48].

8.4 Überlegungen zum Bau geräuscharmer Anlagen

Akustik. Dieser Begriff steht für die *Physik des Schalls* und seiner Wirkung auf den Menschen (*Schall* = hörbare mechanische Schwingungen). *Luftschall* ist eine Sinusschwingung des Luftdruckes um den Mittelwert des Barometers. Zur Bewertung benutzt man den *Effektivwert* (quadr. Mittel). Für den Schallpegel L (in dB) gilt analog zu Gl. (3.32):

$$L = 20 \log \frac{p}{p_0} \tag{8.16}$$

mit p als eff. Schalldruck und $p_0 = 20\,\mu\text{Pa}$ als Bezugswert (Hörschwelle).

Bei „dB(A)" steht das A für eine genormte frequenzabhängige Korrektur der realen Effektivwerte zur Anpassung an das subjektive menschliche Hörvermögen. Der *Messort* ist anzugeben.

Wirkung von Schall auf den Menschen. Hohe Dauerschallpegel oberhalb von etwa 90 dB(A) führen zu nicht umkehrbaren Schädigungen des menschlichen Hörvermögens (Lärmschwerhörigkeit). Werte unmittelbar unter 90 dB(A) vermindern die menschliche Leistungsfähigkeit. Maßgeblich für die Wirkungen ist der aus dem zeitlichen Schallpegelverlauf (Schallpegelkollektive [8.51]) abgeleitete *äquivalente Dauerschallpegel* [8.51]. Es existieren Grenzwerte (Vorschriften) für Arbeitsplätze.

Lärmentstehung bei Hydraulikanlagen. Es treten erfahrungsgemäß die folgenden charakteristischen Gruppen von *Lärmquellen* auf:
- *Zyklische Umsteuerung ND-HD-ND* bei Verdrängermaschinen
- *Förderstrom- und Druckpulsation* bei Verdrängermaschinen
- *Strömungsgeräusche*, Turbulenz in Ventilen und Armaturen
- *„Kavitation"*
- *Eigenfrequenzen* von Feder-Masse-Systemen in Ventilen
- *Druckstöße in Leitungen*, z. B. durch schnelle Ventile
- *Mechanische Stöße*, z. B. bei Arbeitszylindern am Anschlag

Die *zyklische Umsteuerung* bei Verdrängermaschinen hat einen großen Einfluss auf die Geräuschentstehung [8.52]. **Bild 8.34** zeigt Messergebnisse an einer Einzylinder-Labor-Kolbenpumpe (ohne Hub) zur Erzeugung zyklischer Gleitschuh-Belastungen [8.53], links ohne besondere Maßnah-

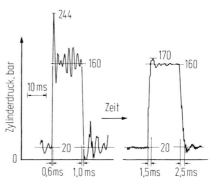

Bild 8.34: Gemessene Druckverläufe im Zylinder einer Laborpumpe, links akustisch ungünstig, rechts günstig [8.53]

men und rechts mit gezielten Eingriffen zur Verbesserung des Druckverlaufes. Die erkennbare Reduzierung des Druckanstiegs dp/dt, die Glättung der überlagerten Schwingungen und das Verhindern des Zurückschwingens auf die Null-Linie wirken sich bei kompletten Pumpen geräuschmindernd aus. Konstruktive Maßnahmen wie z. B. das Anbringen von Vorsteuerkerben an Steuerflächen bezeichnet man als *Primärmaßnahmen*. Dazu gehört auch die *Verringerung der Förderstrom- und Druckpulsation bei Pumpen*, siehe Kap. 3.8.2.

Wirkkette Lärm. Lärm ist unerwünschter Schall. Die Kleinhaltung seiner Abstrahlung bei einer Hydraulikanlage ist eine bedeutende und gleichzeitig sehr anspruchsvolle Aufgabe, für deren Lösung die *Mechanismen der Entstehung, Weiterleitung* und *Abstrahlung* des Schalls von Bedeutung sind, **Tafel 8.7**. Die gezeigte typische Wirkkette geht von den zeitlichen Öldruckschwankungen dp/dt aus, die über Wirkflächen entsprechende zyklische Kraftschwankungen dF/dt (ggf. Biegemomentschwankungen) hervorrufen. Diese werden in Form zyklischer Materialspannungen als Körperschall $d\sigma/dt$ weitergeleitet und regen schließlich Bauteiloberflächen (insbesondere Gehäuse) zum Schwingen an. Konstruktive Möglichkeiten der Schallreduzierung bestehen vor allem bei den Übertragungsfunktionen 2, 3 und 4. Häufig noch zu wenig bekannt ist der Mechanismus der Schallabstrahlung: Die auftretenden Luftschall-Amplituden sind umso größer, je dichter die Anregungsfrequenz des Körperschalls an der Eigenfrequenz der Abstrahlfläche liegt. Was bei einer Geige gezielt angestrebt wird, sollte bei einer Hydraulikanlage gezielt verhindert werden. Dazu macht man die Abstrahlflächen (insbes. Gehäuseflächen) so steif und so leicht wie möglich (z. B. durch Rippen), um deren Eigenfrequenz entspr. Gl. (5.2) möglichst weit nach oben zu legen. Vorausberechnungen dazu sind mit Finite Elemente-Methoden (FEM) elegant möglich.

Tafel 8.7: Typische Wirkkette Lärm (vereinfacht)

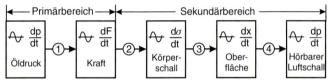

Übertragungsfunktionen:
① : Wenig beeinflussbar (Dämpfung, große Massen)
② : Gut beeinflussbar (Körperschallisolierungen)
③ : Gut beeinflussbar (Körperschallisolierungen, steife Abstrahlflächen)
④ : Gut beeinflussbar (Kapselungen)

Systematische Ordnung der Sekundärmaßnahmen. Man unterscheidet vier charakteristische Gruppen:
- *Körperschalldämmung* (z. B. elastische Abstützungen)
- *Körperschalldämpfung* (z. B. Werkstoffe mit innerer Dämpfung)
- *Luftschalldämmung* (z. B. Kapseln)
- *Luftschalldämpfung* (z. B. absorbierende Auskleidungen in Kapseln)

8 Planung und Betrieb hydraulischer Anlagen

Dämmung bedeutet dabei weitgehende Unterbrechung der Weiterleitung des Schalls, Dämpfung bedeutet Umwandlung der Schwingungsenergie in Wärme. Da Schall-Leistungen sehr klein sind, ist die Wärme praktisch nicht messbar.

Methodik der Geräuschanalyse. Häufig ist bei Anlagen die Aufgabe zu lösen, den Gesamtpegel oder auch störende tonartige Einzelpegel zu senken. Eine bewährte Methodik besteht in der *Fourier-Analyse*, d. h. der Messung der Einzelschallpegel von Frequenzklassen, **Bild 8.35**. Die Pegel für vorgegebene Klassenbreiten (hier entsprechend einer Terz, log. Klassenbreite = const.) wurden über den Mittenfrequenzen aufgetragen und ergeben ein Gebirge mit typischen Gipfeln. Aus den zugehörigen Frequenzen kann man meist den Verursacher identifizieren. Da die Gipfel im Wesentlichen den Gesamtpegel (rechts) bestimmen, lohnen sich vor allem Maßnahmen zu ihrem

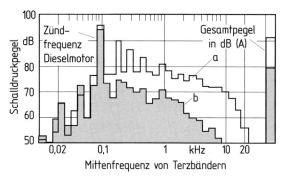

Bild 8.35: Einzel- und Gesamtschallpegel am Fahrerohr für einen Traktor ohne Kabine bei Motor-Nenndrehzahl ohne Last. a Ausgangssituation (Blockbauweise simuliert), b Dieselmotor elastisch gelagert und fast dicht gekapselt [8.54]

Abbau. Das Bild zeigt beispielhaft zwei Profile aus Messungen an einem Traktor ohne und mit typischen Schallschutzmaßnahmen und einer Gesamtpegelabsenkung von etwa 11 dB(A), gemessen am Fahrerohr.

Beispiel für den Schallschutz einer hydraulischen Versorgungsstation. Bei vielen Anlagen stellt die Einheit aus Antrieb und Pumpe(n) die Hauptgeräuschquelle dar, an der sich sekundäre Schallschutzmaßnahmen besonders lohnen, **Bild 8.36**. Hauptelemente sind hier – ähnlich wie im Beispiel von Bild 8.35 – die Körperschallisolierung durch weiche elastische Lager (Körperschalldämmung) und die weitgehende Umschließung durch eine Kapsel (Luftschalldämmung) mit geeigneter Auskleidung (Luftschalldämpfung). Die erreichbaren Lärmreduzierungen liegen nach [8.55] um 10 dB(A), d. h. ähnlich hoch wie in Bild 8.35.

Besonders geschickt ist es, wenn man Anlagen-Elemente zur Abschirmung mit heranzieht. So wird z. B. in [8.56] eine Kapselung vorgestellt, bei der der Öltank U-förmig um die Motor-Pumpe-Gruppe herum gebaut wurde und so die Abschirmung (Luftschalldämmung) auf 3 Seiten unterstützt. In diesem Beispiel wurde mit 11 dB(A) die gleiche Reduzierung erreicht wie in Bild 8.35. Ein solcher Wert kann als großer Schritt betrachtet werden.

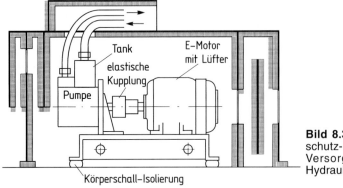

Bild 8.36: Typische Schallschutz-Maßnahmen an der Versorgungsstation einer Hydraulikanlage [8.55]

Lärmreduzierung bleibt ein Thema mit eher noch steigender Bedeutung. Erfolgreiches Arbeiten bedingt die konsequente Beachtung und Nutzung der physikalischen Grundlagen [8.57, 8.58].

Literaturverzeichnis zu Kapitel 8

[8.1] Harms, H.-H.: Fluidtechnik II. Vorlesungsmanuskript. Technische Universität Braunschweig 2001.

[8.2] Harms, H.-H.: Energieeinsparung durch Systemwahl in der Mobilhydraulik. VDI-Z 122 (1980) H. 11, S. 1006-1010.

[8.3] Matthies, H.J. und H. Garbers: Die Entwicklung der Hydraulik im Ackerschlepper. In: 25 Jahre VDI-Fachgruppe Landtechnik, S. 63-70. Düsseldorf: VDI-Fachgruppe Landtechnik 1983.

[8.4] Renius, K.Th.: Tractors: Two Axle Tractors. In: CIGR Handbook of Agricultural Engineering. Vol. III, S. 115-184. St. Joseph MI, USA: American Soc. of Agric. Engineers 1999.

[8.5] -.-: Agricultural and forestry tractors and implements – Hydraulic power beyond. Normentwurf ISO/CD 17567 (Febr. 2003).

[8.6] Garbers, H. und H.H. Harms: Überlegungen zu zukünftigen Hydrauliksystemen in Ackerschleppern. Grundlagen der Landtechnik 30 (1980) H. 6, S.199-205.

[8.7] Harms, H.-H. und B. Scheufler: Ölhydraulische Antriebe und Steuerungen in der Landtechnik. Eindrücke von der DLG 1980. O+P 24 (1980) H. 11, S. 809-812 u. 817, 818.

[8.8] Korkmaz, F. et al.: Stadtlinienbus mit hydrostatischer Bremsenergierückgewinnung („Hydro-Bus"). Teil I. O+P 22 (1978) H. 4, S. 195-199.

[8.9] -.-: Nicht neu, sondern wieder entdeckt. Moderne Hydrauliktransformatoren als Alternative zu bekannten Load-Sensing-Systemen. Gespräch mit Dr. P.A.J. Achten. fluid 34 (2000) H. 4, S. 18-20 u. 22.

[8.10] Achten, P.A.J.: Drucktransformationseinrichtung. Auslegeschrift DE 69712870T2 (Anmelder: Innas Free Piston B.V. 24.2.1997).

8 Planung und Betrieb hydraulischer Anlagen

[8.11]   Garbers, H. und D. Wilkens: Die Anwendung der Hydrostatik in Landmaschinen und Ackerschleppern. Beobachtet auf der DLG-Ausstellung 1984. O+P 28 (1984) H. 9, S. 541-547.

[8.12]   -.-: Unterlagen von AGCO-Fendt zu neuen Schmalspurtraktoren. Marktoberdorf: 2002.

[8.13]   Khatti, R.: Load Sensitive hydraulic system for Allis Chalmers models 7030 and 7050 agricultural tractors. SAE paper 730 860. Warrendale, PA, USA: Society of Automotive Engineers 1973.

[8.14]   Friedrichsen, W. und T. van Hamme: Load Sensing in der Mobilhydraulik. O+P 30 (1986) H. 12, S. 916-919.

[8.15]   Esders, H.: Elektrohydraulisches Load-Sensing für die Mobilhydraulik. O+P 38 (1994), H. 8, S. 473-480 (siehe auch Diss. TU Braunschweig 1995).

[8.16]   Skirde, E.: Automotive Steuerung fahrender Arbeitsmaschinen. O+P 38 (1994) H. 4, S. 190-194.

[8.17]   Backé, W.: Konstruktive und schaltungstechnische Maßnahmen zur Energieeinsparung. O+P 26 (1982) H.10, S. 695, 696, 700, 705-707.

[8.18]   -.-: Hydrostatisches Getriebe T 66. O+P 12 (1968) H. 4, S. 172.

[8.19]   Hamblin, H.J.: Hydraulic propulsion. Farm Mechanization 4 (1952) H. 38, S. 229-230. Ref. in VDI-Z. 95 (1953) H. 6, S. 174.

[8.20]   -.-: Die ölhydraulischen Einrichtungen im Fahrzeug. O+P 8 (1964) H. 6, S. 221-227.

[8.21]   Nimbler, W.: Stapler mit hydrostatischem Fahrantrieb. O+P 8 (1964) H. 6, S. 227-232.

[8.22]   Backé, W. und W. Hahmann: Kennlinien und Kennlinienfelder hydrostatischer Getriebe. In: VDI-Berichte 138, S. 39-48. Düsseldorf: VDI-Verlag 1969.

[8.23]   Knölker, D.: Hydrostatische Antriebe im Mobileinsatz – Systeme und Anwendungsbeispiele. O+P 12 (1968) H. 3, S. 95-101.

[8.24]   Stuhr, H.-W.: Anordnungen hydrostatischer Getriebe in Fahrzeuggetrieben. ATZ 70 (1968) H. 1, S. 6-9.

[8.25]   Renius, K.Th.: Stufenlose Drehzahl-Drehmomentwandler in Ackerschleppergetrieben. Grundlagen der Landtechnik 19 (1969) H. 4, S. 109-118 (darin weitere 102 Lit.).

[8.26]   Ullmann, K.H.: Hydrostatische Antriebe in Baumaschinen. In: VDI-Berichte 138, S. 85-87. Düsseldorf: VDI-Verlag 1969.

[8.27]   -.-: Hydraulik in Theorie und Praxis. Stuttgart, Robert Bosch GmbH, 1983.

[8.28]   Noak, S.: Hydraulik in mobilen Arbeitsmaschinen. Firmenschrift der Bosch Rexroth AG. 2. Auflage. Ditzingen: OMEGON Fachliteratur 2001.

[8.29]   Chaimowitsch, J.M.: Ölhydraulik. Berlin: VEB Verlag Technik 1961.

[8.30]   Zoebl, H.: Ölhydraulik. Wien: Springer-Verlag 1963.

[8.31]   -,-: Pneumatische und hydraulische Steuerungstechnik. HERION Taschenbuch. Stuttgart: Herion Werke KG 1969.

[8.32]   Panzer, G. und P. Beitler: Arbeitsbuch der Ölhydraulik. Wiesbaden: Krausskopf-Verlag 1969.

[8.33]   Ulmer, D.: Handbuch der Hydraulik. Bad Homburg: Sperry Vickers 1973.

[8.34]   Ebertshäuser, H.: Anwendungen der Ölhydraulik I und II. Reihe Krausskopf Taschenbücher Bd. 7 und 8. Mainz: Krausskopf-Verlag 1973.

[8.35]   Zoebl, H.: Schaltpläne der Ölhydraulik. 4. Auflage. Wiesbaden: Krausskopf-Verlag 1973.

[8.36] Backé, W.: Systematik der hydraulischen Widerstandsschaltungen in Ventilen und Regelkreisen. Mainz: Krauskopf-Verlag 1974.
[8.37] Zoebl, H.: Hydraulik in Theorie und Praxis. Stuttgart: Robert Bosch GmbH, 1983.
[8.38] Krist, T.: Hydraulik, Fluidtechnik. Würzburg: Vogel Verlag 1987.
[8.39] Hlawitschka, E.: Hydraulik für die Landtechnik. Berlin: VEB Verlag Technik 1987.
[8.40] Kauffmann, E.: Hydraulische Steuerungen. 3. Auflage. Braunschweig: Vieweg Verlag 1988.
[8.41] (Verschiedene Autoren): Der Hydraulik Trainer, Bd. 1 bis 4 und 6. Lohr a. M.: Mannesmann Rexroth GmbH 1989 bis 1999.
[8.42] Ebertshäuser, H. und S. Helduser: Fluidtechnik von A bis Z. 2. Auflage. Der Hydraulik Trainer, Bd. 5. Mainz: Vereinigte Fachverlage 1995.
[8.43] Findeisen, D. und F. Findeisen: Ölhydraulik. 4. Auflage. Berlin, Heidelberg: Springer-Verlag 1994.
[8.44] Mitchel, R.J. und J.J. Pippenger: Fluid Power Maintenance Basics and Troubleshooting. New York: Marcel Decker, Inc. 1997.
[8.45] Bauer, G.: Ölhydraulik. 8. Auflage. Stuttgart: Teubner-Verlag 2005.
[8.46] Will, D., Ströhl, H. und N. Gebhardt: Hydraulik. Grundlagen, Komponenten, Schaltungen. Berlin, Heidelberg: Springer-Verlag 1999.
[8.47] Bienert, H.W.: Planung ölhydraulischer Anlagen. O+P 6 (1962) H. 3, S. 93-97.
[8.48] (Autorengemeinschaft): Projektierung und Konstruktion von Hydroanlagen. Der Hydraulik Trainer Bd. 3. Lohr am Main: Mannesmann Rexroth GmbH 1988.
[8.49] Ehrlenspiel, K.: Integrierte Produktentwicklung. 2. Auflage. München, Wien: Carl Hanser Verlag 2003.
[8.50] Westenthanner, U.: Hydrostatische Anpress- und Übersetzungsregelung für stufenlose Kettenwandlergetriebe. Diss. TU München 2000. Fortschritt-Ber. VDI Reihe 12, Nr. 442. Düsseldorf: VDI-Verlag 2000.
[8.51] Witte, E.: Stand und Entwicklung der Lärmbelastung von Schlepper- und Mähdrescherfahrern. Grundlagen der Landtechnik 29 (1979) H. 3, S. 92-99.
[8.52] Breuer, D. und E. Goenechea: Lärmbekämpfung in der Hydraulik. In: O+P Konstruktions Jahrbuch 27 (2002/2003), S. 8-21. Mainz: Vereinigte Fachverlage 2002 (darin 22 weitere Lit.).
[8.53] Renius, K.Th.: Experimentelle Untersuchungen an Gleitschuhen von Axialkolbenmaschinen. O+P 17 (1973) H. 3, S. 75-80.
[8.54] Kirste, Th.: Entwicklung eines 30 kW-Forschungstraktors als Studie für lärmarme Gesamtkonzepte. Fortschritt-Ber. VDI Reihe 14, Nr. 43. Düsseldorf: VDI-Verlag 1989.
[8.55] Dantlgraber, J., A. Feuser, A. Herr und V. Seifert: Geräuscharme Hydraulik durch „Flüsteraggregate". O+P 46 (2002) H. 5, S. 300-302.
[8.56] Herr, A.: Flüsteraggregate. Firmenschrift der Bosch Rexroth AG Lohr: 05/2003.
[8.57] -.-: O+P-Gesprächsrunde: Nutzung der Grundlagen führt zu geräuschreduzierter Hydraulik. O+P 46 (2002) H. 5, S. 282-292 u. 294.
[8.58] Henn, H., G. Sinambari und M. Fallen: Ingenieurakustik. 3. Auflage. Braunschweig: Vieweg-Verlag 2001.

9 Anwendungsbeispiele

Folgende Gruppen von Beispielen werden behandelt:
- *Stufenlose hydrostatische Getriebe* (übergreifend)
- *Hydrostatische Hilfskraftlenkungen* (übergreifend)
- *Hydraulik in mobilen Arbeitsmaschinen*
- *Hydraulik in Straßenfahrzeugen*
- *Hydraulik in großen Flugzeugen*
- *Hydraulik in stationären Maschinen*

Weitere Beispiele findet man in anderen Hydraulikbüchern (siehe Lit.-Stellen [8.27] bis [8.48] im vorigen Kapitel). Aktuelle Beispiele entnimmt man am besten einschlägigen Fachzeitschriften, im deutschen Sprachraum vor allem der „Ölhydraulik und Pneumatik" und der „fluid". Besonders verwiesen sei auf regelmäßige Messeberichte – etwa zu Anwendungen bei Baumaschinen (bauma) [9.1] und Landmaschinen/Traktoren (Agritechnica) [9.2].

9.1 Stufenlose hydrostatische Getriebe

Übersicht. Stufenlose hydrostatische Getriebe (Drehzahl-Drehmoment-Wandler) werden sowohl für stationäre als auch für mobile Maschinen angewendet. Hinweise zu frühen Entwicklungen findet man z. B. in [8.18-8.26] im vorigen Kapitel sowie in [9.3-9.12]. Man unterscheidet nach [9.6] zweckmäßig in
- *direkte hydrostatische Getriebe* (ohne Leistungsverzweigung)
- *hydrostatische Getriebe mit Leistungsverzweigung* („Überlagerungsgetriebe")

Im ersten vorherrschenden Fall wird die gesamte Getriebe-Eingangsleistung hydrostatisch übertragen. Im zweiten Fall wird nur ein Teil der Leistung hydrostatisch übertragen, um die Energieverluste zu verringern [9.6].

9.1.1 Direkte stufenlose hydrostatische Getriebe.

Anwendungsfelder sind vor allem die Fahrantriebe mobiler Arbeitsfahrzeuge:
- *Flurförderer*
- *Selbstfahrende Arbeitsmaschinen der Landwirtschaft*
- *Kleintraktoren, Kommunalfahrzeuge*
- *Bagger*
- *Radlader, Raupenlader*
- *Planierraupen*
- *Sonderfahrzeuge*

Prinzip und Grundschaltpläne wurden in. Kap. 8 behandelt (bes. Bild 8.22).

Als **allgemeine anwendungstechnische Vorteile** gelten eine meistens *höhere Arbeitsproduktivität* und ein *immer wesentlich besserer Komfort*. Beide Vorzüge werden heute durch das hohe Automatisierungspotenzial (Elektronik) noch verstärkt [9.13]. Das *Antriebsstrang-Management* dient dabei nicht nur zur guten Ausnutzung der installierten Motorleistung, sondern auch zum Abmildern der Wirkungsgradnachteile durch Nutzung verbrauchsgünstiger Dieselmotor-Betriebspunkte bei Teillast.

Die mäßigen Wirkungsgrade sind ein Nachteil. Sie liegen mit Bestwerten um 78–83% (steigend mit der Getriebeleistung) deutlich unter dem Wertebereich von etwa 90–95% für vergleichbare Feinstufen-Zahnradgetriebe [9.14] (in beiden Fällen ohne Achsen und feste Untersetzungen betrachtet). Dieser Nachteil wiegt unterschiedlich, und zwar umso weniger, je weniger Leistungsanteil für den Fahrantrieb benötigt wird. Hydrodynamische Wandler haben ähnliche Bestwerte, aber die Hydrostatik bietet einen flacheren, d.h. günstigeren Wirkungsgradverlauf.

Konzepte. Drei typische Konzepte werden in **Bild 9.1** dargestellt. Getriebe in *Kompaktbauweise* haben den Vorteil, dass man sie für ein Fahrzeug alternativ zu herkömmlichen Stufengetrieben im Baukastensystem anbieten kann. Die *aufgelöste Bauweise für eine Achse mit Einzelradantrieben* bietet viel räumliche Flexibilität und bei Parallelschaltung „kostenlose Differenzialwirkung" (s. Bild 8.2). Deren Aufhebung ist prinzipiell durch Reihenschaltung der Motoren möglich, was aber den Nachteil hat, dass die Abtriebsmomente bei gleichem Pumpendruck halbiert und die Abtriebsdrehzahlen bei gleicher Pumpenausschwenkung verdoppelt werden. Beste Ergebnisse lassen sich entspr. Gl. (2.22) durch stufenlos verstellbare Ölmotoren erreichen. Dabei wird auch der Verlauf des Gesamtwirkungsgrades besser. Als Kompro-

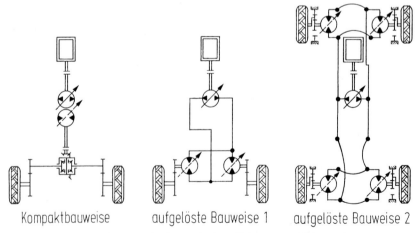

Bild 9.1: Konzepte stufenloser hydrostatischer Fahrzeugantriebe

miss setzt man z. T. umschaltbare Ölmotoren ein (zwei Schluckvolumina, z. B. Gelände/Straße). Die *aufgelöste Bauweise für zwei Achsen mit Einzelradantrieben* arbeitet ähnlich wie zuvor, in der gezeigten Form allerdings mit Differenzialwirkung für alle vier Räder. Mit 2-Pumpen-Systemen kann man die Längs-Differenzialwirkung aufheben, wenn man die Volumenströme auf „getrennt" umschaltet, siehe z. B. der Antrieb von Krone für eine landwirtschaftliche Arbeitsmaschine [9.2].

Kennlinien. Es soll das Betriebsverhalten eines stufenlosen hydrostatischen Getriebes mit gleich großen Einheiten und Primär- und Sekundärverstellung abgebildet werden, **Bild 9.2**. Drehmomente, Druck und Leistung werden dazu über der dimensionslosen Abtriebsdrehzahl n_2/n_1 aufgetragen (bei Fahrantrieben dimensionslose Geschwindigkeit). Die Verstellsequenz (Schwenkwinkel α) entspricht dem Kommentar zu Bild 8.22.

Im Anfahrbereich Ia ist der Druck und damit auch das Abtriebsdrehmoment zur Sicherheit begrenzt (s. Bild 8.22 mit Text). Nach Kap. 3.8.1 wird aus der idealen Drehmomentkennlinie von M_2 die reale

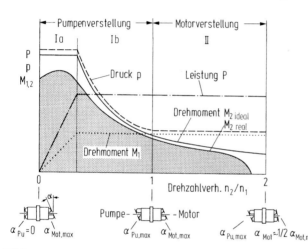

Bild 9.2: Kennlinien und Kennfeld eines hydrostatischen Getriebes mit Primär- und Sekundärverstellung und gleich großen Verstelleinheiten.

wie folgt: Es gibt einen *vertikalen Drehmomentverlust (sämtliche Reibung)*, dem sich ein *horizontaler Geschwindigkeitsverlust (sämtliche Leckagen)* überlagert.

Vorteile gegenüber einem hydrodynamischen Antrieb. Bei einem hydrostatischen Getriebe kann nicht nur die M_2-Vollastkennlinie, sondern das gesamte darunter liegende Kennfeld ausgenutzt werden. Ferner ist die eingestellte Übersetzung bei der Hydrostatik kaum lastabhängig und damit feinfühlig kontrollierbar. Schließlich geht das sogenannte Reversieren (Durchschwenken der Pumpe, zyklisches Vorwärts-Rückwärts-Fahren) mit Hydrostatik am besten. Der hydrodynamische Wandler ist hingegen sehr robust und kostengünstig.

Beispiel eines hydrostatischen Getriebes für landwirtschaftliche Traktoren. Die Einführung stufenloser hydrostatischer Getriebe wurde hier früh versucht [9.3], ernsthaft ab 1966 (Eicher-Dowty) [9.11]. 1967 ging die International Harvester Company (IHC, USA) mit einem Kompaktgetriebe entsprechend **Bild 9.3** [9.15] in Serie, von dem man in den Folgejahren mit Unterstützung von Sundstrand (USA) für mehrere Traktortypen nach Schätzung der Verfasser „einige zehntausend" Einheiten baute. Das Getriebe besteht aus Verstellpumpe 1 und Verstellmotor 2 (etwas größer als die Pumpe), die beide raumsparend und funktionsgünstig in so genannter back-to-back-Bauweise zusammenarbeiten (kurze Kanäle 3). Die Verstellung der Schrägscheiben erfolgt über die Zylinder 4 und 5, die Steuerung über den Ventilblock 6. Die Pumpe arbeitet mit Schwenkwinkeleinstellungen von -16 (Rückwärtsfahrt) bis +18° (Vorwärtsfahrt), der Ölmotor mit 18 bis 9,5°.

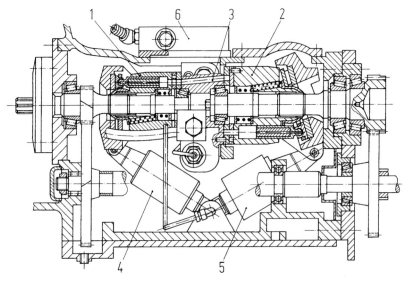

Bild 9.3: Frühes stufenloses hydrostatisches Kompaktgetriebe mit Schrägscheiben-Axialkolbenmaschinen für Primär- und Sekundärverstellung, Bauart IHC-Sundstrand (USA), Serienproduktion ab 1967 (später eingestellt) [9.15].

Bei Zapfwellenarbeiten (geringe Fahrleistung) waren die Anwender zufrieden, desgleichen bei vielen industriellen Einsätzen, bei schweren landwirtschaftlichen Zugarbeiten waren die Verluste (Kraftstoffverbrauch) zu hoch. Dabei kostete der Traktor erheblich mehr (die mechanischen Getriebe waren noch vergleichsweise einfach und billig). Die Firma stellte die Produktion schließlich ein. Das IHC-Getriebe war eine sehr konsequente und damit an sich richtungsweisende Konstruktion, deren Grundzüge für manche Anwendungen (z. B. Kleintraktoren) noch heute aktuell sind, für professionelle moderne Traktoren blieben die Verluste zu hoch (siehe leistungsverzweigte hydrostatische Getriebe).

9 Anwendungsbeispiele

Typische Wirkungsgradkennlinien. Hierzu zeigt **Bild 9.4** Volllast-Kennlinien für die in Bild 9.3 dargestellte Konstruktion sowie für den gesamten Antriebsstrang (Struktur in [9.11]). Die Basisdaten stammen weitgehend von IHC und Sundstrand. Gestützt auf [9.14] wurden die unteren Kurven nachträglich berechnet [9.16]. Der hydrostatische Wandler allein erreicht im Bestpunkt gut 80% – ein noch heute für Getriebe mit Schrägscheibenmaschinen dieser Größe gültiger Faustwert. Im langsamen Fahrbereich L kommen die Verluste von zwei Zahneingriffen im Gruppenwahlgetriebe und die Verluste der Achse (Differenzialgetriebe plus Enduntersetzung) hinzu, der Bestwert schrumpft auf 72,5%. Im schnellen Fahrbereich H mit direktem Achsantrieb werden 75% erreicht. Damit sind die *Volllastverluste des Antriebsstrangs trotz guter Konstruktion grob etwa doppelt so hoch wie bei einem Feinstufengetriebe* [9.14]. Das schaltbare Zusatzgetriebe verhindert nochmals niedrigere Wirkungsgrade im unteren und oberen Geschwindigkeitsbereich, ein für viele Arbeitsfahrzeuge wichtiges Prinzip.

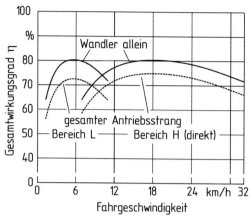

Bild 9.4: Berechnete Vollastwirkungsgrade für ein hydrostatisches Traktorgetriebe [9.16]

Beispiel eines hydrostatischen Getriebes für Radlader. Der in **Bild 9.5** gezeigte Antrieb „2plus2" wurde von Liebherr gemeinsam mit Bosch-Rexroth und Dana-Spicer für die obere Liebherr Radlader-Baureihe L544 bis L580 (2002) entwickelt. Eine Schrägscheiben-Verstellpumpe arbeitet mit zwei Schrägachsen-Motoren (in eine Richtung verstellbar) zusammen. Deren Größe und Anordnung am lastschaltbaren Zusatzgetriebe erlaubt drei stufenlose Fahrbereiche mit ruckfreien

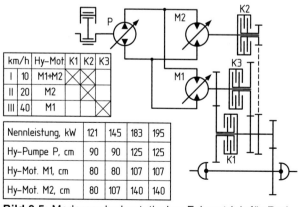

km/h	Hy-Mot	K1	K2	K3
I	10	M1+M2	X	X
II	20	M2		X
III	40	M1	X	

Nennleistung, kW	121	145	183	195
Hy-Pumpe P, cm	90	90	125	125
Hy-Mot. M1, cm	80	80	107	107
Hy-Mot. M2, cm	80	107	140	140

Bild 9.5: Moderner hydrostatischer Fahrantrieb für Radlader mit Daten (Baukasten) für vier Nennleistungen (nach Liebherr)

Übergängen. Durch das Baukastenprinzip kommt man für vier Nennleistungen mit zwei Pumpen- und drei Motorgrößen aus. Die Vorteile gegenüber dem Vergleichskonzept „hydrodynamischer Wandler plus Lastschaltgetriebe" betreffen nach Liebherr vor allem Kraftstoffeinsparungen und elegantere Strategien für Steuerung und Regelung. Die Verfasser schätzen, dass die Volllastwirkungsgrade dieses Antriebs in den Bestpunkten ähnlich sind wie die von Bild 9.4 und bis auf Straßenbetrieb besser abschneiden als bei hydrodynamischen Antrieben.

Regeln zur Konstruktion verlustarmer direkter hydrostatischer Getriebe. Nach [9.16] gelten folgende Grundsätze:
– *Primär- und Sekundärverstellung* einsetzen
– Einheiten mit *großen Schwenkwinkeln* bevorzugen
– Wenigstens die *Ölmotoren in Schrägachsenbauweise* wählen
– *Sekundäres Schluckvolumen größer als das der Pumpe(n)* machen
– *Mäßige Eingangsdrehzahlen* einplanen
– *Dauerdrücke (Haupt-ED) über 200-250 bar* vermeiden
– *Druckabschneidung durch Pumpe* (statt DBV) vorsehen
– *Strömungs- und Eintauchverluste* kontrollieren (messen/optimieren)
– *Speisekreislauf* optimieren (Ölstrom, Speisedruck)
– *Zusatzstufen* vorsehen.

Viele dieser Regeln wurden in den beiden vorstehenden Beispielen beachtet. Reichen sie nicht aus, ist *Leistungsverzweigung* in Betracht zu ziehen.

9.1.2 Stufenlose hydrostatische Getriebe mit Leistungsverzweigung

Die Leistungsverzweigung dient bei hydrostatischen Getrieben vor allem der Verbesserung der Gesamtwirkungsgrade [9.12]. Das Grundprinzip besteht nach **Bild 9.6** darin, dass die Leistung am Getriebeeingang auf einen hydrostatischen und einen mechanischen Pfad aufgeteilt wird, so dass nur ein Teil der Leistung dem erwähnten mäßigen Wirkungsgrad unterliegt, während der andere Teil mit sehr geringen Verlusten mechanisch übertragen wird. Nur der hydrostatische Pfad unterliegt dabei einer

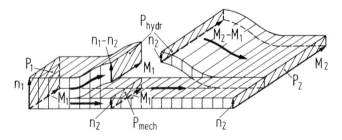

Bild 9.6: Prinzip der Leistungsverzweigung, dargestellt für eine Übersetzung ins Langsame (nach Molly [9.17])

Wandlung von Drehzahl und Drehmoment (unterbrochener Balken) während die mechanische Leistung unverändert bleibt (durchgehender Balken). Der Wandlungsbereich verkleinert sich dadurch. Man teilt die Konzepte in zwei Gruppen ein [9.10]:
- hydrostatische Getriebe mit *innerer Leistungsverzweigung*
- hydrostatische Getriebe mit *äußerer Leistungsverzweigung*

Innere Leistungsverzweigung. Ein frühes Beispiel hierfür war das berühmte Renault-Getriebe aus dem Jahre 1907 [9.18] (nicht gebaut), das von Molly in [9.6] beschrieben wird. **Bild 9.7** zeigt eine ähnliche Anordnung mit folgender Funktion: Die beiden Schrägscheiben-Axialkolbeneinheiten sind in back-to-back-Anordnung kompakt zusammengebaut. Dabei wird der Zylinderblock 1 der Primäreinheit mit der Antriebsdrehzahl n_1 angetrieben und der Zylinderblock 2 der Sekundäreinheit festgehalten. Das Gehäuse 3 läuft mit der Abtriebsdrehzahl n_2 um.

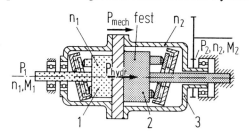

Bild 9.7: Stufenloses hydrostatisches Getriebe mit innerer Leistungsverzweigung

Gleichzeitig mit dem Gehäuse laufen auch beide Schrägscheiben mit n_2 um, so dass für die Verdrängung der Primäreinheit 1 (Zylinderblock läuft mit n_1) die Drehzahldifferenz ($n_1 - n_2$) maßgebend ist und für die Sekundäreinheit 2 (Zylinderblock fest) die Drehzahl n_2. Das Antriebsmoment M_1 wirkt sowohl auf die Betriebsflüssigkeit der Pumpe als auch über die Schrägscheibe der Pumpe auf das Umlaufgehäuse. Die Antriebsleistung wird über die Drehzahlen aufgespalten in $P_{hydr} = 2\pi \cdot M_1 \cdot (n_1 - n_2)$ und $P_{mech} = 2\pi \cdot M_1 \cdot n_2$. Die Leistungssummierung erfolgt an der Schrägscheibe 2.

Bei Neutralstellung der Primärschrägscheibe wird kein Ölstrom erzeugt, und die Abtriebsdrehzehl ist Null. Beim Durchfahren des Vorwärts-Fahrbereiches wird zunächst die Primärschrägscheibe bis zum Maximalwinkel geschwenkt und anschließend die Sekundärschrägscheibe zurückgestellt. Der Anteil der hydraulischen Leistung ist beim Anfahren 100% und wird mit steigender Abtriebsdrehzahl immer kleiner, bei Drehzahlgleichheit ist er Null. Konzepte dieser Art wurden nach Wissen der Verfasser bisher bei Arbeitsfahrzeugen nicht serienmäßig eingesetzt.

Äußere Leistungsverzweigung. Hierzu sind im Schrifttum und in der Patentliteratur sehr viele Lösungen vorgestellt worden und es gingen auch einige Konstruktionen bei Arbeitsfahrzeugen und Industriegetrieben in Produktion.

Die Vielfalt wird überschaubarer, wenn man sie entsprechend **Bild 9.8** in die Gruppen A (Eingang gekoppelt) und B (Ausgang gekoppelt) einteilt. Die Strukturen sind spiegelbildlich, aber mit unterschiedlichem Betriebsverhalten.

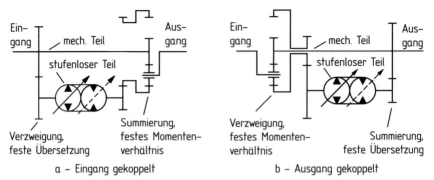

a − Eingang gekoppelt   b − Ausgang gekoppelt

Bild 9.8: Zwei wichtige Grundkonzepte für stufenlose hydrostatische Getriebe mit äußerer Leistungsverzweigung [9.16, 9.19]

Bei a erfolgt die Verzweigung über eine Zahnradstufe (festes Drehzahlverhältnis) und ausgangsseitig über ein Standard-Planetengetriebe (feste Momentenverhältnisse). Bei b ist es umgekehrt. Der zusätzliche Freiheitsgrad erlaubt beim Planetengetriebe entweder den Antrieb an zwei Eingängen mit beliebigen Drehzahlen (links zur Summierung genutzt) oder den Abtrieb an zwei Ausgängen mit variablem Drehzahlverhältnis bei konstanter Eingangsdrehzahl (rechts zur Verzweigung genutzt). Das linke Konzept wird z. B. ähnlich seit etwa 1994 in kleiner Stückzahl von Komatsu für Planierraupen eingesetzt [9.20], das rechte seit 1996 von Fendt erstmalig in Großserie für Traktoren [9.21], **Bild 9.9**.

Der Getriebeplan [9.22] zeigt den einfachen Aufbau mit nachgeordnetem Gruppenwahlgetriebe für zwei Fahrbereiche L und H. Beim Anfahren geht die gesamte Eingangsleistung in die Hydrostatik, ihr Anteil verringert sich jedoch mit steigender Fahrgeschwindigkeit, so dass sich im Straßenbetrieb sehr geringe Verluste ergeben. Die Wirkungsgrade werden zusätzlich zur Leistungsverzweigung vor allem durch zwei Maßnahmen verbessert (siehe Regeln in Kap. 9.1.1): Erstens wird ein Gruppen-

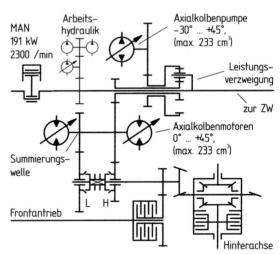

Bild 9.9: Getriebeplan Fendt „Vario", Variante ML 200 (1996). Traktorgeschwindigkeit rückwärts 32 bis vorwärts 50 km/h [9.22]. Einen ausführlichen Hydraulikschaltplan des ersten Getriebes findet man in [9.23].

9 Anwendungsbeispiele

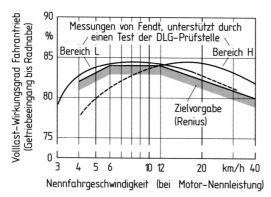

Bild 9.10: Volllastwirkungsgrade Fendt „Vario" (ML 200) [9.21] und Zielvorgabe [9.24]

wahlgetriebe nachgeordnet. Zweitens werden speziell entwickelte Weitwinkel-Schrägachsen-Axialkolbenmaschinen mit ungewöhnlich guten Wirkungsgraden eingesetzt (siehe Bild 3.4). In Verbindung mit weiterem Feinschliff (große, kurze Kanäle, niedriger Ölstand u. a.) konnte man die in Bild 9.10 gezeigten Volllastwirkungsgrade erreichen. Sie decken eine sehr anspruchsvolle Zielfunktion ab. Die Getriebeverluste sind nach Praxiserfahrungen und Tests kaum größer als die von Vielstufen-Lastschaltgetrieben. Die zusätzlichen Fortschritte der digitalen Elektronik (Bordrechner, CAN-Bus) ermöglichten neue Automatisierungsstrategien und einen nie gekannten Arbeitskomfort. Der große Erfolg beschleunigte ähnliche Entwicklungen der Firmen Claas [9.25], ZF [9.26], Steyr [9.26, 9.27] und J. Deere [9.28]. Vergleichende Daten zu diesen Getrieben (außer zu J. Deere) findet man in [9.29].

9.2 Hydrostatische Hilfskraftlenkungen

Hilfskraftlenkungen (Sammelbegriff nach StVZO) führte man zur Verbesserung des Fahrkomforts in fast allen Straßen- und Arbeitsfahrzeugen ein.

Hydrostatische Hilfskraftlenkung mit mechanischer Verbindung. Charakteristisch ist nach **Bild 9.11** ein in die Lenkschubstange (oder in andere Elemente der Kinematik) integriertes Lenkventil 1 und ein parallel zur Handkraft arbeitender Lenkzylinder 2. Von dem drehzahlabhängigen Volumenstrom der Konstantpumpe wird im 3-Wege-Stromregelventil 3 ein konstanter Lenkkreisstrom abgezweigt, um ein gutes Lenkverhalten zu erreichen (energetisch besser wäre ein konstanter Ölstrom entspr. Bild 7.13 oder 7.20). In der Neutralstellung des Lenkven-

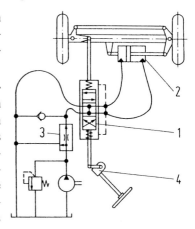

Bild 9.11: Hydrostatische Hilfskraftlenkung mit mechanischer Verbindung

tils ist der Arbeitszylinder drucklos, so dass Rückstellkräfte der Radaufhängung Geradeauslauf erzeugen. Wird das Lenkrad betätigt, so verschiebt sich der Lenkventilkolben gegen eine der Federn. Der Arbeitszylinder wird im Sinne der Lenkrichtung einseitig hydraulisch beaufschlagt. Dieses geschieht so lange, bis die Auslenkung des Lenkventils über die Lenkbewegung neutralisiert ist (Folgekolbenprinzip). Bei festgehaltenem Lenkrad stellt sich wieder Neutralumlauf ein, jeder Lenkradstellung entspricht ein bestimmter Lenkeinschlag. Fällt die Hydraulik aus, so werden die Lenkkräfte vom Lenkgetriebe 4 über die Federn bzw. Anschläge des Lenkventils mechanisch übertragen. Wegen dieser stets vorhandenen mechanischen Verbindung sind Lenkungen dieser Art ohne Geschwindigkeitsbeschränkungen zugelassen.

Hydrostatische Hilfskraftlenkung ohne mechanische Verbindung. Derartige Lenkungen werden bei mobilen Arbeitsfahrzeugen bevorzugt, weil sie
- eine viel größere *konstruktive Flexibilität* bieten
- eine besonders wirksame *Körperschallisolierung der Kabine* erlauben
- *Lenkradschwingungen* und *durchkommende Stöße* vermeiden

Bei dem in **Bild 9.12** gezeigten sehr verbreiteten Lenksystem arbeitet eine *Konstantpumpe* wie in Bild 9.11 mit einem Stromregelventil zusammen. Jedoch wird hier dessen Überschuss-Ölstrom nicht voll gedrosselt in den Tank geführt, sondern nach dem Prinzip der Reststromnutzung (s. Bild 8.8) noch sinnvoll für die Arbeitshydraulik (zweite Pumpe) genutzt. Hauptorgane sind die Dosiereinheit 1, das Lenkventil 2 und der Lenkzylinder 3. Dosiereinheit und Lenkventil sind bei praktischen Ausführungen in einem Gehäuse zur „Lenkeinheit" zusammengefasst. Die Dosiereinheit ist oft eine Zahnringmaschine (s. Bild 3.22). Sie hat die Aufgabe, dem Lenkzylinder 3 ein dem Lenkausschlag entsprechendes Ölvolumen zuzuteilen. Der Kolben des Lenkventils ist über die Lenkspindel mit dem Lenkrad mechanisch verbunden. Der vom Lenkradeinschlag über das Lenkventil 2 angeregelte Ölstrom wird in die Dosiereinheit 1 geleitet, so dass deren Rotor eine Drehung vollführt und dem Lenkzylinder 3 ein dem Lenkradwinkel entsprechendes Ölvolumen zuteilt. Durch die Drehung des Rotors wird der äußere Mantel des

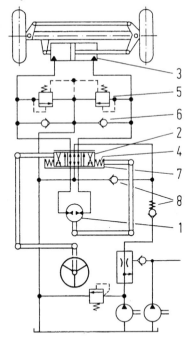

Bild 9.12: Hydrostatische Hilfskraftlenkung ohne mechanische Verbindung mit Konstantpumpe und Reststromnutzung

Lenkventils dem inneren Kolben nachgeführt (Folgeprinzip), so dass sich das Lenkventil bei Erreichen der gewünschten Radstellung wieder in Neutralstellung befindet. In dieser Position fördert die Pumpe drucklos in den Tank. Das Rückschlagventil koppelt dabei die Arbeitshydraulik ab. Dosiereinheit 1 und Lenkzylinder 3 sind dann in Schwimmstellung geschaltet. Die Druckbegrenzungsventile 5 sichern in Verbindung mit den Nachsaugventilen 6 hohe Druckspitzen zwischen Lenkventil und Lenkzylinder ab (Schockventile). Fällt die Ölpumpe aus, wird durch Drehen des Lenkrades das Lenkventil bis zum Anschlag 7 ausgelenkt, so dass die Dosiereinheit direkt vom Lenkrad angetrieben wird und als Notlenkpumpe wirkt. Öl kann dann über die Rückschlagventile 8 angesaugt werden. Die dann hohen Handkräfte dürfen für die Zulassung zum Straßenverkehr gewisse Werte nicht überschreiten. Ggf. wird für den Notbetrieb z. B. eine Umschaltung auf kleineres Hubvolumen der Notlenkpumpe vorgesehen. Für diese Art der Lenkung ohne mechanische Verbindung existieren zulässige Höchstgeschwindigkeiten. Für mobile Arbeitsmaschinen mit sehr hohen Geschwindigkeiten sind daher Bereiche des Systems redundant auszuführen.

Die **in Bild 9.13** gezeigte Lenkhydraulik arbeitet bezüglich des Folgeprinzips ähnlich wie die von Bild 9.12 (Darstellung vereinfacht), sie ist jedoch an ein *Load-Sensing-System* angeschlossen (Prinzip s. Bild 8.13). Diese Systeme sind deutlich aufwändiger als Systeme mit Konstantpumpen, jedoch bei mobilen Arbeitsmaschinen wegen ihrer Vorteile inzwischen sehr verbreitet. Die Verstellpumpe 1 fördert zu einem Prioritätsventil 2. Dieses stellt sicher, dass der Druckabfall Δp über dem Lenkventil 3 stets konstant bleibt. Wird z. B. der Volumenstrom der Verstellpumpe durch die Arbeitshydraulik überfordert, drosselt das Prioritätsventil 2 den Volumenstrom zur Arbeitshydraulik so lange, bis der Druckabfall Δp über dem Lenkventil 7 wieder erreicht ist. Der Lenkungslastdruck wird über die Signalleitung 4 dem Wechselventil 5 zugeführt und hier mit dem Lastdruck der Arbeitshydraulik verglichen. Der höhere Lastdruck gelangt zum Δp-Regelventil 6. Der Druckregler 7 begrenzt den Pumpendruck auf einen ma-

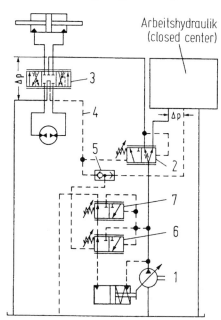

Bild 9.13: Hydrostatische Hilfskraftlenkung ohne mechanische Verbindung, integriert in eine Load-Sensing-Hydraulik mit Verstellpumpe

ximalen Wert. Ähnlich wie die Wegeventile der Arbeitshydraulik (Bild 8.13) muss auch das Lenkventil in Neutralstellung geschlossen sein („closed center").

Elektrohydraulische Lenkungen. Zwei Entwicklungsrichtungen seien genannt, die auf *Energieeinsparung* und *Komfortverbesserung* zielen.
- Ersatz des mechanischen Pumpenantriebes durch einen Elektromotor mit verstellbarer Drehzahl zur Reduzierung der Umlaufverluste [9.30]
- Ersatz der analogen Steuerung/Regelung durch Elektronik zur Verbesserung des Betriebsverhaltens [9.31]

Eine Anpassung der Drehzahl von Konstantpumpen an die Betriebsbedingungen bei gleichzeitigem Einsatz eines Speichers (für kurzzeitige hohe Volumenströme) führt nach [9.30] beim Pkw zu Energieeinsparungen von bis zu etwa 80% (Mittel aus „Autobahn", „Landstraße" und „Stadtverkehr"). Hohe Energieeinsparungen sind auch mit Verstellpumpen möglich [9.32]. Der in [9.31] für mobile Arbeitsmaschinen untersuchte Elektronikeinsatz brachte als Hauptvorteil eine Vermeidung des Lenkspiels, ferner Vorteile durch eine Anpassung der Lenkübersetzung an den Radeinschlag und an die Fahrgeschwindigkeit.

Lenkung eines Gleiskettenfahrzeugs. Moderne Lenkungssysteme von Gleiskettenfahrzeugen (auch Panzern) arbeiten mit mechanisch-hydrostatischen Überlagerungsgetrieben. **Bild 9.14** zeigt als Beispiel die Antriebsstruktur des landwirtschaftlichen Traktors Caterpillar „Challenger CH45" mit Bandlaufwerk (178 kW Motornennleistung, Grundgewicht ca 10t) [9.33]. Der Motor 1 treibt über das 18/9-Lastschaltgetriebe 2 und den Kegelradabtrieb 3 die Treibachse. Über Zahnräder wird parallel ein Pumpenblock angetrieben: Verstellpumpe 4 versorgt die Arbeitshydraulik, die beiden Pumpen 5 und 6 dienen zur Steuerung und Speisung, Verstellpumpe 7 arbeitet mit

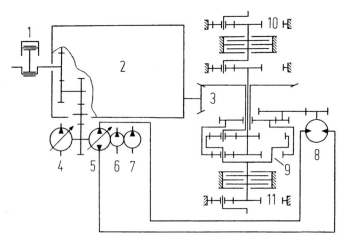

Bild 9.14: Überlagerungslenkung des Raupentraktors Challenger CH45

dem Konstantmotor 8 zusammen, der das Hohlrad des Planetenradsatzes 8 abstützt (Geradeausfahrt) oder vorwärts bzw. rückwärts antreibt (Kurvenfahrt). Freie Differenzialwirkung ist hier nicht vorhanden, d. h. die Lenkung wirkt praktisch unabhängig von den Abtriebsmomenten der Endplanetengetriebe 10 und 11, die die Laufbänder antreiben.

9.3 Hydraulik in mobilen Arbeitsmaschinen

Hydraulikanlagen für Bagger. Der typische Bagger für die Erdbewegung weist die in **Bild 9.15** gezeigten 6 Arbeitsfunktionen auf, die (mit Ausnahme von Sonderfällen) alle hydraulisch arbeiten. Hierzu sollen zwei typische Schaltungen besprochen werden.

Bagger-Hydraulikanlage mit 2 offenen Kreisen (open center) und Summen-Leistungssteuerung. „Offen" bedeutet: Alle 6 Wegeventile sind in Neutralstellung geöffnet (*open center*, neutraler Umlauf), **Bild 9.16**. Pumpe I versorgt die Ventilblöcke A und C, die in Reihe geschaltet sind, Pumpe II die Ventilblöcke B und C, die ebenfalls in Reihe geschaltet sind. Die beiden Verbraucher jedes Ventilblockes sind parallel geschaltet. Rückschlagventile verhindern ein ungewolltes Absinken des höher belasteten Verbrauchers. Durch diese Kombination können jeweils zwei Verbraucher - außer dem Fahrwerk - in beliebiger Kombination gleichzeitig und unabhängig voneinander betrieben werden; dabei werden sie

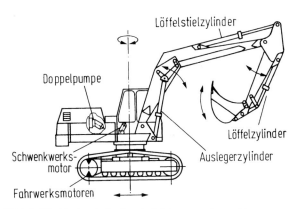

Bild 9.15: Hydrostatische Antriebe an einem Bagger

immer von einer eigenen Pumpe versorgt. Alle Arbeitswerkzeuge besitzen eine eigene Druckabsicherung und der Auslegerzylinder zusätzlich ein Drosselrückschlagventil zur Begrenzung der Senkgeschwindigkeit. Der Rücklaufölstrom wird gefiltert und gekühlt. Ein vom Zulaufdruck gesteuertes Druckventil 1 im Rücklauf der Fahrmotoren verhindert eine zu hohe Geschwindigkeit bei Talfahrt, indem es den Volumenstrom bei zu kleinem Zulaufdruck drosselt. Der Bagger wird durch unterschiedliche Drosselung des Zulaufs zu den Fahrmotoren gelenkt.

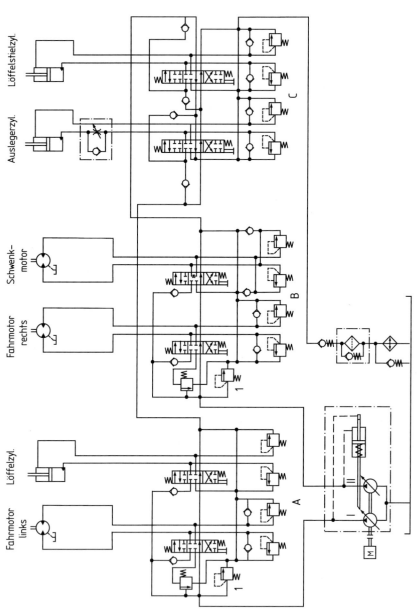

Bild 9.16: Schaltplan einer Bagger-Hydraulikanlage mit zwei offenen Kreisen und Summen-Leistungsregelung (Verstellpumpen, „open center"-Wegeventile)

9 Anwendungsbeispiele

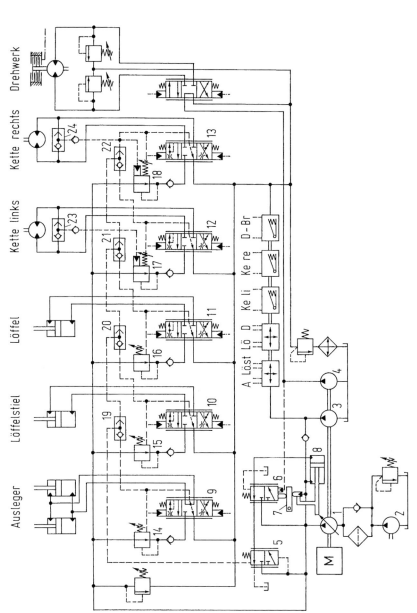

Bild 9.17: Schaltplan einer Bagger-Hydraulikanlage mit Load-Sensing-System (Verstellpumpe, „closed center"-Wegeventile) für 5 Funktionen und Konstantpumpe für das Drehwerk (nach Case-Poclain)

Bagger-Hydraulik-Anlage mit Load-Sensing-Verstellpumpe, Konstantpumpen und Leistungssteuerung. Die in **Bild 9.17** dargestellte Schaltung arbeitet mit einer Verstellpumpe 1 und einer Vorförderpumpe 2, eingebunden in eine Load-Sensing-Schaltung (LS) für die 5 linken Verbraucher, sowie einer Konstantpumpe 3 für die Vorsteuerung aller 6 Wegeventile (siehe Ausgänge an den Kästchen mit abgekürzten Funktionen) und einer weiteren Konstantpumpe 4 für das Drehwerk. Die Verstellpumpe 1 wird durch eine Kombination aus Δp-Regler 5 (Prinzip s. Bild 7.18) und übergeordnetem Leistungssteuerventil 6 kontrolliert. Das Ventil 6 arbeitet wie folgt: Der Arbeitsdruck aus dem Drehwerkskreis beaufschlagt den Ventilschieber direkt. Zusätzlich wird der Druck der Verstellpumpe auf einen Druckstift übertragen, der mit der Kolbenstange des Verstellzylinders 8 fest verbunden ist. Der Druckstift wirkt daher mit variablem Hebelarm auf den Hebel 7. Ventil 6 ist im Gleichgewicht, wenn die Federkraft so groß ist wie die Summe der Kräfte aus Drehwerksdruck und Drehmoment am Hebel 7 (Kraft am Ventilstift). Der Hebelarm am Hebel 7 ist etwa dem Hubvolumen der Verstellpumpe proportional. Daher repräsentiert ein konstantes Drehmoment am Hebel 7 einen etwa konstanten Wert $p \cdot V$ und damit bei konstanter Drehzahl eine etwa konstante hydraulische Leistung der Verstellpumpe. Steigt z. B. der Druck der Verstellpumpe, erhöht sich am Hebel 7 das Drehmoment und damit auch die Kraft auf den Ventilstift. Der Schieber von Ventil 6 bewegt sich weiter nach oben, die Pumpe wird zurückgeschwenkt. Steigt zusätzlich der Druck in der Konstantpumpe 4, so wird der Schieber von Ventil 6 nochmals ein wenig nach oben verschoben, die Verstellpumpe schwenkt zusätzlich noch etwas zurück, so dass die Gesamtleistung konstant bleibt (s. hierzu auch Bild 7.14). Den LS-Ventilen 9 bis 13 sind Primärdruckwaagen 14 bis 18 vorgeschaltet (vereinfacht dargestellt), um auch bei unterschiedlichen Lastdrücken eine gleichmäßige Bewegung aller Verbraucher zu erreichen (Prinzip s. Bild 8.25). Der jeweils höchste Verbraucherdruck wird über die Wechselventile 19 bis 22 zum Δp-Regler 5 geleitet. Um ein Zusammenbrechen des LS-Druckes und damit eine Verstellung der Pumpe 1 bei Bergabfahrt zu vermeiden, werden die Primärdruckwaagen 17 und 18 über Wechselventile 23 und 24 im Sekundärkreis der Fahrhydraulik durch die jeweilige Hochdruckseite beaufschlagt [9.34].

Load-Sensing-Anlage eines landwirtschaftlichen Traktors. Die in **Bild 9.18** nach [9.35] vereinfacht dargestellte Traktorhydraulik wurde 1987 mit der oberen Traktorenbaureihe Case-IH „Magnum" in den USA vorgestellt (1989 modifiziert in Europa mit 114-162 kW Motornennleistung). Sie leitete den weltweiten Durchbruch des Load-Sensing-Prinzips bei modernen Traktoren ein – beginnend bei hohen Leistungen [9.36] (siehe auch Text zu Bild 8.13). Die Anlage arbeitet mit einer Verstellpumpe 1 und einer Speisepumpe 2 (Doppelpumpe). Das Speiseprinzip ermöglicht durch den Vordruck bessere Betriebseigenschaften für die Hauptpumpe (Füllung, Luftausscheidung, Geräusche, Kaltstartverhalten). Die Verstellpumpe versorgt sowohl die

9 Anwendungsbeispiele

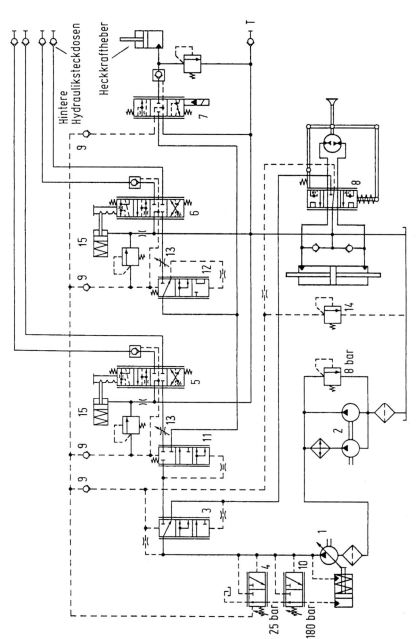

Bild 9.18: Load-Sensing-Anlage eines landwirtschaftlichen Traktors der Baureihe Case-IH „Magnum" (USA 1987, Europa 1989), nach [9.35]

Arbeitshydraulik als auch die hydrostatische Lenkung („Einpumpen"-LS-System). Die Lenkung erhält über das Prioritätsventil 3 vorrangig Drucköl (s. Kap. 9.2). Ventil 4 schwenkt die Verstellpumpe so aus, dass die Regelgröße „Druckdifferenz Δp" konstant (hier auf 25 bar) gehalten wird. Δp ist die Druckdifferenz zwischen Lastdruck und Pumpendruck. Der Volumenstrom zum Verbraucher ist dadurch unabhängig von Lastdruck und Pumpendrehzahl proportional zur Auslenkung der Wegeventile 5 bis 7 und des Lenkventils 8. Die Wegeventile 5 und 6 dienen zur Versorgung von Traktorgeräten über hydraulische Steckdosen – eine bei Traktoren allgemein übliche Methode. Werden über diese Ventile zwei Verbraucher gleichzeitig versorgt, wird der jeweils höhere Lastdruck über die Rückschlagventile 9 an Ventil 4 gemeldet. Ventil 10 dient zur Maximaldruckbegrenzung. Durch die Druckwaagen 11 und 12 wird auch bei gleichzeitiger Betätigung von Verbrauchern mit unterschiedlichem Lastdruck der Differenzdruck am Wegeventil aufrecht erhalten (s. Bild 8.25). Der Volumenstrom zu den Verbrauchern kann mit Hilfe der Vordrosseln 13 begrenzt werden. DBV 14 sichert die Anlage sekundärseitig ab. Die Ventile 5 und 6 sind mit einer hydrostatischen Entrastung 15 versehen (s. Bild 8.17).

Heutige Anlagen von Traktoren arbeiten alle sehr ähnlich. Teilweise hat die Lenkung eine eigene Konstantpumpe. Weitere Unterschiede betreffen die Konzepte auf der Saugseite der Verstellpumpe (teilweise ohne Speisung). Ferner verwendet man zunehmend elektrisch angesteuerte Wegeventile. Mit dem *power beyond*-Prinzip [9.37] wurde eine energetisch günstige Ergänzung eingeführt, bei der zusätzliche Leitungen direkt von der Verstellpumpe ausgehen und die LS-Wegeventile umgehen, weil diese auf dem Gerät vorhanden sind. Dadurch vermeidet man unnötige Ventilverluste. Der Lastdruck wird dann vom Gerät aus über eine LS-Signalleitung an die Pumpe gemeldet.

Weitere Load-Sensing-Schaltpläne. Über die bisher besprochenen Anlagen hinaus findet man grundlegende Gedanken zu LS-Schaltungen in [9.38] und weitere ausgeführte LS-Schaltpläne für *Traktoren* in [9.39] für Ford Serie 40, in [9.40] für John Deere Serie 6000, in [9.41] für Fendt Favorit 500 und 800 und in [9.42] für MF Serie 8100. Lastkollektive und Wirkungsgrade bei Traktor-Hydraulikanlagen wurden von Garbers vergleichend untersucht [9.43]. Dabei wurde die in Bild 8.14 vereinfacht gezeigte energetische Überlegenheit von LS-Systemen mit Verstellpumpe durch Messungen im Praxiseinsatz bestätigt. Die positiven Einschätzungen wurden durch die steil angestiegenen Stückzahlen bestätigt [9.41]. Ähnliche Erfolge gibt es bei vielen weiteren *Arbeitsmaschinen*, insbesondere bei *Baumaschinen* [9.1] Bei kleineren Leistungen oder geringen Marktanforderungen wird vielfach das einfache Load-Sensing mit Konstantpumpe entsprechend Bild 8.12 eingesetzt. Diesen Grundstrukturen überlagern sich zunehmend elektrohydraulische Steuerungen und Regelungen.

9 Anwendungsbeispiele

Hydrostatische Antriebe der Arbeitsorgane eines Ladewagens. Der in Bild 9.19 gezeigte und von einem Traktor gezogene Ladewagen wird teilweise über die Traktorhydraulik versorgt (Steckdose) – teilweise verfügt er über eine Bordhydraulik, die über die Traktorzapfwelle angetrieben wird. Die Traktorhydraulik dient zum Betätigen von vier Arbeitszylindern (rechts im Schaltplan).

Die Bordhydraulik arbeitet mit zwei Konstantpumpen. Die linke beaufschlagt den Hydromotor zum Antrieb der Dosierwalzen, die rechte treibt über ein Stromteilventil die Hydromotoren des Kratzbodens und des Querförderers an. Die Umsteuerung des Kratzbodens auf Rücklauf und des Querförderers von Links- auf Rechtsauswurf erfolgt über Magnetventile 2 und 3. Zur stufenlosen Steuerung der Kratzbodengeschwindigkeit (Materialvorschub) ist ein elektromagnetisch gesteuertes 3-Wege-Stromregelventil 4 installiert. Bei Verstopfen der Dosierwalzen steigt der Lastdruck und ein Druckschalter 5 schaltet den Kratzbodenvorschub automatisch ab. Das Wegeventil 2 lässt sich dann nur noch in die Stellung Rückwärtslauf schalten.

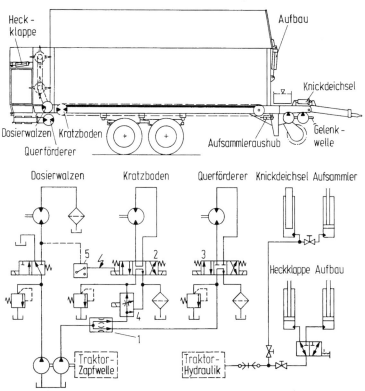

Bild 9.19: Hydrostatische Antriebe der Arbeitsorgane eines Ladewagens (Mengele)

9.4 Hydraulik in Straßenfahrzeugen

Hydraulische Funktionen bei Verbrennungsmotoren. Das Schmiersystem kann als Niederdruck-Hydraulik aufgefasst werden. Durch Verstellpumpen ist gegenüber Konstantpumpen auch hier eine im Zyklus verringerte Leistungsaufnahme erreichbar [9.44]. Typische Stellfunktionen betreffen die Steuerketten-Spanner, die Nockenwellenverstellung, den automatischen Ventilspielausgleich und andere Funktionen. Hilfsantriebe werden bisher kaum hydraulisch angetrieben. Für die Einspritzanlage setzt man bei Dieselmotoren Präzisionskolbenpumpen mit Maximaldrücken über 1500 bar bei sehr kleinen Dosiervolumina ein.

Hydraulische Funktionen für Fahrwerk und Antriebsstrang. Die Hydraulik wird z. B. bei folgenden Komponenten (mit mäßigen Drücken) eingesetzt:
- Betätigung der *Bremsen* und der *Kupplung* (Fußkraftübertragung)
- *Bremskraftverstärker*, ggf. gleiches für die *Kupplung*
- *ABS*, Antiblockiersystem und abgeleitete Funktionen, z. B. *ASR* (Antriebsschlupfregelung), *ESP* (Elektronisches Stabilitätsprogramm) u. a.
- *Hilfskraftlenkung*
- *Schwingungsdämpfer* des Fahrwerks
- *Aktive Fahrwerksfederung* und *-regelung*
- *Hydropneumatische Federung* und *Niveauregulierung*
- *Schaltungen* (Automatikgetriebe, Allradantrieb, Diff.-Sperre u. a.)

Hilfskraftlenkungen wurden zusammenfassend in Kap. 9.2 behandelt.

Antiblockiersystem, ABS. Das ABS [9.45] wird heute in jeden modernen Pkw eingebaut. **Bild 9.20** zeigt die typische Struktur am Beispiel der Entwicklungsstufe 2 von Bosch [9.45, 9.46]. Das Hauptziel besteht darin, den Bremsschlupf der Reifen bei scharfen Bremsmanövern automatisch auf kleine, günstige Werte zu regeln, um gute Verzögerungen zu erreichen und ein Blockieren (mit Verlust der Spurhaltung) zu vermeiden. Der Hauptbremszylinder 1 wirkt mit seinem ersten Kreis auf die Scheibenbremsen 2 der Frontachse mit den Drehzahlsensoren 3. Der zweite Bremskreis wirkt auf die Scheiben 4 der Hinterachse mit den Drehzahlsensoren 5. Der Reifenschlupf wird durch Vergleich der Radumfangsgeschwindigkeit mit der Fahrgeschwindigkeit in einem schmalen Korridor gehalten. Seine Beeinflussung erfolgt durch die elektronisch angesteuerten 3/3-Wege-Ventile, die sich normalerweise in der gezeigten Ruhestellung befinden. Erreicht der Radschlupf zu große Werte, gehen die Ventile 6 auf Bremsdruckentlastung (oberstes Kästchen). Wird das Rad zu stark beschleunigt, schalten sie wieder in Richtung der gezeigten Stellung. Zwischen beiden Extremen nimmt das Rad durch Beschleunigung Bewegungsenergie auf. Die elektrisch angetriebene Doppelpumpe 7 fördert das entlastete Ölvolumen in die beiden Kreise des Hauptbremszylinders zurück. Um Probleme bei sehr unterschiedlichen Kraftschluss-

9 Anwendungsbeispiele

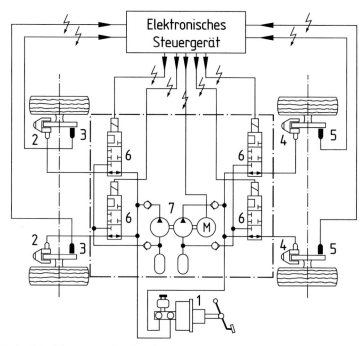

Bild 9.20: Antiblockiersystem für Straßenfahrzeuge, entsprechend Bosch ABS 2 [9.46]

bedingungen links und rechts zu vermeiden, sind besondere Maßnahmen erforderlich. Bei der Weiterentwicklung des Systems ersetzte man u. a. die vier 3/3-Ventile durch acht 2/2-Wegeventile [9.45].

Auf ABS aufbauende weitere Regelstrategien [9.47] dienen zur Verbesserung der Fahrsicherheit und der Traktion.

Hydropneumatische Federung. Nach **Bild 9.21** stützt ein Arbeitszylinder 1 die Radachse 2 gegen das Chassis 3 ab und ist mit dem Speicher 4 über die Drossel 5 verbunden. Zylinder und Speicher liefern die Federung, die Drossel die Schwingungsdämpfung. Dieses System kann über Wegeventil 6 durch Druckölzufuhr 7 aufgeladen oder gegen den Tank entladen werden. Bei Niveauregelung benötigt die Steuerung von Ventil 6 einen Sollwert und einen gemessenen Istwert für die Position der Achse 2 relativ zum Chassis 3.

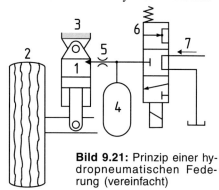

Bild 9.21: Prinzip einer hydropneumatischen Federung (vereinfacht)

9.5 Hydraulik in großen Flugzeugen

Besondere Rahmenbedingungen. Bei großen Verkehrsflugzeugen und modernen Kampfflugzeugen werden sehr spezielle Hydrauliksysteme eingesetzt, für die im wesentlichen folgende Eigenschaften gelten [9.48- 9.50]:
- *Konstantdrucknetze* (zivil ab 3000psi = 207bar, mil. z. B. 5000psi = 345bar)
- Extremer *Leichtbau*, hohe *Leistungsdichte* (hohe Pumpendrehzahlen)
- *Sehr großer Temperaturbereich*, z. B. −55 bis + 110 °C (Sonderfluide)
- Trotz Mehrgewicht: Einsatz von *Hochdruckfiltern*
- Sehr geringes *Ölumlaufvolumen*, vorgespannte Öltanks
- Ersatzsysteme bei Ausfällen: *Redundanz*
- Sehr strenge *Qualitäts- und Lebensdauerforderungen*
- Sehr hohe spezifische *Komponentenpreise* (EURO/kg)

Hydrauliksystem des Kampfflugzeugs „Tornado". Das in **Bild 9.22** in Anlehnung an [9.50] stark vereinfachte Hydrauliksystem des Kampfflugzeuges „Tornado" gibt einen Einblick in dieses Anwendungsgebiet. [9.49] enthält auch eine Gesamtansicht des Flugzeugs mit den Verbrauchern und weitere Daten. Die Hydraulik besteht im Wesentlichen aus zwei voneinander unabhängigen Teilsystemen mit Konstantdruckregelung (270 bar) über Verstellpumpen (max. 174 l/min, max. Antriebsleistung ca. 100 kW). Die linke Pumpe wird vom ersten Flugtriebwerk und die rechte vom zweiten angetrieben. Beide Kreise sind voneinander unabhängig, können jedoch bei Ausfall eines Triebwerks durch eine mechanisch geschaltete Welle verbunden werden, so dass die Hydraulik voll arbeitsfähig bleibt. Bei Ausfall beider Triebwerke wird die elektrisch angetriebene Notpumpe des linken Systems über Bordbatterie in Betrieb genommen. Im Gesamtsystem sind nur 16,2 l Druckflüssigkeit (MIL-H-5606), die saugseitig auf 8–35 bar vorgespannt werden (Prinzip s. Bild 6.15). Die verwendeten Druckfilter haben eine Feinheit von 15 µm absolut, die Rücklauffilter 5 μm absolut. Die Kühler im Rücklauf verwenden ihre Wärme zum Heizen des Kraftstoffs.

Als Grundregel für das Schaltplankonzept gilt nach [9.50], dass die für die Flugsicherheit wichtigsten Verbraucher möglichst von beiden Systemen parallel und gleichzeitig versorgt werden. Dieses wurde weitgehend realisiert. Wo nicht, sind weitere Notversorgungssysteme vorhanden, insbesondere Speicher, die sich bei Druckabfall automatisch über Rückschlagventile abkoppeln. Für Kabinendachanlage und Radbremsen wurde zusätzlich eine Handpumpe (in der Kabine) vorgesehen. Das sehr wichtige einmalige Ausfahren des Fahrwerks erfolgt bei Ausfall der rechten Pumpe und des rechten Hauptspeichers durch eine Stickstoff-Flasche. Reduziert sich das Umlaufvolumen des Fluids durch ein Leck auf einen gewissen Wert, betätigt der Kolben des betreffenden Reservoirs einen Schalter, der den größten Teil der Verbraucher von der Systemseite abkoppelt, um vor allem die lebenswichtige „primäre Flugsteue-

9 Anwendungsbeispiele

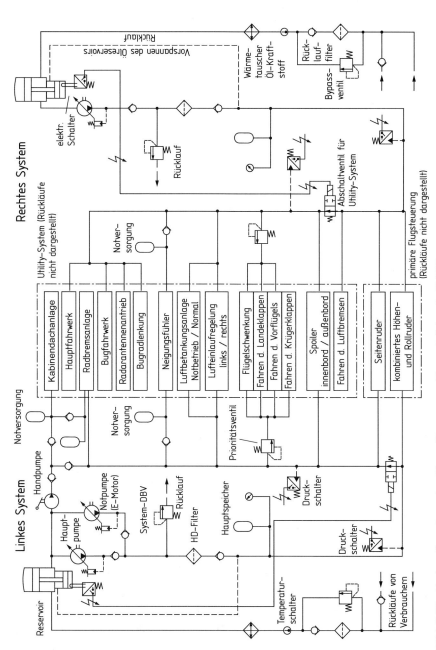

Bild 9.22: Hydrauliksystem des Kampfflugzeugs „Tornado" (nach [9.50])

rung" zu versorgen. Fallen hier Hydraulik und/oder elektrohydraulische Steuerung völlig aus, wird eine mechanische Verbindung geschaltet, der Tornado bleibt flugfähig. Der Pilot hat zur weiteren Erhöhung der Zuverlässigkeit im Cockpit zahlreiche Anzeigen bzw. Warnlampen zu überwachen.

Ausblick. Die Tornado-Hydraulik mit Fly-by-Wire-Technik galt seinerzeit als besonders zukunftsträchtig – inzwischen gibt es weitere technische Fortschritte [9.51, 9.52]. Beim Airbus A 380 werden die bisher üblichen drosselnden Anpassungen von Lastdruck und Systemdruck erstmalig teilweise durch volumetrische Anpassungen (entsprechend Gl. 2.22) ersetzt, wie sie in Kap. 7.6 beschrieben worden sind. Vorarbeiten wurden dazu u. a. mit [9.53] vorgelegt. Der konstante Systemdruck beträgt beim A 380 erstmalig für Zivilflugzeuge 5000 psi.

9.6 Hydraulik in stationären Maschinen

Hydrostatisch angetriebene Waagerecht-Stoßmaschine. Die Schaltung von **Bild 9.23** arbeitet mit einer elektrisch angetriebenen Konstantpumpe. Steht das 6/2-Wegeventil 1 in der gezeigten „Aus"-Stellung, so fließt der Pumpenölstrom drucklos in den Behälter zurück. Arbeitszylinder 2 ist blockiert und Steuerzylinder 3 in Endstellung (z. B. für Werkstückwechsel). Wird Ventil 1 auf „Ein" geschaltet, so werden die linke Seite des Steuerzylinders 3 und die linke Seite des Arbeitszylinders 2 beaufschlagt, der Hauptzylinder bewegt sich nach rechts (Rückhub mit hochgeklapptem Werkzeug). Durch die mechanische Kopplung wird dabei das Wegeventil 4 nach links geschaltet. Hat der Arbeitskolben von Zylinder 2 seine Endlage fast erreicht, so schaltet Ventil 4 um, der Steuerkolben 3 bewegt sich nach links und schaltet das 5/3-Wegeventil 5 um, so dass sich der Arbeitskolben nun nach links bewegt (Arbeitshub). Gleichzeitig dient der Steuerzylinder 3 für den Vorschub des Maschinentisches bzw. Werkstücks. Zum Schlichten schaltet man das 3/2-Wegeventil 6 auf „Eilgang im Arbeitshub" um. Der Ölstrom wird nun beim Vorlauf auf

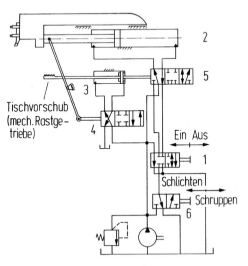

Bild 9.23: Hydrostatisch angetriebene Waagerecht-Stoßmaschine

beide Seiten des Arbeitskolbens gegeben (Prinzip s. Bild 4.7).

Hydraulik einer Kunststoff-Spritzmaschine. Das Hydrauliksystem von **Bild 9.24** arbeitet mit einer Verstellpumpe 1, die den Druckabfall an der Verstelldrossel 2 über das obere Pumpenregelventil konstant hält (LS-Prinzip). Das ferngesteuerte Druckbegrenzungsventil 3 dient zur vorgesteuerten Druckabschneidung, die den Arbeitsdruck beim Einspritzen bestimmt. Wenn es anspricht, entsteht an der darüber liegenden Festdrossel ein Druckabfall, der zur Betätigung des unteren Pumpenregelventils führt (Pumpe schwenkt zurück). Mit dieser Pumpenregelung können an den Verbrauchern der Maschine sowohl unterschiedliche Arbeitsgeschwindigkeiten als auch Arbeitskräfte bzw. Spritzdrücke erzeugt werden. Das Sicherheitsventil 4 verhindert das Schließen des Werkzeugs 1 bei geöffneter Abdeckung. Die Magnetventile und die Pumpenventile steuern einen Arbeitszyklus wie folgt:

- Schließen des Werkzeugs (Z1)
- Verschieben der Spritzeinheit (Z2)
- Einspritzen des plastifizierten (heißen) Kunststoffs mit geregeltem Druck (Z3 schiebt Schnecke vor, Ölmotor treibt Schnecke langsam an)
- Zurückfahren der Spritzeinheit (Z2) und der Schnecke (Z3)
- Öffnen des Werkzeugs (Z1)
- Zurückziehen der Kernzüge (Z4)
- Ausstoßen des (nicht dargestellten) Formteils (Z5)

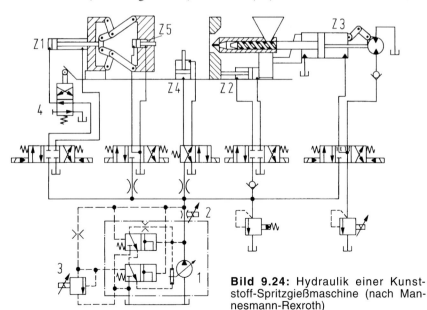

Bild 9.24: Hydraulik einer Kunststoff-Spritzgießmaschine (nach Mannesmann-Rexroth)

Regelkreise können den Spritzprozess weiter verbessern. So wird z. B. der Soll-Druckverlauf im Kunststoff vorgegeben, der Istwert mit Hilfe eines Drucksensors am Spritzraum gemessen und über die Verstellpumpe korrigiert.

Hydrostatisch angetriebener Industrieroboter. Der Schaltplan von **Bild 9.25** repräsentiert die Hydraulik eines einfachen Industrieroboters. Die Hauptbewegungen werden durch den Zylinder Z1 (Linearbewegung), den Zylinder Z2 (Arm schwenken vertikal) und den Hydromotor M3 (Drehen um Hochachse) erzeugt. Die Steuerung erfolgt über die drei Servoventile SV1, SV2 und SV3. Es handelt sich um ein Konstantdrucknetz mit Verstellpumpe 4. Wegen der hohen Anforderungen an die Betriebssicherheit schützt der Hochdruckfilter 5 die Ventile. Die von der Steuerung 6 vorgegebenen Sollwerte werden im Regler 7 mit den Istwerten 1,2,3 verglichen (Sensoren A1, A2, A3). Mit den daraus ermittelten Stellgrößen steuert man die Servoventile an.

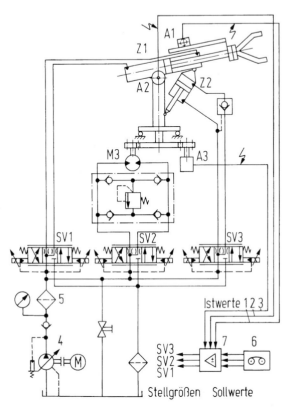

Bild 9.25: Hydrostatisch angetriebener Industrieroboter (nach Herion)

Hydrostatisch angetriebene Tabakschneidemaschine. In der Maschine werden u. a. die Messertrommel durch Ölmotor 1 und die Transportketten durch Ölmotor 2 hydrostatisch angetrieben, **Bild 9.26**. Die Drehzahlen der Ölmotoren sollen zur Anpassung an das Material verstellbar sein, aber in einem bestimmten Verhältnis zueinander stehen, damit die Schnittlänge gleich bleibt. Daher setzt man eine Verstellpumpe 3 im geschlossenen Kreislauf ein und schaltet die Motoren über die Wegeventile 4 und 5 in Reihe (jeweils linke Ventilkästchen).

Zum Anhalten der Messertrommel (Motor 1) wird Ventil 4 in die gezeigte Neutralstellung gebracht. Steht das Wegeventil 6 auf Durchgang, läuft die Trommel frei aus,

9 Anwendungsbeispiele					281

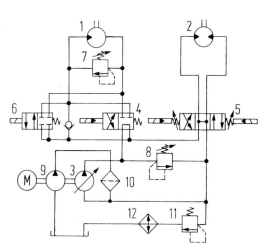

Bild 9.26: Hydrostatisch angetriebene Tabakschneidemaschine (nach Hauni)

wird es geschlossen (gezeigte Stellung), arbeitet Motor 1 kurzzeitig als Pumpe gegen DBV 7 (Abbremsung) und fördert im Kreis, saugt ggf. über das Rückschlagventil Leckverluste nach. DBV 8 schützt die Anlage vor Überlastungen. Über Speisepumpe 9 und Filter 10 wird Öl in die Niederdruckseite gebracht. Überschüssiges Öl fließt über DBV 11 und Kühler 12 in den Tank.

Hydrostatisch angetriebener Aufzug. Aufzüge dieser Art werden gern für kleine bis mittlere Höhenunterschiede (z. B. U-Bahn) angewendet, **Bild 9.27**.

Die Aufzugkabine 1 wird an Schienen 2 und 3 (auch doppelt) geführt und durch Hubzylinder 4 in Verbindung mit Seil 5 gehoben und gesenkt. Die dargestellte Kinematik mit Umlenkrolle bewirkt, dass die Hubhöhe dem doppelten Kolbenweg entspricht. Bei größeren Hüben werden auch Gleichlauf-Teleskopzylinder verwendet. Ausreichende Knicksicherheit ist hier besonders zu beachten (solide Fußbefestigung günstig).

Anhand des Schaltplans und des Funktionsdiagramms ergibt sich ein Fahrzyklus von unten ausgehend wie folgt. Beim Anfahren werden Pumpe und Elektromotor und gleichzeitig die Magnetventile M_1 und M_2 eingeschaltet. Der über M_1 fließende Steuerölstrom schließt das Hubventil H (Schließgeschwindigkeit über Drossel D_1 einstellbar), so dass nach Überwindung der Beschleunigungsstrecke (DBV spricht an, siehe Bild 7.4 links) über Ventil FH der volle Volumenstrom zu Zylinder 4 fließt und die Kabine hebt. Bei b_1 wird M_2 stromlos, FH wird in die Drosselstellung geschaltet, so dass nach einer gewissen Verzögerungsstrecke die Feinhubfahrt (DBV spricht an) bis zur Endstation B erfolgt. Kurz vorher werden Motor und Magnetventil M_1 abgeschaltet und das Hubventil H öffnet sich (Öffnungsgeschwindigkeit durch Drossel D_2 einstellbar). Der Ölstrom fließt in den Tank, die Kabinenlast setzt sich über den Zylinder auf das Rückschlagventil in Ventil FH. Das unter Druck stehende Zylinderöl kann über die Magnetventile M_3 und M_4, das Senkventil S und das Feinsenkventil FS kontrolliert herausgelassen werden (Geschwindigkeit siehe Funktionsdiagramm). Alle einstellbaren Drosseln D_1 bis D_5 dienen zur Justierung.

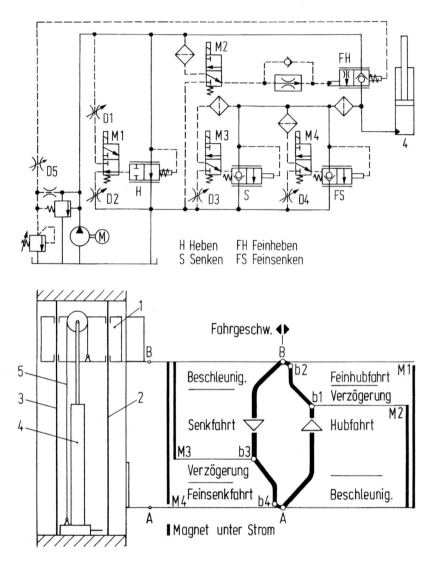

Bild 9.27: Hydrostatisch angetriebener Aufzug (angelehnt an Flohr-Otis)

Servohydraulische Prüfanlage („Hydropulsanlage"). In Anlagen entsprechend **Bild 9.28** prüft man Werkstoffproben, Bauteile und Komponenten, wobei zeitlich schwankende Verläufe für folgende Größen vorgegeben und im Regelkreis nachgefahren werden können:

9 Anwendungsbeispiele

- *Wege* (z. B. zur dynamischen Erprobung von Federn)
- *Kräfte* (z. B. bei Spannungs- und Bauteil-Wöhlerlinien)
- *Dehnungen* (z. B. für grundlegende Werkstoffuntersuchungen)

Die Signalvorgabe kann sinusförmig sein (z. B. für Wöhler-Linien) oder zeitlich regellos schwanken (z. B. für Lebensdauerversuche auf der Basis gemessener Praxisbelastungen). Bei Lebensdauerversuchen lässt man meist geringe Belastungen unberücksichtigt, um eine *Zeitraffung* zu erreichen (Kosten- und Zeiteinsparung).

Die Hydraulik arbeitet bei einfachen Anlagen mit einer Versorgung 1 aus Konstantpumpe, Druckabsicherung, Hochdruckfilter und Speicher. Das für sehr hohe Dynamik ausgelegte Servoventil 2 versorgt den doppelt wirkenden Prüfzylinder 3, dessen Kolben bei hohen Ansprüchen hydrostatisch gelagert ist, um die Störgröße „Reibung" zu minimieren (ist technisch leider sehr aufwendig). Der Zylinder belastet den Prüfkörper 4 im Regelkreis. Der Istwert wird je nach Aufgabenstellung entweder durch einen Wegsensor 5 oder einen Kraftsensor 6 oder einen Dehnungssensor 7 über den Messverstärker 8 zum Regelverstärker 9 zurückgeführt und mit dem Sollwert aus dem gespeicherten Programm 10 verglichen. Typische Arbeitsfrequenzen reichen in der Praxis bis zu etwa 30 Hz. Die Qualität des Regelkreises wird mit dem Bode-Diagramm bewertet, s. Bild 5.34. Die Grenzfrequenz ist umso niedriger, je höher die Anlage bezüglich Amplitude ausgenutzt wird.

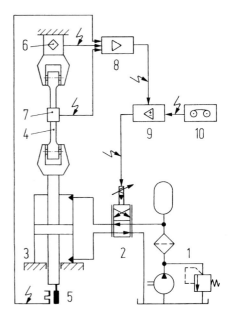

Bild 9.28: Servohydraulische Prüfanlage (nach Schenck)

Hydrostatische Leistungsbremse für die Getriebeprüfung. Bei der Laboruntersuchung von Getrieben (Funktion, Wirkungsgrade, Geräusche, Lebensdauer) nach dem *Energie-Durchlaufprinzip* (Gegensatz: *Energiekreislauf-Prinzip*) benötigt man einen Antrieb und eine sog. Leistungsbremse. Wasserwirbelbremsen und Wirbelstrombremsen sind für kleine Drehzahlen und hohe Momente nicht geeignet, wohl aber hydrostatische Leistungsbremsen. Diese kann man sich mit käuflichen Komponenten relativ einfach selber bauen. **Bild 9.29** zeigt eine ausgeführte Konstruktion mit folgender Funktion.

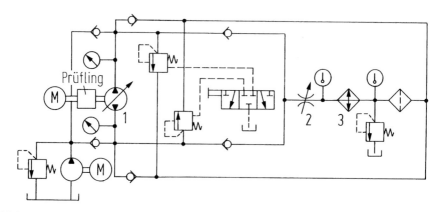

Bild 9.29: Hydrostatische Leistungsbremse für 2 Drehrichtungen (nach Kahrs)

Der Prüfling wird über Meßnaben links durch einen Elektromotor angetrieben und rechts durch die verstellbare Hydraulikpumpe 1 belastet. Das Belastungsdrehmoment bzw. der Lastdruck wird durch die Drossel 2 erzeugt, wo die hydrostatische Leistung in Wärme umgewandelt und durch den Kühler 3 abgeführt wird. Um in beiden Drehrichtungen arbeiten zu können, wurde ein geschlossener Kreislauf mit Speisepumpe vorgesehen (Vorspannung 5-10 bar, Überschuss abgeführt durch rechtes DBV). Die beiden Hochdruck-DBVs sind durch das 3/3-Wegeventil zu öffnen (Leerlauf). Die Bremse wurde erfolgreich für Wirkungsgradmessungen eingesetzt.

Literaturverzeichnis zu Kapitel 9

[9.1] Bönig, I., J. Forche, S. Jessen und M. Wiegand: Tendenzen der Hydraulik in Baumaschinen – Neuigkeiten von der bauma 2001. O+P 45 (2001) H. 6, S. 404-410.

[9.2] Fölster, N., J. Forche, S. Jessen und M. Wiegandt: Fluidtechnik in Traktoren und Landmaschinen. Beobachtungen anlässlich der Agritechnica 2001. O+P 46 (2002) H. 2, S. 107, 108, 111-119.

[9.3] Hamblin, H.J.: Hydraulic propulsion. Farm Mechanization 4 (1952) H. 38, S. 229-230. Ref. In VDI-Z. 95 (1953) H. 6, S. 174.

[9.4] -.-: Die ölhydraulischen Einrichtungen im Fahrzeug. O+P 8 (1964) H. 6, S. 221-227.

[9.5] Nimbler, W.: Stapler mit hydrostatischem Fahrantrieb. O+P 8 (1964) H. 6, S. 227-232.

[9.6] Molly, H.: Hydrostatische Fahrzeugantriebe – ihre Schaltung und konstruktive Gestaltung. ATZ 68 (1966) H. 4, S. 103-110 (Teil I) und H. 10, S. 339-346 (Teil II).

[9.7] Backé, W. und W. Hahmann: Kennlinien und Kennlinienfelder hydrostatischer Getriebe. In: VDI-Berichte 138, S. 39-48. Düsseldorf: VDI-Verlag 1969.

[9.8] Knölker, D.: Hydrostatische Antriebe im Mobileinsatz – Systeme und Anwendungsbeispiele. O+P 12 (1968) H. 3, S. 95-101.

9 Anwendungsbeispiele

[9.9] Stuhr, H.-W.: Anordnungen hydrostatischer Getriebe in Fahrzeuggetrieben. Automobiltechn. Z. 70 (1968) H. 1, S. 6-9.

[9.10] Jarchow, F.: Hydrostatische Getriebe. VDI-Z. 111(1969) H. 4, S. 222-227.

[9.11] Renius, K.Th.: Stufenlose Drehzahl-Drehmomentwandler in Ackerschleppergetrieben. Grundlagen der Landtechnik 19 (1969) H. 4, S. 109-118 (darin 102 weitere Lit.).

[9.12] Jarchow, F.: Stufenlose hydrostatische Umlauf- und Koppelgetriebe. In: VDI-Berichte 167, S. 5-20. Düsseldorf: VDI-Verlag 1971.

[9.13] Rinck, S.: Moderne hydrostatische Antriebssysteme mit Mikroprozessorsteuerung für mobile Arbeitsmaschinen. O+P 43 (1999) H. 3, S. 154, 157, 158, 160 und 162.

[9.14] Reiter, H.: Verluste und Wirkungsgrade bei Traktorgetrieben. Diss. TU München 1990. Fortschritt-Ber. VDI Reihe 14, Nr. 46. Düsseldorf: VDI-Verlag 1990.

[9.15] Asmus, R.W. und W.R. Borghoff: Hydrostatic Transmissions in Farm and Light Industrial Tractors. SAE paper 690570. New York, USA: Society of Automotive Engineers 1968.

[9.16] Renius, K.Th.: Getriebe für Arbeitsmaschinen. Vorlesung TU München WS 2002/2003.

[9.17] Molly, H.: Stufenloses hydrostatisches Getriebe mit Leistungsverzweigung. Grundlagen der Landtechnik 15 (1965) H.2, S. 47-54.

[9.18] Renault, L.: Deutsches Reichspatent Nr. 222301, 22.12.1907.

[9.19] Browning, E.P.: Design of Agricultural Tractor Transmission Elements. ASAE Lecture Series No. 4. St. Joseph, MI, USA: American Soc. of Agric. Engineers 1978.

[9.20] Mitsuya, H. et al.: Development of Hydromechanical Transmission (HMT) for Bulldozers. SAE Paper Nr. 941722 (1994).

[9.21] Dziuba, P.F. und R. Honzek: Neues stufenloses leistungsverzweigtes Traktorgetriebe. Agrartechn. Forsch. 3 (1997) H. 1, S. 19-27.

[9.22] Renius, K.Th. und M. Brenninger: Motoren und Getriebe bei Traktoren. In: Jahrbuch Agrartechnik 9 (1997) S. 57-61 und 278-279. Münster: Landwirtschaftsverlag 1997.

[9.23] Holländer, C., T. Lang, A. Römer und G. Tewes: Hydraulik in Traktoren und Landmaschinen. O+P 40 (1996) H. 3, S. 162-164, 166-168 und 171-174.

[9.24] Renius, K.Th.: Trends in Tractor Design with Particular Reference to Europe. J. Agric. Engng. Research 57 (1994) H. 1, S. 3-22.

[9.25] Renius, K.Th. und M. Koberger: Motoren und Getriebe bei Traktoren. In: Jahrbuch Agrartechnik 13 (2001), S. 43-47 und 263-264. Münster: Landwirtschaftsverlag 2001.

[9.26] Renius, K.Th. und H. Böhler: Motoren und Getriebe bei Traktoren. In: Jahrbuch Agrartechnik 10 (1998) S. 56-60 und 238-240. Münster: Landwirtschaftsverlag 1998.

[9.27] Renius, K.Th. und R. Resch: Motoren und Getriebe bei Traktoren. In: Jahrbuch Agrartechnik 14 (2002), S.48-54 und 233-235. Münster: Landwirtschaftsverlag 2002.

[9.28] Renius, K.Th. und R. Mölle: Traktoren 2001/2002. ATZ 104 ()2002) H. 10, S. 882-889.

[9.29] Lang, T., A. Römer und J. Seeger: Entwicklungen der Hydraulik in Traktoren und Landmaschinen. O+P 42 (1998) H. 2, S. 87-94.

[9.30] Altmann, U.: Elektrisch abschaltbare Antriebseinheiten für Lenksysteme im Pkw. ATZ 98 (1996) H. 5, S. 254, 255, und 258-261.

[9.31] Möller, J.: Untersuchungen zur Entwicklung und Optimierung einer elektrohydraulischen Traktorlenkung. Diss. TU Braunschweig 199 . Fortschritt-Ber. VDI Reihe 14, Nr. 64. Düsseldorf: VDI-Verlag 1993. Auszug siehe O+P 37 (1993), H. 1, S. 31-35.

[9.32] Koberger, M.: Hydrostatische Ölversorgungssysteme für stufenlose Kettenwandler. Diss. TU München 1999. Fortschritt-Ber. VDI reihe 12, Nr. 413. Düsseldorf: VDI-Verlag 2000.

[9.33] Mariutti, H.: Lastkollektive für die Fahrantriebe von Traktoren mit Bandlaufwerken. Diss. TU München 2002. Fortschritt-Ber. VDI Reihe 12, Nr. 530. Düsseldorf: VDI-Verlag 2003.

[9.34] van Hamme, Th. Und J. Möller: Entwicklungstendenzen der Hydrostatik in Baumaschinen, beobachtet auf der Bauma '89. O+P 33 (1989) H. 8, S. 615-625.

[9.35] van Hamme, T.: Schlepperhydraulik,. In: Jahrbuch Agrartechnik 2 (1989), S. 34-37 und 153-154. Frankfurt/M.: Maschinenbau-Verlag 1989.

[9.36] Hesse, H.: Rückblick auf Entwicklungsschwerpunkte der Traktorhydraulik. O+P 43 (1999) H. 10, S. 704-713 (darin 18 weitere Lit.).

[9.37] -.-: Agricultural and forestry tractors and implements – Hydraulic power beyond. Normentwurf ISO/CD 17567 (Febr. 2003).

[9.38] Friedrichsen, W. und Th. van Hamme: Load-Sensing in der Mobilhydraulik. O+P 30 (1986) H.12, S. 916-919.

[9.39] Möller, J.: Traktorhydraulik. In: Jahrbuch Agrartechnik 5 (1992), S. 58-63 und 231, 232. Frankfurt/M.: Maschinenbau-Verlag 1992.

[9.40] Möller, J.: Traktorhydraulik. In: Jahrbuch Agrartechnik 6 (1993), S. 64-69 und 238, 239.

[9.41] Tewes, G.: Traktorhydraulik. In: Jahrbuch Agrartechnik 7 (1995), S. 69-74 und 274, 275. Münster: Landwirtschaftsverlag 1995.

[9.42] Tewes, G.: Traktorhydraulik. In: Jahrbuch Agrartechnik 8 (1996), S. 69-75 und 254, 255. Münster: Landwirtschaftsverlag 1996.

[9.43] Garbers, H.: Belastungsgrößen und Wirkungsgrade in Schlepperhydrauliksystemen. Diss. TU Braunschweig 1985. Fortschritt-Ber. VDI Reihe 14, Nr. 30. Düsseldorf: VDI-Verlag 1986. Kurzfassg. in O+P 30 (1986) H. 11, S. 815-820.

[9.44] Schreiber, B. und G. Stützle: Außenzahnradpumpe mit Fördervolumenbegrenzung. Patentschrift DE 19847132C2 (Anm. 13.10.1998, erteilt 31.05.2001).

[9.45] Jonner, W.-D. et al.: Antiblockiersystem und Antischlupfregelung der fünften Generation. ATZ 95 (1993) H. 11, S. 572-574 und 579, 580 (darin 14 weitere Lit.).

[9.46] Murrenhoff, H. und H. Wallentowitz: Fluidtechnik für mobile Anwendungen. Umdruck zur Vorlesung an der RWTH Aachen, 1. Auflage. IKA und IFAS 1998.

[9.47] Gaupp, W.: Elektronik in Bremssystemen. ATZ 102 (2000) H. 2, S. 128-135.

[9.48] Kahrs, M.: Moderne Geräte für hydraulische Energieversorgungssysteme von Flugzeugen. O+P 24 (1980) H. 5, S. 367-369.

[9.49] Besing, W.: Hydraulische Systeme in modernen zivilen Transportflugzeugen. Teil 1 und 2. O+P 37 (1993) H. 3, S. 174-179 und H. 6, S. 502-508.

[9.50] Steib, D.: Hydraulik-/Flugsteuerungssystem des Mehrzweck-Kampfflugzeuges TORNADO. O+P 25 (1981) H. 1, S. 19-24.

[9.51] Ivantysynova, M.: Flugzeugsystemtechnik an der Technischen Universität Hamburg-Harburg. O+P 38 (1994) H. 5, S. 262-269.

[9.52] Fleddermann, A.: Hydromechanische Komponenten im Hochauftriebssystem des Airbus A330/340. O+P 38 (1994) H. 5, S. 256-261.

[9.53] Geerling, G.: Entwicklung und Untersuchung neuer Konzepte elektrohydraulischer Antriebe von Flugzeug-Landeklappensystemen. Diss. TU Hamburg-Harburg 2002. Fortschritt-Ber. VDI Reihe 12, Nr. 538. Düsseldorf: VDI-Verlag 2003.

Kurzaufgaben

Lösungshinweise findet man auf den in Klammern vermerkten Seitenzahlen.

1. An der hydraulischen Steckdose eines Traktors wird ein Volumenstrom von 60 l/min und eine Druckdifferenz von 200 bar gemessen. Wie groß ist die hydraulische Leistung (12)?
2. Welche Größen der Ölhydraulik sind analog zu den elektrischen Größen Strom, Spannung, Kapazität und Widerstand (17) zu sehen? Welches hydraulische Kreislaufsystem entspricht einem elektrischen Gleichspannungsnetz (211)?
3. Welche Anforderungen werden an Druckflüssigkeiten gestellt (27)?
4. Gibt es für Hydrauliköle eine Grenze bezüglich Arbeitsdruck (28)?
5. Welches sind die wichtigsten biologisch schnell abbaubaren Druckflüssigkeiten (30)?
6. Was bedeutet die ISO-Viskositätsklasse VG 46 (32)?
7. Welches ist die Definition der dynamischen und der kinematischen Viskosität (34, 35)?
8. Die Wellen einer Zahnradmaschine drehen sich unbelastet zentrisch in vier Gleitlagern der Länge l = 30 mm und des Durchmessers d = 40 mm. Der Spalt (0,05 mm) sei vollständig mit Öl gefüllt (Viskosität η = 0,03 Ns/m^2). Zu berechnen ist das Verlustmoment und die Verlustleistung bei einer Drehzahl n = 3000/min (34, 35, 80).
9. An einer Pumpe wird bei Leerlauf und 40 °C Öltemperatur (VG 46) ein Verlustmoment von 10 Nm gemessen, das auf Scherreibung im Öl beruht. Wie groß wird dieses Verlustmoment bei 0 °C Öltemperatur (34, 36)?
10. An einem verlustbehafteten Hydraulikmotor wird am Ausgang eine niedrigere Temperatur gemessen als am Eingang. Ist das physikalisch möglich (39)?
11. Eine Pumpe weist 20 cm^3 Hubvolumen auf. Welches Schluckvolumen ist für einen angeschlossenen Ölmotor vorzusehen, wenn dieser halb so schnell laufen soll und der volumetrische Wirkungsgrad jeder Einheit 0,97 beträgt (43, 91)?
12. Ein Ölmotor mit 50 cm^3 Schluckvolumen wird mit 200 bar Druckdifferenz beaufschlagt. Wie groß ist sein verlustlos abgegebenes Moment (43)? Welches Moment gibt er real ab, wenn der hydraulisch-mechanische Wirkungsgrad 95% und der volumetrische Wirkungsgrad 90% beträgt (91)?
13. Welche vier charakteristischen Modelle haben bei der Berechnung der Strömungsverluste in Rohrleitungen Bedeutung (47)?
14. Wie groß ist der Rohrwiderstandsbeiwert für eine Reynoldszahl Re = 500 und isotherme Strömung (52)?
15. Welches Modell eignet sich für die Berechnung der sog. Blendenströmung? Warum kommt die Viskosität darin nicht vor (56)?
16. Der Leckstrom an einem laminaren Spalt soll reduziert werden. Eine Änderung der Ölsorte kommt nicht in Frage. Welche konstruktive Maßnahme (Länge/Breite/Höhe) verspricht die größte Reduzierung und warum (58)?
17. Was versteht man unter einer hydrostatischen Entlastung (61)?
18. Welchen Nachteil hat die Anbringung von Ringnuten an den Kolben von Schrägscheiben-Axialkolbenmaschinen (61)?
19. Wie kann man experimentell durch Aufnahme einer Stribeck-Kurve feststellen, ob eine Gleitstelle verschleißfrei arbeitet (62, 177)? Welchen Sinn hat die Gümbel-Hersey-Zahl (63)?
20. Erläutern Sie die Drehmomententwicklung einer Schrägachsen-Axialkobenmaschine und einer Schrägscheibenmaschine. Worin besteht der Unterschied (69, 74)?

21. Skizzieren Sie das Kräftegleichgewicht am Kolben-Gleitschuh-Element einer Schrägscheiben-Axialkolbenmaschine bei vernachlässigter Gleitschuh-Reibung (74).

22. Vergleichen Sie Schrägachsen- und Schrägscheiben-Axialkolbenmaschine bezüglich Herstellkosten, maximalem Schwenkwinkel, Volllast-Wirkungsgrad, Anlaufverhalten unter Last, Drehschwingungsempfindlichkeit und Raumbedarf (70ff, 88).

23. Berechnen Sie das Hubvolumen einer Radialkolbenmaschine, die bei einer Exzentrizität von 20 mm mit 7 Kolben von je 30 mm Durchmesser arbeitet (79).

24. Ein hydrostatisches Getriebe wird von einem Dieselmotor angetrieben. Es soll mit im Hubvolumen umschaltbaren Radantrieben arbeiten, Nenndruck 420 bar. Welche Verdrängermaschinen kommen in Frage (78, 88, 90)? Die Auswahl ist zu begründen.

25. Ein Zahnradmotor liefert bei konstantem Zulauf-Ölstrom unbelastet eine Drehzahl von 2000/min. Bei Belastung (250 bar) sinkt die Drehzahl auf 1900/min. Wie groß ist etwa der Gesamtwirkungsgrad, wenn der Motor 95% des verlustlosen Moments abgibt (91)?

26. Welchen Einfluss haben Leckölverluste auf das Abtriebsmoment eines Hydromotors (91)?

27. Zu skizzieren sind die drei charakteristischen Vollastwirkungsgrade einer guten Pumpe a) über dem Arbeitsdruck (Drehzahl konst.) und b) über der Antriebsdrehzahl (Druck konst.) (94).

28. Warum baut man Kolbenpumpen in der Regel mit ungeraden Kolbenzahlen (100)?

29. Eine Schrägscheibenpumpe mit 9 Kolben wird mit 1500/min angetrieben. Wie groß ist ihre Pulsationsfrequenz (100)?

30. An einem Pulsationsdämpfer wird eine Reduzierung der Druckamplitude um den Faktor 10 gemessen. Wie groß ist die Dämpfung in dB (101)?

31. Was versteht man unter einem „aktiven" Dämpfer, worauf kommt es an und welcher Aktor ist besonders geeignet (102)?

32. Welche Rohre kommen für die Konstruktion von Arbeitszylindern in Frage (107)?

33. Entwerfen Sie den Schaltplan für eine Eilgangschaltung eines Differenzialzylinders (110).

34. Ein Differenzialzylinder (Durchmesser 50/32 mm) werde auf beiden Seiten gleichzeitig beaufschlagt, beide Arbeitsräume seien verbunden. Welche Bewegungsgeschwindigkeit stellt sich bei 30 l/min Zulauf-Ölstrom ein (110)?

35. Welche Regeln sind beim Einbau von Arbeitszylindern zu beachten (113)?

36. Was versteht man bei Arbeitszylindern unter „Endlagendämpfung" (111, 112)?

37. In welche vier Hauptgruppen teilt man Hydraulikventile ein (116)?

38. Skizzieren und erläutern Sie einen Torque-Motor (120).

39. Zu skizzieren und erläutern ist ein kraftgesteuerter Proportionalmagnet für ein elektro-hydraulisches Druckbegrenzungsventil (122).

40. Wie erreicht man üblicherweise bei Wegeventilen eine Lageregelung (123)?

41. Wie konstruiert man dichte Wegeventile (126)?

42. Sinnbildlich zu skizzieren sind drei 4/3-Wegeventile für das Heben und Senken einer Last mit einem Arbeitszylinder mit folgenden alternativen Neutralstellungen: Umlaufstellung/Last blockiert, Schwimmstellung, Sperrstellung (128). Wann benötigt man die Sperrstellung (225, 226)?

43. Was versteht man unter einer negativen Ventilüberdeckung, für welche Aufgabe kann man sie z. B. gut anwenden (129)?

44. An Hand einer Skizze ist der Vorgang der Signalverstärkung mit Hilfe einer hydraulischen Halbbrückenschaltung zu erklären (129).

45. Worin besteht das Prinzip einer Ventil-Vorsteuerung (131)?

46. Skizzieren Sie ein 3/3-Wegeventil, das als hydraulische Vollbrücke einen Zylinder steuert. Wo befinden sich die vier Brückenwiderstände (133)? Wie sind deren Kennlinien (55)?

47. Wie wendet man das Prinzip der hydraulischen Halbbrücke in Verbindung mit Torque-Motoren bei Servoventilen an (135)?

48. Wie lassen sich die Druckverluste an Wegeventilen für turbulente Strömung modellieren? Das mathematische Modell ist als Diagramm darzustellen (138).

49. Ein Wegeventil hat bei 50 l/min Durchfluss (P-A) und 150 bar Lastdruck einen Druckverlust von 6 bar. Welcher Druckverlust ist bei 100 l/min zu erwarten? Wie wäre er zu beurteilen (138)?

50. Ein Servoventil soll bezüglich seiner Dynamik beurteilt werden. Welche Methode wird zweckmäßig angewendet (141)? Definitionen und Einzelheiten sind zu erklären.

51. Ein durch einen Proportionalmagneten direkt angesteuertes Proportionalventil mit Lageregelung erweist sich im Regelkreis als zu langsam. Welche konstruktiven Maßnahmen versprechen eine grundsätzliche Verbesserung der Dynamik (142)?

52. Warum neigt ein einfaches Druckbegrenzungsventil zum Schwingen und wie kann man die Eigenfrequenz abschätzen? Was kann man konstruktiv dagegen tun (145)?

53. Ein 3-Wege-Stromregelventil ist zu skizzieren und zu beschreiben. Wie arbeitet der Regelkreis und wo wird der Sollwert vorgegeben (154)?

54. Stellen Sie vergleichend die Q/Δp-Kennlinien eines turbulenten Drosselventils und eines 2-Wege-Stromregelventils dar (157).

55. Welche Motive führten zur Entwicklung von 2-Wege-Einbauventilen (159)? Welche Abmessungen sind genormt (160)?

56. Eine Hochdruckleitung (250 bar) ist für einen Ölstrom von 60 l/min auszulegen. Wie groß sollte der Innendurchmesser mindestens sein (169)?

57. Wann arbeitet man bei Rohrleitungen mit Schwelllast-Wöhlerlinien (170)?

58. Welches sind die wichtigsten Einbauregeln für Hydraulikschläuche (172)?

58 Warum neigen einfache Schneidringverschraubungen bei dynamischer Biegebelastung zu Undichtigkeiten und welches Grundprinzip führt zu diesbezüglich besseren Bauarten (173)?

60. Skizzieren Sie je ein O-Ring-Einbau mit axialer und radialer Verpressung (175). Wodurch verhindert man die Gefahr des „Extrudierens" (175)?

61. Welche drei Grundfunktionen hat ein Dichtsystem zu erfüllen (176)?

62. Welche Rauigkeit sollte für Zylinderrohre nicht überschritten werden und warum (177)?

63. Welche Grundanforderungen sind an einen guten Ölbehälter (Öltank) zu stellen (178)?

64. Was versteht man unter dem Schmutz-Toleranzprofil einer Verdrängermaschine (181)?

65. Bei einem stationären Versuch werden im Filterablauf 50 mal weniger Teilchen größer gleich 10 μm gezählt als im Zulauf. Wie wird das Ergebnis nach ISO ausgedrückt (182)?

66. Was ist bei Saugfiltern zu beachten (183)? Welche Alternativen gibt es (183)?

67. Skizzieren sie in einem Diagramm den Druckverlust und den Abscheidegrad eines Tiefenfilters und eines Oberflächenfilters (185).

68 Wozu setzt man Speicher ein und welche Anforderungen sind an sie zu stellen (185)?

69. Ein Hydrospeicher wird mit 50 bar vorgespannt. Sein Gesamtvolumen V_0 beträgt 1 l. Der Arbeitsdruck der Anlage betrage 200 bar (isoth. Ladung). Welches Volumen steht zur Verfügung (adiabate Entladung), wenn der Anlagendruck auf 150 bar absinkt (190)?

70. Wie funktioniert ein Leichtbau-Speicher mit druckentlastetem Zylinder (188)?

71. Erklären Sie, warum unnötig hohe Verluste in Hydraulikanlagen auf vierfache Weise die Wirtschaftlichkeit belasten (191).
72. Wie mißt man Volumenströme in Hydraulikanlagen (194)?
73. Wie wird die Öltemperatur in Hydraulikkomponenten und -anlagen gemessen (195)?
74. Was ist der entscheidende Unterschied zwischen einer Steuerung und einer Regelung (198)?
75. Entwerfen Sie den Schaltplan für einen Konstantmotor, dessen Abtriebsdrehzahl durch eine Nebenstromdrossel stufenlos verstellt wird. Wie groß sind die systembedingten Verluste bei 50% Bypass-Volumenstrom ? Wann ist eine solche Schaltung vertretbar (202)?
76. Skizzieren Sie die Struktur für eine Volumenstrom-Steuerung mit Hilfe einer Konstantpumpe und eines drehzahlgeregelten Elektromotors (203).
77. Was versteht man unter dem Folgekolbenprinzip – insbesondere bei der Steuerung verstellbarer Verdrängermaschinen (205) und bei hydrostatischen Lenkungen (263)?
78. Entwerfen Sie den Schaltplan einer elektrohydraulischen Pumpenverstellung mit Lageregelung und Arbeitsdruck als Stelldruck (207).
79. Entwerfen Sie eine Struktur für die Steuerung einer verstellbaren energiesparenden Pkw-Lenkpumpe, bei der die Antriebsdrehzahl und der Druck als Störgrößen aufgeschaltet werden, um den Volumenstrom ohne Messung nach Bedarf zu steuern (207).
80. Wie lässt sich eine einfache mechanische Konstantleistungs-Steuerung erreichen (208)?
81. Skizzieren Sie den Schaltplan einer druckgeregelten Verstellpumpe (210).
82. Wie sieht der Schaltplan einer Differenzdruckregelung mit Verstellpumpe aus (211)?
83. Wie kann man einen Ölmotor am Konstantdrucknetz betreiben, ohne systembedingte Drosselverluste zu erzeugen (215)?
84. Reihen- und Parallelschaltung von Ölmotoren: Welches sind die typischen Unterschiede im Betriebsverhalten (218)?
85. Wie erreicht man bei hydrostatischen Fahrantrieben „kostenlose Differenzialwirkung" (219)?
86. Welche Neutralstellung hat ein Wegeventil bei eingeprägtem Volumenstrom, welche bei Konstantdruck- und welche bei Load-Sensing-Systemen (223, 225, 227)?
87. Entwerfen Sie einen einfachen Schaltplan für die Versorgung einer Fahrzeug-Lenkhydraulik mit Konstantpumpe und 3-Wege-Stromregelventil. Warum muss man die Pumpe relativ groß auslegen? Mit welchem Kunstgriff lassen sich die systembedingten Verluste reduzieren (223)?
88. Eine Konstantpumpe liefert bei Autobahnfahrt (150 km/h) eines Pkw 72 l/min Ölstrom bei 15 bar Gegendruck. 60 l/min werden über das 3-Wege-Stromregelventil gedrosselt zum Tank geführt. Wie groß ist die dadurch erzeugte Verlustleitung (12, 43)? Wie groß ist der Pkw-Mehrverbrauch in l/100 km, wenn 1 kW Hydraulikleistung 0,3 l/h Kraftstoffverbrauch entspricht?
89. Ein Hydrozylinder soll an einem Konstantdrucknetz betrieben werden. Welche Möglichkeiten bestehen zur Anpassung an den Lastdruck und wie sind sie zu beurteilen (225)?
90. Erklären Sie das Prinzip einer „Load-Sensing"-Schaltung an einem System mit Verstellpumpe. Welches sind die Vorteile und worin bestehen die systembedingten Verluste (226)?
91. Ein Konstantmotor nimmt 30 l/min Ölstrom bei 100 bar auf. Wie groß sind die systembedingten Verluste (% der hydr. Leistung) bei 60 l/min Konstantstrom, bei einem 200 bar-Konstantdrucknetz oder bei einem Load-Sensing-System (Δp = 20 bar) (228)?
92. Entwerfen Sie den geschlossenen Schaltplan eines hydrostatischen Fahrantriebes mit Spüleinrichtung. Welches sind die Aufgaben der Spülung (233)? Welchen Vorteil hat der übliche geschlossene Kreislauf (219)? Welchen Vorteil hat eine aktive „Druckabschneidung" (233)?

93. Es sollen zwei Verbraucher in einer Load-Sensing-Schaltung mit Verstellpumpe versorgt werden. Wie erfolgt die Anpassung zwischen Pumpendruck und dem jeweils geringeren Lastdruck (235)? Wo entstehen bei dieser Schaltung systembedingte Verluste (43, 228)?

94. Vier Arbeitszylinder sollen eine Plattform mit nicht mittiger Last heben. Schlagen Sie eine mechanische und eine hydraulische Lösung für den Gleichlauf vor (236).

95. Zeichnen Sie den typischen zeitlichen Temperaturverlauf im Öl beim Anfahren einer Hydraulikanlage. Warum ist der Anstieg am Anfang am größten? Welches Gleichgewicht herrscht im Beharrungszustand (246)?

96. Wie groß ist der effektive Schalldruck bei einem Schallpegel von 90 dB (249)?

97. Welches sind die typischen Lärmquellen in Hydraulikanlagen (249)?

98. Erläutern Sie die „Wirkkette Lärm" bei einer Hydraulikanlage. Warum ist es meist lohnend, Abstrahlflächen möglichst steif zu konstruieren (250)?

99. Welche Elemente setzt man zur Körperschalldämmung (Körperschall-Isolierung) ein (252)?

100. Ein stufenloses hydrostatisches Radladergetriebe arbeite mit Primär- und Sekundärverstellung. Welche Verstellfolge ist für ein Anfahren und komplettes Hochfahren zweckmäßig (233, 257)? Darzustellen sind über der Fahrgeschwindigkeit die Vollast-Kennlinien für Eingangsdrehmoment, Ausgangsdrehmoment (ideal und real) und der Anlagendruck (257).

101. Der stufenlose hydrostatische Fahrantrieb einer Arbeitsmaschine wird trotz Kühler zu heiß, die Maschine verbraucht gleichzeitig relativ viel Kraftstoff. Welche Maßnahmen sind systematisch durchzugehen, um die Verluste zu senken (260)?

102. Was versteht man bei hydrostatischen Getrieben unter Leistungsverzweigung und wozu dient sie (260)? Darzustellen ist der Getriebeplan einer äußeren Leistungsverzweigung mit Kopplung am Ausgang. Wie teilt sich hier die Leistung beim Anfahren auf (262)? In welchem Fahrzeug wird das Prinzip serienmäßig angewendet (262)?

103. Skizzieren Sie das Prinzip einer Summenleistungssteuerung eines Hydraulikbaggers (268).

104. Warum wird bei Verstellpumpen von Load-Sensing-Anlagen häufig eine Füllpumpe vorgesehen (270, 271)?

105. Zeichnen Sie den Schaltplan einer hydropneumatischen Federung (274). Warum ist ein Wege-Sitzventil zweckmäßig (126)? Wie könnte man eine Niveauregelung realisieren (274)?

106. Worin bestehen die besonderen Rahmenbedingungen für Flugzeug-Hydraulik-Systeme (275)? Nach welchem Prinzip arbeiten Hydraulik-Kreisläufe in Großflugzeugen (275)?

107. Mit welchem elektrischen „Kreislaufsystem" ist die Hydraulik eines Großflugzeuges vergleichbar? Zeigen Sie die Analogie an zwei wesentlichen Größen (211).

108. Warum ist die Betätigung der Aktoren in Großflugzeugen durch drosselnde Steuerungen besonders verlustreich (228)? Wodurch könnte man die Verluste verringern (225)?

109. Bei der Projektierung eines hydraulischen Aufzugs für eine U-Bahnstation gibt es Knickprobleme mit dem sehr langen Arbeitszylinder. Dieser wird daher im Durchmesser vergrößert, wodurch der Nenn-Lastdruck sehr klein und der Volumenstrombedarf sehr groß wird. Die Anlage soll sehr leise arbeiten. Welche Pumpenbauart ist für die Versorgung geeignet (87, 280)?

110. Skizzieren Sie die Funktionsstruktur einer Hydropulsanlage. Nach welchen drei Regelgrößen kann man gängige Anlagen fahren (282)? Wie wird der Sollwert vorgegeben (282)? Wie beurteilt man die dynamische Leistungsfähigkeit einer solchen Anlage (141)?

Namensliste zu den neun Literaturverzeichnissen (Bücher → [8.27-8.49])

Achten 8.10, Altmann 9.30, Aretz 6.27, Asmus 9.15.

Backé 1.19, 5.3, 5.4, 5.17, 5.22, 5.40, 6.26, 7.28, 8.17, 8.22, 8.36, 9.7, Bartholomäus 4.9, Barus 2.32, Bauer 8.45, Becker 7.17, Beitler 5.21, 7.10, 8.32, Besing 7.23, 9.49, Bienert 8.47, Blume 2.28, 2.36, Bock 2.2, 2.17, Böhler 9.26, Böinghoff 2.53, 6.29, 7.11, 7.18, 7.19, Boldt 6.32, Bönig 9.1, Borghoff 8.15, Bork 5.40, Boyd 5.15, Brenninger 9.22, Breuer 8.52, Brodowski 5.24, Browning 9.19, Brückle 7.20, Burckhart 2.22, Busch 2.13.

Causemann 3.7, Chaimowitsch 2.46, 8.29, Clausen 2.9.

Dahmann 6.31, Dantlgraber 8.55, Deeken 6.35, Dieter 1.20, Dluzik 7.32, Dziuba 9.21.

Ebertshäuser 8.34, 8.42, Ebinger 5.16, Eck 2.45, Eckerle 3.14, 3.18, Eckhardt 2.1, Ehrlenspiel 8.49, Eick 5.1, Elfers 2.6, Esders 8.15, Esser 3.36.

Fallen 8.58, Feigel 4.1, Feldmann 2.19, 5.37, Ferguson 1.16, Feuser 7.7, 8.55, Fiala 6.3, Fiebig 3.23, Findeisen, D. 2.44, 4.7, 5.30, 8.43, Findeisen F. 2.44, 5.30, 8.43, Fitch 6.28, Fleddermann 9.52, Flury 4.4, Föllinger 7.8, Fölster 9.2, Forche 9.1, 9.2, Förster 1.2, Frauenstein 2.3, Fricke 3.17, Friedrichsen 8.14, 9.38, Funk 6.13,

Galle 2.12, Garbers 5.36, 8.3, 8.6, 8.11, 9.43, Gaupp 9.47, Gebhardt 8.46, Geerling 9.53, Geimer 3.28, Geis 5.12, Gerlach 1.8, German 2.21, Gessat 6.21, Gilbert 4.6, Goenechea 8.52, Goerres 6.16, Gorgs 6.9, Grahl 3.5, Griese 3.16, Gutbrod 3.21.

Haas 7.31, Hahmann 6.33, 8.22, 9.7, Hamblin 8.19, 9.3, Hantke 6.35, Harms 1.3, 3.13, 5.36, 8.1, 8.2, 8.6, 8.7, Heisel 3.23, Heiser 5.8, Helduser 1.5, 7.4, 8.42, Hele-Shaw 1.12, Henn 8.58, Herakovic 5.9, Herning 2.43, Herr 8.55, 8.56, Hesse 1.17, 9.36, Hilbrands 3.29, Hlawitschka 8.39, Höfflinger 2.38, Hoffmann, D. 3.15, 3.34, 3.35, 7.1, Hoffmann, K. 6.36, Holländer 9.23, Honzek 9.21.

Ivantsysyn 3.10, Ivantysynova 2.56, 3.10, 9.51.

Jacobs 5.45, Jarchow 9.12, Jansen 6.16, Jantzen 2.23, Jessen 9.1, 9.2, Joanidi 1.13, Jonner 9.45.

Kahrs 2.27, 3.24, 6.23, 7.14, 7.16, 9.48, Kallenbach 5.1, Kasper 5.10, Kauffmann 8.40, Kempelmann 2.18, Kersten 3.12, Khalil 7.21, Khatti 8.13, Kießkalt 2.33, Kirste 8.54, Kleinbreuer 2.39, 6.9, Knölker 8.23, 9.8, Koberger 5.34, 7.15, 9.25, 9.32, Koehler 3.9, Köhnlechner 6.3, Kollek 3.22, Konrad 6.13, Kordak 7.25, 7.29, 7.30, Korkmaz 8.8, Kosel 1.14, Kötter 5.6, Kretz 5.23, Krist 8.38, Krüger 4.9, Kühnel 5.27.

Lang, A. 5.43, Lang, T. 4.2, 7.1, 9.23, 9.29, Leupold 1.9, Linden 5.11, Link 3.32, List 1.8, Lu, J.H. 5.32, Lu, Y.H. 5.7, Lutz 7.3.

Mager 6.25, Mariutti 9.33, Matten 3.23, Matthies 7.24, 8.3 Meindorf 6.24, Mitchel 8.44, Mitsuya 9.20, Mölle 9.28, Möller 9.31, 9.34, 9.39, 9.40, Molly 1.10, 3.2, 3.14, 3.20, 9.6, 9.17, Müller 7.6, Murrenhoff 3.11, 5.5, 5.28, 7.27, 9.46.

Newton 2.24, Nikolaus 3.4, 7.26, Nimbler 8.21, 9.5, Noack 5.44, 8.28, Noel 3.27.

Oberen 2.8, Olderaan 1.4, Oppolzer 5.12, Ordelheide 6.3, Overdiek 7.13, Overgahr 5.38.

Panzer, G. 8.32, Panzer, P. 7.10, Paul 4.8, Peeken 2.28, 2.31, 2.51, Pelzer. 2.21, Pippenger 8.44, Pittner 4.10, Plog 6.17.

Quendt 5.1

Raimondi 5.15, Ramelli 1.7, Regenbogen 3.8, Reichel 2.4, 2.5, 2.7, Reiter 9.14, Remmele 2.16, Remmelmann 2.18, Renault 9.18, Renius 2.50, 2.52, 2.59, 8.4, 8.25, 8.53, 9.11, 9.16, 9.22, 9.25, 9.26, 9.27, 9.28, 9.24, Resch 9.27, Richl 5.2, Richter 6.14, Rinck 9.13, Rippel 2.55, Römer 2.14, 2.15, 6.34, 9.23, 9.29, Roth 3.1.

Sauer 5.19, Schaller 2.47, Scheffel 5.25, 5.39, Scheufler 8.7, Schinke 6.11, Schlichting 2.42, Schlösser 1.4, 3.29, Schmausser 4.10, Schmid 5.33, Schmidt 2.37, Schmitt 5.43, Schön 2.16, Schöne 6.37, Schönfeld 1.5, Schöpke 2.19, Schreiber 9.44, Schröder 5.10, Schunder 1.15, Schwab 4.5, Seeger 9.29, Seifert 8.55, Sinambari 8.58, Skirde 8.16, Spijkers 2.6, Spilker 2.31, Staeck 2.10, 2.11, Steib 7.22, 9.50, Stinson 4.6, Streit 6.19, Stribeck 2.57, Ströhl 5.31, 5.35, 8.46, Stryczek 3.22, Stuhr 8.24, 9.9, Stuhrmann 6.22, Stützle 9.44.

Tao 6.17, Tewes 9.23, 9.41, 9.42, Thoma, H. 1.14, 5.13, 5.14, Thoma, J. 2.54, 5.18, Tietjens 2.25, Timmermann 6.17, Trostmann 2.9, Truckenbrodt 2.41, Trudzinski 5.32.

Ubbelohde 2.30, Ullmann 8.26, Ulmer 8.33.

van Berber 2.20, 6.24, van der Kolk 3.6, 7.18, van Hamme 8.14, 9.34, 9.35, 9.38, Vitruv 1.6, Vogel 2.26, Vogelpohl 2.49, 2.58, Vollmer 6.32.

Wachs 2.16, Wagner 5.10, Wallentowitz 9.46, Walzer 3.3, Weimann 2.40, Weingarten 1.1, Welschof 7.12, Wendt 7.3, Werner 2.17, 2.18, Westenthanner 7.5, 8.50, Weule 5.20, Widmann 2.16, 2.48, Wieczorek 2.56, Wiegand 9.1, 9.2, Wilkens 8.11, Wilks 4.8, Will 8.46, Willebrand 5.38, Willekens 3.33, Witt 2.29, 2.34, 2.35, Witte 8.51, Wobben 5.26, Wowries 3.25, Wunderlich 3.26, Wüsthoff 3.33.

Zehner 5.29, Zoebl 8.30, 8.35, 8.37.

Sachverzeichnis

Abreißfunktion (Schlauch) 174
ABS (Bremsen) 274
Additive (Öle) 27
Alterung (Öle) 27
Aktuator (Zyl.) 106
Akustik 249
Amplitudengang 141
Analogien 16
Anschlußplatte 164
Ansprechempfindlichkeit 139
Arbeitsdruck 169, 171, 240
Arbeitszyinder → Zylinder
Aufzug (hydrost.) 87, 281
Automotive Steuerung 227
Axialkolbenmaschine 67
-Schrägachsenbauart 70
-Schrägscheibenbauart 73
-Taumelscheibenbauart 75

Behälter → Ölbehälter
Berechnung (ausführl. Beispiele) 240
Bernoulli'sche Bewegungsgleichung 45
Berstdruck (Rohre) 170
Betätigungsmittel für Ventile 117
Betriebsfestigkeit (Rohre) 170
Betriebsverhalten (Anlage, Elemente)
-Anlage (Wärme) 243
-Anlage (Geräusch) 249
-Dämpfer (Kammer-D.) 103
-Dichtungen 177
-Drosselventile 157
-Druckbegrenzungsventile 151
-Gleitstellen, geschmierte 62
-Filter 180
-hydrostatisches Getriebe 257, 259
-hydraulische Presse 242
-Kreislaufsysteme 228
-Magnete 119, 123
-Motoren 90
-Proportionalventile 139
-Pumpen 90
-Servoventile 140, 141
-Rohrleitungen 46
-Speicher 189
-Stromventile 147
-Verdrängermaschinen 91
-Vorschub Bohrspindel 241
-Wegeventile 138
Bio-Öle 30

Blende 56, 152, 209, 212
Bode-Diagramm 141
BUS 198, 200
Bremsflüssigkeit 32
Brückenschaltung (hydrost.) 129, 133, 135
Bunsen'scher Lösungskoeffizient 33, 40
β-Wert (Filterung, ISO) 181

Cartridge Element 159
Closed center 128

Dämpfung (Pulsation) 101
Dämpfung DBV 145
dB(A) 249
Dehnschlauch 102, 171
Diagnose 200
Dichteverhalten (Mineralöl) 38
Dichtungen 174
Differenzial-Zylinder 109
Dither-Signal 128
Drehmoment
-Grundgleichungen 43
-Axialkolbenmaschine 76
-Flügelzellenmaschine 83
-Radialkolbenmaschine 79
-Sperr-/Rollflügelmaschinen 86
-Zahnrad- und Zahnringmaschine 83
Drehschieberventil 126
Drosselnde Wegeventile 132
Drosseln 55, 152
Drosselsteuerung (Zyl.) 133, 158
Druck
-Praxiswerte 169, 171, 240
-eingeprägter 210, 222, 224, 275
Druckabfall/Druckverlust
-an Drosseln 55
-in Krümmern/Armaturen 53
-in Rohrleitungen 46
-in Verdrängermaschinen 92
-in Wegeventilen 138
Druckabschneidung 211, 226, 233
Druckfestigkeit (Öle) 28
Druckflüssigkeit 20
-Anforderungen 27
-Arten, Stoffdaten 28, 29
-Dichteverhalten 38
-Hydrauliköl 28
-ISO Viskositätsklassen 32
-Luftaufnahmevermögen 40

-Mineralöle 28, 29
-Motoren- und Getriebeöle 31
-Rapsöl 30
-schwerentflammbare Öle 28-30
-synthetische Öle 31
-Temperatur bei Druckänderg. 39
-Ubbelohde-Walter-Diagramm 36
-Universalöle 28, 32
-Viskositätsverhalten 35
-wasserbasierte Öle 29
Druckpulsation 98
Druckregelung 209, 210, 222, 224, 276
Druckschalter 192, 237, 277
Druckventil DV 144
-Betriebsverhalten 150
-Differenzdruckregelventil 147
-Druckbegrenzungsventil DBV 144
-Druckregelventil 147
-Druckverhältnisventil 146
-Folgeventil 146
-Proportional-Druckventil 150
Druckverstärkung (Prop.-Ventil) 140
Druckwaage 147, 154, 156, 235, 270, 272

Eigenfrequenz
-(DBV) 145
-Bauteil (Schall) 250
Eilgangschaltung 110, 231, 241, 278
Einbauventile (2-Wege) 159
Einschraubventile 159
Elektromechanische Wandler 118, 119
Endlagendämpfung 111
Endschalter 237
Energiesteuerung 116
Energiewandlung
-mit Kolben und Zylinder 41
-mit rotierendem Verdränger 43
-für absätzige Bewegung 106
-für stetige Bewegung 67
Entrastung, automatische 230
Erwärmungsverlauf 245

Filter 180
-Anforderungen 180
-β-Wert 181
-Bauarten 183-184
-Betriebsverhalten 185
-Elemente, Einsätze 182
-Faserstoff-F. 183
-Filterfeinheit 181
-Hochdruck-F. 183, 184

-Niederdruck-F. 183, 184
-Rücklauffilter 183
-Saugfilter 183
-Magnetfilter 183
-Oberflächenfilter 182
-Siebfilter 183
-Sintermetallfilter 183
-Spaltfilter 182
-Tiefenfilter 183
Flugzeughydraulik 180, 188, 209, 276
Fluide → Druckflüssigkeiten
Fuidmechanik → Hydrodynamik
Flügelzellenmaschine 83
Folgeschaltung 236
Förderstrompulsation 98, 249
Fourier-Analyse 251
Frequenzgang 141
Funktionsdiagramm 240

Geräuschanalyse 251
Geräuschentstehung 98, 249
Getriebe → hydrostatische Getriebe
Gleichlaufschaltung 235, 236
Gleichlauf-Zylinder 112
Gleitlager 63
Gleitschuh 61, 73, 74
Graetz-Schaltung 236
Großwinkelmaschine 71
Gümbel-Hersey-Zahl 63

Hebevorrichtung 42
Heizer 190
Henry'sches Gesetz (Luftaufn.) 40
Historie der Ölhydraulik 17
Hitzdraht-Anemometer 194
HLP-Öl 29, 32
Hubvolumen (Verdrängung) 43
Hydrauliköl 28
Hydrodynamik 11, 44
Hydropulsanlage 282
Hydrostatik 11, 41
Hydrostatische Entlastung 61
Hydrostatische Getriebe, stufenlos
-Anwendungsbereiche 255
-Druckabschneidung 233
-Grundschaltplan 232
-Kennlinien 257
-Konzepte 256
-Leistungsverzweigung 260
-Prinzip 219
-Speiseeinrichtung 232

-Spülventil 233
-Wirkungsgrade 256, 259, 260
Hydrostatisches Lager 62
Hydrostatischer Transformator 225
Hydrozylinder → Zylinder

ISO-Normung 21, 32
Isotherme Strömung 47, 48, 51

Kavitation 40, 249
Kennlinien, Kennfelder
-Bode-Diagramm 141
-Dämpfungswirkung 103
-Drosselventile 157
-Druckabfall Wegeventile 138
-Druckbegrenzungsventil 150, 151
-Druckregelung 210, 216
-Druckverlustfaktoren (Rohr) 51, 53
-Durchfluss-Eingangsstrom 139
-Durchfluss-Lastdruck 140
-Filter-Abscheidung 185
-Hydrostatische Getriebe 257, 259, 263
-Kompressibilität (Öle) 39
-Lastdruck-Eingangsstrom 140
-Leistungshyperbel 208
-Magnetkraft-Hub 119, 123
-Pulsation 100, 101
-Reibung 62, 177
-Rohrwiderstandsbeiwert 52
-Rückschlagventil
-Schallpegel 251
-Schläuche: Dehnung 171
-Sprungantwort 142, 200
-Speicher-Betriebsverhalten 190
-Temperaturverläufe 246, 248
-Verluste in Verdränger-Maschinen 93
-Verschmutzung (Öl) 181
-Viskosität 36, 37
-Volumenstromregelung 212
-Wirkungsgrade Verdränger-Masch. 94
Körperschall 250
Kompressibilität 38, 39
Kompressionsmodul 33, 39
Konstantdruck-Schaltung 210
Konstantstrom-Schaltung 223
Kontinuitätsgleichung 44
Konvektion 244
Kreislauf, offen-geschlossen 219
Kreislaufsysteme, Grundordnung 222
Kühler 191

Ladewagen-Hydraulik 273
Lageregelung → Regelung
Lagerspiel 63
Laminardrossel 55, 152
Laminare Strömung 48, 57
Lärmschutz → Schall
Lastdruck (Definition) 41
Lastenheft 238
Leckölverlust 57, 91, 233
Leistung 43
Leistungsbremse (hydrost.) 153, 283
Leistungsregelung 213
Leistungssteuerung 208
Leistungsverzweigung 260
Lenkung, hydrostatische 263
Load-Sensing 198, 211, 214, 226, 235
Lochplatte 164
Luft im Öl 40, 178
Luftschall 250

Magnet 118
Matlab/Simulink 238
Maximaldruck-Regelung 211
Mechatronik 198
Meßgeräte 192
Mineralöl 28
Mischreibung 62
Motoren (hydrost.), Übersicht 68
Motorsteuerung 214

Neutraler Umlauf 128
Nichtisotherme Strömung 47, 50, 53
Normung 21
Nullhub 211

Öle → Druckflüssigkeit
Ölbehälter 178
Ölhydraulik, Begriff 11
Ölhydraulik, Historie 17
Öltemperatur 35, 190, 245
Open center 128
O-Ringe 175
Ovalradzähler 194

Parallelschaltung 218
Petroff-Gerade 62
Pflichtenheft 238
Phasengang 141
Piezo-Element 102, 124, 193
Planung 218, 238, 240

Plunger-Zylinder 107
Primärverstellung 221, 232, 258, 260
Prioritätsventil 146, 265, 271, 277
Proportional-Wegeventil 124
Pulsation (Druck, Fö.-Strom) 98
Pulsationsdämpfung 101
Pulsweitenmodulation PWM 122
Pumpen (Übersichten) 68, 88

Radialkolbenmaschine 77
Rapsöl 30
Regelung, Regelkreis 134, 198, 209, 282
-BUS 198
-Drehzahlregelung 203, 215, 225
-Differenzdruckregelung 211
-Druckregelung 209, 210, 222, 224, 276
-Lageregelung 122, 123, 137, 150, 206, 207, 209, 237, 275, 283
-Leistungsregelung 213
-Maximaldruck-Regelung 211
-Regelstrecke 209
-Regelung mit Servo-Ventil 134
-Regelung mit Verstellpumpe 209
-Rückführung 134, 135, 198, 203, 209, 283
-Sprungantwort 142, 200
-Störgröße 209
-Störgrößenaufschaltung 199, 207
-Übertragungsverhalten 200
-Volumenstromregelung 212
Reibung (geschmiert)
-an Dichtungen 177
-Grundlagen 62
-Gümbel-Hersey-Zahl 63
-Stribeck-Kurve 62
-Ventile 128
-Verdrängermaschinen 91
Reibungsschubspannung (Fluid) 34
Reihenschaltung 219
Reinheitsklassen (ISO) 182
Rekuperation 211
Reststromnutzung 223, 228, 264
Reynolds'sche Zahl 47
Rohre 169
Rohrströmung 46
Rückführung → Regelung
Rollflügelmaschine 86
Rückschlagventil 142

Schall, Lärm 249
-Dämmung 250
-Dämpfung 250

-Druckpulsation 98
-Fourier-Analyse 251
-Kapselung 252
-Reduzierung 249
-Schalldruck 249
Schaltpläne
-Anwendungsbeispiele 255
-Grafische Symbole DIN ISO 22
-Grundschaltpläne 218
-Schaltzeichen → Symbole
Schlauchleitung 170
Schlauchverbindung 172
Schleppdruck (Dichtg.) 177
Schluckvolumen 43
Schneidringverschraubung 172
Schraubenmaschine 87
Schwenkmotor 114
Schwerentflammbare Druckflüssigkeit 28
Sekundärgeregelte Antriebe 215, 236 224, 278
Sekundärverstellung 214, 215, 221, 225, 260
Servoventil 120, 134, 138, 140, 141, 283
Sicherheitsbestimmungen (Speicher) 189
Signalfluss 198
Simulation 238
Sommerfeld-Zahl 63
Spaltverluste 57
Speicher 185
Speiseeinrichtung (Getriebe) 232
Sperrblock 143, 230
Spaltströmung, laminar 57
Sperrflügelmaschine 85
Sperrventil SPV 142
Spülventil 233
Sprungantwort 142, 200, 211
Steuerblock 165
Steuerung, Steuerkette 134, 198, 201, 204
Steuerung mit Konstantpumpen 201
Steuerung mit Verstellpumpen 204
Steuerscheibe (Steuerboden) 71
Stick-Slip-Effekt 177
Störgrößenaufschaltung 199, 207
Strahlung 244
Stribeck-Kurve 62
Strömung
-Blende 56, 152, 209, 212
-Kräfte 59
-nichtisotherme 50, 53
-Rohrleitung 46
-turbulente 51
Stromventil STV 152
Stromregelventil 153

Symbole (Schaltzeichen) 22
Stromteilerventil 155
Summenleistungssteuerung 268

Tank 178
Target costing 238
Tauchspule 121
Temperatur (Öl) 35, 38, 190, 245
Thermo-Element 195
Torque-Motor 120, 135
Traktorhydraulik 20, 209, 223, 226, 227, 273
Transformator (hydrost.) 225
Turbulente Strömung 47, 51, 53-57, 138

Überdeckung 129
Übertragungsverhalten 200
Umkehrspanne 139
Umsteuerung (Verdränger) 72, 249
Ungleichförmigkeitsgrad 99

VDMA 20, 26
Ventil
-Anschluss und Verknüpfungsarten 163
-Betätigungsmittel 117
-Betriebsverhalten 138, 150, 157
-Drehschieber-V. 126
-Druck-V. 144
-dynamisches Verhalten 141, 142, 151
-Einbau-V. 159
-Längsschieber-V. 125
-Sitz-V. 126, 127
-Sperr-V. 142
-Strom-V. 152
-Vorsteuerprinzip 130
-Wege-V. 125
Verbindungselement 172
Verbundverstellung 221
Verdrängermaschinen, Übersicht 68
Verdrängungsvolumen (Def.) 43
Verluste (Verdrängermaschinen) 91
Verlustgrad 191
Verkettung 166
Viskosität 34
-Definition 34
-Druck-Verhalten 37
-Klassen (ISO) 32
-Temperatur-Verhalten 35
-Viskositäts-Index 37
Volumenstrom 43
-eingeprägter V. 222, 223

-Messgeräte 192
-Regelung 212
-Verstellung 201
Vorkompression 73, 84
Vorsteuerkerben 73
Vorsteuerventil 130, 134, 137, 145, 159, 161, 206, 212

Wärme 245
-Abgabevermögen 245
-Ausdehnungskoeffizient 38, 59
-Leitkoeffizient 244
-Übergangskoeffizient 244
-Speichervermögen 245
-W.-Tauscher 190, 248
Wärmedurchgang 244
Wärmeleitung 244
Wärmeübergang 244
Wasserhydraulik 30, 64
Wasser im Öl 31, 178
Wegeventil WV 125
-Betätigungskräfte 128
-Closed center 128
-Drehschieberbauart 126
-drosselnde WV 132
-elektromechanisch betätigte WV 134
-Längsschieberbauart 125
-nichtdrosselnde WV 130
-Open center 128
-Sitzbauart 126
-Überdeckung 129
Widerstandsbeiwert 54
Wheatstone'sche Brücke (hydr.) 129, 133, 135
Wirkungsgrad 76, 80
-hydraulisch-mechanischer 91
-volumetrischer 91
-Hydrozylinder 106

Zahnradmaschine 79
Zahnringmaschine 82
Zeitkonstante (Erwärmg.) 246
Zylinder (Arbeitszyl.) 106
-Differenzial-Z. 109
-doppeltwirkender Z. 109
-Einbau 113
-einfachwirkender Z. 107
-Endlagendämpfung 111
-Gleichlauf-Z. 112
-Plunger- oder Tauchkolben-Z. 107
-Teleskop-Z. 108
-Wirkungsgrad 106

Teubner Lehrbücher: einfach clever

▶ Künne, Bernd
Köhler/Rögnitz
Maschinenteile 1

9., überarb. und akt. Aufl. 2003.
475 S. Br. € 29,90
ISBN 3-519-16341-1

▶ Künne, Bernd
Köhler/Rögnitz
Maschinenteile 2

9., überarb. und akt. Aufl. 2004.
526 S. Br. € 34,90
ISBN 3-519-16342-X

▶ Künne, Bernd
Einführung in die
Maschinenelemente
Gestaltung - Berechnung -
Konstruktion

2., überarb. Aufl. 2001. X, 404 S.
Br. € 36,90
ISBN 3-519-16335-7

Stand August 2005.
Änderungen vorbehalten.
Erhältlich im Buchhandel
oder beim Verlag.

B. G. Teubner Verlag
Abraham-Lincoln-Straße 46
65189 Wiesbaden
Fax 0611.7878-400
www.teubner.de